WINDOWS API

예제로 배우는

API 프로그래밍

김동근 지음

Step By Step
예제를 따라하며
쉽게 배운다!

KM 좋은 책 · 알찬 내용 -
가메출판사

예제로 배우는 Windows API 프로그래밍

지은이/김동근

펴낸이/이병렬
펴낸곳/도서출판 가메 https://www.kame.co.kr
주소/서울시 마포구 양화로 56, 504호(서교동, 동양한강트레벨)
전화/02-322-8317
팩스/02-323-8311

등록/제313-2009-264호
발행/2020년 9월 23일 초판2쇄
정가/27,000원
ISBN/978-89-8078-303-8

편집/계백북스
표지/김은지

Preface

윈도우즈 API(Application Programming Interface)는 마이크로소프트 윈도우즈 운영체제의 핵심기능을 정의한 C/C++ 함수들의 집합으로 DLL 형태로 제공됩니다. 윈도우즈 API는 메모리, 프로세스, 스레드 관리를 담당하는 "kernel32.dll"과 사용자 인터페이스를 담당하는 "user32.dll" 그리고 디스플레이와 프린터 등의 그래픽 장치 출력을 담당하는 "gdi32.dll"이 핵심기능입니다.

이 책은 C/C++ 기본 문법을 학습하고, 윈도우 응용 프로그램을 처음 접하는 초보자들이 윈도우 응용 프로그램을 따라가면서 이해할 수 있도록 간단한 예제 중심으로 설명하였습니다. **개발 도구는 비주얼 스튜디오 2017/2019 Community 버전을 사용**하였으며, 비주얼 스튜디오 마법사가 생성한 유니코드 기반의 Windows 데스크톱 응용 프로그램으로 작성하였습니다.

이 책의 구성은 다음과 같습니다.

1장은 비주얼 스튜디오 사용 방법, 마법사가 생성한 기본 윈도우 프로그램의 수정 방법, 윈도우 프로그램 구조 등 윈도우 프로그래밍 기초에 대하여 설명합니다.

2장은 GDI를 사용한 간단한 2차원 그래픽에 대하여 설명합니다.

3장은 키보드와 마우스 그리고 타이머 등의 메시지 처리에 대하여 설명합니다.

4장은 메시지 함수와 윈도우 관련 함수에 대하여 설명합니다.

5장은 비트맵 그리기와 더블 버퍼링에 대하여 설명합니다.

6장은 메뉴와 단축키, 아이콘, 커서에 대하여 설명합니다.

7장은 폰트, 컬러, 파일에 대한 공용 대화상자에 대하여 설명합니다.

8장은 버튼, 에디트 컨트롤, 리스트 박스, 콤보 박스 그리고 정적 컨트롤 등의 컨트롤 윈도우에 대하여 설명합니다.

9장은 대화상자 기반의 응용 프로그램과 이미지 리스트, 리스트-뷰 컨트롤, 모드리스(modeless) 대화상자, 서브클래싱, 키보드 훅(keyboard hook)에 대하여 설명합니다.

10장은 파일처리 기초와 비트맵 파일 출력을 설명합니다.

11장은 SQLite3 데이터베이스에 대하여 간단히 설명합니다.

12장은 멀티스레드 프로그래밍과 동기화에 대하여 설명합니다.

13장은 마지막으로 윈속(winsock)을 사용한 클라이언트-서버의 네트워크 프로그래밍을 설명합니다.

이 책을 공부한 독자 여러분이 자신의 응용 프로그램을 구현할 때 필요에 따라 MSDN 도움말 내용을 읽으며 프로그래밍할 수 있을 정도의 실력을 갖출 수 있기를 기대합니다. 또한, MFC 클래스 라이브러리를 이용한 윈도우 프로그래밍에 더욱 쉽게 접근하기를 기대합니다.

이 책이 여러분의 프로그래밍 실력 향상에 도움이 되기를 바라며, 책이 나오기까지 수고하여 주신 출판사 관계자 여러분께 감사드립니다.

2019년 6월에

필자 김 동 근

CONTENTS

Chapter 1 윈도우 프로그래밍 기초

Chapter 2 GDI 그래픽 그리기

Chapter 8 컨트롤 윈도우

Chapter 9 대화상자

1 Chapter

윈도우 프로그래밍 기초

윈도우 프로그래밍에 필요한 기초 내용을 설명한다. Visual Studio 마법사를 이용하여 기본 프로그램을 생성하여 실행하고, 마법사에 의해 생성된 프로그램을 변경하는 과정에 대해 설명한다.

step 01 윈도우 프로그래밍 기초

마이크로소프트 윈도우즈(예를 들어, Windows 7, Windows 10) 운영체제에서 Win32 API 함수를 사용하여 윈도우 응용 프로그램을 작성하는 기초적인 내용에 대하여 설명한다.

윈도우즈(Windows)는 마이크로소프트사의 운영체제이고, 윈도우(window)는 응용 프로그램이 실행될 때 보이는 사각형 창이다. 윈도우즈에서 응용 프로그램은 콘솔 응용 프로그램과 윈도우 응용 프로그램이 있다. 이 책은 윈도우 응용 프로그램으로, 주로 SDI와 대화상자를 이용하는 응용 프로그램에 대해서 다룬다.

1. 응용 프로그램 종류

① 콘솔 응용 프로그램

콘솔(console) 응용 프로그램은 명령 창(cmd)에서 실행하는 응용프로그램이다. C/C++ 기본 문법을 배우기 위해 주로 사용하며, main 함수를 갖는다.

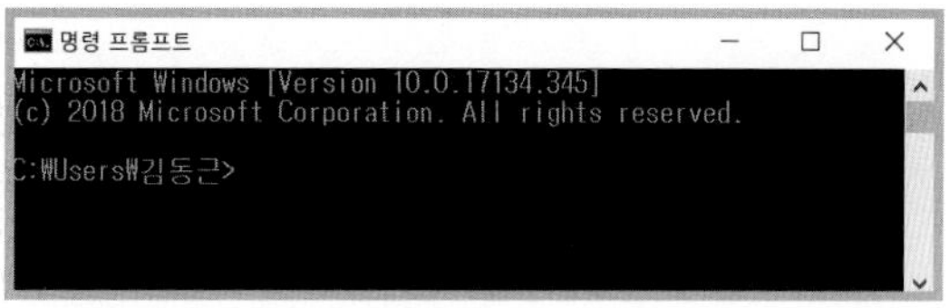

[그림 1.1] 콘솔 응용 프로그램

② 윈도우 응용 프로그램

윈도우 응용 프로그램은 대부분 그래픽 사용자 인터페이스(GUI) 기반으로 실행하는 응용 프로그램으로 WinMain 또는 wWinMain 함수를 갖는다. 단일 문서(Single Document Interface, SDI) 응용 프로그램, 대화상자(Dialog based) 응용 프로그램, 다중 문서(Multiple Document Interface, MDI) 윈도우 응용 프로그램이 있다. SDI 응용 프로그램은 하나의 클라이언트 영역(client area)이 있어서 하나의 문서만을 처리할 수 있고, MDI는 차일드(child) 창 각각에 문서를 유지하는 방법으로 다중 문서를 처리할 수 있다. 대화상자 응용 프로그램은 사용자 인터페이스를 위해 다양한 컨트롤을 배치한 대화상자가 메인 윈도우인 응용 프로그램이다. 예를 들어, [그림 1.2]의 메모장은 SDI 응용 프로그램이고, [그림 1.3]의 계산기는 대화상자 응용 프로그램이며, 비주얼 스튜디오와 포토샵은 MDI 윈도우 응용 프로그램이다.

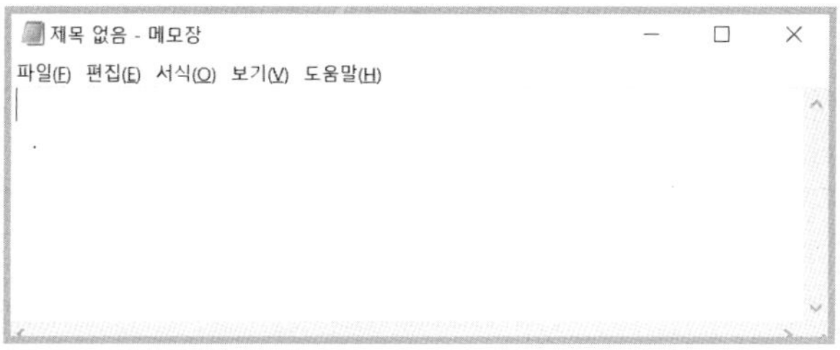

[그림 1.2] SDI 응용 프로그램: 메모장

[그림 1.3] 대화상자 응용 프로그램: 계산기

2.문자 집합(code set)

문자 집합은 멀티바이트 문자 집합(MBCS: Multi Byte Character Set)과 유니코드 문자 집합(Unicode Character Set)이 있다. 문자 집합에 따라 문자 표현 방식이 달라지고, 문자 관련 API 함수의 이름도 다르다.

① 멀티바이트 문자 집합

윈도우즈 운영체제는 한글, 한자 등 아시아권 국가의 문자를 표현하기 위해 멀티바이트 문자 집합(MBCS)을 사용한다. 우리나라에 대한 MBCS는 ANSI/OEM 949이며 영문은 1바이트 아스키코드, 한글은 2바이트 완성형 코드를 사용한다. 예를 들어, 영문자 'A'는 1바이트인 0x41, 한글 '가'는 2바이트인 0xA1B0이다. MBCS 문자에 대한 C/C++ 언어 자료형은 char이다. 문자열 상수를 사용할 때, "Hello"와 같이 사용한다. MBCS 윈도우 응용 프로그램의 메인 함수는 WinMain이다.

② 유니코드 문자 집합

유니코드는 전 세계 문자를 하나로 표현하기 위해 ISO가 표준으로 제정한 유니버설 문자(UCS) 코드이다. UTF-8, UTF-16(UCS-2), UTF-32(UCS-4) 등의 인코딩이 있다. UTF-16은 한글과 영문 모두 2바이트를 사용하여 기본 다국어 평면(BMP)의 모든 문자를 표현한다. 예를 들어, 영문자 'A'는 2바이트인 0x0041, 한글 '가'는 2바이트인 0xAC00이다. UTF-16 인코딩은 C/C++ 언어 자료형 wchar_t(unsigned short)를 사용한다. UTF-16을 와이드 바이트 문자 집합(WBCS: Wide Byte Charactert Set)이라고 한다. 문자열 상수를 사용할 때 L"Hello"와 같이 사용한다. 유니코드 윈도우 응용 프로그램의 메인 함수는 wWinMain이다.

③ 문자 관련 자료형

[표 1.1]은 문자 집합의 설정에 따라 사용할 수 있는 문자 관련 자료형을 표시한다. MBCS와 유니코드에서 호환 가능한 응용 프로그램을 작성하려면 헤더 파일 〈tchar.h〉을 포함하고, TCHAR, LPTSTR, LPCTSTR 자료형을 사용하며 문자열 상수에 _T, TEXT 매크로 함수를 사용하면 〈tchar.h〉에서 조건부 컴파일에 의해 문자 집합의 설정에 따라 적절한 자료형으로 변환한다.

명시적인 유니코드 문자열 상수는 접두어 'L'을 사용하여 L"abcd"처럼 사용한다.

[표 1.1] 문자 자료형

구 분	API 자료형	의미
MBCS	CHAR	char
	LPSTR	CHAR *
	LPCSTR	const CHAR *
	TCHAR	CHAR
	"abcd"	멀티바이트 문자열 상수 sizeof("abcd") = 5바이트
Unicode	WCHAR	wchar_t
	LPWSTR	WCHAR *
	LPCWSTR	const WCHAR *
	TCHAR	WCHAR
	L"abcd"	유니코드 문자열 상수 sizeof(L"abcd")=10바이트
tchar.h	TCHAR, LPTSTR, LPCTSTR	문자 집합 호환 자료형

또한, [그림 1.4]와 같이 메인 함수로 _tWinMain을 사용하면 MBCS 문자 집합은 WinMain으로 변환하고, 유니코드는 wWinMain으로 변환한다.

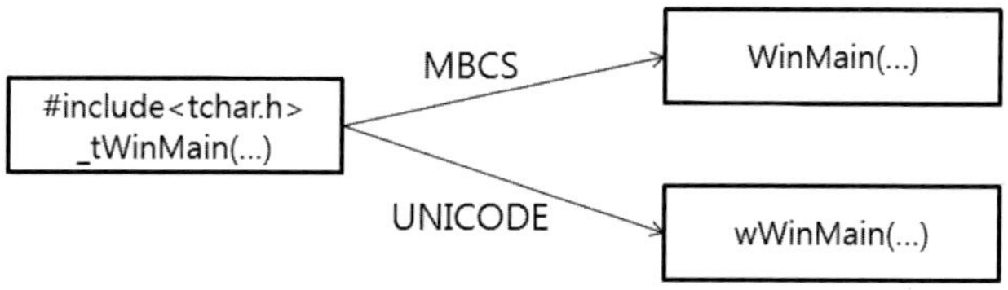

[그림 1.4] MBCS와 유니코드에서 호환 응용 프로그램

3. 윈도우즈 API에서 변수 및 함수 이름

C/C++ 프로그래밍 언어에서 "("와 ")"의 쌍인 괄호를 사용하면 함수이다(단, sizeof 연산자는 제외). 일반적으로 윈도우 응용 프로그램 작성할 때는 C/C++ 표준 함수, API 함수, 매크로 함수, 사용자 정의 함수가 사용된다.

① 변수 이름 접두어

윈도우 응용 프로그램에서 [표 1.2]와 같이 변수 이름 앞에 자료형을 나타내는 접두어를 포함하여 변수 이름을 사용하면 편리하다.

[표 1.2] 자주 사용되는 변수 이름 접두어

접두어	변수이름 예제	자료형 의미
n	nCmdShow	정수
cb	cbSize	바이트 수(count of byte), 정수
sz	szTitle	문자열(string terminated zero)
lpsz	lpszMenuName	0으로 끝나는 문자열 포인터
h	hInst	핸들(handle)

② C/C++ 표준 함수

C/C++ 표준 함수는 [표 1.3]과 같이 함수 이름이 모두 소문자로 되어 있다.

[표 1.3] 자주 사용되는 C/C++ 표준 함수

C/C++ 표준 함수	의미
strlen	멀티바이트 문자열의 길이 계산
lstrlen	호환 문자열의 길이 계산, lstrlenA, lstrlenW
wcslen	유니코드 문자열 계산
wsprintf	문자열로 출력, wsprintfA, wsprintfW
srand, rand	난수(random number)
sin, cos	사인, 코사인 함수

③ 매크로 함수

#define에 의한 매크로 함수의 이름은 [표 1.4]와 같이 모두 대문자를 사용한다.

[표 1.4] 자주 사용되는 매크로 함수

매크로 함수 이름	설명
TEXT, _T	문자 집합 호환 가능 문자열 변환
LOWORD	4바이트 정수의 아래쪽 2바이트
HIWORD	4바이트 정수의 위쪽 2바이트
RGB	r, g, b를 이용하여 COLORREF 자료형 반환
MAKEINTRESOURCE	리소스 정수 ID를 문자열

④ 윈도우즈 API 함수

API 함수는 함수 이름에 사용하는 단어의 시작을 대문자로 하고 나머지는 소문자를 사용한다. 멀티바이트 함수는 접미사로 'A'를 사용하고, 유니코드 함수는 접미사로 'W'를 사용한다. 'A'는 ANSI를 의미하고, 'W'는 wide를 의미한다.

[표 1.5] 윈도우즈 API 함수 예제

구분	API 함수 이름
MBCS	LoadStringA, CreateWindowA, RegisterClassExA
UNICODE	LoadStringW, CreateWindowW, RegisterClassExW
일반 API	GetMessage, TranslateMessage, DispatchMessage, ShowWindow, PostQuitMessage, DestroyWindow, DefWindowProc

[그림 1.5]와 같이 접미사 없는 API 함수를 사용하면 프로젝트의 문자 집합의 설정에 따라 자동으로 변환한다. 비주얼 스튜디오에서 소스 코드의 함수 위에 마우스를 위치시키면 함수의 원형 또는 문자 집합에 따라 #define으로 정의된 매크로 함수를 확인할 수 있다.

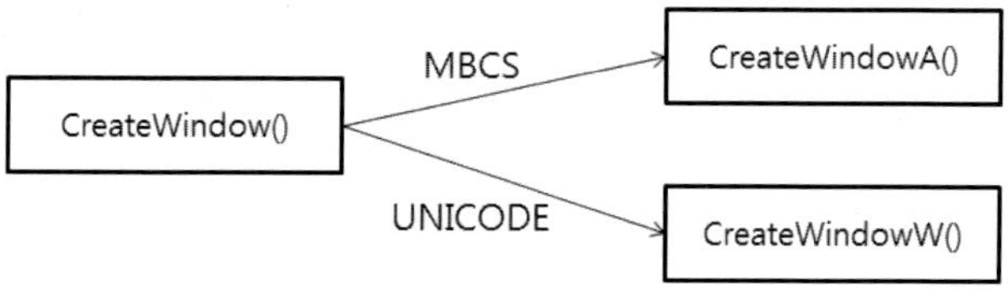

[그림 1.5] 문자 집합 설정에 따른 API 함수 변환

step 02 비주얼 스튜디오를 사용한 응용 프로그램 생성 · 빌드 · 실행

마이크로소프트사의 비주얼 스튜디오(Visual Studio)는 윈도우즈 운영체제에서 C/C++, C# 등을 사용하기 위한 대표적인 통합 개발환경(IDE)이다. 비주얼 스튜디오는 대략 2년마다 새로운 버전이 발표되고 있다.

이 책에서는 무료 버전인 비주얼 스튜디오 2017/2019 Community 버전을 사용하여 기본 윈도우 프로그램 생성하고, 빌드하고, 실행하는 방법을 설명한다.

비주얼 스튜디오는 [그림 2.1]과 같이 솔루션과 프로젝트 그리고 파일 단위로 응용 프로그램을 관리한다. 하나의 솔루션에 여러 개의 프로젝트가 있을 수 있으나, 일반적으로 하나의 솔루션에 하나의 프로젝트가 속해 있고, 프로젝트에는 C/C++ 소스 파일, 헤더 파일, 리소스 파일이 속해 있다. 빌드는 프로젝트별로 진행하며 하나의 프로젝트에는 하나의 메인(WinMain, wWinMain) 함수가 있어야 한다.

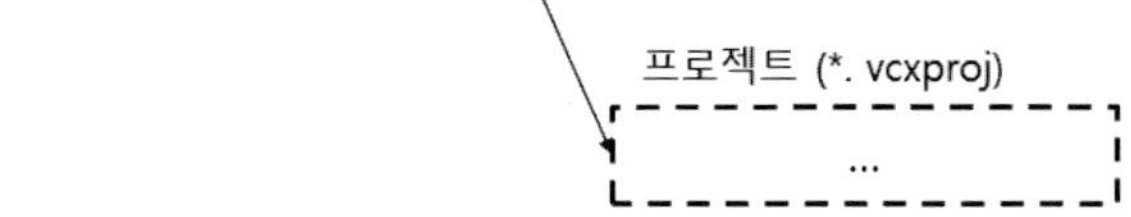

[그림 2.1] 솔루션 · 프로젝트 · 파일

1. 비주얼 스튜디오 2017

① 비주얼 스튜디오 2017(VS2017)을 실행시키고, [File]-[새로 만들기]-[프로젝트] 메뉴를 선택한다. [그림 2.2]와 같은 [새 프로젝트] 대화상자에서 [Visual C++]-

[Windows 데스크톱 응용 프로그램]을 선택하고, 프로젝트 이름과 위치를 지정한 뒤에 [확인] 버튼을 클릭한다.

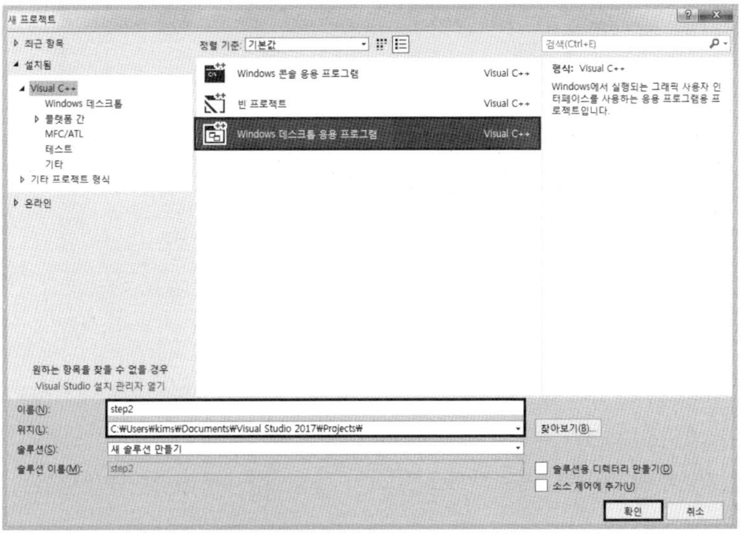

[그림 2.2] Windows 데스크톱 응용 프로그램(VS2017)

그러면 비주얼 스튜디오는 [그림 2.3]과 같이 기본 Windows 데스크톱 응용 프로그램을 자동으로 생성한다.

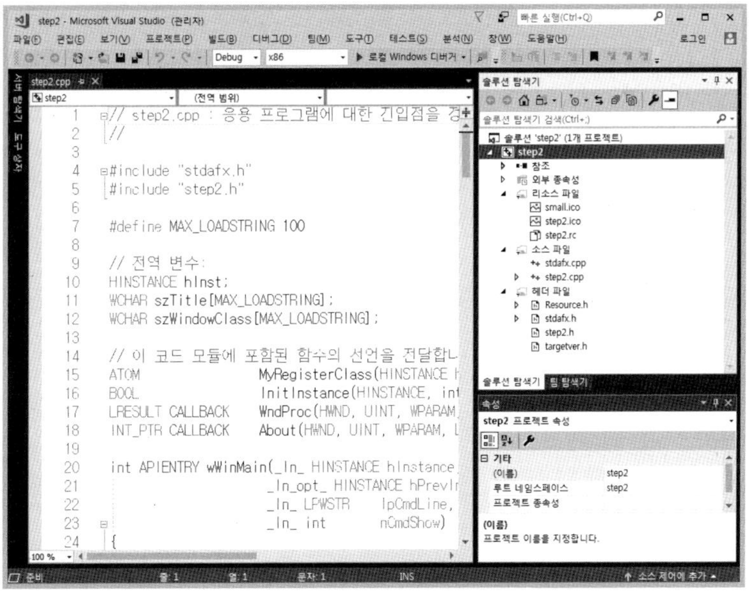

[그림 2.3] 기본 Windows 데스크톱 응용 프로그램(VS2017)

비주얼 스튜디오에서 새 프로젝트가 생성되면 [그림 2.4]와 같이 새 프로젝트를 생성할 때 [그림 2.2]에서 지정한 위치에 솔루션과 프로젝트 그리고 파일이 생성된다.

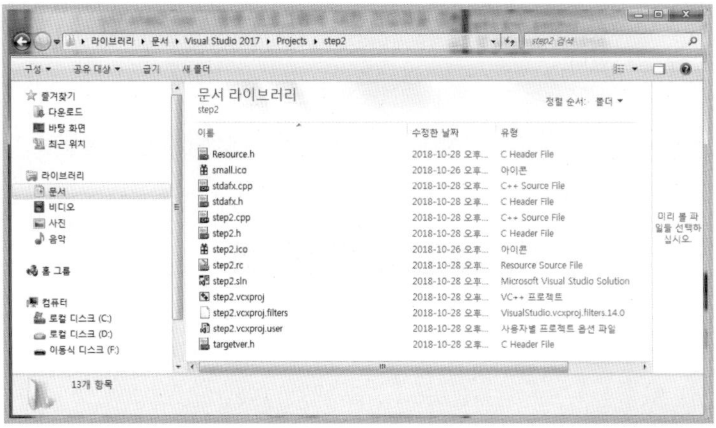

[그림 2.4] 솔루션과 프로젝트 그리고 파일

② 비주얼 스튜디오의 [빌드]–[솔루션 빌드] 메뉴를 선택하면, 솔루션에 포함된 모든 프로젝트를 빌드한다(여기는 1개의 프로젝트만 있다). [그림 2.5]는 빌드 결과를 나타내는 출력 창을 나타낸 것이다. 프로젝트의 빌드가 성공했음을 확인할 수 있다.

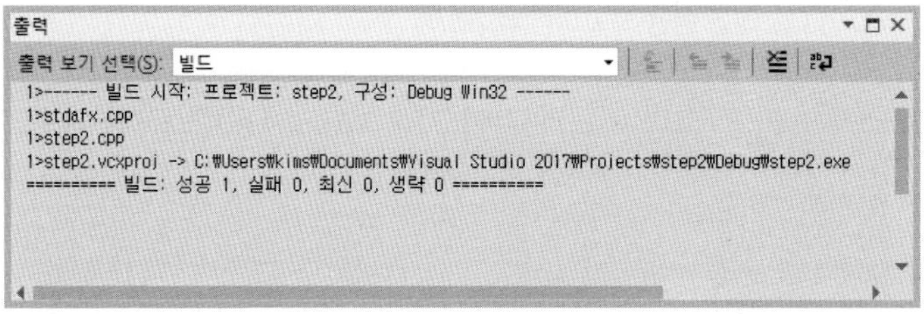

[그림 2.5] 응용 프로그램 빌드

③ 비주얼 스튜디오의 [디버그]–[디버그 하지 않고 시작](단축키: Ctrl+F5) 메뉴를 선택하면 응용 프로그램을 실행한다. [그림 2.6]은 윈도우즈 응용 프로그램이 실행되어 메뉴와 아이콘이 있는 간단한 윈도우 창이 표시된 결과이다.

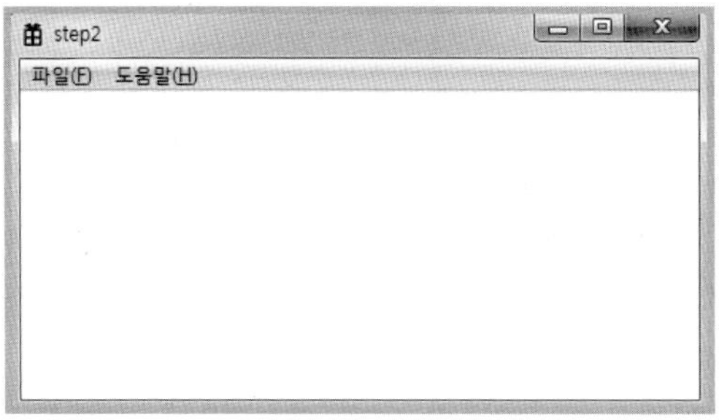

[그림 2.6] 응용 프로그램 실행 결과

④ 비주얼 스튜디오의 [빌드]–[구성 관리자] 메뉴를 선택하여 프로젝트의 구성과 플랫폼을 변경할 수 있다. [그림 2.7]의 [구성 관리자] 대화상자에서 활성 솔루션 구성을 [Release]로 변경하고, 활성 솔루션 플랫폼을 [x64]로 변경한다. 비주얼 스튜디오의 툴

바에서 [솔루션 구성]과 [솔루션 플랫폼] 콤보 박스를 이용하여 활성 솔루션 구성과 활성 솔루션 플랫폼을 간단히 변경할 수도 있다.
활성 솔루션 구성의 [Debug] 구성은 응용 프로그램을 개발할 때 오류(버그)를 찾는 디버깅 과정에서 사용하고, 프로그램의 모든 오류를 수정하는 작업이 완료되면 최종적으로 [Release] 구성으로 변경하여 실행 파일의 크기를 최소로 줄인다.
활성 솔루션 플랫폼의 [x86] 또는 [Win 32] 플랫폼은 32비트 윈도우 운영체제에서 실행 가능한 파일을 생성하고, [x64] 플랫폼은 64비트 윈도우 운영체제에서 실행 가능한 파일을 생성한다. 64비트 윈도우 운영체제에서는 32비트 응용 프로그램의 실행도 가능하다.

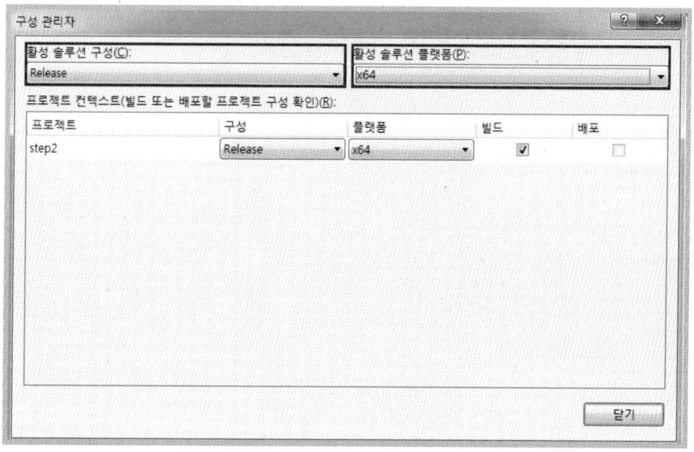

[그림 2.7] 활성 솔루션 구성을 [Release], 플랫폼을 [x64]로 변경

2. 비주얼 스튜디오 2019

① 비주얼 스튜디오 2019(VS2019)를 실행시키고, [File]-[새로 만들기]-[프로젝트]를 선택한다. [그림 2.8]에서와 같이 언어 항목을 [C++]로 선택하고, 프로젝트 형식으로 [Windows 데스크톱 애플리케이션]을 선택한다.
② [그림 2.9]와 같은 새 프로젝트 구성 대화상자에서 프로젝트 이름과 위치를 지정하고 [만들기] 버튼을 클릭하면, [그림 2.10]과 같이 기본 Windows 데스크톱 응용 프로그램을 생성한다.
③ 비주얼 스튜디오 2017과 같이 지정한 위치에 솔루션과 프로젝트 그리고 파일이 생성된다. VS2019는 〈framework.h〉 헤더 파일에 〈windows.h〉 헤더 파일과 C 런타임 기본 헤더 파일을 포함한다.

[그림 2.8] Windows 데스크톱 애플리케이션: 단계 1(VS2019)

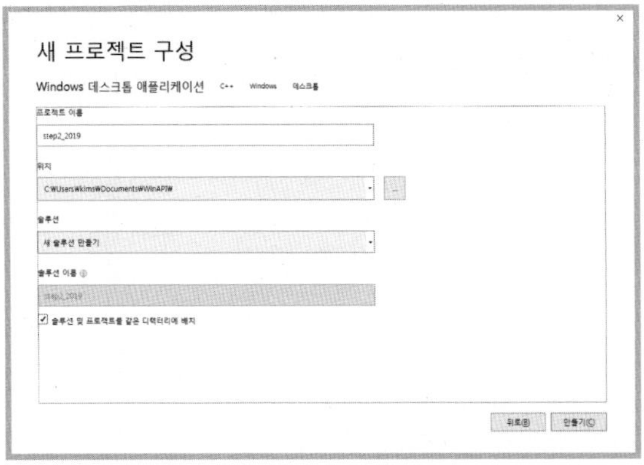

[그림 2.9] Windows 데스크톱 애플리케이션: 단계 2(VS2019)

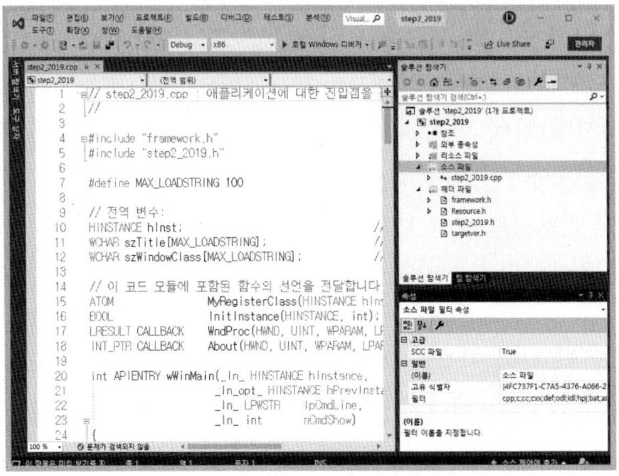

[그림 2.10] 기본 Windows 데스크톱 애플리케이션(VS2019)

④ 비주얼 스튜디오 2019에서 2017 솔루션을 열면, [그림 2.11]의 창이 나오고, [확인]을 누르면 VS2019 프로젝트로 변경된다.

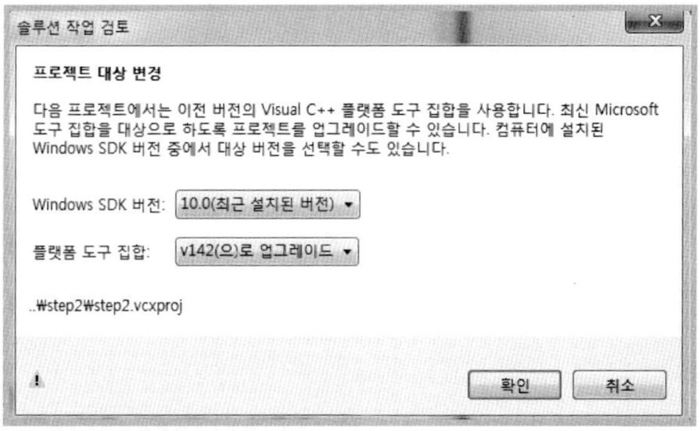

[그림 2.11] VS2017을 VS2019 프로젝트로 변경

step

03 기본 윈도우 프로그램 수정

비주얼 스튜디오가 기본으로 생성하는 윈도우 응용 프로그램의 소스 코드에서 미리컴파일된 헤더(stdafx.h) 설정을 해제하고 리소스(메뉴와 아이콘)를 삭제하여 하나의 ".cpp" 소스 파일만을 갖는 최소 윈도우 응용 프로그램으로 수정한다.

1. 미리 컴파일된 헤더 설정 해제 및 리소스 파일 삭제

① "step3" 이름으로 "Windows 데스크톱 응용 프로그램"을 생성한다.

② [프로젝트]-[속성] 메뉴를 선택하면, VS2017은 [그림 3.1], VS2019는 [그림 3.2]의 프로젝트 속성 창이 나타난다. [일반]-[문자 집합]에 기본으로 [유니코드 문자 집합]으로 설정되어 있다. [멀티바이트 문자 집합 사용]으로 변경할 수 있다.

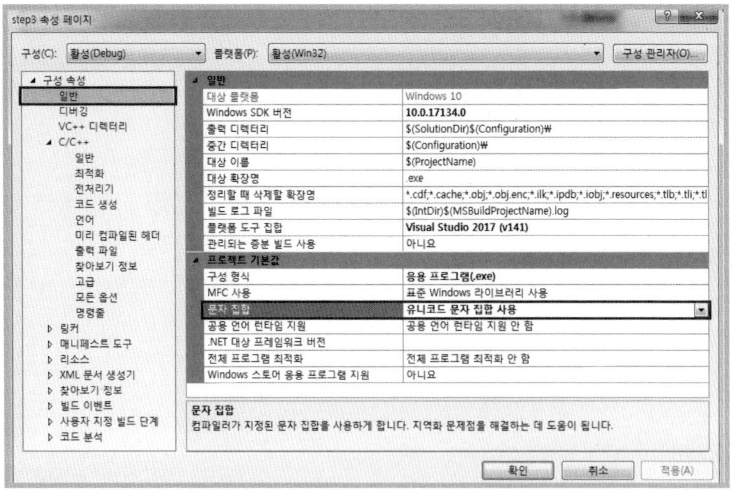

[그림 3.1] 프로젝트 속성(VS2017)

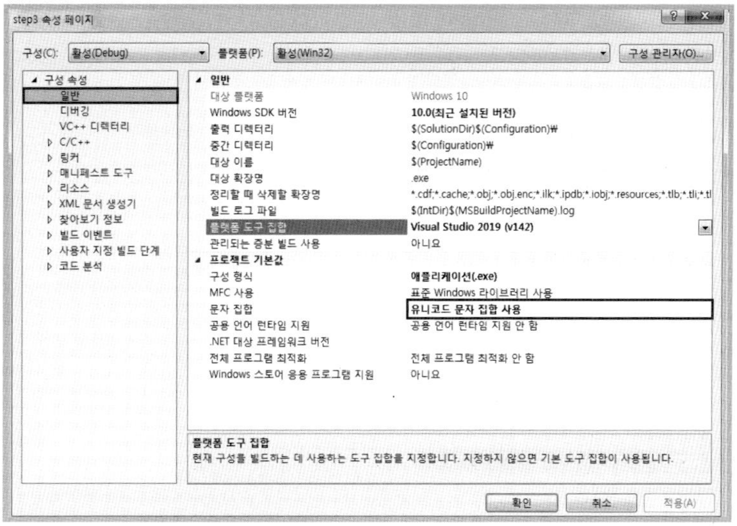

[그림 3.2] 프로젝트 속성(VS2019)

③ [step3 속성 페이지] 대화상자의 왼쪽 메뉴 트리에서 [C/C++]-[미리 컴파일된 헤더] 항목을 선택한다. 표시된 내용 중 [미리 컴파일된 헤더] 항목의 값이 "사용(/Yu)"이면, 〈stdafx.h〉 헤더 파일을 모든 CPP 파일에 포함해야 한다. 〈windows.h〉를 직접 포함시키기 위해 [그림 3.3] 같이 [미리 컴파일된 헤더] 항목의 값을 더블클릭하거나 클릭하여 표시되는 목록에서 "미리 컴파일된 헤더 사용 안 함"으로 선택하여 변경한다.

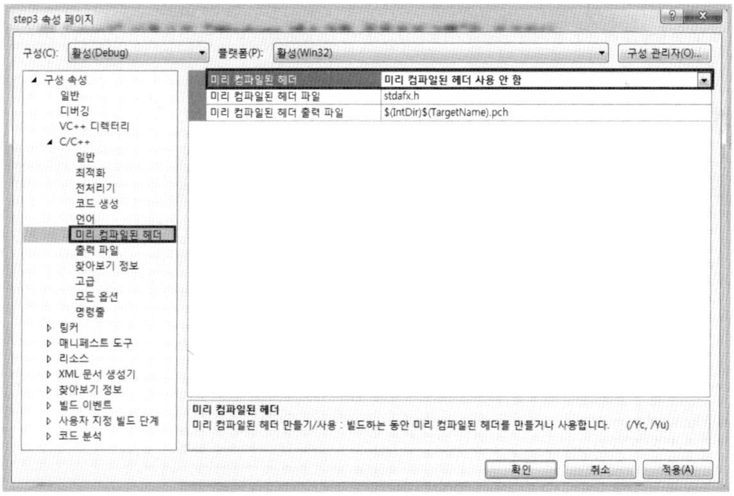

[그림 3.3] 미리 컴파일된 헤더 사용 안 함 설정

④ "step3.cpp" 파일에서 〈windows.h〉를 직접 포함한다.

⑤ 솔루션 탐색기에서 "step3.cpp" 소스 파일만 남겨 놓고, [그림 3.4] 같이 헤더 파일과 리소스 파일을 모두 마우스로 선택하여 Del 키로 삭제한다.

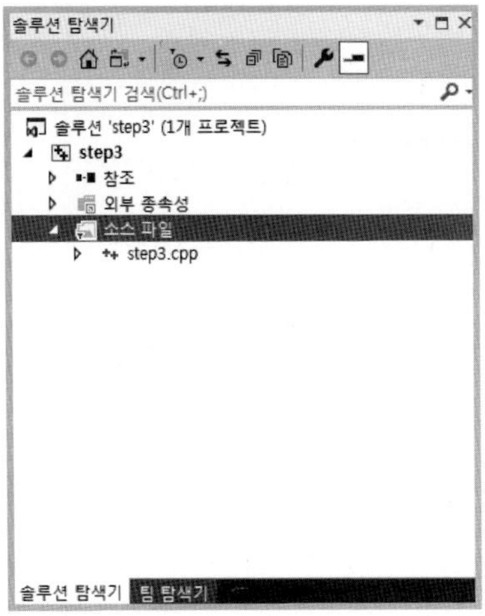

[그림 3.4] 솔루션 탐색기

2. 문자 집합 호환 가능 소스로 수정

"step3.cpp" 파일에서 사용자 정의 함수 MyRegisterClass와 InitInstance의 내용을 메인 함수에 복사하고, 다음과 같이 유니코드 기반의 응용 프로그램을 유니코드 또는 멀티바이트 문자 집합의 설정과 관계없이 호환 가능한 응용 프로그램으로 변경한다. 프로그램을 변경하는 과정을 단계적으로 살펴보자.

① #include <tchar.h> 문을 포함시키고, wWinMain을 _tWinMain으로 변경한 뒤에 인수의 자료형 LPWSTR을 LPTSTR로 변경한다. <tchar.h>에 의해 _tWinMain은 유니코드이면 wWinMain, 멀티바이트이면 WinMain으로 변경된다.

```
int APIENTRY  _tWinMain(_In_ HINSTANCE       hInstance,
                        _In_opt_ HINSTANCE hPrevInstance,
                        _In_ LPTSTR          lpCmdLine,
                        _In_ int             nCmdShow)
```

② 소스 코드의 전역 변수 영역에서 변수의 타입 WCHAR을 TCHAR로 변경하고, 문자열 값을 할당한다.

```
TCHAR szTitle[MAX_LOADSTRING] = _T("simple window");
TCHAR szWindowClass[MAX_LOADSTRING] = _T("simple window");
```

③ 유니코드 구조체 WNDCLASSEXW와 API 함수 RegisterClassExW(&wcex)를 WNDCLASSEX와 RegisterClassEx(&wcex)로 변경한다. 아이콘을 기본 아이콘인 IDI_APPLICATION으로 변경한다. wcex.lpszMenuName = NULL로 윈도우의 메뉴를 삭제한다.

```
WNDCLASSEX wcex;
wcex.hIcon = LoadIcon(NULL, IDI_APPLICATION);
wcex.lpszMenuName = NULL;
wcex.hIconSm = LoadIcon(wcex.hInstance, IDI_APPLICATION);
RegisterClassEx(&wcex);
```

④ 유니코드 API 함수 CreateWindowW를 CreateWindow로 변경한다.

```
HWND hWnd = CreateWindow(szWindowClass, szTitle,
                         WS_OVERLAPPEDWINDOW,
                         CW_USEDEFAULT, 0,
                         CW_USEDEFAULT, 0,
                         nullptr, nullptr, hInstance, nullptr);
```

⑤ 수정된 소스 프로그램 "step3.cpp"는 다음과 같다.

step3.cpp

```
#include <windows.h>
#include <tchar.h>

#define MAX_LOADSTRING 100

// 전역 변수:
HINSTANCE hInst; // 현재 인스턴스입니다.
TCHAR szTitle[MAX_LOADSTRING] = _T("simple window");
TCHAR szWindowClass[MAX_LOADSTRING] = _T("simple window");

// 이 코드 모듈에 포함된 함수의 선언을 전달합니다:
LRESULT CALLBACK    WndProc(HWND, UINT, WPARAM, LPARAM);

int APIENTRY  _tWinMain(_In_ HINSTANCE hInstance,
                        _In_opt_ HINSTANCE hPrevInstance,
                        _In_ LPTSTR    lpCmdLine,
                        _In_ int       nCmdShow)
{
    // 윈도우 등록
    WNDCLASSEX wcex;
    wcex.cbSize = sizeof(WNDCLASSEX);
    wcex.style = CS_HREDRAW | CS_VREDRAW;
    wcex.lpfnWndProc = WndProc;
    wcex.cbClsExtra = 0;
    wcex.cbWndExtra = 0;
    wcex.hInstance = hInstance;
    wcex.hIcon = LoadIcon(NULL, IDI_APPLICATION);
    wcex.hCursor = LoadCursor(nullptr, IDC_ARROW);
```

```
        wcex.hbrBackground = (HBRUSH)(COLOR_WINDOW + 1);
        wcex.lpszMenuName = NULL;
        wcex.lpszClassName = szWindowClass;
        wcex.hIconSm = LoadIcon(wcex.hInstance, IDI_APPLICATION);
        RegisterClassEx(&wcex);

        hInst = hInstance; // 인스턴스 핸들을 전역 변수에 저장합니다.

        // 윈도우 생성
        HWND hWnd = CreateWindow(szWindowClass, szTitle,
                            WS_OVERLAPPEDWINDOW,
                            CW_USEDEFAULT, 0,
                            CW_USEDEFAULT, 0,
                            nullptr, nullptr, hInstance, nullptr);
        // 윈도우 보이기, 갱신
        ShowWindow(hWnd, nCmdShow);
        UpdateWindow(hWnd);

        MSG msg;
        while (GetMessage(&msg, nullptr, 0, 0)) // 기본 메시지 루프입니다:
        {
          TranslateMessage(&msg);
          DispatchMessage(&msg);
        }
        return (int)msg.wParam;
}

//윈도우 프로시저
LRESULT CALLBACK WndProc(HWND hWnd, UINT message,
                    WPARAM wParam, LPARAM lParam)
{
        switch (message)
        {
        case WM_DESTROY:
          PostQuitMessage(0);
          break;
        default:
          return DefWindowProc(hWnd, message, wParam, lParam);
        }
        return 0;
}
```

⑥ 단축키 Ctrl+F5를 눌러 응용 프로그램을 빌드하고 실행한다. [그림 3.6]은 실행결과이다. 예제 응용 프로그램은 멀티바이트와 유니코드 설정에서 모두 오류 없이 빌드하고 실행할 수 있다.

[그림 3.6] 실행결과

step 04 윈도우 프로그램 구조

여기서는 윈도우 프로그램의 기본 구조를 간략하게 설명한다. [그림 4.1]은 [step 03]에서 수정한 윈도우 프로그램 구조이다. 윈도우 응용 프로그램은 윈도우를 등록하고 생성하여 화면에 보이고, 메시지 루프에서 메시지를 가져와 해석하고 윈도우 프로시저에 메시지를 전달하여 처리하는 작업을 반복 수행한다.

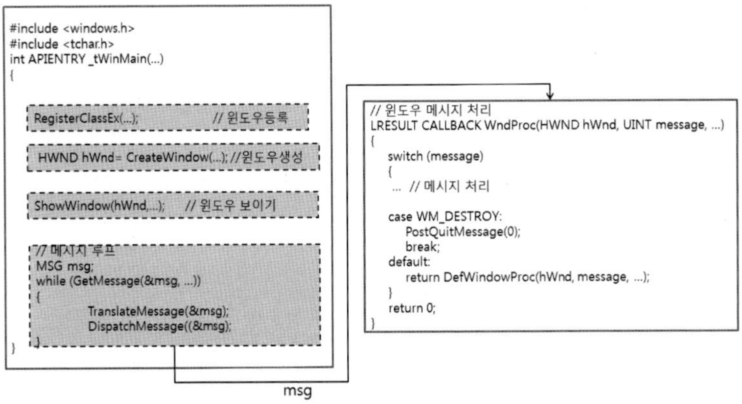

[그림 4.1] 윈도우 프로그램 기본 구조("step3" 프로젝트)

1. 헤더파일: 〈windows.h〉와 〈tchar.h〉

윈도우 프로그램은 〈windows.h〉 헤더 파일을 반드시 포함해야 한다. 〈windows.h〉 헤더 파일을 포함함으로써 윈도우 응용 프로그램을 작성하기 위한 자료형의 정의와 윈도우즈 API 함수의 원형(prototype)을 포함하게 된다.

〈tchar.h〉 헤더 파일을 포함하고 메인 함수를 _tWinMain으로 사용하면, 조건 컴파일에 의해 유니코드 설정이면 wWinMain으로 변환하고, 멀티바이트 설정이면 WinMain으로 변환한다. 유니코드 문자 집합으로 설정하고 메인 함수를 wWinMain을 사용하거나, 멀티바이트 문자 집합으로 설정하고 WinMain을 사용하면 〈tchar.h〉 헤더 파일을 포함하지 않아도 된다.

2. 핸들(handle) 자료형

핸들은 윈도우즈 운영체제가 객체 또는 자원을 관리하기 위하여 부여하는 고유번호를 위한 구조체 포인터 자료형이다. 응용 프로그램 인스턴스, 윈도우, 장치 컨텍스트, 브러시, 펜, 폰트, 비트맵, 리전 등의 핸들이 있다. 인스턴스 핸들(instance handle)은 응용 프로그램이 실행할 때 윈도우즈가 부여하는 고유번호이고, 윈도우 핸들(window handle)은 윈도우즈가 윈도우에 부여하는 고유번호이다. 이러한 핸들을 통하여 서로 다른 객체를 구분하고 관리한다. [표 4.1]은 주요 핸들의 자료형이다.

[표 4.1] 주요 핸들 자료형

핸들 자료형	의미
HINSTANCE	인스턴스 핸들
HWND	윈도우 핸들
HDC	장치 컨텍스트 핸들
HBRUSH	브러시 핸들
HPEN	펜 핸들
HFONT	폰트 핸들
HBITMAP	비트맵 핸들
HRGN	영역 핸들

3. 전역 변수와 함수 선언

인스턴스 핸들 hInst 그리고 TCHAR 자료형의 배열 szTitle과 szWindowClass가 전역 변수로 선언되고, _T 매크로 함수로 문자 집합 설정과 무관하게 문자열을 초기화한다. 윈도우 프로시저 WndProc 함수가 선언되어 있다.

① HINSTANCE hInst

인스턴스 핸들 hInst는 리소스 관련 함수 등에서 필요하기 때문에, 전역 변수로 선언하고 메인 함수에서 hInst = hInstance; 문으로 메인 함수로 전달되는 인스턴스 핸들(hInstance)을 저장한다.

② TCHAR szTitle[MAX_LOADSTRING] = _T("simple window")

szTitle 문자열은 윈도우의 타이틀 문자열로 사용한다.

③ TCHAR szWindowClass[MAX_LOADSTRING] = _T("simple window")

szWindowClass 문자열은 윈도우 클래스를 등록하는 이름으로 사용한다.

④ LRESULT CALLBACK WndProc(HWND, UINT, WPARAM, LPARAM)

WndProc 함수는 윈도우에서 발생하는 메시지를 처리하는 윈도우 프로시저이다. 함수 사용보다 함수 정의가 뒤에 있는 경우 함수의 선언이 필요하다. 윈도우 프로시저는 사용자가 직접 호출하는 함수가 아니라, 사용자가 등록하면 윈도우즈가 호출해주는 콜백(CALLBACK) 함수이다. 윈도우 프로시저 함수의 이름은 변경할 수 있지만, 매개변수에 대한 자료형의 순서(HWND, UINT, WPARAM, LPARAM)는 변경할 수 없다.

전역 변수와 함수 선언

```
#define MAX_LOADSTRING 100
// 전역 변수
HINSTANCE hInst;    // 현재 인스턴스입니다.
TCHAR szTitle[MAX_LOADSTRING] = _T("simple window");   // 제목 표시줄
TCHAR szWindowClass[MAX_LOADSTRING] = _T("simple window");

// 이 코드 모듈에 포함된 함수의 선언을 전달합니다.
LRESULT CALLBACK    WndProc(HWND, UINT, WPARAM, LPARAM);
```

4. 메인 함수: _tWinMain()

윈도우 응용 프로그램의 메인 함수는 윈도우를 등록하고 생성하여 화면에 표시하고, 메시지를 가져와서 해석해 윈도우 프로시저에 메시지를 전달하는 작업을 WM_QUIT 메시지를 가져올 때까지 while 문에 의해 반복적으로 수행한다.

〈tchar.h〉 헤더 파일을 포함하면 조건 컴파일에 의해 _tWinMain은 유니코드 문자 집합 설정이면 wWinMain으로 변환되고, 멀티바이트 설정이면 WinMain으로 변환된다.

메인 함수

```
int APIENTRY _tWinMain(HINSTANCE hInstance,
                       HINSTANCE hPrevInstance,
                       LPTSTR    lpCmdLine,
                       int nCmdShow)
{
  ...
}
```

① hInstance는 현재 응용 프로그램 인스턴스의 고유번호가 전달된다.

② hPrevInstance는 항상 0이다.

③ lpCmdLine는 응용 프로그램 명령행의 문자열이 전달된다. 디폴트는 공백 문자열이다. LPTSTR은 문자 집합 호환 가능한 문자열 자료형이다.

④ nCmdShow는 윈도우를 보여주는 방법으로, 기본값은 SW_SHOWDEFAULT = 10이다.

5. 윈도우 클래스 등록

CreateWindow 함수로 윈도우를 생성하기 위해서는 먼저 윈도우 클래스(종류)를 등록해야 한다. WNDCLASSEX 구조체 변수를 선언하고, 생성할 윈도우에 대한 정보를 구조체 멤버에 초기화한 뒤에 RegisterClassEx 함수로 윈도우 클래스를 등록한다. WNDCLASS 구조체와 RegisterClass 함수를 사용하여 윈도우 클래스를 등록할 수 있다.

윈도우 등록

```
WNDCLASSEX wcex;
wcex.cbSize          = sizeof(WNDCLASSEX);
wcex.style           = CS_HREDRAW | CS_VREDRAW;
wcex.lpfnWndProc     = WndProc;
wcex.cbClsExtra      = 0;
wcex.cbWndExtra      = 0;
wcex.hInstance       = hInstance;
wcex.hIcon           = LoadIcon(NULL, IDI_APPLICATION);

wcex.hCursor         = LoadCursor(nullptr, IDC_ARROW);
wcex.hbrBackground   = (HBRUSH)(COLOR_WINDOW+1);
wcex.lpszMenuName    = NULL;
wcex.lpszClassName   = szWindowClass;
wcex.hIconSm         = LoadIcon(NULL, IDI_APPLICATION);
RegisterClassEx(&wcex);
```

① cbSize에 WNDCLASSEX 유니코드 구조체의 바이트 수를 설정한다.
② style에 스타일을 CS_HREDRAW | CS_VREDRAW로 설정한다. 이는 윈도우의 가로와 세로 크기를 변경하면 전체영역을 다시 그린다.
③ lpfnWndProc에 메시지를 처리할 윈도우 프로시저를 WndProc로 설정한다.
④ cbClsExtra, cbWndExtra에 추가사용 바이트를 0으로 설정한다.
⑤ hInstance에 인스턴스 핸들 hInstance를 설정한다.
⑥ hIcon에 응용 프로그램의 기본 아이콘 IDI_APPLICATION을 설정한다. IDI_APPLICATION, IDI_ERROR, IDI_HAND 등의 기본 아이콘을 사용할 때 LoadIcon()의 인스턴스 핸들을 널 포인터(nullptr, NULL)로 설정한다.
⑦ hCursor에 커서를 IDC_ARROW로 설정한다. IDC_ARROW, IDC_CROSS, IDC_WAIT, IDC_IBEAM 등의 윈도우즈에서 기본으로 제공되는 커서를 설정할 때 LoadCursor 함수의 인스턴스 핸들을 널 포인터로 설정한다.
⑧ hbrBackground에 윈도우의 배경색을 (HBRUSH)(COLOR_WINDOW + 1)로 설정한다. 컬러 배경은 CreateSolidBrush 함수로 설정한다.
⑨ lpszMenuName에 NULL을 설정하여 윈도우에서 메뉴를 없앤다.
⑩ lpszClassName에 전역 변수 배열 szWindowClass로 윈도우 클래스 이름을 설정한다. CreateWindow 함수에서 이 윈도우 클래스 이름을 이용하여 윈도우를 생성한다.
⑪ hIconSm에 작은 아이콘을 IDI_APPLICATION으로 설정한다.

⑫ RegisterClassEx(&wcex)로 구조체 변수 wcex에 설정된 내용으로 윈도우 클래스를 등록한다. 등록에 실패하면 0을 반환한다.
⑬ WNDCLASS 구조체는 cbSize와 hIconSm 멤버가 없다. WNDCLASS 구조체를 사용하면 RegisterClass 함수로 등록한다.

6. 윈도우 생성

CreateWindow 함수는 등록된 윈도우 클래스 이름으로 윈도우를 생성하여 윈도우 핸들을 반환하고, WM_CREATE 메시지를 발생시킨다.

윈도우 생성

```
HWND hWnd = CreateWindow(szWindowClass,          // 윈도우 클래스 문자열
                         szTitle,                // 타이틀 문자열
                         WS_OVERLAPPEDWINDOW,    // 윈도우 스타일
                         CW_USEDEFAULT, 0,       // 윈도우 표시 위치
                         CW_USEDEFAULT, 0,       // 윈도우 크기
                         nullptr, nullptr, hInstance, nullptr));
```

① 전역 변수 배열 szWindowClass의 문자열로 등록한 윈도우 클래스로 윈도우를 생성한다.
② 전역 변수 배열 szTitle의 문자열로 윈도우 창의 타이틀을 설정한다.
③ WS_OVERLAPPEDWINDOW로 겹침 가능한 일반적인 윈도우 스타일을 설정한다. WS_POPUP을 사용하면 타이틀 바가 없는 윈도우가 생성된다.
④ CW_USEDEFAULT, 0 그리고 CW_USEDEFAULT, 0으로 기본 위치(x, y)와 기본 크기(nWidth, nHeight)로 윈도우를 생성한다.
⑤ 부모 윈도우 핸들(hWndParent) nullptr, 메뉴 핸들(hMenu) nullptr, 인스턴스(hInstance), 윈도우에 전달되는 인수(lpParam)를 nullptr로 설정한다.
⑥ 윈도우가 정상적으로 생성되면 nullptr이 아닌 윈도우 핸들을 반환한다. 윈도우를 생성하지 못하면(대부분 등록된 이름이 없는 경우) nullptr을 반환한다.

7. 윈도우 보이기와 화면갱신

ShowWindow 함수는 윈도우를 화면에 표시한다. UpdateWindow 함수는 WM_PAINT 메시지를 보내어 윈도우의 클라이언트 영역을 갱신한다.

윈도우 보이기와 화면 갱신

```
ShowWindow(hWnd, nCmdShow);
UpdateWindow(hWnd);
```

① hWnd는 CreateWindow()에 의해 생성된 화면에 보일 윈도우 핸들이다.
② nCmdShow는 윈도우를 보이는 방법이다. 메인 함수에 전달되는 SW_SHOWDEFAULT가 기본값이다. SW_SHOW, SW_HIDE, SW_MAXIMIZE, SW_MINIMIZE 등이 있다. 처음에 윈도우가 생성되어 보일 때는 자동으로 갱신되기 때문에 UpdateWindow()는 생략할 수 있다.

8. 메시지 루프

윈도우 응용 프로그램은 이벤트 처리를 중심으로 프로그램이 동작한다. 응용 프로그램에 포함되는 메인 함수의 마지막 부분에 메시지 루프가 있다. 만약 메시지 루프가 없으면 응용 프로그램은 바로 종료한다. 즉, 메시지 루프는 윈도우가 파괴되기 전까지 윈도우를 화면에 계속 표시되도록 한다. 메시지 루프는 GetMessage 함수로 메시지를 가져오고 TranslateMessage 함수로 메시지를 번역하여 DispatchMessage 함수로 메시지를 윈도우 프로시저로 보낸다.

메시지 루프

```
MSG msg;
// 기본 메시지 루프입니다.
while (GetMessage(&msg, NULL, 0, 0))
{
    TranslateMessage(&msg);  // WM_CHAR
    DispatchMessage(&msg);  // WndProc
}
```

① GetMessage 함수가 메시지를 MSG 구조체 변수 msg에 가져온다. GetMessage 함수는 WM_QUIT 메시지이면, FALSE를 반환하고 나머지 메시지는 TRUE를 반환한다. 즉, GetMessage 함수가 WM_QUIT 메시지를 가져오면, 반복문이 끝나고 응용 프로그램도 종료한다.

MSG 구조체

```
typedef struct tagMSG {          // msg
    HWND   hwnd;                 // 메시지를 받을 윈도우 핸들
    UINT   message;              // 메시지 번호(WM_KEYDOWN 등)
    WPARAM wParam;               // 메시지 부가 정보
    LPARAM lParam;               // 메시지 부가 정보
    DWORD  time;                 // 메시지가 전달된 시간
    POINT  pt;                   // 마우스 위치
}
```

② TranslateMessage 함수는 키보드 메시지(WM_KEYDOWN)를 번역하여 문자 키이면 WM_CHAR 메시지를 생성한다.
③ DispatchMessage 함수는 메시지가 발생한 윈도우(msg.hwnd)의 윈도우 프로시저로 메시지를 보낸다.

9. 윈도우 프로시저

윈도우 프로시저는 메시지를 처리하는 함수이며 콜백(CALLBACK) 함수이다. 윈도우 프로시저 함수의 몸체는 switch ~ case 문에 의해 각 메시지를 처리하고 반환한다. 윈도우 프로시저의 이름은 윈도우를 생성하기 위해 등록한 윈도우 클래스에서 WNDCLASSEX의 lpfnWndProc 멤버 변수에 저장된 함수 이름과 같아야 한다. 다음 예는 비주얼 스튜디오로 생성한 기본 프로그램에서 WM_COMMAND와 WM_PAINT 메시지 부분만 삭제한 윈도우 프로시저이다.

윈도우 프로지저

```
LRESULT CALLBACK WndProc(HWND hWnd, UINT message,
                                  WPARAM wParam, LPARAM lParam)
{
   switch (message)
   {
      case WM_DESTROY:
         PostQuitMessage(0);
         break;
      default:
         return DefWindowProc(hWnd, message, wParam, lParam);
   }
   return 0;
}
```

① 윈도우 프로시저(WndProc)는 메시지가 발생한 윈도우(hWnd), 메시지(message), 부가정보(wParam, lParam)를 인수로 전달받는다. 부가정보는 메시지마다 다르다.
② message가 WM_DESTROY 메시지이면, PostQuitMessage 함수가 WM_QUIT 메시지를 발생시킨다. 그러면, 메시지 루프에서 GetMessage 함수가 WM_QUIT를 가져와서 FALSE를 반환하여 반복을 끝내고 응용 프로그램을 종료한다.
③ case에 의해 처리하지 않은 나머지 메시지는 디폴트 윈도우 프로시저 DefWindowProc에서 처리한다.

10. 비주얼 스튜디오가 생성하는 기본 프로그램

[그림 4.2]는 비주얼 스튜디오가 생성한 기본 윈도우 응용 프로젝트 [step 04]의 윈도우 프로그램 구조이다. 비주얼 스튜디오는 유니코드 문자 집합을 사용하고, 리소스(메뉴, 단축키, 아이콘, 문자열, 대화상자)를 사용하는 윈도우 응용 프로그램을 기본으로 생성한다.

VS2017의 기본 프로그램은 〈stdafx.h〉 헤더 파일에 〈windows.h〉 헤더 파일과 C 런타임 기본 헤더 파일을 포함하고 있고, [프로젝트]-[속성]의 [C/C++]-[미리컴파일된 헤더]에서 [사용]으로 기본 설정되어 있어 모든 CPP 소스 파일에서 〈stdafx.h〉 헤더 파일을 포함해야 한다.

VS2019의 기본 프로그램은 〈framework.h〉 헤더 파일에 〈windows.h〉 헤더 파일과 C 런타임 기본 헤더 파일을 포함하고 있으며, 미리컴파일된 헤더가 기본으로 설정되어 있지 않다.

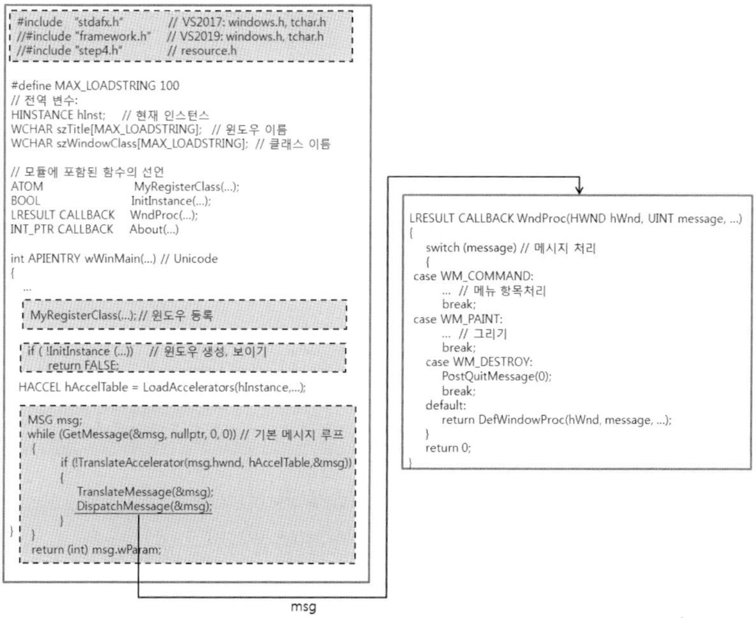

[그림 4.2] 비주얼 스튜디오가 생성하는 기본 프로그램 구조

① 헤더파일: 〈stdafx.h〉(VS2017)와 〈framework.h〉(VS2019)

〈stdafx.h〉(VS2017)와 〈framework.h〉(VS2019)는 〈windows.h〉와 기본 C 런타임 헤더 파일을 포함한다.

stdafx.h(VS2017)/framework.h(VS2019)

```
// stdafx.h : 자주 사용하지만 자주 변경되지는 않는
// 표준 시스템 포함 파일 또는 프로젝트 특정 포함 파일이 들어 있는
// 포함 파일입니다.

#pragma once
#include "targetver.h"
// 거의 사용되지 않는 내용을 Windows 헤더에서 제외합니다.
#define WIN32_LEAN_AND_MEAN
// Windows 헤더 파일
#include <windows.h>

// C 런타임 헤더 파일입니다.
#include <stdlib.h>
#include <malloc.h>
#include <memory.h>
```

```
#include <tchar.h>

// 여기서 프로그램에 필요한 추가 헤더를 참조합니다.
```

② 문자 집합

비주얼 스튜디오는 유니코드 문자 집합이 기본 설정이다. WCHAR, LPWSTR, WNDCLASSEXW는 유니코드 자료형이고, wWinMain은 유니코드 메인 함수이다. LoadStringW, RegisterClassExW, CreateWindowW는 유니코드 API 함수이며, MAKEINTRESOURCEW는 유니코드 매크로 함수이다.

③ 사용자 정의 함수

기본 윈도우 응용 프로그램에는 MyRegisterClass, InitInstance, WndProc, About 사용자 정의 함수가 있다.

MyRegisterClass 함수는 유니코드 구조체 WNDCLASSEXW, 유니코드 함수 RegisterClassExW를 사용하여 윈도우 클래스를 등록한다.

InitInstance 함수는 유니코드 함수 CreateWindowW로 윈도우를 생성하고, ShowWindow와 UpdateWindow 함수로 윈도우를 화면에 표시하고 갱신한다.

WndProc는 윈도우에서 발생하는 메시지를 처리하는 윈도우 프로시저이고, About은 대화상자에서 발생하는 메시지를 처리하는 대화상자 윈도우 프로시저이다.

사용자 정의 함수 선언

```
ATOM MyRegisterClass(HINSTANCE hInstance);
BOOL InitInstance(HINSTANCE hInstance, int nCmdShow);
LRESULT CALLBACK WndProc(HWND hWnd, UINT message,
                         WPARAM wParam, LPARAM lParam);
INT_PTR CALLBACK About(HWND hDlg, UINT message,
                       WPARAM wParam, LPARAM lParam);
```

④ 리소스 뷰

[그림 4.3]은 리소스 뷰(resource view)이다. "step4" 프로젝트는 단축키(Accelerator), 대화상자(Dialog), 아이콘(Icon), 메뉴(Menu), 문자열 테이블(String Table)의 리소스를 사용한다. 리소스는 리소스 스크립트("step4.rc")로 관리하고, 리소스를 편집하면 〈resource.h〉 헤더 파일에서 #define을 이용하여 정수 고유번호(ID)를 자동으로 추가하여 영향을 준다. 〈resource.h〉 헤더 파일은 "step4.h"에 포함되어 있다. LoadString, LoadAccelerators, LoadIcon, LoadCursor 등과 같이 Load로 시작하는 함수는 대부분

리소스 관련 API 함수이고, 리소스 관련 API 함수의 첫 번째 인수는 인스턴스 핸들이다. 문자열 인수는 MAKEINTRESOURCE 매크로를 이용하여 정수 고유번호를 문자열로 변환한다.

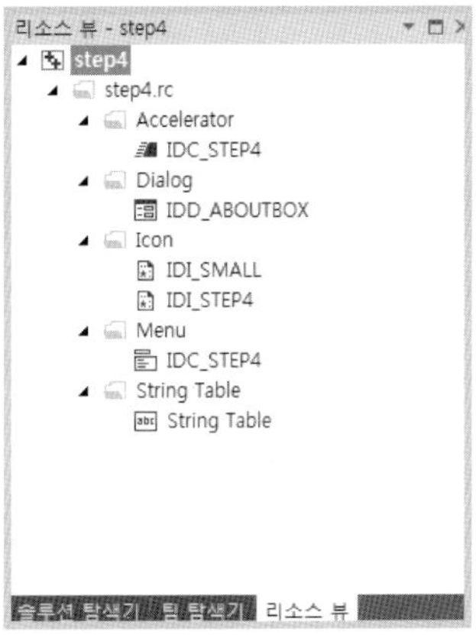

[그림 4.3] 리소스 뷰

⑤ wWinMain 메인 함수에서

유니코드 함수 LoadStringW로 리소스의 문자열 테이블에 IDS_APP_TITLE, IDC_STEP4로 정의된 문자열을 szTitle, szWindowClass 배열에 각각 로드한다.

LoadAccelerators 함수로 IDC_STEP4로 정의된 단축키를 로드한다. IDC_STEP4는 정수 고유번호이기 때문에 MAKEINTRESOURCE 매크로를 이용하여 문자열로 변환한다.

문자열 테이블

```
LoadStringW(hInstance, IDS_APP_TITLE, szTitle, MAX_LOADSTRING);
LoadStringW(hInstance, IDC_STEP4, szWindowClass, MAX_LOADSTRING);
```

단축키

```
HACCEL hAccelTable = LoadAccelerators(hInstance,
                        MAKEINTRESOURCE(IDC_STEP4));
```

⑥ MyRegisterClass 함수에서

LoadIcon 함수로 IDI_STEP4, IDI_SMALL로 정의된 아이콘을 로드하여 설정한다. IDC_ARROW, IDI_APPLICATION 등 같은 윈도우즈에서 제공하는 기본 리소스(커서, 아이콘 등)를 사용할 때는 인스턴스 핸들을 널 포인터(nullptr, NULL)를 사용한다. 메뉴 리소스 고유번호 IDC_STEP4를 문자열로 변환하여 메뉴 문자열을 설정한다.

아이콘

```
wcex.hIcon     = LoadIcon(hInstance, MAKEINTRESOURCE(IDI_STEP4));
wcex.hIconSm = LoadIcon(wcex.hInstance, MAKEINTRESOURCE(IDI_SMALL));
```

커서

```
wcex.hCursor = LoadCursor(nullptr, IDC_ARROW);
```

메뉴

```
wcex.lpszMenuName = MAKEINTRESOURCEW(IDC_STEP4);
```

⑦ 윈도우 프로시저 WndProc에서

WM_COMMAND 메시지의 메뉴 항목 IDM_ABOUT을 선택할 때, 대화상자 함수 DialogBox 함수에서 대화상자 고유번호 IDD_ABOUTBOX를 문자열로 변경하여 사용한다. About은 대화상자의 메시지를 처리하는 윈도우 프로시저이다.

대화상자

```
DialogBox(hInst, MAKEINTRESOURCE(IDD_ABOUTBOX), hWnd, About);
```

GDI 그래픽 그리기

2
Chapter

윈도우 화면에 GDI(Graphic Device Interface)를 이용하여 간단한 그래픽(점, 선, 사각형, 타원, 문자열)을 출력하는 방법에 대해 설명한다.

step 05 GDI 그래픽 그리기

윈도우 응용 프로그램은 하드웨어에 의존하지 않는 가상의 그래픽 장치인 GDI(Graphic Device Interface)를 사용하여 2D 그래픽을 처리한다. [그림 5.1]은 윈도우 각 부분의 명칭 및 좌표축이다. 타이틀 바, 메뉴, 최소화 버튼, 최대화 버튼, 종료 버튼, 아이콘, 클라이언트 영역을 갖는 윈도우이다. 클라이언트 영역은 그래픽(문자, 직선, 사각형, 타원, 비트맵 등)을 출력하는 영역이다. 좌표축의 원점은 클라이언트 영역의 왼쪽-상단이 원점이고, 왼쪽에서 오른쪽으로 X축, 위에서 아래로 Y축이다. GDI 관련 API 함수는 〈wingdi.h〉 헤더 파일에 선언되어 있다. 〈windows.h〉를 포함하면 내부에서 포함하므로 별도로 포함할 필요는 없다.

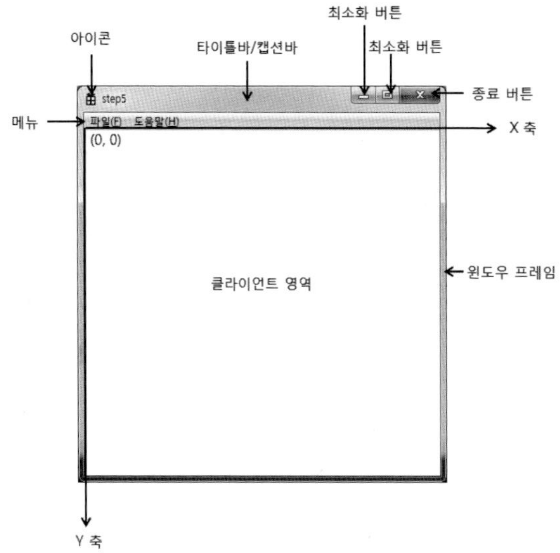

[그림 5.1] 윈도우 명칭 및 좌표축

1. DC 얻기와 반납

디바이스 컨텍스트(Device Context, DC)는 윈도우 클라이언트 영역의 그리기 정보(폰트, 선 색, 선 두께, 채우기 색상 등)이다. HDC는 DC 핸들 자료형이다. 모든 그리기 함수의 첫 번째 인수는 HDC 변수이다. 즉, 윈도우 클라이언트에 그래픽을 그리기 위해서는 그리기 정보가 필요하다. DC는 윈도우즈가 관리하는 제한된 자원이기 때문에, DC를 얻어 사용한 뒤에는 반드시 반환(release)해야 한다.

① BeginPaint와 EndPaint 함수

윈도우의 그리기를 담당하는 WM_PAINT 메시지에서는 BeginPaint 함수로 DC를 얻고, 그리기를 종료한 다음에는 EndPaint로 DC를 반환한다. hWnd는 윈도우 핸들이다. PAINTSTRUCT 구조체는 그리기 정보(DC, 지우기 정보, 갱신 영역 등)를 갖고 있으며, InvalidateRect와 InvalidateRgn 함수로 설정된다.

```
HDC  BeginPaint(HWND  hWnd,  LPPAINTSTRUCT        lpPaint);
BOOL EndPaint   (HWND  hWnd,  const PAINTSTRUCT *lpPaint);
```

② GetDC와 ReleaseDC 함수

WM_PAINT 메시지 이외에서는 GetDC 함수로 윈도우 핸들 hWnd에 대한 그리기 정보 DC를 얻고, 그리기를 종료한 뒤에는 ReleaseDC 함수로 DC를 반환한다.

```
HDC  GetDC(HWND hWnd);
int    ReleaseDC(HWND hWnd, HDC hdc );
```

2. WM_PAINT 메시지

윈도우가 화면에 나타날 때, 윈도우의 크기를 변경할 때, 다른 윈도우에 의해 가려졌다가 활성화될 때, 윈도우를 최대화할 때 등 윈도우를 다시 그려주어야 할 때마다 WM_PAINT 메시지가 발생한다.

윈도우에 있는 내용을 다시 그려주는 책임은 윈도우즈에 있지 않고 응용 프로그램에 있다. 윈도우 프로시저의 WM_PAINT 메시지 처리에서 BeginPaint 함수와 EndPaint 함수 사이에서 윈도우에 문자, 그래픽, 비트맵 등을 출력하면, 윈도우의 크기가 변경되어도 출력 결과가 삭제되지 않고 유지된다.

기본 WM_PAINT 메시지

```
case WM_PAINT:
{
   PAINTSTRUCT ps;
   HDC hdc = BeginPaint(hWnd, &ps);
   // TODO: 여기에 hdc를 사용하는 그리기 코드를 추가합니다.
   EndPaint(hWnd, &ps);
}
break;
```

3. POINT 구조체와 GetClientRect, SetRect 함수

POINT는 좌표(x, y) 구조체이다. RECT는 [그림 5.2]의 사각 영역을 나타내는 구조체이다. GetClientRect 함수는 윈도우 클라이언트의 사각 영역을 얻는 함수이다. SetRect 함수는 사각형 구조체 변수를 설정한다. LPRECT는 RECT * 자료형이다.

```
typedef struct tagPOINT {
    LONG x;
    LONG y;
} POINT;

typedef struct _RECT {
    LONG left;
    LONG top;
    LONG right;
    LONG bottom;
} RECT;
```

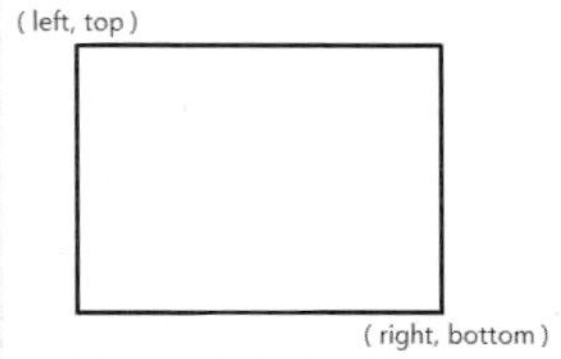

[그림 5.2] RECT 구조체

```
BOOL GetClientRect(HWND hWnd, LPRECT lpRect);
BOOL SetRect(LPRECT lprc, int xLeft, int yTop, int xRight, int yBottom);
```

4. InvalidateRect와 InvalidateRgn 함수

InvalidateRect 함수는 윈도우 hWnd의 lpRect의 사각 영역을 무효화시키기 위하여 WM_PAINT 메시지를 발생시킨다. lpRect = NULL이면 윈도우의 클라이언트 영역 전체를 무효화시킨다. bErase = TRUE이면 WM_PAINT 메시지의 BeginPaint 함수에서 무효화 영역의 배경을 지운다. bErase = FALSE이면 지우지 않는다. InvalidateRgn 함수는 hRgn 영역을 무효화시키기 위하여 WM_PAINT 메시지를 발생시킨다.

즉, WM_PAINT 메시지에 구현된 그리기를 실행하기 위하여 InvalidateRect, InvalidateRgn 함수를 호출한다.

```
BOOL InvalidateRect(HWND hWnd, const RECT *lpRect,  BOOL  bErase);
BOOL InvalidateRgn(HWND hWnd, HRGN hRgn, BOOL bErase);
```

step

06 텍스트 출력

TextOut과 DrawText 함수는 윈도우에 텍스트(문자열)를 출력한다. TextOut 함수는 (x, y) 좌표에 문자열을 출력한다. DrawText 함수는 RECT 사각 영역에 문자열을 출력한다. 텍스트 출력은 문자 집합(멀티바이트, 유니코드) 설정과 관련 있다.

1. TextOut

TextOut 함수는 멀티바이트 문자 집합이면 TextOutA, 유니코드 문자 집합이면 TextOutW 함수로 변환된다. TextOut 함수는 lpString 문자열에서 c 길이 문자를 (x, y) 위치에 출력한다. 출력 문자열의 길이 c는 lstrlen 함수로 계산한다. 문자 집합 호환 자료형을 사용하려면, lpString 문자열은 _T 또는 TEXT 매크로를 사용하거나, TCHAR 또는 LPTSTR 자료형을 사용한다.

```
BOOL TextOutA(HDC hdc, int x, int y, LPCSTR lpString, int c);
BOOL TextOutW(HDC hdc, int x, int y, LPCWSTR lpString, int  c);
```

[step6_ex1] TextOut 문자열 출력

```
LRESULT CALLBACK WndProc(HWND hWnd, UINT message,
                         WPARAM wParam, LPARAM lParam)
{
   TCHAR str[128] = _T("안녕");

   switch (message)
   {
      case WM_PAINT:
         {
            PAINTSTRUCT ps;
            HDC hdc = BeginPaint(hWnd, &ps);
            // TODO: 여기에 hdc를 사용하는 그리기 코드를 추가합니다.
            TextOut(hdc, 100, 100, _T("Hello"), 5);
            TextOut(hdc, 100, 200, str, lstrlen(str));  // lstrlenW(), wcslen()
            EndPaint(hWnd, &ps);
```

```
        }
        break;
    case WM_DESTROY:
        PostQuitMessage(0);
        break;
    default:
        return DefWindowProc(hWnd, message, wParam, lParam);
    }
    return 0;
}
```

프로그램 설명

① 비주얼 스튜디오가 생성한 기본 윈도우 프로그램의 윈도우 프로시저 WndProc에서 WM_COMMAND 메시지를 삭제하고 TextOut 함수를 WM_PAINT 메시지에 추가한다.
② TextOut 함수로 (100, 100) 좌표에 _T("Hello") 문자열의 5자를 출력한다.
③ TextOut 함수로 (100, 200) 좌표에 배열 str을 출력한다. lstrlen(str)은 문자열의 길이 2를 반환한다. 유니코드 문자 집합에서 lstrlen 함수는 lstrlenW 함수이고, wcslen 함수를 사용할 수도 있다.

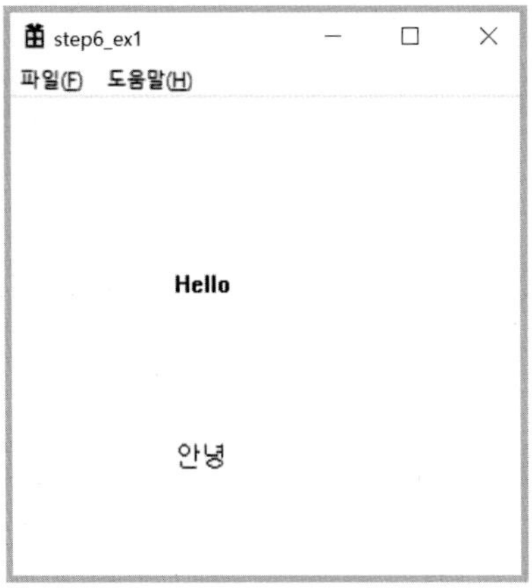

[그림 6.1] TextOut 문자열 출력

2. SetTextColor, SetBkColor, SetTextAlign 함수

SetTextColor, SetBkColor 함수는 TextOut, DrawText 함수에 의한 출력 텍스트의 색상을 변경한다. SetTextColor 함수는 글자색을 변경한다. SetBkColor 함수는 배경색을 변경한다. 컬러 자료형 COLORREF의 값은 RGB 매크로를 사용하여 계산한다. SetTextAlign 함수는 TextOut 함수에서 정렬을 위한 기준점 x, y의 위치를 결정한다. 디폴트 정렬 위치는 TA_TOP | TA_LEFT이다.

```
COLORREF SetTextColor( HDC hdc, COLORREF color );
COLORREF SetBkColor(HDC hdc, COLORREF crColor);
UINT SetTextAlign(HDC hdc, UINT fMode );
```

[step6_ex2] 문자의 컬러, 배경, 정렬

```
LRESULT CALLBACK WndProc(HWND hWnd, UINT message,
                                WPARAM wParam, LPARAM lParam)
{
    switch (message)
    {
      case WM_PAINT:
         {
            PAINTSTRUCT ps;
            HDC hdc = BeginPaint(hWnd, &ps);
            // TODO: 여기에 hdc를 사용하는 그리기 코드를 추가합니다.
            SetTextColor(hdc, RGB(255, 0, 0)); // 문자 전경색(red)
            SetBkColor(hdc, RGB(0, 0, 255)); // 문자 배경색(blue)
            TextOut(hdc, 100, 100, _T("Hello"), 5);

            SetTextAlign(hdc, TA_BOTTOM | TA_RIGHT); // 문자의 정렬 위치
            TextOut(hdc, 100, 100, _T("안녕"), 2);
            EndPaint(hWnd, &ps);
         }
         break;
      case WM_DESTROY:
         PostQuitMessage(0);
         break;
      default:
         return DefWindowProc(hWnd, message, wParam, lParam);
    }
    return 0;
}
```

프로그램 설명

① SetTextColor 함수로 글자색을 빨간색 RGB(255, 0, 0)로 설정한다.
② SetBkColor 함수로 배경색을 파란색 RGB(0, 0, 255)로 설정한다.
③ TextOut 함수로 (100, 100) 좌표에 _T("Hello") 문자열의 5자를 출력한다.
④ SetTextAlign 함수로 TA_BOTTOM | TA_RIGHT로 정렬 위치를 설정한다. TextOut의 (100, 100)의 좌표가 문자열 _T("안녕")의 오른쪽 아래가 된다. (100, 100) 좌표에 두 개의 문자열을 출력해도 서로 다른 정렬로 겹쳐 보이지 않는다.

[그림 6.2] 문자의 컬러, 배경, 정렬

3. DrawText

DrawText 함수는 lpchText 문자열에서 cchText 길이의 문자를 사각형 포인터 lprc에 format 양식으로 출력한다. cchText = −1이면 lpchText 문자열 전부를 출력한다. format은 DT_LEFT, DT_RIGHT, DT_ CENTER, DT_BOTTOM, DT_TOP, DT_VCENTER, DT_WORDBREAK, DT_SINGLELINE 등이 있다. 디폴트는 DT_LEFT | DT_TOP인 다중 행(multi line)이다. DT_BOTTOM, DT_VCENTER는 DT_SINGLELINE과 함께 설정한다.

```
int DrawText(HDC hdc, LPCTSTR lpchText, int cchText, LPRECT lprc, UINT format);
int DrawTextA(HDC hdc, LPCSTR lpchText, int cchText, LPRECT lprc, UINT format);
int DrawTextW(HDC hdc, LPCWSTR lpchText, int cchText, LPRECT lprc, UINT format);
```

[step6_ex3] DrawText 문자열 출력

```
LRESULT CALLBACK WndProc(HWND hWnd, UINT message,
                         WPARAM wParam, LPARAM lParam)
{
    switch (message)
    {
        case WM_PAINT:
            {
                PAINTSTRUCT ps;
                HDC hdc = BeginPaint(hWnd, &ps);
                // TODO: 여기에 hdc를 사용하는 그리기 코드를 추가합니다.
//              SetTextColor(hdc, RGB(255, 0, 0)); // 문자 전경색(red)
//              SetBkColor(hdc, RGB(0, 0, 255));  // 문자 배경색(blue)

                RECT rt;
                GetClientRect(hWnd, &rt);
                DrawText(hdc, _T("Hello"), -1, &rt, DT_CENTER);
                DrawText(hdc, _T("안녕"), -1, &rt,
                         DT_CENTER | DT_VCENTER | DT_SINGLELINE);
```

```
            EndPaint(hWnd, &ps);
        }
        break;
    case WM_DESTROY:
        PostQuitMessage(0);
        break;
    default:
        return DefWindowProc(hWnd, message, wParam, lParam);
    }
    return 0;
}
```

프로그램 설명

① GetClientRect 함수로 hWnd 윈도우의 클라이언트 영역의 사각형 정보를 RECT 구조체 변수 rt에 저장한다.

② DrawText 함수로 _T("Hello") 문자열 전체를 사각 영역 rt의 위쪽 가운데(DT_CENTER)에 출력한다.

③ DrawText 함수로 _T("안녕") 문자열 전체를 사각 영역 rt의 가운데(DT_CENTER | DT_VCENTER | DT_SINGLELINE)에 출력한다.

④ SetTextColor, SetBkColor 함수를 사용하면 글자색 및 배경색을 변경할 수 있다.

⑤ 마우스로 윈도우의 크기를 변경해도 클라이언트 영역의 가운데 출력한다.

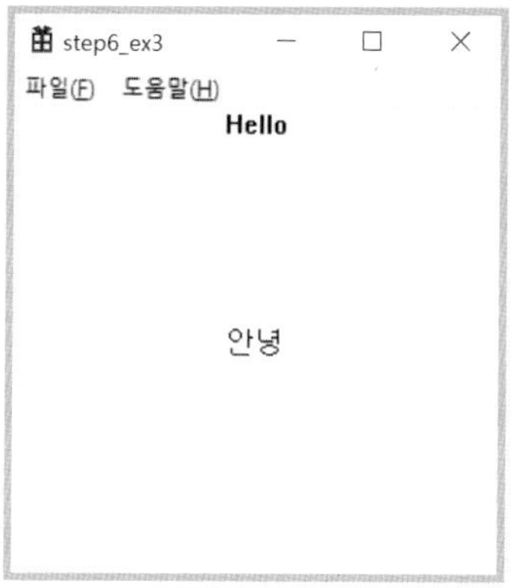

[그림 6.3] DrawText 문자열 출력

step 07 점 · 직선 · 사각형 · 타원

SetPixel 함수는 좌표점의 컬러를 변경한다. MoveToEx, LineTo 함수는 직선을 그리고, Rectangle 함수는 사각형을 그리며 Ellipse는 타원을 그린다.

1. 점 그리기

SetPixel 함수는 (x, y) 좌표의 색상을 color 색으로 변경한다.

```
COLORREF SetPixel( HDC hdc, int x, int y, COLORREF color);
```

[step7_ex1] SetPixel로 사각형의 컬러 채우기

```
LRESULT CALLBACK WndProc(HWND hWnd, UINT message,
                                    WPARAM wParam, LPARAM lParam)
{
   switch (message)
   {
      case WM_PAINT:
         {
            PAINTSTRUCT ps;
            HDC hdc = BeginPaint(hWnd, &ps);
            // TODO: 여기에 hdc를 사용하는 그리기 코드를 추가합니다.
            for (int y = 100; y <= 200; y++)
            for (int x = 100; x <= 400; x++)
                SetPixel(hdc, x, y, RGB(0, 0, 255));
            EndPaint(hWnd, &ps);
         }
         break;
      case WM_DESTROY:
         PostQuitMessage(0);
         break;
      default:
         return DefWindowProc(hWnd, message, wParam, lParam);
   }
```

```
    return 0;
}
```

프로그램 설명

① for 문을 사용하여, x를 100에서 400까지, y는 100에서 200까지 반복하면서 SetPixel 함수로 (x, y) 좌표에 RGB(0, 0, 255) 컬러로 점을 출력한다.
② SetPixel 함수는 매우 느리기 때문에, 실제 SetPixel 함수를 사용하여 배경을 채우지는 않는다.

[그림 7.1] SetPixel로 사각형의 컬러 채우기

2. 직선 그리기

직선을 그리기 위해서는 MoveToEx와 LineTo 함수를 사용한다. MoveToEx 함수는 현재 점(Current Position, CP)을 (x, y)로 이동시키고, 이전 CP를 lppt에 반환한다. 디폴트 CP는 (0, 0)이다. LineTo 함수는 CP에서 (x, y)까지 직선을 그리고, CP를 (x, y)로 이동한다.

```
BOOL MoveToEx( HDC    hdc, int    x, int    y, LPPOINT  lppt );
BOOL LineTo(HDC  hdc, int  x, int  y);
```

[step7_ex2] MoveToEx, LineTo로 직선 그리기

```
LRESULT CALLBACK WndProc(HWND hWnd, UINT message,
                                  WPARAM wParam, LPARAM lParam)
{
    switch (message)
    {
        case WM_PAINT:
            {
                PAINTSTRUCT ps;
                HDC hdc = BeginPaint(hWnd, &ps);
                // TODO: 여기에 hdc를 사용하는 그리기 코드를 추가합니다.
```

```
            LineTo(hdc, 100, 100);
            // 사각형 그리기
            MoveToEx(hdc, 200, 200, NULL);
            LineTo(hdc, 200, 400);
            LineTo(hdc, 400, 400);
            LineTo(hdc, 400, 200);
            LineTo(hdc, 200, 200);
            EndPaint(hWnd, &ps);
        }
        break;
    case WM_DESTROY:
        PostQuitMessage(0);
        break;
    default:
        return DefWindowProc(hWnd, message, wParam, lParam);
    }
    return 0;
}
```

프로그램 설명

① LineTo(hdc, 100, 100)은 디폴트 CP인 (0, 0)부터 (100, 100)까지 직선을 그린다.
② MoveToEx(hdc, 200, 200, NULL)는 CP를 (200, 200) 위치로 이동하고, LineTo 함수로 (200, 400), (400, 400), (400, 200), (200, 200) 좌표를 차례로 이동시키며 직선으로 사각형을 그린다.

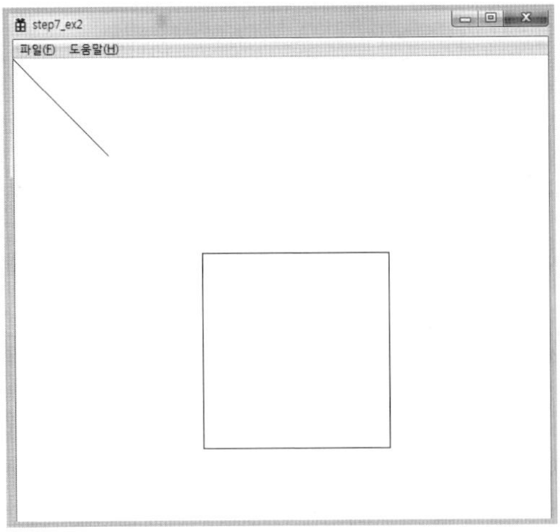

[그림 7.2] MoveToEx와 LineTo로 직선 그리기

3. 사각형과 타원 그리기

Rectangle 함수는 left, top, right, bottom에 의해 정의되는 사각형을 그린다. Ellipse

함수는 left, top, right, bottom에 의해 정의되는 사각형에 내접하는 타원을 그린다. left, top, right, bottom에 의해 정사각형이 되면 원을 그린다. 사각형과 타원은 흰색으로 채우기가 기본 설정이다. PtInRect 함수는 pt 좌표가 lprc 사각형 내에 있으면 TRUE 이다.

```
BOOL Rectangle(HDC hdc, int left, int top, int right, int bottom);
BOOL Ellipse(HDC hdc, int left, int top, int right, int bottom);
BOOL PtInRect(const RECT *lprc, POINT  pt);
```

[step7_ex3] 사각형과 타원 그리기

```
LRESULT CALLBACK WndProc(HWND hWnd, UINT message,
                              WPARAM wParam, LPARAM lParam)
{
    switch (message)
    {
        case WM_PAINT:
            {
                PAINTSTRUCT ps;
                HDC hdc = BeginPaint(hWnd, &ps);
                // TODO: 여기에 hdc를 사용하는 그리기 코드를 추가합니다.
                Rectangle(hdc, 100, 100, 200, 200);
                Ellipse(hdc, 100, 100, 200, 200);

                Ellipse(hdc, 200, 200, 400, 400);
                Rectangle(hdc, 200, 200, 400, 400);
                EndPaint(hWnd, &ps);
            }
            break;
        case WM_DESTROY:
            PostQuitMessage(0);
            break;
        default:
            return DefWindowProc(hWnd, message, wParam, lParam);
    }
    return 0;
}
```

프로그램 설명

① left = 100, top = 100, right = 200, bottom = 200에 Rectangle로 사각형을 그리고, Ellipse로 사각형에 내접한 타원(가로, 세로 길이가 같은 원)을 그린다.

② left = 200, top = 200, right = 400, bottom = 400에 타원을 그리고, 사각형을 그리면, 사각형에 가려 타원이 보이지 않는다.

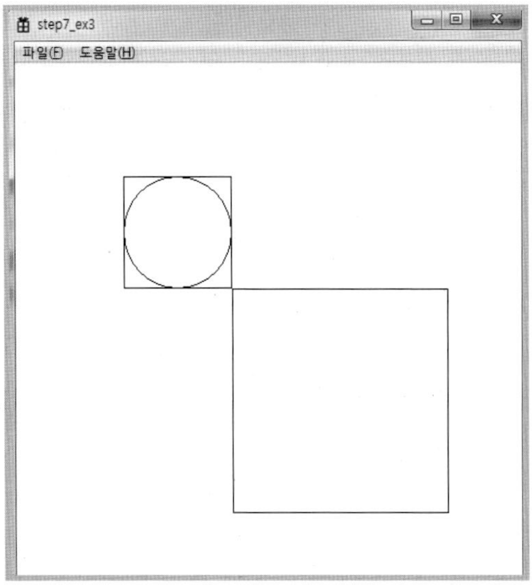

[그림 7.3] 사각형과 타원 그리기

step

08 그리기 속성 변경

폰트(HFONT), 펜(HPEN), 브러시(HBRUSH), 영역(HRGN), 비트맵(HBITMAP) 등의 GDI 객체를 생성하고, SelectObject 함수를 사용하여 그리기 속성인 DC의 내용을 변경한다.

1. DeleteObject와 SelectObject 함수

DeleteObject 함수는 CreateFont, CreatePen, CreateSolidBrush 등의 함수에서 생성된 GDI 객체를 사용한 후에 관련 자원을 삭제한다.

SelectObject 함수는 DC에 저장된 GDI 객체의 선택을 변경한다. 기존의 GDI 객체의 핸들을 반환한다.

```
BOOL DeleteObject(HGDIOBJ   ho);
HGDIOBJ SelectObject(HDC   hdc, HGDIOBJ   h);
```

2. 폰트 생성

CreateFont 함수는 14개의 인수에 의해 폰트 핸들을 생성한다. 멀티바이트에서는 CreateFontA, 유니코드에서는 CreateFontW 함수로 변환된다. 유사하게, LOGFONT 구조체를 사용한 CreateFontIndirect 함수로 폰트를 생성할 수 있다.

```
HFONT CreateFont(
   int    cHeight,          // 폰트 세로크기
   int    cWidth,           // 폰트 가로크기, 0이면 높이에 따라 자동결정
   int    cEscapement,      // 전체 문자열 각도, 0.1도 단위, 900이면 90도
   int    cOrientation,     // 각 문자의 각도
   int    cWeight,          // 폰트 두께(0, 1000), FW_NORMAL=400, FW_BOLD=700,
   DWORD  bItalic,
   DWORD  bUnderline,
```

```
    DWORD  bStrikeOut,
    DWORD  iCharSet,          // ANSI_CHARSET, HANGUL_CHARSET, JOHAB_CHARSET
    DWORD  iOutPrecision,     // OUT_DEFAULT_PRECIS
    DWORD  iClipPrecision,    // CLIP_DEFAULT_PRECIS
    DWORD  iQuality,          // DEFAULT_QUALITY
    DWORD  iPitchAndFamily,   // DEFAULT_PITCH | FF_DONTCARE
    LPCTSTR pszFaceName       // 문자 집합 호환, 글꼴
                              // 유니코드 LPCWSTR , 멀티바이트 LPCSTR
);
```

[step8_ex1] 폰트 생성

```
LRESULT CALLBACK WndProc(HWND hWnd, UINT message,
                                    WPARAM wParam, LPARAM lParam)
{
    static HFONT  hFont;
    switch (message)
    {
        case WM_CREATE:
            hFont = CreateFont(100, 0, 0, 0, FW_NORMAL, 0, 0, 0,
                        HANGEUL_CHARSET, 0, 0, 0, 0, _T("명조"));
            break;
        case WM_PAINT:
            {
                PAINTSTRUCT ps;
                HDC hdc = BeginPaint(hWnd, &ps);
                // TODO: 여기에 hdc를 사용하는 그리기 코드를 추가합니다...

                HFONT hOldFont = (HFONT)SelectObject(hdc, hFont);
                TextOut(hdc, 100, 200, _T("안녕"), 2);

                SelectObject(hdc, hOldFont);
                TextOut(hdc, 100, 100, _T("Hello"), 5);
                EndPaint(hWnd, &ps);
            }
            break;
        case WM_DESTROY:
                DeleteObject(hFont);
            PostQuitMessage(0);
            break;
        default:
            return DefWindowProc(hWnd, message, wParam, lParam);
    }
    return 0;
}
```

프로그램 설명

① 윈도우 프로시저 WndProc에서 HFONT 자료형의 지역 변수 hFont를 정적(static) 변수로 선언한다. hFont는 WM_CREATE 메시지에서 생성하여 WM_PAINT와 WM_DESTROY 메시지에서 사용할 것이며, WndProc 함수가 반환하여도 변수의 값을 유지해야 하므로 정적 변수로 선언한다.
② WM_CREATE 메시지에서 CreateFont 함수로 크기 100의 _T("명조") 폰트를 hFont에 생성한다.
③ WM_PAINT 메시지에서 SelectObject 함수로 DC의 폰트를 hFont로 변경하고 기존 폰트를 반환하여 hOldFont에 저장한다. TextOut 함수로 _T("안녕")을 hFont로 출력한다. SelectObject 함수에서 hOldFont로 DC의 폰트를 기존 디폴트 폰트로 되돌려 놓고, TextOut 함수로 _T("Hello")를 출력한다.
④ 윈도우가 파괴될 때 WM_DESTROY 메시지에서 DeleteObject 함수로 hFont를 삭제한다.

[그림 8.1] 폰트 생성

3. 펜 생성

펜은 도형의 테두리에 사용한다. CreatePen 함수는 펜 스타일 iStyle(PS_SOLID, PS_DASH, PS_DOT, PS_DASHDOT, PS_DASHDOTDOT, PS_NULL, PS_INSIDEFRAME), 두께 cWidth, 컬러 color로 펜을 생성한다. PS_NULL은 선이 없는 펜이며, PS_DASH, PS_DOT, PS_DASHDOT, PS_DASHDOTDOT 등은 두께 1에서만 가능하다. GetStockObject(NULL_PEN)도 선이 없는 펜을 반환한다.

```
HPEN CreatePen( int iStyle, int cWidth, COLORREF color );
```

[step8_ex2] 펜 생성

```
LRESULT CALLBACK WndProc(HWND hWnd, UINT message,
                                    WPARAM wParam, LPARAM lParam)
{
   static HPEN hPen;
   switch (message)
   {
      case WM_CREATE:
         hPen = CreatePen(PS_DASH, 1, RGB(0, 0, 255));
         break;
      case WM_PAINT:
         {
            PAINTSTRUCT ps;
            HDC hdc = BeginPaint(hWnd, &ps);
            // TODO: 여기에 hdc를 사용하는 그리기 코드를 추가합니다...
            MoveToEx(hdc, 100, 100, NULL);
            HPEN hOldPen = (HPEN)SelectObject(hdc, hPen);
            LineTo(hdc, 100, 200);
            LineTo(hdc, 200, 200);

            SelectObject(hdc, hOldPen);
            LineTo(hdc, 200, 100);
            LineTo(hdc, 100, 100);

            EndPaint(hWnd, &ps);
         }
         break;
      case WM_DESTROY:
         DeleteObject(hPen);
         PostQuitMessage(0);
         break;
      default:
         return DefWindowProc(hWnd, message, wParam, lParam);
   }
   return 0;
}
```

프로그램 설명

① 윈도우 프로시저 WndProc에서 HPEN 자료형 지역 변수 hPen을 정적(static) 변수로 선언한다. hPen는 WM_CREATE 메시지에서 생성하여 WM_PAINT와 WM_DESTROY 메시지에서 사용할 것이며, WndProc 함수가 반환하여도 변수의 값을 유지해야 하므로 정적 변수로 선언한다.

② WM_CREATE 메시지에서 CreatePen 함수로 스타일 PS_DASH, 두께 1, 컬러 RGB(0, 0, 255)로 펜을 hPen에 생성한다.

③ WM_PAINT 메시지에서 SelectObject 함수로 DC의 펜을 hPen으로 변경하고, 기존 펜을 반환하여 hOldPen에 저장한다. (100, 100)에서 (100, 200), (200, 200)까지의 직선은 hPen으로 그리고, SelectObject 함수로 DC의 펜을 hOldPen으로 기존 디폴트 펜으로 되돌려 놓고, (200, 200)에서 (200, 100), (100, 100)까지의 직선을 디폴트 펜으로 그린다.
④ 윈도우가 파괴될 때 WM_DESTROY 메시지에서 DeleteObject 함수로 hOldPen을 삭제한다.

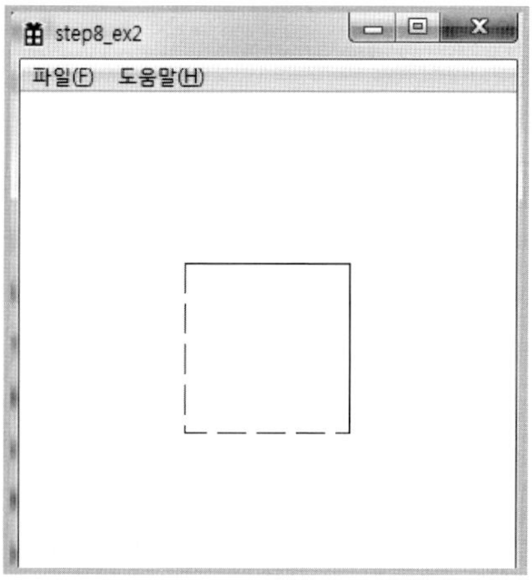

[그림 8.2] 펜 생성

4. 브러시 생성

브러시는 도형의 채우기에 사용한다. CreateSolidBrush 함수는 컬러 color의 브러시를 생성한다. CreateHatchBrush 함수는 컬러 color를 갖는 iHatch 스타일의 무늬 모양의 브러시를 생성한다. 해치 스타일은 HS_BDIAGONAL, HS_CROSS, HS_DIAGCROSS, HS_FDIAGONAL, HS_HORIZONTAL, HS_VERTICAL 등이 있다. GetStockObject(NULL_BRUSH)는 채우기가 없는 브러시를 반환한다.

```
HBRUSH CreateSolidBrush(COLORREF color);
HBRUSH CreateHatchBrush(int iHatch, COLORREF color);
```

[step8_ex3] 브러시 생성 및 NULL_PEN, NULL_BRUSH

```
LRESULT CALLBACK WndProc(HWND hWnd, UINT message,
                         WPARAM wParam, LPARAM lParam)
{
    static HBRUSH hBrush, hBrush2;
    switch (message)
    {
```

```
    case WM_CREATE:
        hBrush = CreateSolidBrush(RGB(0, 0, 255));
        hBrush2 = CreateHatchBrush(HS_BDIAGONAL, RGB(0, 0, 255));
        break;
    case WM_PAINT:
        {
            PAINTSTRUCT ps;
            HDC hdc = BeginPaint(hWnd, &ps);
            // TODO: 여기에 hdc를 사용하는 그리기 코드를 추가합니다.
            // #1
            HBRUSH hOldBrush = (HBRUSH)SelectObject(hdc, hBrush);
            Rectangle(hdc, 50, 50, 400, 400);
            SelectObject(hdc, hOldBrush);

            // #2
            HPEN hOldPen = (HPEN)SelectObject(hdc,
                                    GetStockObject(NULL_PEN));
            Rectangle(hdc, 100, 100, 200, 200);
            SelectObject(hdc, hOldPen);

            // #3
            hOldBrush = (HBRUSH)SelectObject(hdc,
                                    GetStockObject(NULL_BRUSH));
            Rectangle(hdc, 250, 100, 350, 200);
            SelectObject(hdc, hOldBrush);

            // #4
        hOldBrush = (HBRUSH)SelectObject(hdc, hBrush2);
            Rectangle(hdc, 100, 250, 200, 350);
            SelectObject(hdc, hOldBrush);

            EndPaint(hWnd, &ps);
        }
        break;
    case WM_DESTROY:
        DeleteObject(hBrush);
        DeleteObject(hBrush2);
        PostQuitMessage(0);
        break;
    default:
        return DefWindowProc(hWnd, message, wParam, lParam);
    }
    return 0;
}
```

프로그램 설명

① 윈도우 프로시저 WndProc에서 HBRUSH 자료형 정적 지역 변수 hBrush, hBrush2

를 선언한다.

② WM_CREATE 메시지에서 CreateSolidBrush 함수로 컬러 RGB(0, 0, 255)의 hBrush 브러시를 생성한다. CreateHatchBrush 함수로 HS_BDIAGONAL 무늬, 컬러 RGB(0, 0, 255)의 hBrush2 브러시를 생성한다.

③ WM_PAINT 메시지의 "#1"에서 SelectObject 함수로 브러시를 hBrush로 변경하고 기존 브러시를 hOldBrush에 저장한다. Rectangle(hdc, 50, 50, 400, 400)은 hBrush 브러시로 채워진 사각형을 그린다. SelectObject 함수로 기존 브러시 hOldBrush로 되돌려 놓는다.

④ "#2"에서 GetStockObject(NULL_PEN)으로 선이 없는 펜으로 설정하여, Rectangle(hdc, 100, 100, 200, 200) 사각형의 테두리를 없앤다.

⑤ "#3"에서 GetStockObject(NULL_BRUSH)로 채우기가 없는 브러시를 설정하여 Rectangle(hdc, 250, 100, 350, 200)의 사각형을 그린다. 사각형은 채우기가 없어 #1에서 그린 사각형의 파란색이 보인다.

⑥ "#4"에서 무늬를 갖는 hBrush2 브러시로 Rectangle(hdc, 100, 250, 200, 350) 사각형을 그리면 HS_BDIAGONAL 무늬로 채워진 사각형을 그린다.

⑦ 윈도우가 파괴될 때 WM_DESTROY 메시지에서 DeleteObject 함수로 hBrush와 hBrush2를 삭제한다.

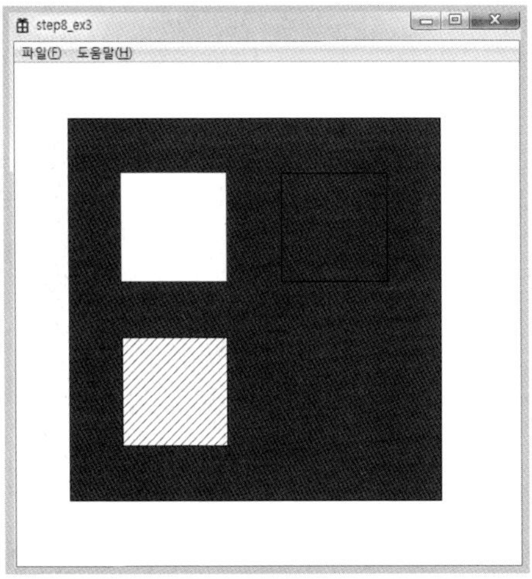

[그림 8.3] 브러시 생성 및 NULL_PEN, NULL_BRUSH

5. SetDCPenColor, SetDCBrushColor, GetStockObject 함수

GetStockObject 함수는 펜과 브러시, 폰트 등의 [표 8.1]의 스톡 객체를 가져온다. SetDCPenColor, SetDCBrushColor 함수는 hdc의 펜과 브러시 컬러를 설정하고, 설정 전의 펜과 브러시 컬러를 반환한다.

SetDCPenColor, SetDCBrushColor 함수로 펜과 브러시 컬러를 설정하고,

GetStockObject 함수에서 DC_PEN과 DC_BRUSH로 설정된 컬러로 펜과 브러시를 생성한다.

```
HGDIOBJ    GetStockObject(int i );
COLORREF SetDCPenColor(HDC hdc, COLORREF color);
COLORREF SetDCBrushColor(HDC hdc, COLORREF color);
```

[표 8.1] 주요 스톡 객체

종류	스톡 객체
펜	BLACK_PEN, DC_PEN, NULL_PEN, WHITE_PEN
브러시	BLACK_BRUSH, DKGRAY_BRUSH, DC_BRUSH, GRAY_BRUSH, HOLLOW_BRUSH, NULL_BRUSH, LTGRAY_BRUSH, WHITE_BRUSH
폰트	ANSI_FIXED_FONT, ANSI_VAR_FONT, DEVICE_DEFAULT_FONT, DEFAULT_GUI_FONT, OEM_FIXED_FONT, SYSTEM_FONT, SYSTEM_FIXED_FONT

[step8_ex4] SetDCPenColor, SetDCBrushColor, DC_PEN, DC_BRUSH

```
LRESULT CALLBACK WndProc(HWND hWnd, UINT message,
                                      WPARAM wParam, LPARAM lParam)
{
   RECT rt = { 50, 50, 200, 200 };
   switch (message)
   {
      case WM_PAINT:
         {
            PAINTSTRUCT ps;
            HDC hdc = BeginPaint(hWnd, &ps);
            // TODO: 여기에 hdc를 사용하는 그리기 코드를 추가합니다.
            SetDCPenColor(hdc, RGB(255, 0, 0));
            SetDCBrushColor(hdc, RGB(0, 0, 255));
            HPEN oldPen=(HPEN)SelectObject(hdc,
                               (HPEN)GetStockObject(DC_PEN));
            HBRUSH oldBrush = (HBRUSH)SelectObject(hdc,
                               (HBRUSH)GetStockObject(DC_BRUSH));
            Rectangle(hdc, rt.left, rt.top, rt.right, rt.bottom);

            SelectObject(hdc, oldPen);
            SelectObject(hdc, oldBrush);

            SetRect(&rt, 200, 200, 300, 300);
            FillRect(hdc, &rt, (HBRUSH)GetStockObject(DC_BRUSH));
            EndPaint(hWnd, &ps);
         }
         break;
      case WM_DESTROY:
```

```
            PostQuitMessage(0);
            break;
        default:
            return DefWindowProc(hWnd, message, wParam, lParam);
    }
    return 0;
}
```

프로그램 설명

① WM_PAINT 메시지에서 SetDCPenColor 함수로 hdc의 펜 컬러를 RGB(255, 0, 0)으로 설정하고 SetDCBrushColor 함수로 hdc의 브러시 컬러를 RGB(0, 0, 255)로 설정한다.
② SelectObject 함수로 GetStockObject(DC_PEN)에 의해 SetDCPenColor 함수로 설정한 RGB(255, 0, 0) 컬러의 펜으로 변경한다.
③ SelectObject 함수로 GetStockObject(DC_BRUSH)에 의해 SetDCBrushColor 함수로 설정한 RGB(0, 0, 255) 컬러의 브러시로 변경한다.
④ Rectangle 함수로 사각형 rt를 그리면, 테두리는 RGB(255, 0, 0), 채우기는 RGB(0, 0, 255)인 사각형을 그린다.
⑤ SetRect 함수로 사각형 rt의 좌표를 변경하고 FillRect 함수로 RGB(0, 0, 255) 컬러 브러시로 채운 사각형을 그린다.

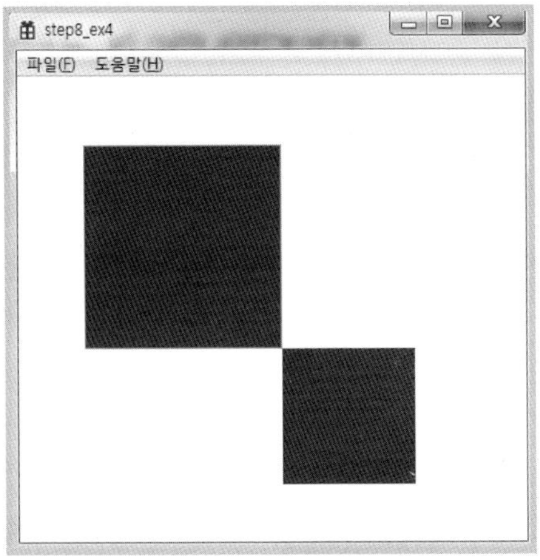

[그림 8.4] SetDCPenColor, SetDCBrushColor, DC_PEN, DC_BRUSH

6. 리전(Region)

CreateRectRgn과 CreateRectRgnIndirect 함수는 사각형 영역을 생성하고, CreateEllipticRgn과 CreateEllipticRgnIndirect 함수는 타원 영역을 생성한다.

CreatePolygonRgn 함수는 좌표 배열 pptl의 cPoint 개의 좌표에 의한 다각형을 iMode

에 ALTERNATE 또는 WINDING 모드로 채우기를 지정한다. FillRgn 함수는 영역 hrgn을 브러시 hbr로 채운다.

PtInRegion 함수는 (x, y) 좌표가 hrgn 영역 내에 있으면 TRUE이다.

RectInRegion 함수는 hrgn 영역에 prect 사각형이 포함되면 TRUE이고, SetRectRgn 함수는 hrgn 영역을 사각형으로 변경하고, OffsetRgn 함수는 hrgn 영역을 (x, y)만큼 이동한다. CombineRgn 함수는 hrgnSrc1과 hrgnSrc2를 iMode(RGN_AND, RGN_COPY, RGN_DIFF, RGN_OR, RGN_XOR)로 hrgnDst(미리 생성되어야 함)에 병합한다.

```
HRGN CreateRectRgn(int x1, int y1, int x2, int y2);
HRGN CreateEllipticRgn(int x1, int y1, int x2, int y2);
HRGN CreateRectRgnIndirect(const RECT *lprect);
HRGN CreateEllipticRgnIndirect(const RECT *lprect);
HRGN CreatePolygonRgn(const POINT *pptl,  int cPoint, int iMode);
BOOL FillRgn(HDC hdc, HRGN hrgn, HBRUSH hbr);
BOOL PtInRegion(HRGN hrgn, int  x, int  y);
BOOL RectInRegion(HRGN  hrgn, const RECT *lprect);
BOOL SetRectRgn(HRGN hrgn, int  left, int  top, int  right, int  bottom);
int OffsetRgn(HRGN hrgn, int  x, int  y);
int CombineRgn(HRGN hrgnDst, HRGN hrgnSrc1, HRGN hrgnSrc2, int  iMode);
```

[step8_ex5] 리전(Region) 함수

```
LRESULT CALLBACK WndProc(HWND hWnd, UINT message,
                               WPARAM wParam, LPARAM lParam)
{
   RECT rt = { 50, 50, 200, 200 };
   static HBRUSH hBrush[3];
   static HRGN hRgn[3];
   static POINT pts[3] = { {200, 200}, {200, 300}, {300, 300} };
   switch (message)
   {
      case WM_CREATE:
        hBrush[0] = CreateSolidBrush(RGB(255, 0, 0));
        hBrush[1] = CreateSolidBrush(RGB(0, 0, 255));
        hBrush[2] = CreateSolidBrush(RGB(0, 255, 0));
        hRgn[0] = CreateRectRgnIndirect(&rt);
        hRgn[1] = CreateEllipticRgnIndirect(&rt);
        hRgn[2] = CreatePolygonRgn(pts, 3, ALTERNATE);
        break;
      case WM_PAINT:
        {
           PAINTSTRUCT ps;
           HDC hdc = BeginPaint(hWnd, &ps);
           // TODO: 여기에 hdc를 사용하는 그리기 코드를 추가합니다.
```

```
            for (int i = 0; i < 3; i++)
                FillRgn(hdc, hRgn[i], hBrush[i]);
                EndPaint(hWnd, &ps);
            }
            break;
        case WM_DESTROY:
            for (int i = 0; i < 3; i++)
            {
                DeleteObject(hBrush[i]);
                DeleteObject(hRgn[i]);
            }
            PostQuitMessage(0);
            break;
        default:
            return DefWindowProc(hWnd, message, wParam, lParam);
    }
    return 0;
}
```

프로그램 설명

① 윈도우 프로시저 WndProc의 WM_CREATE 메시지에서 hBrush 배열에 브러시를 생성하고 hRgn에 영역을 생성한다.
② WM_PAINT 메시지에서 FillRgn 함수로 hRgn[i] 영역을 hBrush[i] 브러시로 채운다.
③ WM_DESTROY 메시지에서 hBrush, hRgn을 삭제한다.

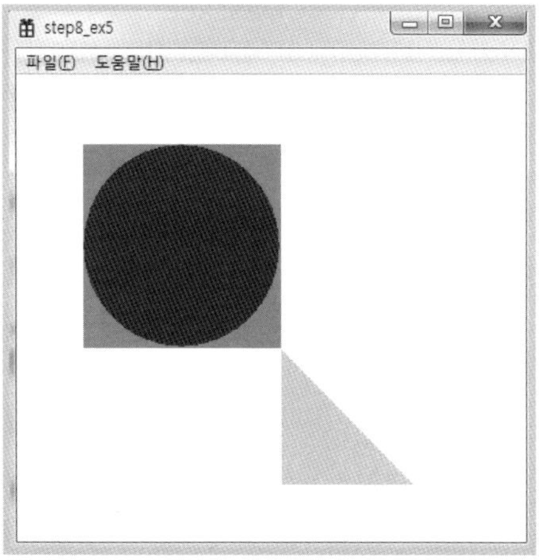

[그림 8.5] 리전(Region) 함수

7. 래스터 연산

SetROP2 함수는 [표 8.2]와 같이 이진 래스터 연산 모드를 설정한다. NOT, OR, AND,

XOR는 비트 연산을 의미하고, screen은 화면에 그려져 있는 화소의 비트, pen은 새로 그릴 화소의 비트이다.

```
int SetROP2(HDC hdc, int rop2);
```

[표 8.2] 주요 rop2 인수

DrawMode	(비트 연산) 설명
R2_BLACK	black
R2_WHITE	white
R2_NOT	NOT screen
R2_COPYPEN	pen
R2_NOTCOPYPEN	NOT pen
R2_MERGEPEN	pen OR screen
R2_NOTMERGEPEN	NOT(pen OR screen)
R2_MASKPEN	pen AND screen
R2_NOTMASKPEN	NOT(pen AND screen)
R2_XORPEN	pen XOR screen
R2_NOTXORPEN	NOT(pen XOR screen)

[step8_ex6] 래스터 연산 SetROP 함수

```
LRESULT CALLBACK WndProc(HWND hWnd, UINT message,
                         WPARAM wParam, LPARAM lParam)
{
    static HBRUSH hRedBrush, hBlueBrush;
    switch (message)
    {
        case WM_CREATE:
            hRedBrush = CreateSolidBrush(RGB(255, 0, 0));
            hBlueBrush = CreateSolidBrush(RGB(0, 0, 255));
            break;
        case WM_PAINT:
            {
                PAINTSTRUCT ps;
                HDC hdc = BeginPaint(hWnd, &ps);
                // TODO: 여기에 hdc를 사용하는 그리기 코드를 추가합니다.
                // #1
                HPEN hOldPen = (HPEN)SelectObject(hdc,
                                GetStockObject(NULL_PEN));
                HBRUSH hOldBrush = (HBRUSH)SelectObject(hdc, hRedBrush);
                Rectangle(hdc, 50, 50, 200, 200);
                SelectObject(hdc, hOldBrush);
```

```
            // #2
            SetROP2(hdc, R2_NOTXORPEN);
            hOldBrush = (HBRUSH)SelectObject(hdc, hBlueBrush);
            Rectangle(hdc, 150, 150, 300, 300);
            SelectObject(hdc, hOldBrush);
            EndPaint(hWnd, &ps);
        }
        break;
    case WM_DESTROY:
        DeleteObject(hRedBrush);
        DeleteObject(hBlueBrush);
        PostQuitMessage(0);
        break;
    default:
        return DefWindowProc(hWnd, message, wParam, lParam);
    }
    return 0;
}
```

프로그램 설명

① 윈도우 프로시저 WndProc에서 HBRUSH 자료형 정적 지역 변수 hRedBrush, hBlueBrush를 선언한다.

② WM_CREATE 메시지에서 RGB(255, 0, 0)의 hRedBrush와 RGB(0, 0, 255)의 hBlueBrush 브러시를 생성한다.

③ WM_PAINT 메시지의 "#1"에서 GetStockObject(NULL_PEN)로 선이 없는 펜으로 설정하고 hRedBrush로 채우기 색을 설정한 뒤에 Rectangle(hdc, 50, 50, 200, 200)을 그리면, 테두리 선이 없는 빨간색으로 채운 사각형을 그린다.

④ "#2"에서 SetROP2 함수로 래스터 연산을 R2_NOTXORPEN으로 설정한다. hBlueBrush로 채우기 색을 설정하고 Rectangle(hdc, 150, 150, 300, 300)을 그리면, 테두리 선은 없다. [표 8.3]은 컬러에서의 R2_NOTXORPEN 이진연산의 정수 결과이다. 실행결과 [그림 8.6]에서 빨간색 사각형과 겹치는 영역은 녹색 RGB(0, 255, 0), 나머지는 파란색 RGB(0, 0, 255)로 채운 사각형을 그린다.

[표 8.3] R2_NOTXORPEN 래스터 연산

screen(R,G,B)	pen(R,G,B)	R2_XORPEN (R,G,B)	R2_NOTXORPEN (R,G,B)
255, 255, 255	255, 0, 0	0, 255, 255	255, 0, 0
255, 0, 0	0, 0, 255	255, 0, 255	0, 255, 0
255, 255, 255	0, 0, 255	255, 255, 0	0, 0, 255

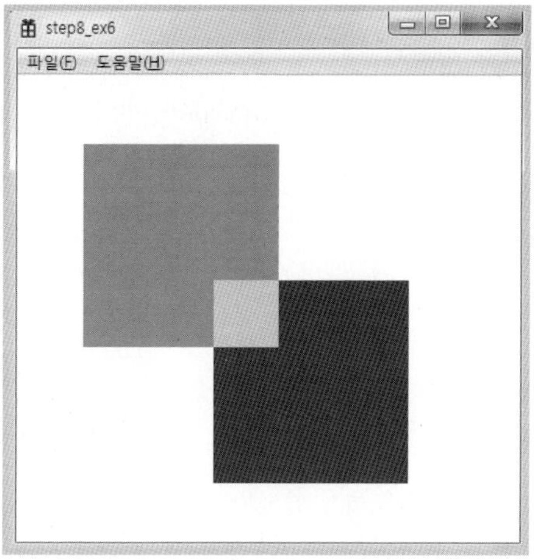

[그림 8.6] 래스터 연산 SetROP 함수

3

Chapter

키보드 · 마우스 · 타이머 처리

키보드와 마우스 메시지를 처리하는 방법과 타이머 메시지를 처리하는 방법을 설명한다.

step

09 키보드 메시지

WM_KEYDOWN과 WM_KEYUP 메시지는 키보드에서 Alt 이외의 키를 누르거나 떼면 발생하는 메시지이다. Alt 또는 F10을 누르거나 떼면 WM_SYSKEYDOWN, WM_SYSKEYUP 메시지가 발생한다. WM_KEYDOWN 메시지는 키보드의 영문 대문자만(소문자 구분 못 함)을 전달한다. [표 9.1]은 WM_KEYDOW과 WM_KEYUP 메시지의 인수 설명이고, [표 9.2]는 주요 가상 키(virtual key) 코드이다.

[표 9.1] WM_KEYDOW과 WM_KEYUP 메시지의 인수

메시지 인수	설 명
wParam	가상 키(virtual key) 코드
lParam	반복횟수, 스캔 코드 등 부가정보

[표 9.2] 주요 가상 키(virtual key) 코드

가상 키	설 명
VK_LBUTTON	마우스 왼쪽 버튼
VK_RBUTTON	마우스 오른쪽 버튼
VK_BACK	BACKSPACE key
VK_RETURN	ENTER key
VK_SHIFT	SHIFT key
VK_CONTROL	CTRL key
VK_MENU	ALT key
VK_ESCAPE	ESC key
VK_SPACE	SPACEBAR
VK_LEFT	LEFT ARROW key
VK_UP	UP ARROW key
VK_RIGHT	RIGHT ARROW key
VK_DOWN	DOWN ARROW key

0x30 ~ 0x39	0 ~ 9
0x41 ~ 0x5A	A ~ Z
VK_NUMPAD0 ~VK_NUMPAD9	Numeric keypad 0 key ~ 9 key
VK_F1 ~VK_F24	F1 key ~ F24 key
VK_ADD	Add key
VK_SUBTRACT	Subtract key
VK_MULTIPLY	Multiply key
VK_DIVIDE	Divide key
VK_OEM_PLUS	'+' key
VK_OEM_MINUS	'–' key

GetAsyncKeyState 함수는 함수 호출 시간에 vKey 가상 키가 눌렸는지 확인할 수 있다. 16비트 정수(SHORT) 반환값의 최상위 값이 1이면 vKey가 눌린(DOWN) 상태이다. [표 9.2]의 가상 키와 VK_LSHIFT, VK_RSHIFT, VK_LCONTROL, VK_RCONTROL, VK_LMENU, VK_RMENU에 의해 좌우의 Shift와 Ctl 그리고 메뉴 키를 구분할 수 있다.

```
SHORT GetAsyncKeyState( int vKey);
```

[step9_ex1] Esc 키에 의한 프로그램 종료

```
ATOM MyRegisterClass(HINSTANCE hInstance)
{
   WNDCLASSEXW wcex;
....
   wcex.lpszMenuName   = NULL;
...
   return RegisterClassExW(&wcex);
}

BOOL InitInstance(HINSTANCE hInstance, int nCmdShow)
{
   hInst = hInstance;   // 인스턴스 핸들을 전역 변수에 저장
   HWND hWnd = CreateWindowW(szWindowClass, szTitle, WS_POPUP,
                    CW_USEDEFAULT,0,CW_USEDEFAULT,0,nullptr,
                    nullptr, hInstance, nullptr);
...
   ShowWindow(hWnd, SW_MAXIMIZE);
   UpdateWindow(hWnd);
   return TRUE;
}

LRESULT CALLBACK WndProc(HWND hWnd, UINT message,
```

```
                              WPARAM wParam, LPARAM lParam)
{
    switch (message)
    {
        case WM_KEYDOWN:
            if (wParam == VK_ESCAPE)
            {
                if(MessageBox(hWnd, _T("종료?"), _T("msg"),
                              MB_OKCANCEL| MB_ICONQUESTION) == IDOK)
                    DestroyWindow(hWnd); // WM_DESTROY
            }
            break;
        case WM_PAINT:
            {
                PAINTSTRUCT ps;
                HDC hdc = BeginPaint(hWnd, &ps);
                // TODO: 여기에 hdc를 사용하는 그리기 코드를 추가
                EndPaint(hWnd, &ps);
            }
            break;
        case WM_DESTROY:
            PostQuitMessage(0);
            break;
        default:
            return DefWindowProc(hWnd, message, wParam, lParam);
    }
    return 0;
}
```

프로그램 설명

① 비주얼 스튜디오가 생성한 기본 윈도우 프로그램의 윈도우 클래스를 등록하는 MyRegisterClass 함수에서 wcex.lpszMenuName = NULL;로 메뉴를 없앤다.
② InitInstance 함수의 CreateWindowW 함수에서 윈도우 스타일을 WS_POPUP으로 설정하여 타이틀 바를 없앤다. ShowWindow 함수에서 SW_MAXIMIZE로 윈도우를 최대화해서 표시한다.
③ 윈도우 프로시저 WndProc의 WM_KEYDOWN 메시지에서 키보드에서 누른 키가 VK_ESCAPE이면 MessageBox 함수로 [그림 9.1]의 메시지 박스를 표시하고, [확인] 버튼(IDOK)을 누르면 DestroyWindow 함수로 hWnd 윈도우를 파괴한다. DestroyWindow 함수를 실행하면 WM_DESTROY 메시지가 발생한다.

[그림 9.1] Esc 에 의한 대화상자

[step9_ex2] 방향 키에 의한 원 이동

```
#define STEP 10
#define R    50
LRESULT CALLBACK WndProc(HWND hWnd, UINT message,
                          WPARAM wParam, LPARAM lParam)
{
   static POINT ptCircle = { 100, 100 };
   switch (message)
   {
      case WM_KEYDOWN:
         switch (wParam)
         {
            case VK_LEFT:
               ptCircle.x -= STEP;
               break;
            case VK_RIGHT:
               ptCircle.x += STEP;
               break;
            case VK_UP:
               ptCircle.y -= STEP;
               break;
            case VK_DOWN:
               ptCircle.y += STEP;
               break;
         }
         // InvalidateRect(hWnd, NULL, FLASE); // bErase = FALSE
         InvalidateRect(hWnd, NULL, TRUE);     // bErase = TRUE
         break;
      case WM_PAINT:
         {
            PAINTSTRUCT ps;
            HDC hdc = BeginPaint(hWnd, &ps);
            // TODO: 여기에 hdc를 사용하는 그리기 코드를 추가
            Ellipse(hdc, ptCircle.x - R, ptCircle.y - R,
                  ptCircle.x + R, ptCircle.y + R);
            EndPaint(hWnd, &ps);
         }
```

```
            break;
        case WM_DESTROY:
            PostQuitMessage(0);
            break;
        default:
            return DefWindowProc(hWnd, message, wParam, lParam);
    }
    return 0;
}
```

프로그램 설명

① 윈도우 프로시저 WndProc에 WM_KEYDOWN 메시지를 추가하고, 방향키(VK_LEFT, VK_RIGHT, VK_UP, VK_DOWN)에 따라 원의 중심좌표 ptCircle을 STEP만큼 움직인다.
② InvalidateRect 함수로 클라이언트 영역 전체를 무효화시켜 WM_PAINT 메시지를 발생시킨다. InvalidateRect 함수의 세 번째 인자값이 bErase = FALSE이면, 원의 이동 흔적이 남는다.

[그림 9.2] 방향키에 의한 원 이동

[step9_ex3] GetAsyncKeyState 함수에 의한 방향키 체크

```
#define  STEP  10
#define  R     50
LRESULT CALLBACK WndProc(HWND hWnd, UINT message,
                                  WPARAM wParam, LPARAM lParam)
{
    static POINT ptCircle = { 100, 100 };


    switch (message)
```

```
    {
        case WM_KEYDOWN:
            if (GetAsyncKeyState(VK_LEFT) & 0x8000) ptCircle.x -= STEP;
            if (GetAsyncKeyState(VK_RIGHT)& 0x8000) ptCircle.x += STEP;
            if (GetAsyncKeyState(VK_UP)    & 0x8000) ptCircle.y -= STEP;
            if (GetAsyncKeyState(VK_DOWN) & 0x8000) ptCircle.y += STEP;
            InvalidateRect(hWnd, NULL, TRUE);
            break;
        case WM_PAINT:
            {
                PAINTSTRUCT ps;
                HDC hdc = BeginPaint(hWnd, &ps);
                // TODO: 여기에 hdc를 사용하는 그리기 코드를 추가합니다.
                Ellipse(hdc, ptCircle.x - R, ptCircle.y - R,
                        ptCircle.x + R, ptCircle.y + R);
                EndPaint(hWnd, &ps);
            }
            break;
        case WM_DESTROY:
            PostQuitMessage(0);
            break;
        default:
            return DefWindowProc(hWnd, message, wParam, lParam);
    }
    return 0;
}
```

프로그램 설명

① [step9_ex2]의 방향키에 의한 원 이동 예제를 GetAsyncKeyState 함수로 구현한다.

② 윈도우 프로시저 WndProc에 WM_KEYDOWN 메시지를 추가하고, GetAsyncKeyState 함수로 방향키(VK_LEFT, VK_RIGHT, VK_UP, VK_DOWN)에 따라 원의 중심좌표 ptCircle을 STEP만큼 움직인다. InvalidateRect 함수로 클라이언트 영역 전체를 무효화시켜 WM_PAINT 메시지를 발생시켜 원을 그린다.

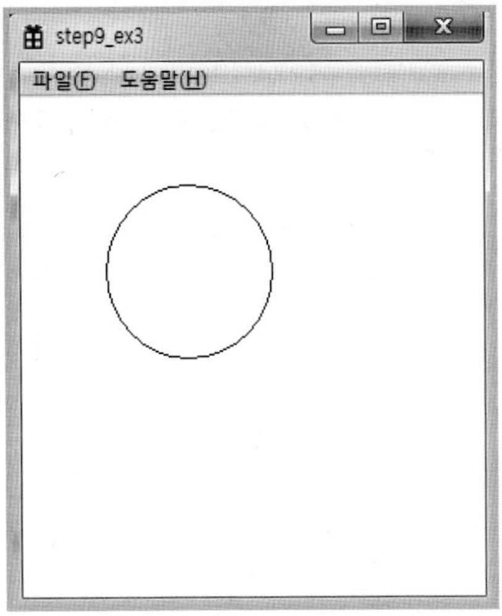

[그림 9.3] GetAsyncKeyState 함수에 의한 방향키 체크

step

10 문자 메시지(WM_CHAR)

키보드에서 키(key)를 누르면 WM_KEYDOWN 메시지가 발생하고, 메시지 루프의 TranslateMessage 함수가 해석하여 문자 코드 키이면 WM_CHAR 메시지를 발생시킨다. WM_CHAR 메시지는 영문 대문자 소문자를 구분하고 한글 입력도 처리한다. [표 10.1]은 WM_CHAR 메시지의 인수 설명이다.

[표 10.1] WM_CHAR 메시지의 인수

메시지 인수	설 명
wParam	키의 문자 코드
lParam	반복횟수, 스캔 코드 등 부가정보

① 멀티바이트에서 한글은 완성형(KS)을 사용하여 WM_CHAR 메시지를 2번 보낸다. 예를 들어 '가'의 완성형 코드 0xB0A1의 경우 처음 WM_CHAR 메시지의 wParam에 0xB0를 보내고, 두 번째 WM_CHAR 메시지의 wParam에 0xA1을 보낸다.
② 유니코드에서 한글은 WM_CHAR 메시지를 한 번 사용하여 wParam에 UTF-16 유니코드를 전달한다. 예를 들어 '가'의 유니코드 0xAC00은 WM_CHAR 메시지의 wParam에 0xAC00을 한 번에 보낸다.

[step10_ex1] WMCHAR, WM_KEYDOWN 메시지

```
#define MAX_STRING  128
LRESULT CALLBACK WndProc(HWND hWnd, UINT message,
                         WPARAM wParam, LPARAM lParam)
{
   static TCHAR str[MAX_STRING + 1];
   static TCHAR str2[MAX_STRING + 1];
   int n;
   switch (message)
   {
      case WM_KEYDOWN:
         n = lstrlen(str);
         if(n< MAX_STRING && IsCharAlphaNumeric(wParam))
```

```
                str[n] = (TCHAR)wParam;
            if (n > 0 && wParam == 8)
                str[n - 1] = 0;
            InvalidateRect(hWnd, NULL, TRUE);
            break;

        case WM_CHAR:
            n = lstrlen(str2);
            switch (wParam)
            {
                case 8: // backspace
                    if (n > 0 )
                        str2[n - 1] = 0;
                        break;
                    default:
                        if(n<MAX_STRING)
                            str2[n] = (TCHAR)wParam;
            }
            InvalidateRect(hWnd, NULL, TRUE);
            break;
        case WM_PAINT:
            {
                PAINTSTRUCT ps;
                HDC hdc = BeginPaint(hWnd, &ps);
                // TODO: 여기에 hdc를 사용하는 그리기 코드를 추가합니다...
                TextOut(hdc, 100, 50, str, lstrlen(str));
                TextOut(hdc, 100, 100, str2, lstrlen(str2));
                EndPaint(hWnd, &ps);
            }
            break;
        case WM_DESTROY:
            PostQuitMessage(0);
            break;
        default:
            return DefWindowProc(hWnd, message, wParam, lParam);
    }
    return 0;
}
```

프로그램 설명

① WM_KEYDOWN 메시지에서 입력된 문자가 알파벳 또는 숫자 문자이면 str 배열의 문자열에 추가하고, BS(wParam = 8) 키를 누르면 str의 뒤에서 지운다. InvalidateRect 함수로 클라이언트 영역 전체를 무효화시켜 WM_PAINT 메시지를 발생시켜 문자열을 출력한다.

② WM_CHAR 메시지에서 BS(wParam = 8) 키이면, str의 뒤에서 지우고 아니면

str 문자열에 추가한 뒤에 InvalidateRect 함수로 클라이언트 영역 전체를 무효화시키고 WM_PAINT 메시지를 발생시켜 문자열을 출력한다.
③ WM_KEYDOWN 메시지에서는 영문의 대문자만 입력되고, WM_CHAR 메시지에서는 대문자와 소문자가 모두 입력되고 한글도 입력된다.

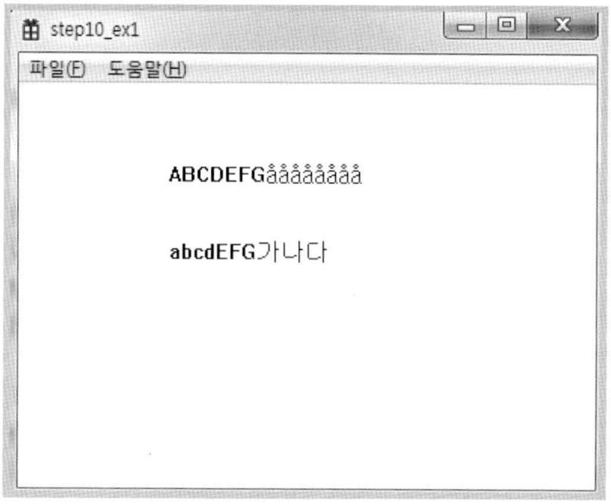

[그림 10.1] WMCHAR와 WM_KEYDOWN 메시지

step

11 마우스 메시지 처리

[표 11.1]은 마우스 관련 메시지이다. 마우스 더블클릭 메시지는 윈도우 스타일 등록에서 CS_DBLCLKS이 추가되어 있어야 발생한다.

[표 11.1] 주요 마우스 메시지

가상 키	설 명
WM_MOUSEMOVE	마우스 움직임
WM_LBUTTONDOWN	마우스 왼쪽 버튼 누름
WM_LBUTTONUP	마우스 왼쪽 버튼 뗌
WM_RBUTTONDOWN	마우스 오른쪽 버튼 누름
WM_RBUTTONUP	마우스 오른쪽 버튼 뗌
WM_LBUTTONDBLCLK	마우스 왼쪽 버튼 더블클릭
WM_RBUTTONDBLCLK	마우스 오른쪽 버튼 더블클릭

[표 11.2]는 마우스 메시지 인수이다. wParam는 Ctrl 또는 Shift 키와 마우스 버튼 누름 여부 등의 정보가 전달되고, lParam의 하위 워드에 x, 상위 워드에 y 좌표로 마우스 좌표가 전달된다.

[표 11.2] 마우스 메시지 인수

메시지 인수	값	설 명
wParam	MK_CONTROL	Ctrl 키 누름
	MK_LBUTTON	마우스 왼쪽 버튼 누름
	MK_RBUTTON	마우스 오른쪽 버튼 누름
	MK_SHIFT	Shift 키 누름
lParam	x = LOWORD(lParam)	마우스 x 좌표
	y = HIWORD(lParam)	마우스 y 좌표

더블 클릭 가능 윈도우 스타일 등록: CS_DBLCLKS

```
ATOM MyRegisterClass(HINSTANCE hInstance)
{
    WNDCLASSEXW wcex;
    ...
    wcex.style = CS_HREDRAW | CS_VREDRAW | CS_DBLCLKS;
    ...
    return RegisterClassExW(&wcex);
}
```

[step11_ex1] 마우스 왼쪽 버튼 클릭 위치에 원 그리기

```
#define  R      50
LRESULT CALLBACK WndProc(HWND hWnd, UINT message,
                              WPARAM wParam, LPARAM lParam)
{
    static POINT ptMouse;
    static BOOL  bDraw = FALSE;
    switch (message)
    {
        case WM_LBUTTONDOWN:
            ptMouse.x = LOWORD(lParam);
            ptMouse.y = HIWORD(lParam);
            bDraw = TRUE;
            // InvalidateRect(hWnd, NULL, TRUE);
            InvalidateRect(hWnd, NULL, FALSE); // bErase = FALSE
            break;
        case WM_PAINT:
            {
                PAINTSTRUCT ps;
                HDC hdc = BeginPaint(hWnd, &ps);
                // TODO: 여기에 hdc를 사용하는 그리기 코드를 추가
                if(bDraw)
                Ellipse(hdc, ptMouse.x - R, ptMouse.y - R,
                        ptMouse.x + R, ptMouse.y + R);
                EndPaint(hWnd, &ps);
            }
            break;
        case WM_DESTROY:
            PostQuitMessage(0);
            break;
        default:
            return DefWindowProc(hWnd, message, wParam, lParam);
    }
    return 0;
}
```

프로그램 설명

① ptMouse는 마우스 위치를 저장할 변수이며, bDraw 변수는 마우스를 적어도 한번 클릭했는지를 나타내는 정적 변수이다.
② 마우스 왼쪽 버튼 누름 메시지 WM_LBUTTONDOWN에서 마우스 클릭 위치를 ptMouse에 저장하고, bDraw = TRUE로 설정한 뒤에 InvalidateRect 함수로 클라이언트 영역 전체를 무효화시켜 WM_PAINT 메시지를 발생시킨다.
③ WM_PAINT 메시지에서 마우스 클릭 위치 ptMouse에 반지름 R의 원을 그린다. 실행결과는 WM_LBUTTONDOWN 메시지에서 InvalidateRect(hWnd, NULL, FALSE)로 이전 흔적을 지우지 않고, 마우스 클릭 위치에 원을 그린 결과이다. 윈도우 크기를 변경하여 WM_PAINT 메시지를 발생시키면 마지막 클릭 위치의 원 하나만 남는다. 클릭하는 위치의 모든 원을 계속 유지하기 위해서는 마우스의 위치를 배열 또는 연결 리스트(vector 표준 템플릿을 사용하면 편리하다)에 저장해야 한다. [그림 11.1]은 실행하고 마우스 왼쪽버튼 클릭 위치 각각에 원을 표시한 결과이다.

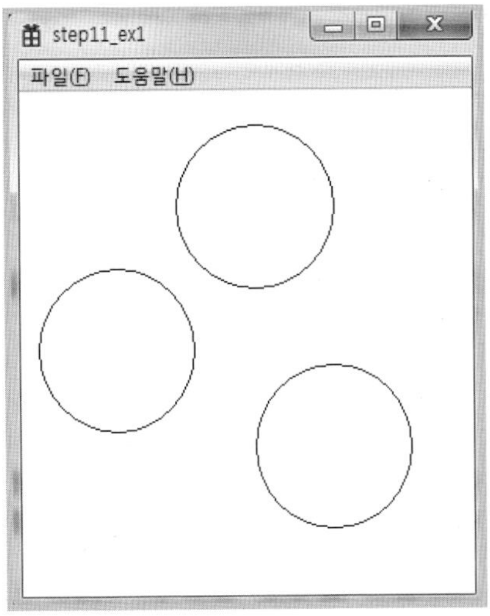

[그림 11.1] 마우스 왼쪽 버튼 클릭 위치에 원 그리기

[step11_ex2] 마우스 드래그에 의한 직선 그리기

```
#define M  5
LRESULT CALLBACK WndProc(HWND hWnd, UINT message,
                                   WPARAM wParam, LPARAM lParam)
{
    static HPEN  hBluePen;
    static BOOL  bDraw = FALSE;
    static POINT ptStart, ptEnd;

    switch (message)
    {
        case WM_CREATE:
```

```
        hBluePen = CreatePen(PS_DASH, 1, RGB(0, 0, 255));
        break;
    case WM_LBUTTONDOWN:
        ptStart.x = LOWORD(lParam);
        ptStart.y = HIWORD(lParam);
        ptEnd = ptStart;
        break;

    case WM_LBUTTONUP:
        bDraw = TRUE;
        InvalidateRect(hWnd, NULL, TRUE);
        break;

    case WM_MOUSEMOVE:
        if (wParam & MK_LBUTTON)
        {
            // #1
            HDC hdc = GetDC(hWnd);
            int oldMode = SetROP2(hdc, R2_NOTXORPEN);

            HPEN hOldPen = (HPEN)SelectObject(hdc, hBluePen);
            MoveToEx(hdc, ptStart.x, ptStart.y, NULL);
            LineTo(hdc, ptEnd.x, ptEnd.y);

            // #2
            ptEnd.x = LOWORD(lParam);
            ptEnd.y = HIWORD(lParam);

            MoveToEx(hdc, ptStart.x, ptStart.y, NULL);
            LineTo(hdc, ptEnd.x, ptEnd.y);

            SelectObject(hdc, hOldPen);
            SetROP2(hdc, oldMode);
            ReleaseDC(hWnd, hdc);

        }
        break;
    case WM_PAINT:
        {
            PAINTSTRUCT ps;
            HDC hdc = BeginPaint(hWnd, &ps);
            // TODO: 여기에 hdc를 사용하는 그리기 코드를 추가
            if (bDraw)
            {
                MoveToEx(hdc, ptStart.x, ptStart.y, NULL);
                LineTo(hdc, ptEnd.x, ptEnd.y);
                Rectangle(hdc, ptStart.x-M, ptStart.y-M, ptStart.x+M, ptStart.y+M);
                Rectangle(hdc, ptEnd.x-M, ptEnd.y-M, ptEnd.x+M, ptEnd.y+M);
            }
```

```
            EndPaint(hWnd, &ps);
        }
        break;
    case WM_DESTROY:
        DeleteObject(hBluePen);
        PostQuitMessage(0);
        break;
    default:
        return DefWindowProc(hWnd, message, wParam, lParam);
    }
    return 0;
}
```

프로그램 설명

① WM_CREATE 메시지에서 파란색 RGB(0, 0, 255)으로 PS_DASH 펜을 hBluePen에 생성한다.
② WM_LBUTTONDOWN 메시지에서 마우스 클릭 위치를 ptStart와 ptEnd에 저장한다.
③ WM_LBUTTONUP 메시지에서 bDraw = TRUE로 설정하고 InvalidateRect 함수로 클라이언트 영역 전체를 무효화시켜 WM_PAINT 메시지를 발생시킨다.
④ WM_MOUSEMOVE 메시지에서 wParam & MK_LBUTTON에 의해 마우스 왼쪽 버튼을 누르고 움직이면, R2_NOTXORPEN 래스터 연산 모드로 설정하고 hBluePen 펜을 설정하여 ptStart에서 ptEnd까지 직선을 지우고 마우스의 현재 위치로 ptEnd를 변경한 뒤에 ptStart에서 ptEnd까지 직선을 그리면 파란색 대시 선으로 직선을 그린다.
⑤ WM_PAINT 메시지에서 bDraw = TRUE이면, ptStart에서 ptEnd까지 검은색 실선으로 직선을 그리고 직선의 양 끝에 사각형을 [그림 11.2]와 같이 그린다.

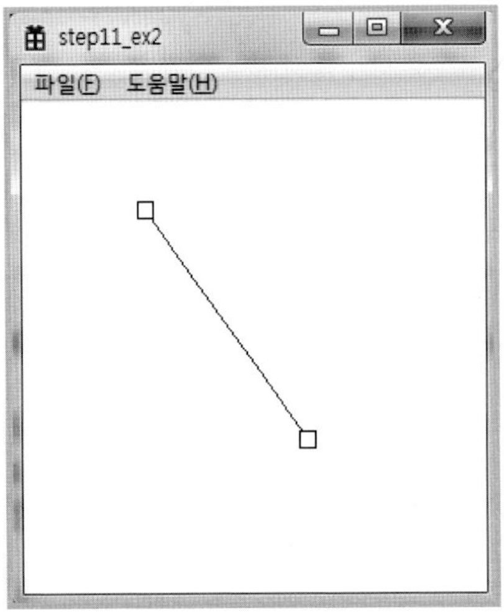

[그림 11.2] 마우스 드래그에 의한 직선 그리기

step

12 타이머 메시지 처리

SetTimer 함수는 타이머를 설정하여 일정 시간 간격으로 WM_TIMER 메시지를 생성하고, KillTimer 함수는 타이머를 해제한다. [표 12.1]은 WM_TIMER 메시지의 인수이다. wParam에 타이머 번호가 전달된다.

[표 12.1] WM_TIMER 메시지의 인수

메시지 인수	설 명
wParam	타이머 번호
lParam	타이머 프로시저 함수 포인터

```
UINT_PTR SetTimer(HWND hWnd, UINT_PTR nID, UINT uElapse,
                  TIMERPROC lpTimerFunc);
BOOL KillTimer(HWND hWnd, UINT_PTR uID );
```

```
// 타이머 프로시저
void Timerproc(HWND hWnd, UINT uMsg, UINT_PTR nID, DWORD dwTime)
{
  .....
}
```

① SetTimer 함수는 타이머를 설정한다. hWnd는 타이머를 설정할 윈도우, nID는 타이머 번호(0이 아닌 정수), uElapse는 밀리 초 단위의 경과 시간, lpTimerFunc는 WM_TIMER 메시지가 발생할 때 호출될 타이머 프로시저이다. lpTimerFunc = NULL이면, 윈도우 프로시저에 WM_TIMER 메시지가 전달된다. 타이머 프로시저 Timerproc는 윈도우 핸들, WM_TIMER 메시지, 타이머 번호, 시간을 전달받고 반환값은 없다.
② KillTimer 함수는 hWnd 윈도우의 nID 타이머를 해제한다. 타이머 설정을 해제할 때까지 WM_TIMER 메시지에 의해 타이머 프로시저가 반복 실행되는 효과가 있다.

[step12_ex1] 타이머에 의한 원 움직이기

```
#define  STEP  10
#define  R     50
LRESULT CALLBACK WndProc(HWND hWnd, UINT message,
                                    WPARAM wParam, LPARAM lParam)
{
   static POINT ptCircle;
   static RECT  rtClient;
   static int      direction = VK_RIGHT;

   switch (message)
   {
      case WM_CREATE:
         SetTimer(hWnd, 1, 50, NULL);
         break;

      case WM_SIZE:
         GetClientRect(hWnd, &rtClient);
         ptCircle.x = rtClient.right / 2;
         ptCircle.y = rtClient.bottom / 2;
         break;

      case WM_KEYDOWN:
         switch (wParam)
         {
            case VK_LEFT:
               direction = VK_LEFT;
               break;
            case VK_RIGHT:
               direction = VK_RIGHT;
               break;
            case VK_UP:
               direction = VK_UP;
               break;
            case VK_DOWN:
               direction = VK_DOWN;
               break;
         }
         break;

         case WM_TIMER:
            switch (direction)
            {
               case VK_LEFT:
                  ptCircle.x -= STEP;
                  break;
               case VK_RIGHT:
                  ptCircle.x += STEP;
```

```
                break;
            case VK_UP:
                ptCircle.y -= STEP;
                break;
            case VK_DOWN:
                ptCircle.y += STEP;
                break;
            }
            // 경계를 점검하여 방향 변경
            if (ptCircle.x - R <= 0)
            {
                ptCircle.x = R;
                direction = VK_RIGHT;
            }
            if (ptCircle.x + R >= rtClient.right)
            {
                ptCircle.x = rtClient.right - R;
                direction = VK_LEFT;
            }
            if (ptCircle.y - R <= 0)
            {
                ptCircle.y = R;
                direction = VK_DOWN;
            }
            if (ptCircle.y + R >= rtClient.bottom)
            {
                ptCircle.y = rtClient.bottom - R;
                direction = VK_UP;
            }
//          RECT rt;
//          SetRect(&rt, ptCircle.x - R-10, ptCircle.y - R-10,
//                      ptCircle.x + R+10, ptCircle.y + R+10);
//          InvalidateRect(hWnd, &rt, TRUE);
            InvalidateRect(hWnd, NULL, TRUE); // 전체영역 지우고 그리기
            break;
        case WM_PAINT:
            {
                PAINTSTRUCT ps;
                HDC hdc = BeginPaint(hWnd, &ps);
                // TODO : 여기에 hdc를 사용하는 그리기 코드를 추가
                Ellipse(hdc, ptCircle.x - R, ptCircle.y - R,
                        ptCircle.x + R, ptCircle.y + R);
                EndPaint(hWnd, &ps);
            }
            break;
        case WM_DESTROY:
            KillTimer(hWnd, 1);
            PostQuitMessage(0);
```

```
            break;
        default:
            return DefWindowProc(hWnd, message, wParam, lParam);
    }
    return 0;
}
```

프로그램 설명

① [step9_ex2]에 타이머를 추가하여 원을 움직이고 방향키로 방향을 전환한다.
② 윈도우 프로시저 WndProc에서 ptCircle는 원의 중심좌표이고 rtClient는 클라이언트 영역이며 direction은 원의 현재 이동 방향이다.
③ 윈도우가 생성될 때 발생하는 WM_CREATE 메시지에서 SetTimer(hWnd, 1, 50, NULL)로 1번 타이머를 50/1000초 간격으로 윈도우 프로시저에 WM_TIMER 메시지를 보내도록 설정한다.
④ WM_SIZE 메시지에서 GetClientRect 함수로 rtClient에 클라이언트 영역의 사각형 정보를 저장하고 원의 중심 ptCircle을 클라이언트 영역의 가운데로 초기화한다. [표 12.2]의 WM_SIZE 메시지에서 wParam에 윈도우 크기 변화의 원인인 SIZE_MAXHIDE, SIZE_MAXIMIZED, SIZE_MAXSHOW, SIZE_MINIMIZED, SIZE_RESTORED 등이 전달되고, lParam(LOWORD)에 클라이언트 영역의 가로 크기, lParam(HIWORD)에 클라이언트 영역의 세로 크기가 전달된다. 클라이언트 영역의 크기는 GetClientRect 함수로도 얻을 수 있다.

[표 12.2] WM_SIZE 메시지의 인수

메시지 인수	설 명
wParam	윈도우 크기 변화의 원인(SIZE_MAXHIDE, SIZE_MAXIMIZED, SIZE_MAXSHOW, SIZE_MINIMIZED, SIZE_RESTORED)
lParam	lParam(LOWORD): 클라이언트 영역의 가로(width)크기 lParam(HIWORD): 클라이언트 영역의 세로(height)크기

⑤ WM_KEYDOWN 메시지에서 키보드의 방향키를 누르면 방향키 정보를 direction에 저장하여 원의 움직임 방향을 변경한다.
⑥ WM_TIMER 메시지에서 direction에 따라 원의 중심좌표 ptCircle을 STEP만큼 움직이고, if 문으로 클라이언트 영역 rtClient의 경계를 벗어나면 반대 방향으로 움직이도록 direction을 변경한다. InvalidateRect 함수로 원의 크기보다 조금 크게 설정한 rt 사각형 영역을 무효화시켜 WM_PAINT 메시지에서 지우고 [그림 12.1]과 같이 원을 그린다.
⑦ WM_DESTROY 메시지에서 KillTimer 함수로 1번 타이머를 해제한다.

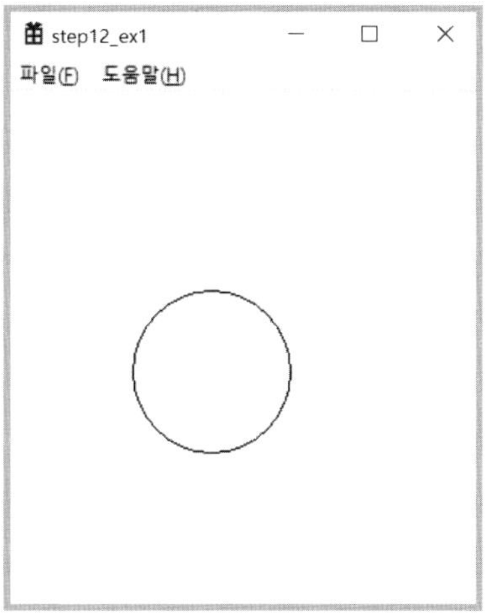

[그림 12.1] 타이머에 의한 원 움직이기

[step12_ex2] 타이머 프로시저에 의한 원 움직이기

```
#define STEP 10
#define R     50
POINT ptCircle;
RECT  rtClient;
int    direction = VK_RIGHT;

void Timerproc(HWND hWnd, UINT uMsg, UINT_PTR nID, DWORD dwTime)
{
    switch (direction)
    {
        case VK_LEFT:
            ptCircle.x -= STEP;
            if (ptCircle.x <= R)
                direction = VK_RIGHT;
            break;
        case VK_RIGHT:
            ptCircle.x += STEP;
            if (ptCircle.x >= rtClient.right - R)
                direction = VK_LEFT;
            break;
        case VK_UP:
            ptCircle.y -= STEP;
            if (ptCircle.y <= R)
                direction = VK_DOWN;
            break;
        case VK_DOWN:
            ptCircle.y += STEP;
            if (ptCircle.y >= rtClient.bottom - R)
                direction = VK_UP;
```

```
            break;
        }
        RECT rt;
        SetRect(&rt, ptCircle.x - R - 10, ptCircle.y - R - 10,
            ptCircle.x + R + 10, ptCircle.y + R + 10);
        InvalidateRect(hWnd, &rt, TRUE);
//  InvalidateRect(hWnd, NULL, TRUE); // 전체영역 지우고 그리기
}
LRESULT CALLBACK WndProc(HWND hWnd, UINT message,
                    WPARAM wParam, LPARAM lParam)
{
    switch (message)
    {
        case WM_CREATE:
            SetTimer(hWnd, 1, 50, (TIMERPROC)Timerproc);
            break;
        case WM_SIZE:
            GetClientRect(hWnd, &rtClient);
            ptCircle.x = rtClient.right / 2;
            ptCircle.y = rtClient.bottom / 2;
            break;
        case WM_KEYDOWN:
            switch (wParam)
            {
                case VK_LEFT:
                    direction = VK_LEFT;
                    break;
                case VK_RIGHT:
                    direction = VK_RIGHT;
                    break;
                case VK_UP:
                    direction = VK_UP;
                    break;
                case VK_DOWN:
                    direction = VK_DOWN;
                    break;
            }
            break;
        case WM_PAINT:
            {
                PAINTSTRUCT ps;
                HDC hdc = BeginPaint(hWnd, &ps);
                // TODO: 여기에 hdc를 사용하는 그리기 코드를 추가
                Ellipse(hdc, ptCircle.x - R, ptCircle.y - R,
                    ptCircle.x + R, ptCircle.y + R);
                EndPaint(hWnd, &ps);
            }
            break;
```

```
        case WM_DESTROY:
            KillTimer(hWnd, 1);
            PostQuitMessage(0);
            break;
        default:
            return DefWindowProc(hWnd, message, wParam, lParam);
    }
    return 0;
}
```

프로그램 설명

① [step12_ex1]을 타이머 프로시저를 이용하여 다시 작성한다.
② 윈도우 프로시저 WndProc와 타이머 프로시저 Timerproc에서 공유할 ptCircle, rtClient, direction을 비지역 변수로 선언한다.
③ WM_CREATE 메시지에서 SetTimer(hWnd, 1, 50, (TIMERPROC) Timerproc) 함수 호출로 1번 타이머를 50/1000초 간격으로 타이머 프로시저에 WM_TIMER 메시지를 보내도록 설정한다.
④ 타이머 프로시저 Timerproc에서 [step12_ex1]의 WM_TIMER 메시지의 direction에 따라 원의 중심좌표 ptCircle을 STEP만큼 움직이고, if 문으로 클라이언트 영역 rtClient의 경계를 벗어나면 반대 방향으로 움직이도록 direction을 변경하는 부분을 구현한다. 실행결과는 [그림 12.1]과 같다.

4

Chapter

메시지 함수와 윈도우 관련 함수

메시지와 윈도우 관련 함수를 설명한다.

step

13 메시지 관련 함수

GetMessage와 PeekMessage 함수는 메시지를 가져오는 함수이고, SendMessage와 PostMessage 그리고 PostQuitMessage 함수는 메시지를 윈도우 프로시저로 보내는 함수이다. SendMessage 함수를 사용하면 사용자 정의 메시지도 보낼 수 있다. #define으로 WM_USER부터 1씩 더해 가면서 정의하면 된다.

```
LRESULT SendMessage(HWND hWnd, UINT Msg, WPARAM wParam,
                    LPARAM lParam);
```

① SendMessage 함수는 윈도우로 메시지를 보내는 함수이다. 이 함수는 윈도우 프로시저를 호출하고 지정된 메시지를 처리할 때까지 기다린다. wParam과 lParam은 메시지에 따라 다르다.

② GetMessage 함수는 응용 프로그램의 스레드 메시지 큐에서 대기하고 있는 다음 메시지를 가져온다. WM_QUIT 메시지를 받으면 FALSE를 반환하고, 나머지 메시지는 TRUE를 반환한다.

③ PostQuitMessage 함수는 응용 프로그램이 종료 요청을 했음을 윈도우즈에 알리기 위해 WM_QUIT 메시지를 보낸다. 일반적으로 WM_ DESTROY 메시지 처리와 파일 메뉴의 종료 처리에서 사용한다. nExitCode는 응용 프로그램 종료 코드로 WM_QUIT 메시지의 wParam에 전달되며 대부분 0을 사용한다.

[step13_ex1] 시간 문자열 출력

```
LRESULT CALLBACK WndProc(HWND hWnd, UINT message,
                         WPARAM wParam, LPARAM lParam)
{
    SYSTEMTIME   st;
    static RECT  rtClient;
    static TCHAR szTime[128];

    switch (message)
    {
        case WM_CREATE:
```

```
        SetTimer(hWnd, 1, 1000, NULL);
        SendMessage(hWnd, WM_TIMER, 1, 0);
        break;
    case WM_SIZE:
        GetClientRect(hWnd, &rtClient);
        break;
    case WM_TIMER:
        GetLocalTime(&st);
        wsprintf(szTime, _T("%d-%d-%d : %d:%d:%d"),
            st.wYear, st.wMonth, st.wDay, st.wHour, st.wMinute, st.wSecond);
        InvalidateRect(hWnd, NULL, TRUE);
        break;
    case WM_PAINT:
        {
            PAINTSTRUCT ps;
            HDC hdc = BeginPaint(hWnd, &ps);
            // TODO: 여기에 hdc를 사용하는 그리기 코드를 추가
            DrawText(hdc, szTime, -1, &rtClient,
                    DT_CENTER|DT_VCENTER | DT_SINGLELINE);
            EndPaint(hWnd, &ps);
        }
        break;
    case WM_DESTROY:
        KillTimer(hWnd, 1);
        PostQuitMessage(0);
        break;
    default:
        return DefWindowProc(hWnd, message, wParam, lParam);
    }
    return 0;
}
```

프로그램 설명

① 윈도우 프로시저 WndProc의 WM_CREATE 메시지에서 SetTimer 함수로 1초 간격으로 타이머를 설정한다. SendMessage 함수로 윈도우 hWnd에 1번 타이머를 즉시 WM_TIMER 메시지를 보낸다.

② WM_SIZE 메시지에서 rtClient에 윈도우의 클라이언트 영역을 저장한다.

③ WM_TIMER 메시지에서 GetLocalTime 함수로 현재 시간을 st에 저장하고, 문자열 szTime에 년도(st.wYear), 월(st.wMonth), 일(st.wDay), 시간(st.wHour), 분(st.wMinute), 초(st.wSecond)를 출력하고, InvalidateRect 함수로 WM_PAINT 메시지를 발생시킨다.

[그림 13.1] 시간 문자열 출력

[step13_ex2] 시계 그리기

```
BOOL InitInstance(HINSTANCE hInstance, int nCmdShow)
{
   ...
   HWND hWnd = CreateWindowW(szWindowClass, szTitle,
               WS_OVERLAPPEDWINDOW,CW_USEDEFAULT, 0, 400,400,
               nullptr, nullptr, hInstance, nullptr);
   ...
}
#define _USE_MATH_DEFINES  // for M_PI
#include <math.h>
#define  R   100
#define  RADIAN(X)  ((X) * M_PI / 180)
LRESULT CALLBACK WndProc(HWND hWnd, UINT message,
                                WPARAM wParam, LPARAM lParam)
{
   SYSTEMTIME  st;
   POINT  pt;
   double theta;

   static RECT  rtClient;
   static TCHAR szTime[128];
   static POINT ptCircle;
   static double sec, minute, hour;
   static HPEN hPen[3];

   switch (message)
   {
      case WM_CREATE:
         hPen[0] = CreatePen(PS_SOLID, 8, RGB(0,  0, 255));
         hPen[1] = CreatePen(PS_SOLID, 4, RGB(0, 255, 0));
         hPen[2] = CreatePen(PS_SOLID, 2, RGB(255, 0, 0));
         SetTimer(hWnd, 1, 1000, NULL);
         SendMessage(hWnd, WM_TIMER, 1, 0);
```

```
        break;
    case WM_SIZE:
        GetClientRect(hWnd, &rtClient);
        ptCircle.x = rtClient.right  / 2;
        ptCircle.y = rtClient.bottom / 2;
        break;
    case WM_TIMER:
        GetLocalTime(&st);
        wsprintf(szTime, _T("%d-%d-%d : %d:%d:%d"), st.wYear,
            st.wMonth, st.wDay, st.wHour, st.wMinute, st.wSecond);
        sec    = st.wSecond;
        minute = st.wMinute + st.wSecond / 60.0;
        hour   = st.wHour + minute / 60.0;
        InvalidateRect(hWnd, NULL, TRUE);
        break;
    case WM_PAINT:
        {
            PAINTSTRUCT ps;
            HDC hdc = BeginPaint(hWnd, &ps);
            // TODO: 여기에 hdc를 사용하는 그리기 코드를 추가

            DrawText(hdc, szTime, -1, &rtClient, DT_CENTER);
            Ellipse(hdc, ptCircle.x - R, ptCircle.y - R,
            ptCircle.x + R, ptCircle.y + R);

            // 1 시계에 [1, ..., 12] 출력
            for (int i = 1; i <= 12; i++)
            {
                theta = (i - 3) * 30;
                pt.x = (int)(R * cos(RADIAN(theta)) + ptCircle.x + 0.5);
                pt.y = (int)(R * sin(RADIAN(theta)) + ptCircle.y + 0.5);

                TCHAR str[10];
                wsprintf(str, _T("%d"), i);
                RECT rt;
                SetRect(&rt, pt.x - 10, pt.y - 10, pt.x + 10, pt.y + 10);
                DrawText(hdc, str, -1, &rt, DT_CENTER);
            }

            // 2 시침 그리기
            theta = (hour * 30 - 90);
            pt.x = (int)((R - 20) * cos(RADIAN(theta))+ ptCircle.x + 0.5);
            pt.y = (int)((R - 20) * sin(RADIAN(theta))+ ptCircle.y + 0.5);
            HPEN hOldPen = (HPEN)SelectObject(hdc, hPen[0]);
            MoveToEx(hdc, ptCircle.x, ptCircle.y, NULL);
            LineTo(hdc, pt.x, pt.y);

            // 3 분침 그리기
            theta = (minute * 6 - 90);
```

```
            pt.x = (int)((R - 10) * cos(RADIAN(theta)) + ptCircle.x + 0.5);
            pt.y = (int)((R - 10) * sin(RADIAN(theta)) + ptCircle.y + 0.5);
            SelectObject(hdc, hPen[1]);
            MoveToEx(hdc, ptCircle.x, ptCircle.y, NULL);
            LineTo(hdc, pt.x, pt.y);

            // 4 초침 그리기
            theta = (sec * 6 - 90);
            pt.x = (int)((R - 5) * cos(RADIAN(theta)) + ptCircle.x + 0.5);
            pt.y = (int)((R - 5) * sin(RADIAN(theta)) + ptCircle.y + 0.5);
            SelectObject(hdc, hPen[2]);
            MoveToEx(hdc, ptCircle.x, ptCircle.y, NULL);
            LineTo(hdc, pt.x, pt.y);
            SelectObject(hdc, hOldPen);

            EndPaint(hWnd, &ps);
        }
        break;
    case WM_DESTROY:
        for(int i=0; i<3; i++)
            DeleteObject(hPen[i]);
        PostQuitMessage(0);
        break;
    default:
        return DefWindowProc(hWnd, message, wParam, lParam);
    }
    return 0;
}
```

프로그램 설명

① _USE_MATH_DEFINES를 정의하면 M_PI를 사용할 수 있다. sin, cos 함수를 사용하기 위하여 헤더 파일 〈math.h〉를 포함한다. RADIAN 매크로 함수는 각도 X를 라디안으로 변환한다.

② 윈도우 프로시저 WndProc의 WM_CREATE 메시지에서 hPen 배열에 시간, 분, 초침에 사용할 펜을 생성한다. SetTimer 함수로 1초 간격으로 1번 타이머를 설정한다. SendMessage 함수로 윈도우 hWnd에 즉시 WM_TIMER 메시지를 보낸다.

③ WM_TIMER 메시지에서 GetLocalTime 함수로 현재 시간을 st에 저장하고, sec, minute, hour를 실수로 계산하여 InvalidateRect 함수로 WM_PAINT 메시지를 발생한다.

④ WM_PAINT 메시지에서 DrawText로 szTime을 rtClinet의 DT_CENTER에 출력하고, 시계로 사용할 반지름 R의 원을 출력한다.

⑤ "// 1 시계에 ..." 블록에서 for 문을 사용하여 시계에 시간 숫자 1에서 12를 출력한다. theta = (i – 3) * 30에서 (i – 3)은 0시(12시)가 위쪽을 향하도록 3시간을 뒤도 돌

리고, 30을 곱하여 360도로 변환한다. 각 시간에 대한 시계의 좌표를 pt에 계산하고, pt를 이용하여 설정한 사각형 rt에 시간 문자열 str을 DrawText 함수로 출력한다.

⑥ "// 2 시침 그리기" 블록에서 hour를 이용하여 시침을 그린다. theta = (hour * 30 – 90)에서 (hour * 30)은 12시간을 360도로 변환하고, 90 만큼 뒤로 돌려 0시의 기준을 변경한다. 시침의 크기를 (R – 20)으로 설정하여 시침의 위치 pt를 계산하고, hPen[0] 펜을 이용하여 원의 중심으로부터 직선으로 시침을 그린다.

⑦ "// 3 분침 그리기" 블록에서 minute를 이용하여 분침을 그린다. theta = (minute * 6 – 90)에서 (minute * 6)은 60분을 360도로 변환하고, 90 만큼 뒤로 돌려 0분의 기준을 변경한다. 분침의 크기를 (R – 10)으로 설정하여 분침의 위치 pt를 계산하고, hPen[1] 펜을 이용하여 원의 중심으로부터 직선으로 분침을 그린다.

⑧ "// 4 초침 그리기" 블록에서 sec를 이용하여 초침을 그린다. theta = (sec * 6 – 90)에서 (sec * 6)은 60초를 360도로 변환하고, 90 만큼 뒤로 돌려 0초의 기준을 변경한다. 초침의 크기를 (R–5)로 설정하여 초침의 위치 pt를 계산하고, hPen[2] 펜을 이용하여 원의 중심으로부터 직선으로 초침을 그린다. WM_CREATE 메시지 처리에서 SendMessage 함수를 주석 처리하고 실행하면 1초 후에 정상적으로 시계가 그려진다.

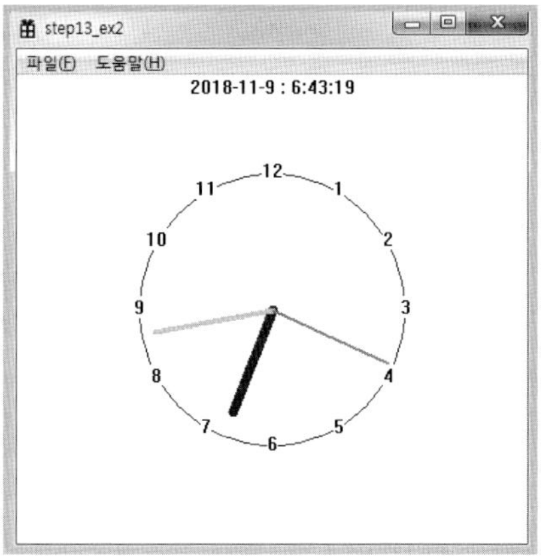

[그림 13.2] 시계 그리기

step

14 윈도우 관련 함수

GetWindowText와 SetWindowText 함수는 윈도우의 타이틀 문자열을 얻거나 변경한다. AdjustWindowRect 함수를 사용하면 사용자가 원하는 크기의 클라이언트 영역을 갖는 윈도우 크기를 계산할 수 있다.

1. 윈도우 타이틀

CreateWindow 함수로 윈도우를 생성할 때 윈도우의 타이틀을 지정할 수 있다. GetWindowText 함수는 윈도우 타이틀을 lpString에 저장한다. SetWindowText 함수는 윈도우의 타이틀을 lpString 문자열로 변경한다.

윈도우의 타이틀 문자열을 가져오거나 변경할 때 SendMessage 함수에서 [표 14.1]의 WM_GETTEXT와 WM_SETTEXT 메시지를 사용할 수 있다.

```
int GetWindowText(HWND hWnd, LPTSTR lpString, int nMaxCount);
BOOL SetWindowText(HWND hWnd, LPCTSTR lpString);
```

[표 14.1] WM_GETTEXT와 WM_SETTEXT 메시지

메시지	wParam	lParam	반환값
WM_GETTEXT	문자열의 최대 길이	문자열 버퍼 포인터	복사된 문자 길이
WM_SETTEXT	사용하지 않음, 0	문자열 버퍼 포인터	문자열이 변경되면 TRUE

[step14_ex1] 윈도우 타이틀에 시간 출력

```
LRESULT CALLBACK WndProc(HWND hWnd, UINT message,
                         WPARAM wParam, LPARAM lParam)
{
   SYSTEMTIME   st;
   TCHAR szTime[128];
   switch (message)
```

```
    {
        case WM_CREATE:
            SetTimer(hWnd, 1, 1000, NULL);
            SendMessage(hWnd, WM_TIMER, 1, 0);
            break;
        case WM_TIMER:
            GetLocalTime(&st);
            wsprintf(szTime, _T("%d-%d-%d : %d:%d:%d"),
                    st.wYear, st.wMonth,
                    st.wDay, st.wHour, st.wMinute, st.wSecond);
            SetWindowText(hWnd, szTime);
//          SendMessage(hWnd, WM_SETTEXT, 0, (LPARAM)szTime);
            break;
        case WM_PAINT:
            {
                PAINTSTRUCT ps;
                HDC hdc = BeginPaint(hWnd, &ps);
                // TODO: 여기에 hdc를 사용하는 그리기 코드를 추가

                EndPaint(hWnd, &ps);
            }
            break;
        case WM_DESTROY:
            KillTimer(hWnd, 1);
            PostQuitMessage(0);
            break;
        default:
            return DefWindowProc(hWnd, message, wParam, lParam);
    }
    return 0;
}
```

프로그램 설명

① 윈도우 프로시저 WndProc의 WM_CREATE 메시지에서 SetTimer 함수로 1초 간격으로 타이머를 설정한다. SendMessage 함수로 윈도우 hWnd에 1번 타이머를 사용하도록 즉시 WM_TIMER 메시지를 보낸다.

② WM_TIMER 메시지에서 GetLocalTime 함수로 현재 시간을 st에 저장하고, 문자열 szTime에 년도(st.wYear), 월(st.wMonth), 일(st.wDay), 시간(st.wHour), 분(st.wMinute), 초(st.wSecond)를 출력하고, SetWindowText 함수로 hWnd 윈도우의 타이틀을 szTime 문자열로 변경한다. WM_CREATE 메시지를 처리하는 과정에서 WM_TIMER 메시지를 보내는 SendMessage 함수를 주석 처리하고 실행하면 1초 후에 첫 문자열이 출력된다.

③ SetWindowText 함수 대신, SendMessage로 WM_SETTEXT 메시지에서 lParam에 (LPARAM)szTime를 보내도 같은 결과를 갖는다.

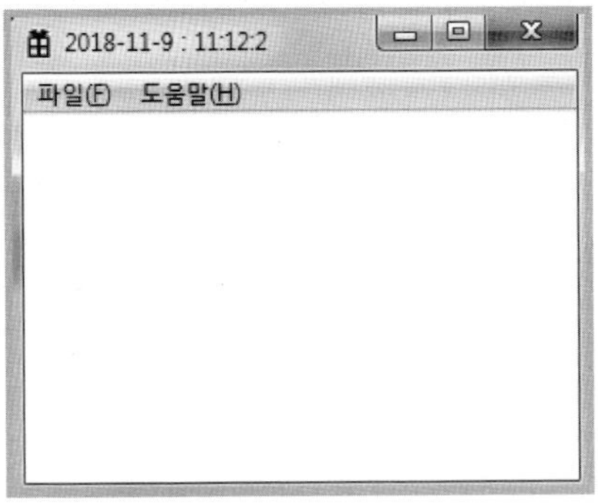

[그림 14.1] 윈도우 타이틀에 시간 출력

2. 윈도우 위치 및 크기

원하는 클라이언트 영역 크기를 갖는 윈도우를 생성하거나, 변경할 수 있다.

```
BOOL AdjustWindowRect(LPRECT lpRect, DWORD dwStyle, BOOL bMenu);
BOOL AdjustWindowRectEx(LPRECT lpRect, DWORD dwStyle, BOOL
                        bMenu, DWORD dwExStyle);
BOOL GetWindowRect(HWND hWnd, LPRECT lpRect);
BOOL MoveWindow(HWND hWnd, int X, int Y, int nWidth, int nHeight,
                BOOL bRepaint);
BOOL SetWindowPos(HWND hWnd, HWND hWndInsertAfter, int X, int Y,
                  int cx, int cy, UINT uFlags);
```

① AdjustWindowRect 함수는 lpRect에 주어진 클라이언트 영역을 갖는 윈도우 사각형의 크기를 계산한다. dwStyle은 윈도우의 스타일로 bMenu = TRUE이면 메뉴 영역을 포함해 윈도우 크기를 계산한다. AdjustWindowRectEx 함수는 확장 윈도우 스타일 dwExStyle을 갖는 윈도우에서 윈도우 사각형의 크기를 계산한다. AdjustWindowRect, AdjustWindowRectEx 함수로 필요한 윈도우 크기를 계산한 후에 CreateWindow, CreateWindowEx 함수를 사용하여 윈도우를 만들거나, 윈도우가 생성된 경우는 MoveWindow와 SetWindowPos 함수로 윈도우 크기를 변경한다.
② GetWindowRect 함수는 윈도우의 사각형 좌표를 모니터 화면의 왼쪽 상단을 기준으로 반환한다.
③ MoveWindow 함수는 윈도우를 위치 (X, Y), 크기 (nWidth, nHeight)로 변경한다. bRepaint = TRUE이면 WM_PAINT 메시지에 의해 다시 그린다.
④ SetWindowPos 함수는 윈도우의 위치(X, Y), 크기 (cx, cy), 순서를 변경한다. hWndInsertAfter는 hWnd의 바로 앞의 윈도우 핸들이다. HWND_BOTTOM, HWND_NOTOPMOST, HWND_TOP, HWND_TOPMOST 등이 있다. uFlags는 윈도우 크기 변경과 위치시키는 방법을 결정한다. SWP_DRAWFRAME, SWP_HIDEWINDOW, SWP_NOCOPYBITS, SWP_ NOMOVE, SWP_NOREDRAW, SWP_NOSIZE, SWP_SHOWWINDOW 등이 있다.

[step14_ex2] 클라이언트 크기(400×400)를 갖는 윈도우 생성 1

```
#define WIDTH  400
#define HEIGHT 400
BOOL InitInstance(HINSTANCE hInstance, int nCmdShow)
{
   hInst = hInstance; // 인스턴스 핸들을 전역 변수에 저장합니다.

   RECT rtClient = {0, 0, WIDTH, HEIGHT }; // Client Area
   AdjustWindowRect(&rtClient, WS_OVERLAPPEDWINDOW, TRUE);

   int nWidth  = rtClient.right  - rtClient.left;
   int nHeight = rtClient.bottom - rtClient.top;
   HWND hWnd = CreateWindowW(szWindowClass, szTitle,
                         WS_OVERLAPPEDWINDOW, CW_USEDEFAULT, 0,
                         nWidth, nHeight, nullptr, nullptr, hInstance, nullptr);
..... // 생략
}
LRESULT CALLBACK WndProc(HWND hWnd, UINT message,
                          WPARAM wParam, LPARAM lParam)
{
   switch (message)
   {
      case WM_PAINT:
         {
            PAINTSTRUCT ps;
            HDC hdc = BeginPaint(hWnd, &ps);
            // TODO: 여기에 hdc를 사용하는 그리기 코드를 추가
            Ellipse(hdc, 0, 0, WIDTH, HEIGHT);
            EndPaint(hWnd, &ps);
         }
         break;
      case WM_DESTROY:
         PostQuitMessage(0);
         break;
      default:
         return DefWindowProc(hWnd, message, wParam, lParam);
   }
   return 0;
}
```

프로그램 설명

① AdjustWindowRect 함수로 클라이언트 영역의 크기를 WIDTH, HEIGHT를 이용한 사각형 rtClient에 설정한 뒤에 윈도우 스타일 WS_OVERLAPPEDWINDOW, bMenu = TRUE로 메뉴가 있는 윈도우 영역을 rtClient에 계산한 뒤에 윈도우 크기를 nWidth, nHeight에 계산하여 CreateWindowW 함수에서 nWidth와 nHeight 크기의 윈도우를

생성한다.
② WM_PAINT 메시지에서 클라이언트 영역의 크기 WIDTH와 HEIGHT로 타원을 그려서 클라이언트 영역의 크기를 확인한다. [그림 14.2]는 클라이언트 크기가 400×400인 윈도우이다.

[그림 14.2] 클라이언트 크기(400×400)를 갖는 윈도우 생성 1

[step14_ex3] 클라이언트 크기(400×400)를 갖는 윈도우 생성 2

```
#define WIDTH  400
#define HEIGHT 400
LRESULT CALLBACK WndProc(HWND hWnd, UINT message,
                                   WPARAM wParam, LPARAM lParam)
{
   switch (message)
   {
      case WM_CREATE:
         {
            RECT rtClient = { 0, 0, WIDTH, HEIGHT }; // Client Area
            AdjustWindowRect(&rtClient, WS_OVERLAPPEDWINDOW, TRUE);

            int nWidth = rtClient.right - rtClient.left;
            int nHeight = rtClient.bottom - rtClient.top;
            MoveWindow(hWnd, 0, 0, nWidth, nHeight, TRUE);
            // SetWindowPos(hWnd,NULL, 0, 0, nWidth,
            //              nHeight, SWP_NOMOVE);
         }
         break;
      case WM_PAINT:
         {
            PAINTSTRUCT ps;
            HDC hdc = BeginPaint(hWnd, &ps);
            // TODO: 여기에 hdc를 사용하는 그리기 코드를 추가
```

```
            Ellipse(hdc, 0, 0, WIDTH, HEIGHT);
            EndPaint(hWnd, &ps);
        }
        break;
    case WM_DESTROY:
        PostQuitMessage(0);
        break;
    default:
        return DefWindowProc(hWnd, message, wParam, lParam);
    }
    return 0;
}
```

프로그램 설명

① 윈도우가 이미 만들어진 후에, WM_CREATE 메시지에서 AdjustWindowRect 함수로 클라이언트 영역의 크기를 WIDTH와 HEIGHT를 이용한 사각형 rtClient에 설정한 뒤에 윈도우 스타일 WS_OVERLAPPEDWINDOW, bMenu = TRUE로 메뉴가 있는 윈도우 영역을 rtClient에 계산하고, 윈도우 크기를 nWidth, nHeight에 계산하여 MoveWindow와 SetWindowPos 함수로 윈도우 크기를 변경한다. SetWindowPos 함수에서 SWP_NOMOVE를 사용하면, CreateWindowW 함수에서 생성한 위치를 변경하지 않는다.

② WM_PAINT 메시지에서 클라이언트 영역의 크기 WIDTH와 HEIGHT로 타원을 그려서 클라이언트 영역의 크기를 확인한다. 실행결과는 [그림 14.2]와 같다.

[step14_ex4] 하나의 블록의 크기가 SIZE×SIZE인 M×N 보드

```
ATOM MyRegisterClass(HINSTANCE hInstance)
{
    WNDCLASSEXW wcex;
    .....
    wcex.lpszMenuName   = NULL;
    .....
}
BOOL InitInstance(HINSTANCE hInstance, int nCmdShow)
{
    .....
    HWND hWnd = CreateWindowW(szWindowClass, szTitle,
                        WS_CAPTION | WS_SYSMENU, CW_USEDEFAULT, 0,
                        CW_USEDEFAULT, 0, nullptr, nullptr, hInstance, nullptr);
    .....
}
#define SIZE  100
#define M  5
#define N  5
enum blockType {EMPTY, RED, BLUE};
```

```
LRESULT CALLBACK WndProc(HWND hWnd, UINT message,
                              WPARAM wParam, LPARAM lParam)
{
   int ix, iy;
   int nWidth, nHeight;
   HBRUSH hBrush, oldBrush;
   static int board[M][N];

   switch (message)
   {
      case WM_CREATE:
         {
            RECT rtClient={0, 0, SIZE * N, SIZE * M };   // Client Area
            AdjustWindowRect(&rtClient,
                              WS_CAPTION | WS_SYSMENU, FALSE);
            nWidth = rtClient.right - rtClient.left;
            nHeight = rtClient.bottom - rtClient.top;
            SetWindowPos(hWnd, NULL, 0, 0, nWidth, nHeight,
                          SWP_NOMOVE);
         }
         break;
      case WM_LBUTTONDOWN:
         {
            ix = LOWORD(lParam) / SIZE;
            iy = HIWORD(lParam) / SIZE;
            if (ix >= N || iy >= M)
               break;

            board[iy][ix]++;
            if(board[iy][ix]> BLUE)
               board[iy][ix] = EMPTY;

            InvalidateRect(hWnd, NULL, TRUE);
         }
         break;
      case WM_PAINT:
         {
            PAINTSTRUCT ps;
            HDC hdc = BeginPaint(hWnd, &ps);
            // TODO: 여기에 hdc를 사용하는 그리기 코드를 추가
            for(int i = 0; i < M; i++)
               for (int j = 0; j < N; j++)
               {
                  int x = j * SIZE;
                  int y = i * SIZE;
                  Rectangle(hdc, x, y, x + SIZE, y + SIZE);
                  if (board[i][j] == EMPTY)
                     continue;
```

```
                    HPEN oldPen = (HPEN)SelectObject(hdc,
                            (HPEN)GetStockObject(NULL_PEN));

                    COLORREF color;
                    switch(board[i][j])
                    {
                        case RED:
                            color = RGB(255, 0, 0);
                            break;
                        case BLUE:
                            color = RGB(0, 0, 255);
                            break;
                    }
                    hBrush = CreateSolidBrush(color);
                    oldBrush = (HBRUSH)SelectObject(hdc, hBrush);

                  // Rectangle(hdc, x, y, x + SIZE, y + SIZE);
                    Ellipse(hdc, x+5, y+5, x+SIZE-5, y+SIZE-5);

                    SelectObject(hdc, oldBrush);
                    SelectObject(hdc, oldPen);
                }
            EndPaint(hWnd, &ps);
        }
        break;
    case WM_DESTROY:
        PostQuitMessage(0);
        break;
    default:
        return DefWindowProc(hWnd, message, wParam, lParam);
    }
    return 0;
}
```

프로그램 설명

① 하나의 블록의 크기가 SIZE × SIZE인 M × N 보드에서 마우스로 클릭한 보드에 사각형 또는 원을 브러시로 채워 그린다.

② MyRegisterClass 함수에서 wcex.lpszMenuName = NULL로 메뉴를 없애고, InitInstance 함수에서 CreateWindowW 함수로 WS_CAPTION | WS_SYSMENU 윈도우 스타일을 설정하여 윈도우의 크기를 변경할 수 없고 캡션과 시스템 메뉴만 있는 윈도우를 생성한다.

③ WM_CREATE 메시지에서 클라이언트 영역의 크기가 SIZE × N, SIZE × M이고, 메뉴가 없는 윈도우 스타일 WS_CAPTION | WS_SYSMENU로 설정하여 윈도우의 크기를 재조정한다.

④ WM_LBUTTONDOWN 메시지에서 마우스 클릭 위치를 SIZE로 나누어 ix, iy를 계산하여 board[iy][ix]++로 1 증가시킨 뒤에 board[iy][ix] 〉 BLUE이면 board[iy][ix] = EMPTY를 저장한다. 마우스 클릭에의해 EMPTY, RED, BLUE가 순서대로 반복한다.
⑤ WM_PAINT 메시지에서 for 문을 사용하여 M × N 크기의 보드를 사각형으로 그리고, board[i][j]의 값이 RED, BLUE일 경우만 해당 컬러로 브러시를 생성하여 [그림 14.3](a)와 같이 Ellipse 함수로 블록에서 5만큼 여백을 갖는 원을 그리거나, [그림 14.3](b)와 같이 Rectangle 함수로 사각형을 채워 그린다.

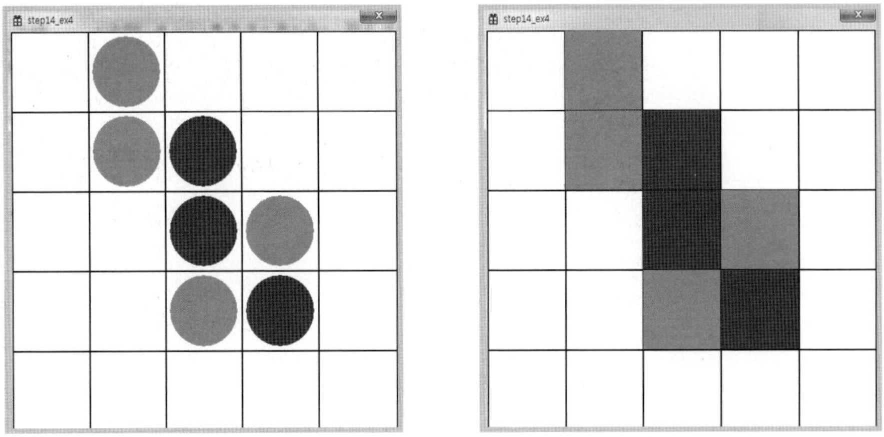

(a) Ellipse(hdc, x+5, y+5, x+SIZE−5, y+SIZE−5);

(b) Rectangle(hdc, x, y, x+SIZE, y+SIZE);

[그림 14.3] 한 개 블록의 크기가 SIZE × SIZE인 M × N 보드

step

15 그래픽 매핑 모드와 뷰 포트

지금까지 사용한 GDI 함수에서 원점은 윈도우 클라이언트의 왼쪽−위(upper−left)이고, +X축이 오른쪽(RIGHT), +Y축이 아래(DOWN)인 디폴트 매핑 모드 MM_TEXT이다. 여기서는 MM_TEXT, MM_LOMETRIC, MM_ISOTROPIC 매핑 모드에서 원점의 위치와 좌표축의 방향 그리고 윈도우 뷰 포트 매핑에 대하여 설명한다.

1. 윈도우 뷰 포트 매핑

윈도우즈는 GDI 함수에서 사용하는 윈도우 좌표(논리적 좌표) (xW, yW)를 뷰 포트(장치 좌표) (xV, yV)로 매핑하여 [그림 15.1]과 같이 출력한다. 그래픽 매핑 모드(MM_TEXT(디폴트), MM_LOENGLISH, MM_HIENGLISH, MM_LOMETRIC, MM_HIMETRIC, MM_ISOTROPIC, MM_ANISOTROPIC 등)에 따라 축의 방향, 원점(origin), 범위(extent)가 다를 수 있다.

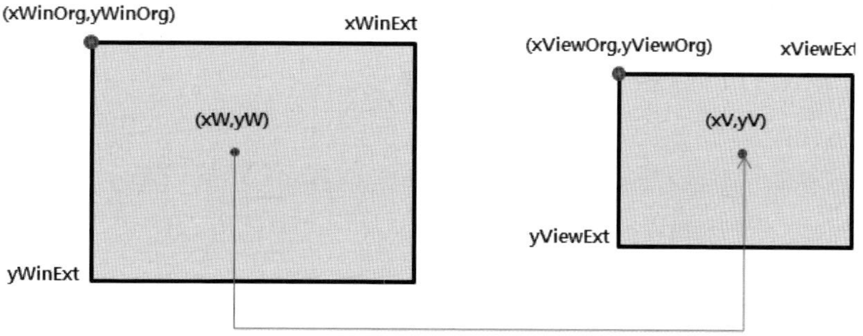

$$xV = (xW - xWinOrg) \times \frac{xViewExt}{xWinExt} + xViewOrg$$

$$yV = (yW - yWinOrg) \times \frac{yViewExt}{yWinExt} + yViewOrg$$

[그림 15.1] 윈도우 좌표 (xW, yW)를 뷰 포트 (xV, yV)로 매핑

```
// 매핑 모드 설정
int SetMapMode(HDC hdc, int iMode);

// 원점 설정
BOOL SetWindowOrgEx(HDC hdc, int x, int y, LPPOINT lppt);
BOOL SetViewportOrgEx(HDC hdc, int x, int y, LPPOINT lppt);

// 범위 얻기
BOOL GetWindowExtEx(HDC hdc, LPSIZE lpsize);
BOOL GetViewportExtEx(HDC hdc,  LPSIZE lpsize);

// 범위 설정
BOOL SetWindowExtEx(HDC hdc, int x, int y, LPSIZE lpsz);
BOOL SetViewportExtEx(HDC hdc, int x, int y, LPSIZE lpsz);

// 좌표변환
BOOL DPtoLP(HDC hdc, LPPOINT lppt, int c);
BOOL LPtoDP(HDC hdc, LPPOINT lppt, int c);
```

① SetMapMode 함수는 그래픽 매핑 모드를 iMode로 설정한다.
② SetWindowOrgEx와 SetViewportOrgEx 함수는 윈도우와 뷰 포트의 원점을 변경한다. 일반적으로 두 함수를 동시에 사용하지 않고 하나만 설정하여 사용한다.
③ SetWindowExtEx와 SetViewportExtEx 함수는 윈도우와 뷰 포트의 범위(extent)를 변경한다. 범위(extent)는 스케일을 결정한다.
④ DPtoLP 함수는 장치 좌표를 윈도우 좌표로 변환한다.
⑤ LPtoDP 함수는 윈도우 좌표를 장치 좌표로 변환한다.

2. MM_TEXT(디폴트) 매핑 모드

[표 15.1]은 디폴트 매핑 모드 MM_TEXT에 대한 설명이다. [그림 15.2]는 원점은 윈도우 클라이언트의 왼쪽-위, +X축이 오른쪽, +Y축이 아래인 MM_TEXT 모드의 디폴트 좌표계이다. MM_TEXT 모드의 범위(extent)는 변경할 수 없다.

[표 15.1] MM_TEXT 매핑 모드

구분	설명	비고
+X축 방향	RIGHT	
+Y축 방향	DOWN	
윈도우 원점	(xWinOrg, yWinOrg) =(0, 0)	SetWindowOrgEx
뷰 포트 원점	(xViewOrg, yViewOrg)=(0, 0)	SetViewportOrgEx
윈도우 범위	(xWinExt, yWinExt) =(1, 1)	변경불가

뷰 포트 범위	(xViewOrg, yViewExt)=(1, 1)	변경불가
논리적단위	pixel	

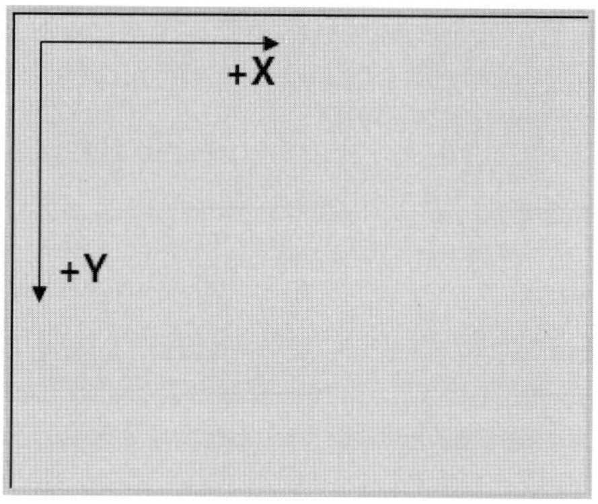

[그림 15.2] MM_TEXT 모드의 디폴트 좌표계

MM_TEXT 모드에서 클라이언트 영역의 크기가 cxClient, cyClient일 때, [그림 15.3]은 SetViewportOrgEx 함수로 윈도우 좌표의 원점(0, 0)을 뷰 포트의 좌표(cxClient / 2, cyClient / 2)로 매핑하여 클라이언트 영역의 중심이 윈도우 좌표의 원점이 된다. 또는 SetWindowOrgEx 함수로 윈도우 좌표(−cxClient / 2, −cyClient / 2)를 뷰 포트 원점 (0, 0)으로 매핑해도 같은 결과를 갖는다.

```
// 원점을 중앙으로 설정
SetViewportOrgEx(hdc, cxClient / 2, cyClient / 2, NULL);
// SetWindowOrgEx(hdc, -cxClient / 2, -cyClient / 2, NULL);
```

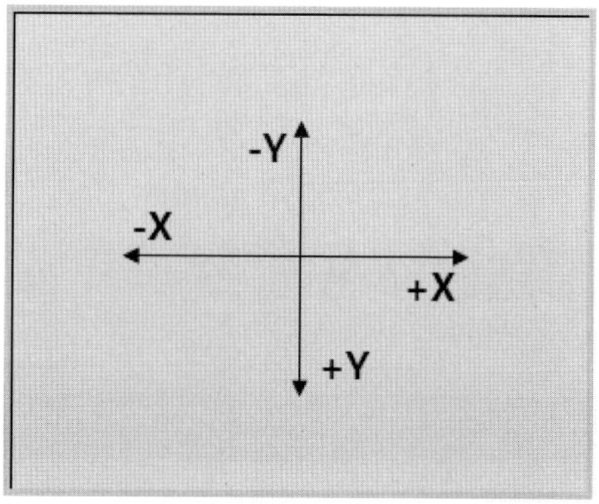

[그림 15.3] SetViewportOrgEx(hdc cxClient / 2, cyClient / 2, NULL)

[step15_ex1] MM_TEXT 모드, 원점 (cxClient/2, cyClient/2)

```
#define SIZE  100
LRESULT CALLBACK WndProc(HWND hWnd, UINT message,
                                        WPARAM wParam, LPARAM lParam)
{
    static int cxClient, cyClient;

    switch (message)
    {
        case WM_SIZE:
            cxClient = LOWORD(lParam);
            cyClient = HIWORD(lParam);
            break;
        case WM_PAINT:
            {
                PAINTSTRUCT ps;
                HDC hdc = BeginPaint(hWnd, &ps);
                // TODO: 여기에 hdc를 사용하는 그리기 코드를 추가

                // SetMapMode(hdc, MM_TEXT);
                SetViewportOrgEx(hdc, cxClient / 2, cyClient / 2, NULL);
                // SetWindowOrgEx(hdc, -cxClient / 2, -cyClient / 2, NULL);

                RECT rt;
                GetClientRect(hWnd, (LPRECT)&rt);
                DPtoLP(hdc, (LPPOINT)&rt, 2);
                Rectangle(hdc, rt.left + 50, rt.top + 50,
                          rt.right - 50, rt.bottom - 50);

                TCHAR str[128];
                wsprintf(str, _T("(%d, %d)"), rt.left + 50, rt.top + 50);
                DrawText(hdc, str, -1, &rt, DT_LEFT | DT_TOP);

                wsprintf(str, _T("(%d, %d)"), rt.right - 50, rt.bottom - 50);
                DrawText(hdc, str, -1, &rt,
                        DT_RIGHT | DT_BOTTOM | DT_SINGLELINE);

                // X-축
                MoveToEx(hdc, -SIZE, 0, NULL);
                LineTo(hdc,    SIZE, 0);

                // Y-축
                MoveToEx(hdc, 0, -SIZE, NULL);
                LineTo(hdc,  0,  SIZE);

                EndPaint(hWnd, &ps);
            }
            break;
```

```
        case WM_DESTROY:
            PostQuitMessage(0);
            break;
        default:
            return DefWindowProc(hWnd, message, wParam, lParam);
    }
    return 0;
}
```

프로그램 설명

① MM_TEXT 매핑 모드에서 원점을 클라이언트 영역의 중앙으로 변경한다.

② WM_SIZE 메시지에서 클라이언트의 크기를 cxClient, cyClient에 저장한다.

③ WM_PAINT 메시지에서 SetViewportOrgEx 함수로 뷰 포트의 원점을 클라이언트 영역의 중심(cxClient / 2, cyClient / 2)으로 변경한다.

④ GetClientRect 함수로 클라이언트 영역을 rt에 저장한다. DPtoLP 함수로 rt의 두 좌표 (left, top)과 (right, bottom)을 윈도우 좌표로 변환하고, Rectangle 함수로 50만큼 여백을 주어 사각형을 그린다.

⑤ DrawText 함수로 (rt.left, rt.top)과 (rt.right, rt.bottom) 좌표를 문자열로 출력한다. MoveToEx와 LineTo 함수로 SIZE 길이의 X, Y 좌표축을 직선으로 [그림 15.4]와 같이 그린다.

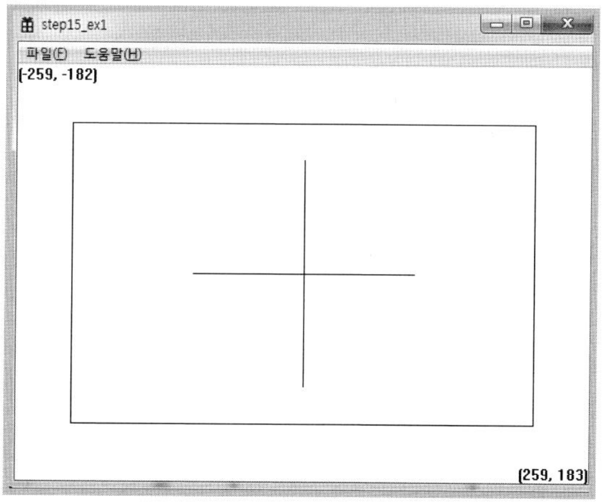

[그림 15.4] MM_TEXT 모드: 원점 (cxClient / 2, cyClient / 2)

3. MM_LOMETRIC 매핑 모드

MM_LOMETRIC 매핑 모드의 Y축은 위쪽(UP)이다. 디폴트 원점은 (0, 0)이고, SetWindowOrgEx와 SetViewportOrgEx 함수로 변경할 수 있다. 모니터의 화면 해상도에 따라 윈도우와 뷰 포트의 범위는 다르다. 논리적 단위는 0.1 밀리미터이다. MM_HIMETRIC 매핑 모드는 0.01 밀리미터 단위이다.

[표 15.2] MM_LOMETRIC 매핑 모드

구분	설명	비고
+X축 방향	RIGHT	
+Y축 방향	UP	
윈도우 원점	(xWinOrg, yWinOrg) =(0, 0)	SetWindowOrgEx
뷰 포트 원점	(xViewOrg, yViewOrg)=(0, 0)	SetViewportOrgEx
윈도우 범위	(xWinExt, yWinExt) 화면 해상도에 따라 다름	
뷰 포트 범위	(xViewOrg, yViewExt) 화면 해상도에 따라 다름	
논리적단위	0.1 mm	

① [그림 15.5]와 같이 원점을 왼쪽 아래로 설정하고 +Y축을 위쪽으로 설정한다.

```
SetMapMode (hdc, MM_LOMETRIC) ;
SetViewportOrgEx (hdc, 0, cyClient, NULL) ;
```

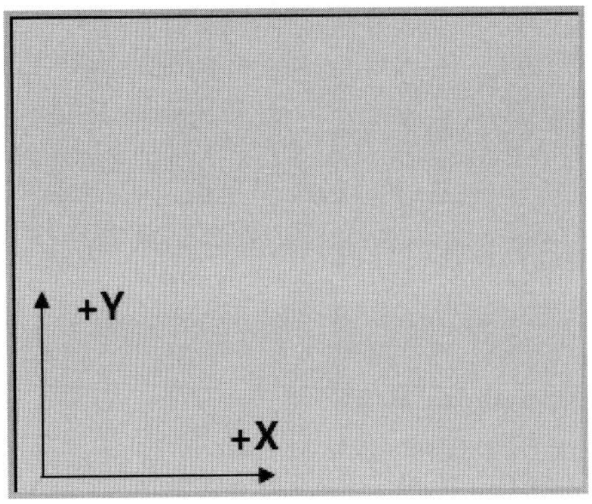

[그림 15.5] MM_LOMETRIC 모드: 원점 (0, cyClient)

② [그림 15.6]과 같이 원점을 중앙으로 설정하고 +Y축을 위쪽으로 설정한다.

```
SetMapMode (hdc, MM_LOMETRIC) ;
SetViewportOrgEx (hdc, cxClient / 2, cyClient / 2, NULL) ;
//pt.x = cxClient ;
//pt.y = cyClient ;
//DPtoLP (hdc, &pt, 1) ;
//SetWindowOrgEx (hdc, -pt.x / 2, -pt.y / 2, NULL) ;
```

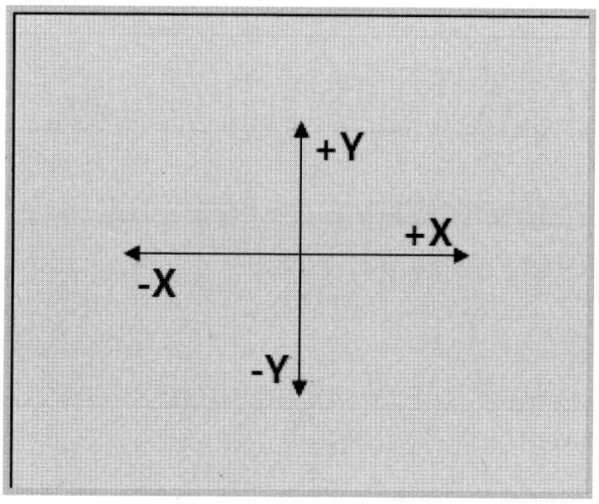

[그림 15.6] MM_LOMETRIC 모드: 원점 (cxClient / 2, cyClient / 2)

[step15_ex2] MM_LOMETRIC 모드, 원점 변경

```
#define SIZE  500
LRESULT CALLBACK WndProc(HWND hWnd, UINT message,
                                   WPARAM wParam, LPARAM lParam)
{
   static int cxClient, cyClient;
   switch (message)
   {
      case WM_SIZE:
         cxClient = LOWORD(lParam);
         cyClient = HIWORD(lParam);
         break;
      case WM_PAINT:
         {
            PAINTSTRUCT ps;
            HDC hdc = BeginPaint(hWnd, &ps);
            // TODO: 여기에 hdc를 사용하는 그리기 코드를 추가
            SetMapMode(hdc, MM_LOMETRIC);     // MM_HIMETRIC
            SetViewportOrgEx(hdc, 0, cyClient, NULL); // #1
//          SetViewportOrgEx(hdc, cxClient / 2, cyClient / 2, NULL); // #2

//          POINT pt;
//          pt.x = cxClient ;
//          pt.y = cyClient ;
//          DPtoLP (hdc, &pt, 1) ;
```

```
//          SetWindowOrgEx (hdc, -pt.x / 2, -pt.y / 2, NULL) ;  // #3

            RECT rt;
            GetClientRect(hWnd, (LPRECT)&rt);
            DPtoLP(hdc, (LPPOINT)&rt, 2);
            Rectangle(hdc, rt.left + 50, rt.top - 50,
                    rt.right - 50, rt.bottom + 50);

            TCHAR str[128];
            wsprintf(str, _T("(%d, %d)"), rt.left, rt.top);
            DrawText(hdc, str, -1, &rt, DT_LEFT | DT_TOP);

            wsprintf(str, _T("(%d, %d)"), rt.right, rt.bottom);
            DrawText(hdc, str, -1, &rt,
                     DT_RIGHT | DT_BOTTOM | DT_SINGLELINE);

            HPEN hPen = CreatePen(PS_SOLID, 10, RGB(0, 0, 255));
            HPEN hOldPen = (HPEN)SelectObject(hdc, hPen);
            // X-축
            MoveToEx(hdc, -SIZE, 0, NULL);
            LineTo(hdc, SIZE, 0);

            // Y-축
            MoveToEx(hdc, 0, -SIZE, NULL);
            LineTo(hdc, 0, SIZE);
            SelectObject(hdc, hOldPen);
            DeleteObject(hPen);
            EndPaint(hWnd, &ps);
        }
        break;
    case WM_DESTROY:
        PostQuitMessage(0);
        break;
    default:
        return DefWindowProc(hWnd, message, wParam, lParam);
    }
    return 0;
}
```

프로그램 설명

① MM_LOMETRIC 매핑 모드에서 원점을 클라이언트 영역의 왼쪽 아래로 변경한다.
② WM_SIZE 메시지에서 클라이언트의 크기를 cxClient, cyClient에 저장한다.
③ WM_PAINT 메시지에서 SetMapMode 함수로 MM_LOMETRIC 매핑 모드를 설정한다. +X축은 왼쪽(LEFT), +Y축이 위쪽(UP)이다.
④ "#1"에서 SetViewportOrgEx 함수는 뷰 포트의 원점을 [그림 15.5]와 [그림 15.7]과 같이 클라이언트 영역의 왼쪽 아래 (0, cyClient)로 변경한다.

⑤ "#2"에서 SetViewportOrgEx 함수는 [그림 15.6] 그리고 [그림 15.8]과 같이 뷰 포트 원점을 클라이언트 영역의 중앙인 (cxClient / 2, cyClient / 2)로 변경한다.
⑥ "#3"에서 SetWindowOrgEx 함수는 윈도우의 원점을 (−pt.x / 2, −pt.y / 2)로 변경하면, "#2"의 결과와 같이 클라이언트의 중앙이 원점이 된다.
⑦ GetClientRect 함수로 클라이언트 영역을 rt에 저장한다. DPtoLP 함수로 rt의 두 좌표 (left, top), (right, bottom)을 윈도우 좌표로 변환하고, Rectangle 함수로 50만큼 여백을 주어 사각형을 그린다. 왼쪽 아래가 원점이고 MM_LOMETRIC 매핑 모드에서 +Y축이 위(UP)이므로, Y축에 대해 50만큼 여백을 주기 위해서는 rt.top − 50, rt.bottom + 50으로 설정한다.
⑧ DrawText 함수로 (rt.left, rt.top), (rt.right, rt.bottom) 좌표를 문자열로 출력한다. 좌표축을 그리기 위한 펜 hPen을 두께 10, 파란색으로 생성하고 설정하여 MoveToEx와 LineTo 함수로 SIZE 길이의 X, Y 좌표축을 직선으로 그린다.
⑨ 실행결과를 보면, +Y축이 위(UP)이며 좌표의 크기(눈금)가 MM_TEXT보다 커진 것을 알 수 있다. MM_HIMETRIC을 사용하면 좌표의 크기(눈금)가 더 크다.

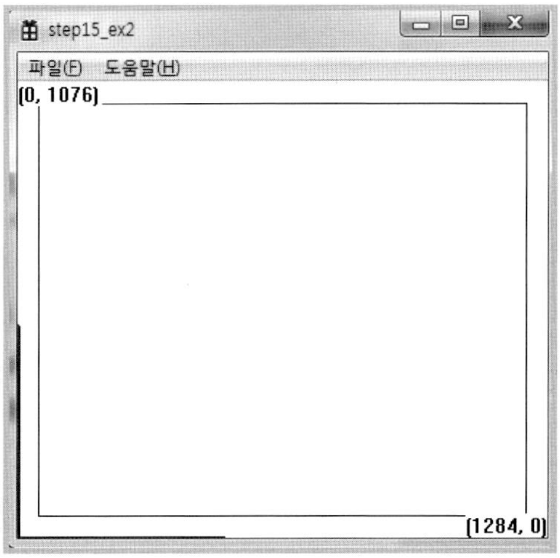

[그림 15.7] MM_LOMETRIC 모드: 원점 (0, cyClient)

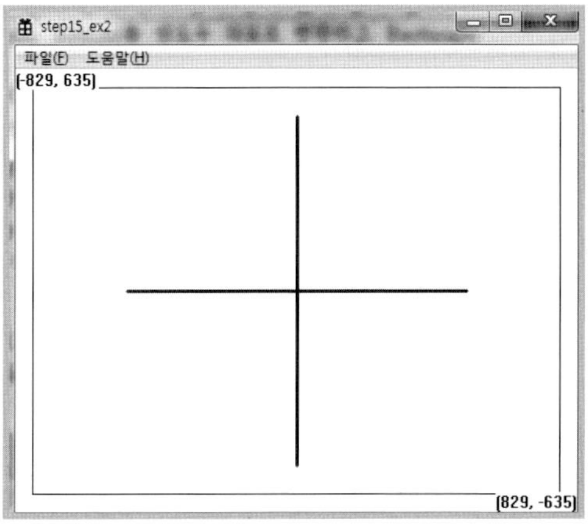

[그림 15.8] MM_LOMETRIC 모드: 원점 (cxClient / 2, cyClient / 2)

4. MM_ISOTROPIC 매핑 모드

MM_ISOTROPIC 매핑 모드는 사용자의 설정에 따라 원점과 X, Y축의 방향 변경이 가능하며, 가로세로 종횡비(aspect ratio)가 같다. MM_ANISOTROPIC 모드는 종횡비가 다르다.

[step15_ex3] MM_LOMETRIC 모드, 원점 (cxClient/2, cyClient/2)

```
#define WIDTH  400
#define HEIGHT 400
#define SIZE     100
LRESULT CALLBACK WndProc(HWND hWnd, UINT message,
                                      WPARAM wParam, LPARAM lParam)
{
   static int cxClient, cyClient;

   switch (message)
   {
      case WM_CREATE:
         {
            RECT rtClient = { 0, 0, WIDTH, HEIGHT }; // Client Area
            AdjustWindowRect(&rtClient, WS_OVERLAPPEDWINDOW, TRUE);

            int nWidth = rtClient.right - rtClient.left;
            int nHeight = rtClient.bottom - rtClient.top;
            SetWindowPos(hWnd,NULL,0,0,nWidth,nHeight,SWP_NOMOVE);
//          MoveWindow(hWnd, 0, 0, nWidth, nHeight, TRUE);
         }
         break;
      case WM_SIZE:
         cxClient = LOWORD(lParam);
         cyClient = HIWORD(lParam);
         break;
      case WM_PAINT:
         {
            PAINTSTRUCT ps;
            HDC hdc = BeginPaint(hWnd, &ps);
            // TODO: 여기에 hdc를 사용하는 그리기 코드를 추가

            SetMapMode(hdc, MM_ISOTROPIC);
//          SetMapMode(hdc, MM_ANISOTROPIC);

// #1
            SetViewportOrgEx(hdc, 0, cyClient, NULL); // org = (left, lower)
            SetWindowExtEx(hdc, 1000, 1000, NULL);
//          SetViewportExtEx(hdc, cxClient, -cyClient, NULL);          // #1-1
            SetViewportExtEx(hdc, cxClient / 2, -cyClient / 2, NULL); // #1-2
```

```
// #2
/*
            SetViewportOrgEx(hdc, cxClient/2, cyClient / 2, NULL); //org = center
            SetWindowExtEx(hdc, 1000, 1000, NULL);
//          SetViewportExtEx(hdc, cxClient, -cyClient, NULL);         // #2-1
            SetViewportExtEx(hdc, cxClient / 2, -cyClient/2, NULL); // #2-2
*/
            RECT rt;
            GetClientRect(hWnd, (LPRECT)&rt);
            DPtoLP(hdc, (LPPOINT)&rt, 2);

            Rectangle(hdc, rt.left + 50, rt.top - 50, rt.right - 50, rt.bottom + 50);

            TCHAR str[128];
            wsprintf(str, _T("(%d, %d)"), rt.left, rt.top);
            DrawText(hdc, str, -1, &rt, DT_LEFT | DT_TOP);
            wsprintf(str, _T("(%d, %d)"), rt.right, rt.bottom);
            DrawText(hdc, str, -1, &rt,
                    DT_RIGHT | DT_BOTTOM | DT_SINGLELINE);

            HPEN hPen = CreatePen(PS_SOLID, 10, RGB(0, 0, 255));
            HPEN hOldPen = (HPEN)SelectObject(hdc, hPen);
            // X-축
            MoveToEx(hdc, -SIZE, 0, NULL);
            LineTo(hdc, SIZE, 0);

            // Y-축
            MoveToEx(hdc, 0, -SIZE, NULL);
            LineTo(hdc, 0, SIZE);
            SelectObject(hdc, hOldPen);
            DeleteObject(hPen);
            EndPaint(hWnd, &ps);
        }
        break;
    case WM_DESTROY:
        PostQuitMessage(0);
        break;
    default:
        return DefWindowProc(hWnd, message, wParam, lParam);
    }
    return 0;
}
```

프로그램 설명

① WM_CREATE 메시지에서 윈도우의 클라이언트 영역의 크기를 WIDTH = 400, HEIGHT = 400으로 변경한다. WM_SIZE 메시지에서 클라이언트의 크기를 cxClient와 cyClient에 저장한다.

② WM_PAINT 메시지에서 SetMapMode 함수로 MM_ISOTROPIC 매핑 모드를 설정한 뒤에 원점과 범위를 설정한다. +X축은 왼쪽(LEFT)이고 +Y축이 위쪽(UP)이다.
③ "#1"에서 SetViewportOrgEx 함수로 원점을 왼쪽 아래 (0, cyClient)로 설정하고, SetWindowExtEx 함수로 윈도우 범위를 1000, 1000으로 설정한 뒤에 "#1-1"에서 SetViewportExtEx 함수로 뷰 포트의 범위를 cxClient, -cyClient로 설정하고, 사각형과 좌표를 출력하면 결과는 [그림 15.9]와 같다. "#1-2"와 같이 SetViewportExtEx 함수로 뷰 포트 범위를 cxClient / 2, -cyClient / 2로 설정한 뒤에 사각형과 좌표를 출력하면 결과는 [그림 15.10]과 같다.

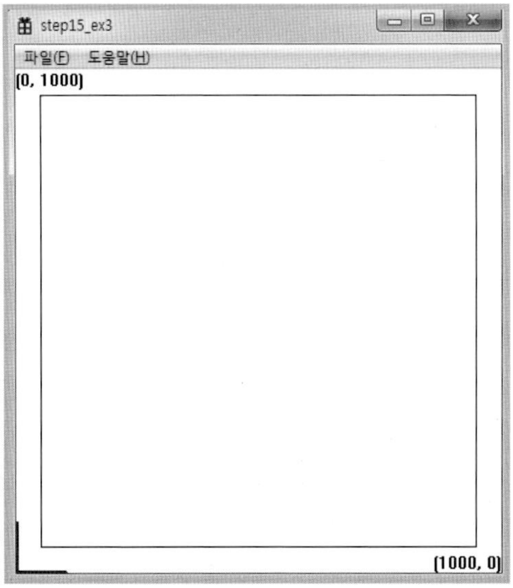

[그림 15.9] SetViewportExtEx(hdc, cxClient, -cyClient, NULL); // #1-1

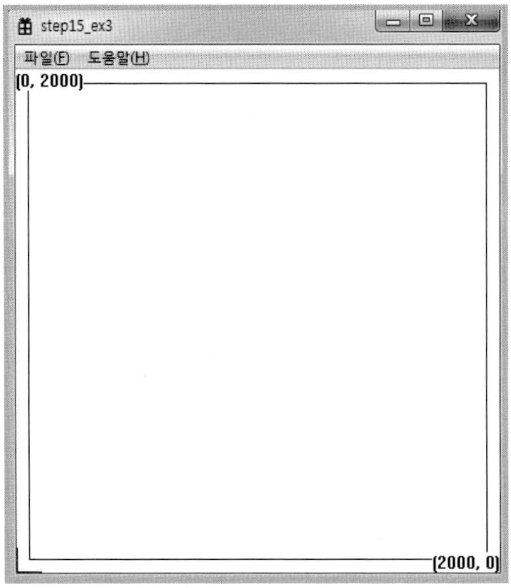

[그림 15.10] SetViewportExtEx(hdc, cxClient / 2, -cyClient / 2, NULL); // #1-2

④ "#2"에서 SetViewportOrgEx 함수로 원점을 중앙인 (cxClient / 2, cyClient / 2)로 설정하고, SetWindowExtEx 함수로 윈도우 범위를 1000, 1000으로 설정한 뒤에, "#2-1"에서 SetViewportExtEx 함수로 뷰 포트의 범위를 cxClient, −cyClient로 설정하여 사각형과 좌표를 출력하면 결과는 [그림 15.11]과 같다. "#2-2"와 같이 SetViewportExtEx 함수로 뷰 포트 범위를 cxClient / 2, −cyClient / 2로 설정하여 사각형과 좌표를 출력하면 결과는 [그림 15.12]와 같다.

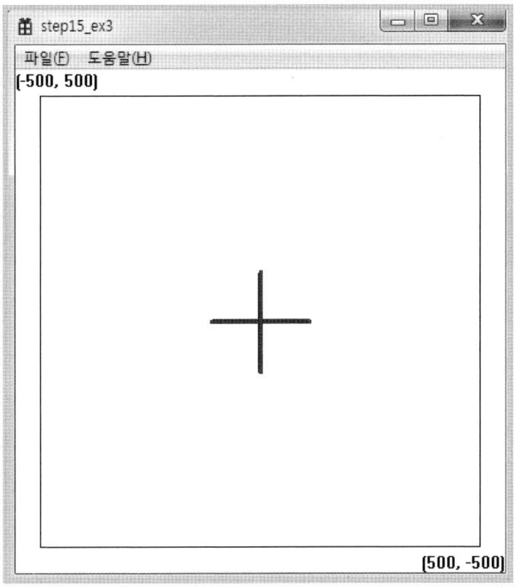

[그림 15.11] SetViewportExtEx(hdc, cxClient, −cyClient, NULL); // #2-1

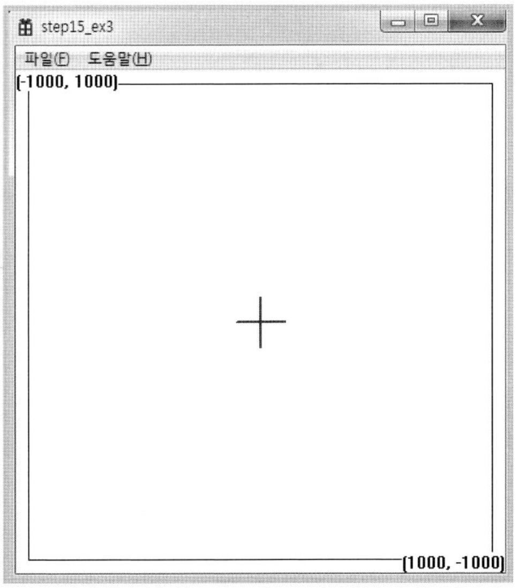

[그림 15.12] SetViewportExtEx(hdc, cxClient / 2, −cyClient / 2, NULL); // #2-2

⑤ SetMapMode 함수로 MM_ANISOTROPIC 매핑 모드를 설정하고 윈도우 크기를 가로세로 다르게 변경하면, 종횡비가 다르기 때문에 좌표축에서 직선의 두께가 다르게 보인다.

[step15_ex4] sine 그래프 그리기
MM_ISOTROPIC 모드, 원점 (cxClient / 2, cyClient / 2)
STL vector 사용 sine 데이터 저장

```
#define _USE_MATH_DEFINES  // for M_PI
#include <math.h>
#define  RADIAN(X)  ((X) * M_PI / 180)
#define  WIDTH  600
#define  HEIGHT 200
#define  SCALE  100
#include <vector>    // for STL vector
using namespace std;
LRESULT CALLBACK WndProc(HWND hWnd, UINT message,
                         WPARAM wParam, LPARAM lParam)
{
   static int cxClient, cyClient;
   static vector<POINT> sine_points;
   switch (message)
   {
      case WM_CREATE:
         {
            RECT rtClient = { 0, 0, WIDTH, HEIGHT }; // Client Area
            AdjustWindowRect(&rtClient,WS_OVERLAPPEDWINDOW,TRUE);

            int nWidth = rtClient.right - rtClient.left;
            int nHeight = rtClient.bottom - rtClient.top;
            SetWindowPos(hWnd, NULL, 0, 0, nWidth, nHeight,
                   SWP_NOMOVE);

            for (double t = -2 * M_PI-1; t <= 2 * M_PI + 1; t += 0.1)
            {
               POINT pt;
               pt.x = round(t * SCALE);
               pt.y = (int)(sin(t) * SCALE);
               sine_points.push_back(pt);
            }
         }
         break;
      case WM_SIZE:
         cxClient = LOWORD(lParam);
         cyClient = HIWORD(lParam);
         break;
      case WM_PAINT:
         {
            PAINTSTRUCT ps;
            HDC hdc = BeginPaint(hWnd, &ps);
            // TODO: 여기에 hdc를 사용하는 그리기 코드를 추가

            SetMapMode(hdc, MM_ISOTROPIC);
            SetViewportOrgEx(hdc, cxClient / 2, cyClient / 2, NULL);
```

```
            SetWindowExtEx(hdc, 10, 10, NULL);
            SetViewportExtEx(hdc, 4, -4, NULL);
//          SetViewportExtEx(hdc, 10, -10, NULL);

            RECT rt;
            GetClientRect(hWnd, (LPRECT)&rt);
            DPtoLP(hdc, (LPPOINT)&rt, 2);
//          Rectangle(hdc, rt.left + 10, rt.top - 10,
//                  rt.right - 10, rt.bottom + 10);

            TCHAR str[128];
            wsprintf(str, _T("(%d, %d)"), rt.left, rt.top);
            DrawText(hdc, str, -1, &rt, DT_LEFT |DT_TOP);

            wsprintf(str, _T("(%d, %d)"), rt.right, rt.bottom);
            DrawText(hdc, str, -1, &rt,
                    DT_RIGHT | DT_BOTTOM | DT_SINGLELINE);

            // X-축
            MoveToEx(hdc, rt.left, 0, NULL);
            LineTo(hdc, rt.right, 0);

            // Y-축
            MoveToEx(hdc, 0, rt.bottom, NULL);
            LineTo(hdc, 0, rt.top);

            HPEN hPen = CreatePen(PS_SOLID, 1, RGB(0, 0, 255));
            HPEN hOldPen = (HPEN)SelectObject(hdc, hPen);
            for (int i = 0; i < sine_points.size(); i++)
            {
               POINT pt = sine_points[i];
               if(i == 0)
                  MoveToEx(hdc, pt.x, pt.y, NULL);
               else
                  LineTo(hdc, pt.x, pt.y);
            }
            SelectObject(hdc, hOldPen);
            DeleteObject(hPen);
            EndPaint(hWnd, &ps);
         }
         break;
      case WM_DESTROY:
         PostQuitMessage(0);
         break;
      default:
         return DefWindowProc(hWnd, message, wParam, lParam);
   }
   return 0;
}
```

프로그램 설명

① 예제 [step15_ex3]을 기반으로 sine 그래프를 그리는 프로그램을 작성한다. sine과 round 함수를 사용하기 위해 <math.h>를 포함하고, sine 함수의 값을 배열에 저장하는 대신 vector 템플릿을 사용하여 저장한다.

② WM_CREATE 메시지에서 윈도우의 클라이언트 영역의 크기를 WIDTH = 600, HEIGHT = 200으로 변경한다. for 문을 사용하여 sine 함수 데이터를 정적 변수 sine_points 벡터에 생성한다. WM_SIZE 메시지에서 클라이언트의 크기를 cxClient, cyClient에 저장한다.

③ WM_PAINT 메시지에서 SetMapMode 함수로 MM_ISOTROPIC 매핑 모드를 설정하고, 클라이언트 영역의 중심점 (cxClient / 2, cyClient / 2)을 원점으로 설정한다. SetWindowExtEx 함수의 y 값은 양수(10), SetViewportExtEx 함수의 y 값은 음수(−4)로 설정하여 +Y축이 위쪽(UP)이다.

④ X, Y축을 직선으로 그리고, sine_points 벡터를 이용하여 연속직선 또는 Polyline 함수로 그래프를 그린다.

⑤ SetWindowExtEx와 SetViewportExtEx 함수에 의한 범위 설정에 따라 스케일이 다르게 그려진다. [그림 15.13]은 SetViewportExtEx(hdc, 4, −4, NULL)일때의 결과이다. SetWindowExtEx 함수는 고정시키고, SetViewportExtEx(hdc, 10, −10, NULL)로 범위를 키우면, [그림 15.14]와 같이 그래프가 확대되는 효과가 있다. SetViewportExtEx(hdc, 2, −2, NULL) 같이 뷰 포트 범위를 좁히면 그래프가 축소된다.

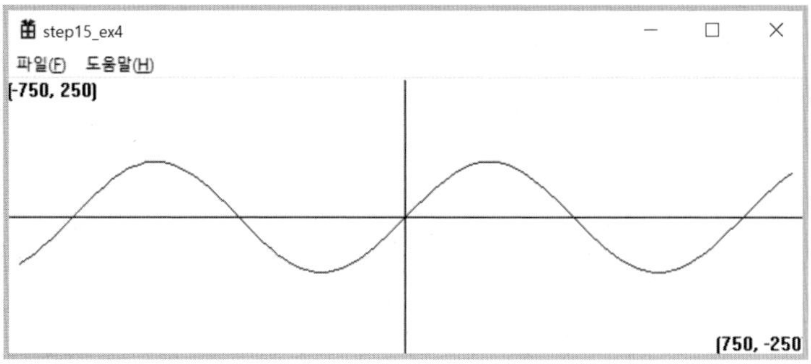

[그림 15.13] SetViewportExtEx(hdc, 4, −4, NULL)

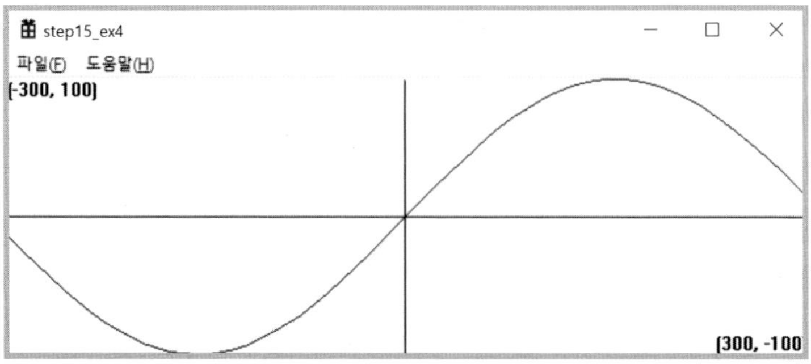

[그림 15.14] SetViewportExtEx(hdc, 10, −10, NULL)

비트맵 그리기

5
Chapter

리소스의 비트맵을 윈도우 화면에 표시하고, 더블 버퍼링을 설명한다.

step

16 비트맵 그리기

[그림16.1]은 리소스의 비트맵을 윈도우 화면에 표시하는 방법을 설명한다. 리소스의 IDB_BITMAP1 비트맵을 LoadBitmap 함수로 hBit에 로드하고, GetObject 함수로 비트맵 정보를 bit에 저장한다. 윈도우 DC(hdc)와 호환 가능한 메모리 DC(memDC)를 생성하고 SelectObject 함수로 memDC의 비트맵을 hBit로 변경한 뒤에 BitBlt 함수 또는 StretchBlt 함수로 memDC의 비트맵을 윈도우 hdc로 블록 복사하여 화면에 표시한다.

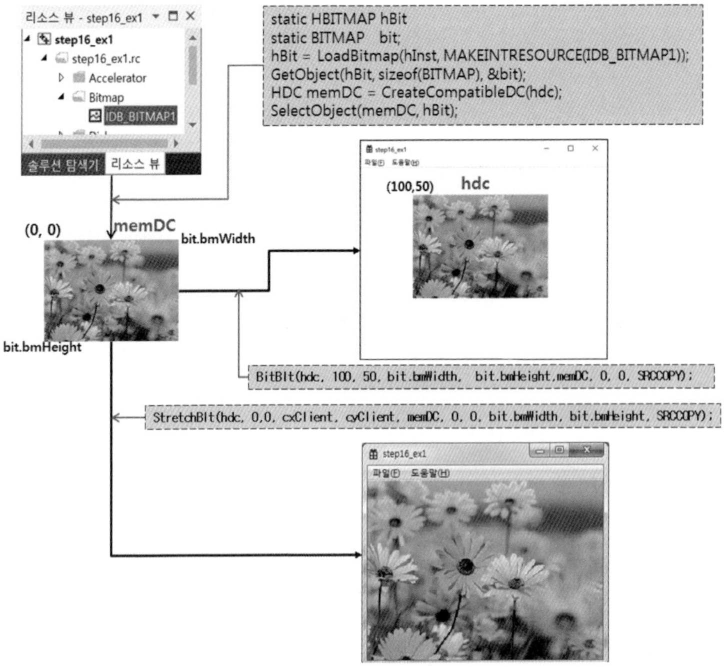

[그림 16.1] 비트맵 화면 출력

① BitBlt 함수는 memDC의 (0, 0)부터 비트맵 전체 크기(bit.bmWidth, bit.bmHeight)를 윈도우 화면의 (100, 50) 위치에 확대축소 없이 복사하여 출력한다.

② StretchBlt 함수는 memDC의 (0, 0)부터 비트맵 전체 크기(bit.bmWidth, bit.bmHeight)를 윈도우 화면의 (0, 0)부터 클라이언트 크기 전체 (cxClient, cyClient)에 확대축소되어 복사하여 출력한다.

```
// 리소스에서 비트맵 로드
HBITMAP LoadBitmap(HINSTANCE hInstance, LPCWSTR lpBitmapName);

HANDLE LoadImage(HINSTANCE hInst, LPCWSTR name, UINT type,
                 int cx, int cy, UINT fuLoad);
// 비트맵 정보 얻기
BITMAP bit;
int GetObject(HBITMAP hBit, sizeof(BITMAP), &bit);

// hdc와 호환가능 메모리 DC 생성
HDC CreateCompatibleDC(HDC hdc );

// hdc와 호환가능 비트맵 생성
HBITMAP CreateCompatibleBitmap(HDC hdc, int cx, int cy);

// 비트맵 블록 복사
BOOL BitBlt(HDC hdcDest, int x, int y, int cx, int cy,
            HDC hdcSrc, int x1, int y1, DWORD rop);

// 비트맵 확대축소 복사
BOOL StretchBlt(HDC hdcDest, int xDest, int yDest, int wDest, int hDest,
                HDC hdcSrc, int xSrc, int ySrc, int wSrc, int hSrc, DWORD rop );
```

① LoadBitmap 함수는 리소스의 비트맵을 비트맵 핸들(HBITMAP)에 로드한다. 리소스의 비트맵은 정수번호(ID)로 관리하므로, MAKEINTRESOURCE 매크로를 사용하여 문자열로 변환하여 lpBitmapName에 전달한다.
② LoadImage 함수는 리소스 또는 파일로부터 비트맵을 원하는 크기로 로드한다. name에 MAKEINTRESOURCE 매크로를 이용하여 리소스 비트맵을 지정하거나 BMP 파일을 지정하고, type에 IMAGE_BITMAP, IMAGE_CURSOR, IMAGE_ ICON 등의 비트맵 종류를 설정한 뒤에 cx, cy에 원하는 비트맵 크기로 또는 cx = 0, cy = 0이면 원본 크기로 읽는다. fuLoad = LR_DEFAULTCOLOR이면 화면의 컬러 포맷으로, LR_LOADFROMFILE이면 name의 파일에서 읽는다. LR_CREATEDIBSECTION이면 DDB(Device Dependent Bitmap) 대신 DIB(Device Independent Bitmap) 형태로 읽는다. 함수가 성공하면 HMITMAP, HICON, HCURSOR 등의 핸들을 반환한다.
③ GetObject 함수는 hBit 비트맵에서 비트맵 정보를 BITMAP 구조체 변수 bit에 저장한다. bit.bmWidth, bit.bmHeight은 비트맵의 가로와 세로의 크기이다.
④ CreateCompatibleDC 함수는 윈도우 hdc와 호환 가능한 메모리 DC를 생성한다.
⑤ CreateCompatibleBitmap 함수는 윈도우 hdc와 호환 가능한 (cx, cy) 크기의 비트맵을 생성한다.
⑥ BitBlt 함수는 hdcSrc의 왼쪽상단의 좌표 (x1, y1)에서 (cx, cy) 크기의 비트맵을 hdcDest의 왼쪽상단의 좌표 (x, y)로 [표 16.1]의 rop 이진 래스터 연산을 수행하여 같은 크기로 블록 복사한다. 일반적으로 hdcSrc는 메모리 DC이고, hdcDest는 윈도우 DC이다.

⑦ StretchBlt 함수는 hdcSrc의 왼쪽상단의 좌표 (xSrc, ySrc)에서 (wSrc, hSrc) 크기의 비트맵을 hdcDest의 왼쪽상단의 좌표 (xDest, yDest)로 rop 이진 래스터 연산을 수행하여 블록을 확대/축소 복사한다.

[표 16.1] 주요 rop 연산

rop	설명
SRCCOPY	hdcSrc를 hdcDest에 복사
SRCAND	hdcSrc AND hdcDest
SRCPAINT	hdcSrc OR hdcDest
SRCERASE	hdcSrc AND NOT(hdcDest)
SRCINVERT	hdcSrc XOR hdcDest

[step16_ex1] BitBlt 함수

```
LRESULT CALLBACK WndProc(HWND hWnd, UINT message,
                                    WPARAM wParam, LPARAM lParam)
{
   static HBITMAP hBit;
   static BITMAP  bit;

   switch (message)
   {
      case WM_CREATE:
         hBit = LoadBitmap(hInst, MAKEINTRESOURCE(IDB_BITMAP1));
//       hBit = (HBITMAP)LoadImage(hInst, _T("WelcomeScan.bmp"),
//       IMAGE_BITMAP, 0, 0,
//       LR_LOADFROMFILE|LR_CREATEDIBSECTION);
//       hBit=(HBITMAP)LoadImage(hInst, MAKEINTRESOURCE(IDB_BITMAP1),
//                   IMAGE_BITMAP, 0, 0, LR_DEFAULTCOLOR);
         GetObject(hBit, sizeof(BITMAP), &bit);
         break;
      case WM_PAINT:
         {
            PAINTSTRUCT ps;
            HDC hdc = BeginPaint(hWnd, &ps);
            // TODO: 여기에 hdc를 사용하는 그리기 코드를 추가
            HDC memDC = CreateCompatibleDC(hdc);
            HBITMAP hOldBit = (HBITMAP)SelectObject(memDC, hBit);

            BitBlt(hdc, 0, 0, bit.bmWidth, bit.bmHeight,
                memDC, 0, 0, SRCCOPY);

//          BitBlt(hdc, 100, 50, bit.bmWidth, bit.bmHeight,
//               memDC, 0, 0, SRCCOPY);
```

```
            SelectObject(memDC, hOldBit);
            DeleteObject(memDC);
            EndPaint(hWnd, &ps);
        }
        break;
    case WM_DESTROY:
        DeleteObject(hBit);
        PostQuitMessage(0);
        break;
    default:
        return DefWindowProc(hWnd, message, wParam, lParam);
    }
    return 0;
}
```

프로그램 설명

① 솔루션 탐색기에서 리소스 스크립트 "step16_ex1.rc" 파일을 더블클릭하면 리소스 뷰가 열린다. 마우스 오른쪽 버튼을 누르면 나오는 팝업 메뉴에서 [리소스 추가(A) ...] 항목을 선택하고, 대화상자에서 [가져오기(M)...] 버튼을 눌러 BMP 파일(WelcomeScan.bmp)을 리소스에 추가하면 IDB_BITMAP1 번호가 생성된다. IDB_BITMAP1을 더블클릭하면 그림판같은 편집기가 나타나며, 속성에서 파일 정보(Colors = 24비트, Height = 192, Width = 256 등)를 볼 수 있다.

② WM_CREATE 메시지에서 LoadBitmap 함수로 리소스의 비트맵 MAKEINTRESOURCE(IDB_BITMAP1)을 hBit에 읽어 온다. LoadImage 함수를 사용하여 로드 할 수 있다. GetObject 함수로 비트맵 hBit의 정보를 bit에 저장한다. bit.bmWidth와 bit.bmHeight는 그림의 가로세로 크기 정보이다.

③ WM_PAINT 메시지에서 CreateCompatibleDC 함수로 윈도우 hdc와 호환 가능한 메모리 memDC를 생성하고, SelectObject 함수로 memDC의 비트맵을 hBit로 변경하여 BitBlt 함수로 메모리 memDC의 (0, 0)부터 비트맵 전체 크기(bit.bmWidth, bit.bmHeight)를 [그림 16.2](a)는 윈도우 hdc (0, 0) 위치에, [그림 16.2](b)는 윈도우 hdc (100, 50)에 확대축소 없이 화면에 표시한다.

(a) BitBlt(hdc, 0, ,0, ...)

(b) BitBlt(hdc, 100, 50, ...)

[그림 16.2] BitBlt 함수

[step16_ex2] StretchBlt 함수

```
LRESULT CALLBACK WndProc(HWND hWnd, UINT message,
                                    WPARAM wParam, LPARAM lParam)
{
   static HBITMAP hBit;
   static BITMAP  bit;
   static int      cxClient, cyClient;
   static HDC      memDC;
   switch (message)
   {
      case WM_CREATE:
//          hBit = LoadBitmap(hInst, MAKEINTRESOURCE(IDB_BITMAP1));
         hBit = (HBITMAP)LoadImage(hInst, _T("WelcomeScan.bmp"),
                        IMAGE_BITMAP, 0, 0, LR_LOADFROMFILE);
         GetObject(hBit, sizeof(BITMAP), &bit);

         memDC = CreateCompatibleDC(GetDC(hWnd));
         SelectObject(memDC, hBit); // 비트맵 -> 메모리 DC
         break;
      case WM_SIZE:
         cxClient = LOWORD(lParam);
         cyClient = HIWORD(lParam);
         break;
      case WM_PAINT:
         {
            PAINTSTRUCT ps;
            HDC hdc = BeginPaint(hWnd, &ps);
            // TODO: 여기에 hdc를 사용하는 그리기 코드를 추가
//          HDC memDC = CreateCompatibleDC(hdc);
//          HBITMAP hOldBit = (HBITMAP)SelectObject(memDC, hBit);
```

```
            StretchBlt(hdc, 0, 0, cxClient, cyClient,
                    memDC, 0, 0, bit.bmWidth, bit.bmHeight, SRCCOPY);

//          SelectObject(memDC, hOldBit);
//          DeleteObject(memDC);
            EndPaint(hWnd, &ps);
        }
        break;
    case WM_DESTROY:
        DeleteObject(memDC);
        DeleteObject(hBit);
        PostQuitMessage(0);
        break;
    default:
        return DefWindowProc(hWnd, message, wParam, lParam);
  }
  return 0;
}
```

프로그램 설명

① WM_CREATE 메시지에서 LoadImage 함수를 이용하여 _T("WelcomeScan.bmp") 파일에서 비트맵을 hBit에 읽어 온다. GetObject 함수로 비트맵 hBit의 정보를 bit에 저장한다. bit.bmWidth, bit.bmHeight는 그림의 가로세로 크기 정보이다. CreateCompatibleDC 함수로 현재 윈도우 DC인 GetDC(hWnd)를 정적 변수 메모리 memDC에 저장하고, SelectObject 함수로 memDC의 비트맵을 hBit로 변경한다. 즉, WM_PAINT 메시지에서 메모리 DC를 할당했다가 해제하는 과정을 반복하지 않고, 메모리 DC를 한번 생성하고, WM_DESTROY 메시지에서 삭제한다.
③ WM_PAINT 메시지에서 StretchBlt 함수로 메모리 memDC의 (0, 0)부터 비트맵 전체 크기(bit.bmWidth, bit.bmHeight)를 클라이언트 영역 전체 (cxClient, cyClient)의 윈도우 hdc에 확대축소 없이 [그림 16.3]과 같이 화면에 표시한다.

[그림 16.3] StretchBlt 함수

step

17 더블 버퍼링

움직이는 그래픽을 구현할 때 InvalidateRect 함수로 영역을 무표화 시키기 위해 bErase = TRUE이면, WM_PAINT 메시지의 BeginPaint 함수에서 무효화 영역의 배경을 지울 때 껌벅(flickering)이는 현상이 발생한다.

더블 버퍼링은 클라이언트 크기의 비트맵을 생성하고 메모리 DC에 비트맵을 연결한 후에, 그래픽을 모두 메모리 DC에 그린 다음 BitBlt 함수 윈도우로 옮기는 방법을 사용하여 껌벅이는 현상을 제거할 수 있다. 윈도우 크기를 변경할 때 배경을 지우기 위해 발생하는 WM_ERASEBKGND 메시지를 윈도우 프로시저에서 0을 반환하도록 처리하고, 브러시를 사용하여 배경 비트맵으로 채우는 방법으로 지우는 역할을 한다.

[step17_ex1] 더블 버퍼링 1

```
LRESULT CALLBACK WndProc(HWND hWnd, UINT message,
                         WPARAM wParam, LPARAM lParam)
{
//  static int      cxClient, cyClient;
    static RECT     rtClient;
    static HDC      memDC;
    static HBITMAP hBit;

    switch (message)
    {
        case WM_SIZE:
            {
//              cxClient = LOWORD(lParam);
//              cyClient = HIWORD(lParam);

                GetClientRect(hWnd, &rtClient);

                HDC hdc = GetDC(hWnd);
                if (hBit)
                    DeleteObject(hBit);
                hBit = CreateCompatibleBitmap(
```

```
                    hdc, rtClient.right, rtClient.bottom);
            if (memDC)
                DeleteDC(memDC);
            memDC = CreateCompatibleDC(hdc);
            ReleaseDC(hWnd, hdc);
            SelectObject(memDC, hBit);
        }
        break;
    case WM_ERASEBKGND:
        break;
    case WM_PAINT:
        {
            PAINTSTRUCT ps;
            HDC hdc = BeginPaint(hWnd, &ps);
            // TODO: 여기에 hdc를 사용하는 그리기 코드를 추가
            // 배경을 브러시로 채워 지우기
            FillRect(memDC, &rtClient, (HBRUSH)(COLOR_WINDOW + 2));
            Rectangle(memDC, 100, 100, 200, 200); // 그리기

            BitBlt(hdc, 0, 0, rtClient.right, rtClient.bottom,
                memDC, 0, 0, SRCCOPY); // memDC -> hdc
            EndPaint(hWnd, &ps);
        }
        break;
    case WM_DESTROY:
        DeleteDC(memDC);
        DeleteObject(hBit);
        PostQuitMessage(0);
        break;
    default:
        return DefWindowProc(hWnd, message, wParam, lParam);
    }
    return 0;
}
```

프로그램 설명

① WM_SIZE 메시지에서 GetClientRect 함수로 클라이언트 영역을 rtClient에 저장한다. GetDC(hWnd)로 윈도우 DC를 hdc에 저장하고, hBit가 이미 있으면 DeleteObject 함수로 삭제한 뒤에 CreateCompatibleBitmap 함수로 클라이언트 크기 (rtClient.right, rtClient.bottom)의 hdc와 호환 가능한 비트맵을 hBit에 생성한다. 메모리 memDC가 있으면 DeleteDC 함수로 삭제한 뒤에 CreateCompatibleDC 함수로 hdc와 호환 가능한 메모리 memDC를 생성한다. SelectObject 함수로 메모리 memDC의 비트맵을 hBit로 변경한다.

② WM_ERASEBKGND 메시지는 아무것도 하지 않고 0을 반환한다.

③ WM_PAINT 메시지에서 FillRect 함수로 메모리 memDC를 클라이언트 영역 전체 rtClient를 (HBRUSH)(COLOR_WINDOW + 2) 브러시(배경으로 사용할 브러시를 사용하면 된다)로 채워 배경을 지운다. 사각형 그래픽을 메모리 memDC에 그린다. 이때까지는 윈도우 화면에 보이지 않는다. BitBlt 함수로 메모리 memDC의 전체를 윈도우 hdc의 클라이언트 영역 전체로 복사하여 화면에 표시하여 [그림 17.1]과 같이 보이게 한다. 윈도우 크기를 변경해도 깜박임이 없다

[그림 17.1] 더블 버퍼링 1

[step17_ex2] 더블 버퍼링 2(타이머에 의한 원 움직이기)

```
#define  STEP  10
#define  R      50
LRESULT CALLBACK WndProc(HWND hWnd, UINT message,
                                    WPARAM wParam, LPARAM lParam)
{
   static HDC      memDC;
   static HBITMAP hBit;

   static POINT ptCircle;
   static RECT  rtClient;
   static int   direction = VK_RIGHT;

   switch (message)
   {
      case WM_CREATE:
         SetTimer(hWnd, 1, 50, NULL);
         break;
      case WM_SIZE:
         {
            GetClientRect(hWnd, &rtClient);
            ptCircle.x = rtClient.right / 2;
            ptCircle.y = rtClient.bottom / 2;
            HDC hdc = GetDC(hWnd);
```

```
            if (hBit)
                DeleteObject(hBit);
            hBit = CreateCompatibleBitmap(hdc,
                        rtClient.right, rtClient.bottom);
            if (memDC)
                DeleteDC(memDC);
            memDC = CreateCompatibleDC(hdc);
            ReleaseDC(hWnd, hdc);
            SelectObject(memDC, hBit);
        }
        break;
    case WM_KEYDOWN:
        switch (wParam)
        {
            case VK_LEFT:
                direction = VK_LEFT;
                break;
            case VK_RIGHT:
                direction = VK_RIGHT;
                break;
            case VK_UP:
                direction = VK_UP;
                break;
            case VK_DOWN:
                direction = VK_DOWN;
                break;
            }
            break;
        case WM_TIMER:
            switch (direction)
            {
                case VK_LEFT:
                    ptCircle.x -= STEP;
                    break;
                case VK_RIGHT:
                    ptCircle.x += STEP;
                    break;
                case VK_UP:
                    ptCircle.y -= STEP;
                    break;
                case VK_DOWN:
                    ptCircle.y += STEP;
                    break;
            }
            // check the boundaries and change the direction
            if (ptCircle.x - R <= 0)
            {
                ptCircle.x = R;
```

```
            direction = VK_RIGHT;
        }
        if (ptCircle.x + R >= rtClient.right)
        {
            ptCircle.x = rtClient.right - R;
            direction = VK_LEFT;
        }
        if (ptCircle.y - R <= 0)
        {
            ptCircle.y = R;
            direction = VK_DOWN;
        }
        if (ptCircle.y + R >= rtClient.bottom)
        {
            ptCircle.y = rtClient.bottom - R;
            direction = VK_UP;
        }
        InvalidateRect(hWnd, NULL, FALSE);
        break;
    case WM_ERASEBKGND:
        break;
    case WM_PAINT:
        {
            PAINTSTRUCT ps;
            HDC hdc = BeginPaint(hWnd, &ps);
            // TODO: 여기에 hdc를 사용하는 그리기 코드를 추가
            FillRect(memDC, &rtClient, (HBRUSH)(COLOR_WINDOW + 2));

            // draw circle
            HPEN   hPen, hOldPen;
            HBRUSH hBrush, hOldBrush;

            hPen = CreatePen(PS_INSIDEFRAME, 10, RGB(255, 0, 0));
            hBrush = CreateSolidBrush(RGB(0, 0, 255));

            hOldPen = (HPEN)SelectObject(memDC, hPen);
            hOldBrush = (HBRUSH)SelectObject(memDC, hBrush);

            Ellipse(memDC, ptCircle.x - R, ptCircle.y - R,
                  ptCircle.x + R, ptCircle.y + R);

            SelectObject(memDC, hOldPen);
            SelectObject(memDC, hOldBrush);
            DeleteObject(hPen);
            DeleteObject(hBrush);

            BitBlt(hdc, 0, 0, rtClient.right, rtClient.bottom,
                 memDC, 0, 0, SRCCOPY); // memDC -> hdc
```

```
            EndPaint(hWnd, &ps);
        }
        break;
    case WM_DESTROY:
        KillTimer(hWnd, 1);
        PostQuitMessage(0);
        break;
    default:
        return DefWindowProc(hWnd, message, wParam, lParam);
    }
    return 0;
}
```

프로그램 설명

① [step12_ex1]의 타이머에 의한 원 움직이기 예제를 펜과 브러시, 더블 버퍼링으로 구현한다.

② WM_CREATE 메시지에서 타이머를 설정하고, WM_SIZE 메시지에서 GetClientRect 함수로 클라이언트 영역을 rtClient에 저장한 뒤에 원의 초기 위치를 클라이언트의 중심으로 한다. 더블 버퍼링을 위한 비트맵 hBit를 클라이언트 영역 크기로 생성하고, 메모리 memDC를 생성하여 hBit를 memDC의 비트맵으로 설정한다. WM_ERASEBKGND 메시지는 아무것도 하지 않고 윈도우 프로시저가 0을 반환한다.

③ WM_KEYDOWN 메시지에서 원의 방향을 전환하고, WM_TIMER에서 현재 방향으로 이동하다 경계에서 반대 방향으로 전환한다.

④ WM_PAINT 메시지에서 FillRect 함수로 메모리 memDC를 클라이언트 영역 전체 rtClient를 브러시로 채워 배경을 지우고, hPen과 hBrush 브러시를 생성하여 memDC에 설정한 뒤에 Ellipse 함수로 원을 메모리 memDC에 그린다. 이때까지는 윈도우 화면에 보이지 않는다. BitBlt 함수로 메모리 memDC의 전체를 윈도우 hdc의 클라이언트 영역 전체로 복사하여 [그림 17.2]와 같이 화면에 표시하여 보이게 한다. 윈도우 크기를 변경해도 깜박임이지 않는다.

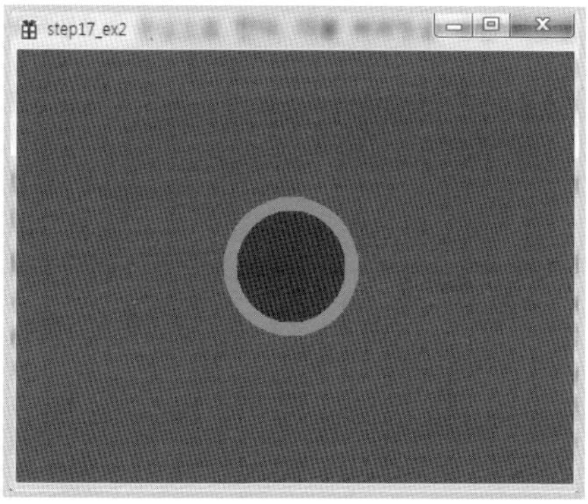

[그림 17.2] 더블 버퍼링 2(타이머에 의한 원 움직이기)

[step17_ex3] 더블 버퍼링 3(마우스 사각형 선택, 이동, 크기 변경)

```
typedef enum {
    OUTSIDE, INSIDE,
    LEFT_TOP, LEFT_BOTTOM,
    RIGHT_TOP, RIGHT_BOTTOM
} LOCATION_TYPE;

typedef struct {
    RECT        rect;
    COLORREF  penColor;
    COLORREF  brushColor;
    BOOL        bSelected;
} RECT_OBJECT;

#define M 10
void SetCornersRect(RECT rt, RECT rtCorners[])
{
    SetRect(&rtCorners[0], rt.left - M, rt.top - M, rt.left + M, rt.top + M);
    SetRect(&rtCorners[1], rt.right - M, rt.top - M, rt.right + M, rt.top + M);
    SetRect(&rtCorners[2], rt.left - M, rt.bottom - M, rt.left + M, rt.bottom + M);
    SetRect(&rtCorners[3], rt.right - M, rt.bottom - M, rt.right + M, rt.bottom + M);
}

LRESULT CALLBACK WndProc(HWND hWnd, UINT message,
                                  WPARAM wParam, LPARAM lParam)
{
    static RECT       rtClient;
    static HDC        memDC;
    static HBITMAP  hBit;

    static RECT_OBJECT       object;
    static RECT                 rtMove;
    static LOCATION_TYPE   clickLoc;
    static POINT               ptMouseDown;

    POINT   ptMouseMove, ptOffset;
    RECT    rt;
    HPEN    hPen, hOldPen;
    HBRUSH hBrush, hOldBrush;

    switch (message)
    {
        case WM_CREATE:
            object.rect = { 100, 100, 400, 400 };
            object.penColor = RGB(0, 0, 0);
            object.brushColor = RGB(255, 255, 0);
            object.bSelected = FALSE;
            break;
```

```
case WM_SIZE:
   {
      GetClientRect(hWnd, &rtClient);
      HDC hdc = GetDC(hWnd);
      if (hBit)
         DeleteObject(hBit);
      hBit = CreateCompatibleBitmap(hdc,
                       rtClient.right, rtClient.bottom);

      if (memDC)
         DeleteDC(memDC);
      memDC = CreateCompatibleDC(hdc);

      ReleaseDC(hWnd, hdc);
      SelectObject(memDC, hBit);
   }
   break;
case WM_LBUTTONDOWN:
   ptMouseDown.x = LOWORD(lParam);
   ptMouseDown.y = HIWORD(lParam);

   if (object.bSelected == FALSE) // 기존 선택이 없는 경우
   {
      if (PtInRect(&object.rect, ptMouseDown))
      {
         object.bSelected = TRUE;
         clickLoc = INSIDE;
         rtMove = object.rect;
      }
      else
      {
         object.bSelected = FALSE;
         clickLoc = OUTSIDE;
      }
   }
   else // 기존 선택이 있는 경우
   {
      RECT rtCorners[4];
      SetCornersRect(object.rect, rtCorners);
      if (PtInRect(&rtCorners[0], ptMouseDown))
         clickLoc = LEFT_TOP;
      else if (PtInRect(&rtCorners[1], ptMouseDown))
         clickLoc = RIGHT_TOP;
      else if (PtInRect(&rtCorners[2], ptMouseDown))
         clickLoc = LEFT_BOTTOM;
      else if (PtInRect(&rtCorners[3], ptMouseDown))
         clickLoc = RIGHT_BOTTOM;
      else if (PtInRect(&object.rect, ptMouseDown))
```

```
                clickLoc = INSIDE;
            else
                clickLoc = OUTSIDE;
            if (clickLoc == OUTSIDE)
                object.bSelected = FALSE;
        }
        InvalidateRect(hWnd, NULL, FALSE);
        break;
    case WM_MOUSEMOVE:
        ptMouseMove.x = LOWORD(lParam);
        ptMouseMove.y = HIWORD(lParam);
        if (!(wParam & MK_LBUTTON) || !object.bSelected)
            break;

        ptOffset.x = ptMouseMove.x - ptMouseDown.x;
        ptOffset.y = ptMouseMove.y - ptMouseDown.y;
        rt = object.rect;
        switch (clickLoc)
        {
            case INSIDE:
                SetRect(&rtMove, rt.left + ptOffset.x, rt.top + ptOffset.y,
                        rt.right + ptOffset.x, rt.bottom + ptOffset.y);
                break;
            case LEFT_TOP:
                SetRect(&rtMove, rt.left + ptOffset.x, rt.top + ptOffset.y,
                        rt.right, rt.bottom);
                break;
            case LEFT_BOTTOM:
                SetRect(&rtMove, rt.left + ptOffset.x, rt.top,
                        rt.right, rt.bottom + ptOffset.y);
                break;
            case RIGHT_TOP:
                SetRect(&rtMove, rt.left, rt.top + ptOffset.y,
                        rt.right + ptOffset.x, rt.bottom);
                break;
            case RIGHT_BOTTOM:
                SetRect(&rtMove, rt.left, rt.top,
                        rt.right + ptOffset.x, rt.bottom + ptOffset.y);
                break;
        }
        InvalidateRect(hWnd, NULL, FALSE);
        break;
    case WM_LBUTTONUP:
        if (object.bSelected)
        {
            // 좌표 순서 재조정
            if (rtMove.left > rtMove.right)//swap
            {
```

```
            int tmp;
            tmp = rtMove.left;
            rtMove.left = rtMove.right;
            rtMove.right = tmp;
        }
        if (rtMove.top > rtMove.bottom)//swap
        {
            int tmp;
            tmp = rtMove.top;
            rtMove.top = rtMove.bottom;
            rtMove.bottom = tmp;
        }
        object.rect = rtMove;
    }
    InvalidateRect(hWnd, NULL, FALSE);
    break;
case WM_ERASEBKGND:
    break;
case WM_PAINT:
    {
        PAINTSTRUCT ps;
        HDC hdc = BeginPaint(hWnd, &ps);
        // TODO: 여기에 hdc를 사용하는 그리기 코드를 추가합니다...

        FillRect(memDC, &rtClient, (HBRUSH)(COLOR_WINDOW + 2));

        if (clickLoc != OUTSIDE)  // draw rtMove
        {
            hPen = CreatePen(PS_DOT, 1, RGB(0, 0, 0));
            hBrush = CreateSolidBrush(RGB(255, 255, 255));
            hOldPen = (HPEN)SelectObject(memDC, hPen);
            hOldBrush = (HBRUSH)SelectObject(memDC, hBrush);

            Rectangle(memDC, rtMove.left, rtMove.top,
                    rtMove.right, rtMove.bottom);

            SelectObject(memDC, hOldPen);
            SelectObject(memDC, hOldBrush);
            DeleteObject(hPen);
            DeleteObject(hBrush);
        }

        // draw object
        hPen = CreatePen(PS_SOLID, 1, object.penColor);
        hBrush = CreateSolidBrush(object.brushColor);

        hOldPen = (HPEN)SelectObject(memDC, hPen);
        hOldBrush = (HBRUSH)SelectObject(memDC, hBrush);
```

```
            rt = object.rect;
            Rectangle(memDC, rt.left, rt.top, rt.right, rt.bottom);

            SelectObject(memDC, hOldPen);
            SelectObject(memDC, hOldBrush);
            DeleteObject(hPen);
            DeleteObject(hBrush);

            if (object.bSelected)  // draw corners
            {
                hPen = CreatePen(PS_SOLID, 1, RGB(0, 0, 255));
                hBrush = CreateSolidBrush(RGB(0, 0, 200));

                hOldPen = (HPEN)SelectObject(memDC, hPen);
                hOldBrush = (HBRUSH)SelectObject(memDC, hBrush);

                RECT rtCorners[4];
                SetCornersRect(object.rect, rtCorners);
                for (int i = 0; i < 4; i++)
                {
                    Rectangle(memDC, rtCorners[i].left, rtCorners[i].top,
                            rtCorners[i].right, rtCorners[i].bottom);
                }
                SelectObject(memDC, hOldPen);
                SelectObject(memDC, hOldBrush);
                DeleteObject(hPen);
                DeleteObject(hBrush);
            }
            BitBlt(hdc, 0, 0, rtClient.right, rtClient.bottom,
            memDC, 0, 0, SRCCOPY); // memDC -> hdc

            EndPaint(hWnd, &ps);
        }
        break;
    case WM_DESTROY:
        DeleteDC(memDC);
        DeleteObject(hBit);
        PostQuitMessage(0);
        break;
    default:
        return DefWindowProc(hWnd, message, wParam, lParam);
    }
    return 0;
}
```

프로그램 설명

① 사각형을 마우스로 선택하여 이동시키고 모서리를 선택하여 크기를 변경하는 예제를 더블 버퍼링으로 구현한다.
② LOCATION_TYPE은 마우스 클릭 위치를 위한 열거형 상수이고, RECT_OBJECT는 사각형 정보를 저장하기 구조체이다. SetCornersRect 함수는 사각형 rt의 모서리의 작은 사각형을 rtCorners 배열에 반환한다.
③ WM_CREATE 메시지에서 object에 사각형 하나를 임의로 초기화한다. WM_SIZE 메시지에서 GetClientRect 함수로 클라이언트 영역을 rtClient에 저장하고, 원의 초기 위치를 클라이언트의 중심으로 한다. 더블 버퍼링을 위한 비트맵 hBit를 클라이언트 영역 크기로 생성하고, 메모리 memDC를 생성하여 hBit를 memDC의 비트맵으로 설정한다. WM_ERASEBKGND 메시지는 아무것도 하지 않고 윈도우 프로시저가 0을 반환한다.
④ WM_LBUTTONDOWN 메시지에서는 사각형이 선택되지 않은 상태(object.bSelected = FALSE)에서 마우스 왼쪽 버튼을 클릭할 때 사각형 내부를 클릭했으면 사각형을 선택하기 위해 object.bSelected = TRUE로 하고, 클릭 위치를 clickLoc 변수에 INSIDE로 저장한 뒤에 드래그하는 동안 이동할 사각형을 위해 object.rect를 rtMove에 복사한다. 사각형 외부를 클릭했으면 object.bSelected = FALSE로 하고 클릭 위치를 clickLoc 변수에 OUTSIDE를 저장한다.
사각형이 선택된 상태(object.bSelected = TRUE)에서는 이동을 위한 것인지 크기변경을 위해 모서리를 클릭했는지를 판단해야 한다. SetCornersRect 함수로 object.rect의 모서리를 rtCorners 배열에 반환한다. 마우스 클릭 위치가 rtCorners[0]이면 clickLoc = LEFT_TOP, rtCorners[1]이면 clickLoc = RIGHT_TOP, rtCorners[2]이면 clickLoc = LEFT_BOTTOM, rtCorners[3]이면 clickLoc = RIGHT_BOTTOM이고, object.rect이면 clickLoc = INSIDE이고, 그렇지 않으면 clickLoc = OUTSIDE이다. clickLoc = OUTSIDE이면 clickLoc 변수에 OUTSIDE를 저장한다.
⑤ WM_MOUSEMOVE 메시지에서 마우스 왼쪽 버튼을 누르지 않거나(!(wParam & MK_LBUTTON)) 물체가 선택되어 있지 않았으면(!object.bSelected) 아무것도 않고 반환한다.
ptOffset에 마우스 누른 위치부터 움직이는 위치까지의 벡터를 계산하고, 마우스 클릭 위치인 clickLoc 값에 따라 사각형 rtMove를 변경한다.
⑥ WM_LBUTTONUP 메시지에서는 물체가 선택된 상태일 때 rtMove.left 〉 rtMove.right이면 좌우 좌표를 교환하고, rtMove.top 〉 rtMove.bottom이면 상하 좌표를 교환한 뒤에 움직인 사각형 rtMove을 object.rect에 복사한다.
⑦ WM_PAINT 메시지에서 FillRect 함수로 메모리 memDC를 클라이언트 영역 전체 rtClient를 브러시로 채워 배경을 지운다.
클릭 위치가 배경이 아니면(clickLoc != OUTSIDE), 메모리 memDC에 PS_DOT 펜과 흰색 브러시를 설정하고, 마우스 클릭으로 사각형을 이동하거나 모서리를 선택하여 크기를 변경한 사각형 rtMove를 메모리 memDC에 그린다.

사각형 object.rect를 PS_SOLID, object.penColor, object.brushColor로 memDC에 그린다. 사각형이 선택(object.bSelected)되었으면 SetCornersRect 함수로 object.rect의 네 모서리를 rtCorners 배열에 반환하여 메모리 memDC에 그린다. 이때까지는 윈도우 화면에 보이지 않는다. BitBlt 함수로 메모리 memDC의 전체를 윈도우 hdc의 클라이언트 영역 전체로 복사하여 [그림 17.3]과 같이 화면에 표시하여 보이게 한다. 윈도우 크기를 변경해도 깜박임이지 않는다.

[그림 17.3] 더블 버퍼링 3(마우스 사각형 선택, 이동, 크기변경)

6
Chapter

메뉴 · 단축키 · 아이콘 · 커서

메뉴 · 단축키 · 아이콘 · 커서를 처리하는 방법을 설명한다.

step 18 메뉴처리

메뉴는 윈도우 응용 프로그램에서 사용자 인터페이스를 지원하기 위한 중요한 리소스이다. 비주얼 스튜디오 마법사가 생성하는 기본 윈도우 응용 프로그램은 메뉴가 포함되어 있다. 메뉴는 리소스를 편집하고, 소스 코드에서 윈도우 클래스 등록에 메뉴를 지정하고, WM_COMMAND 메시지에서 메뉴 항목을 처리한다. [표 18.1]의 WM_COMMAND 메시지는 메뉴, 단축키, 컨트롤에 의해 발생한다.

[표 18.1] WM_COMMAND 메시지

메시지 소스	HIWORD(wParam)	LOWORD(wParam)	lParam
메뉴	0	메뉴 ID	0
단축키	1	단축키 ID	0
컨트롤	통지(notification) 코드	컨트롤 ID	컨트롤 윈도우 핸들

1. 메뉴 리소스 편집

① 비주얼 스튜디오 마법사로 기본 윈도우 응용 프로그램 [step18_ex1]을 생성한다.

② "step18_ex1.rc" 파일을 더블 클릭하면 리소스 뷰가 열린다. [Menu] 항목 아래 "IDC_STEP18EX1"을 더블클릭하면, 편집 영역의 [파일(F)] 메뉴 아래 [끝내기(X)] 항목이 있고, [도움말(H)] 메뉴 아래 [정보(A)] 항목이 있는 메뉴가 나타난다.

③ [그림 18.1]과 같이 메뉴 항목을 편집한다. [여기에 입력] 항목을 선택하고, [그림 18.2]와 같이 [속성] 창에서 [Caption] 항목에 "도형(&G)"을 입력한다. 영문 글자 앞에 '&'를 추가하면 글자 아래 밑줄 문자가 표시되고, Alt 키와 영문 키를 함께 사용하는 단축키를 사용하여 메뉴를 선택할 수 있다. [도움말(H)] 메뉴를 마우스 왼쪽 버튼을 누르고 드래그하여 [그림 18.1]과 같이 오른쪽 끝으로 이동한다.

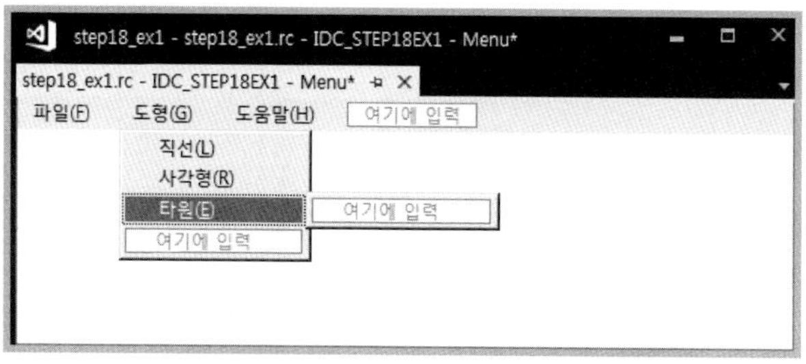

[그림 18.1] 메뉴 항목 편집

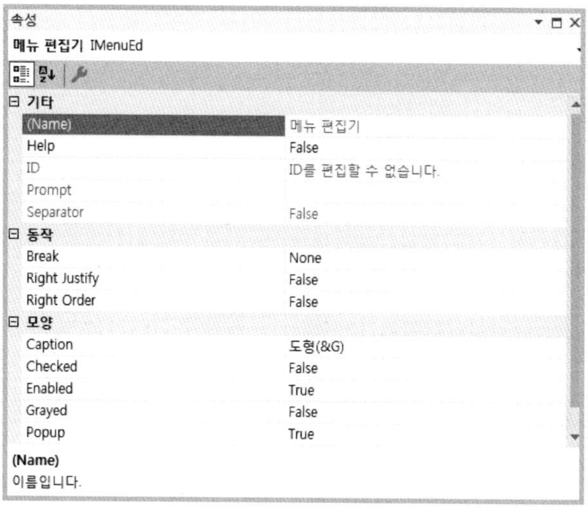

[그림 18.2] [도형(G)] 메뉴 추가

④ [도형] 메뉴 아래 [직선(L)] 항목을 [속성] 창에서 [그림 18.3]과 같이 [ID]와 [Caption] 항목을 설정하여 생성한다. [사각형(R)]과 [타원(E)] 항목도 [그림 18.4] 그리고 [그림 18.5]와 같이 추가한다.

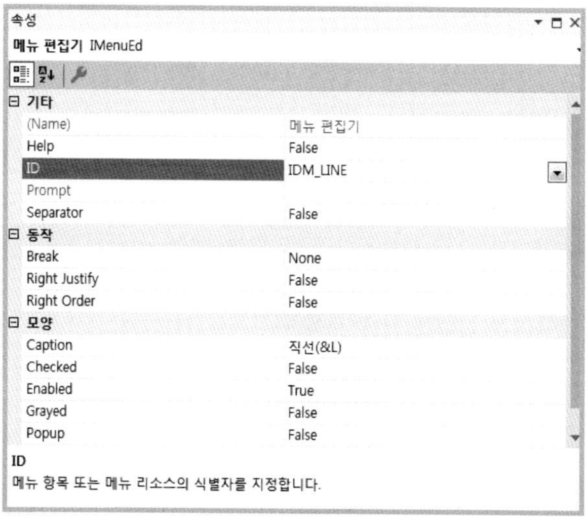

[그림 18.3] [도형(G)] – [직선(L)] 메뉴 항목 추가

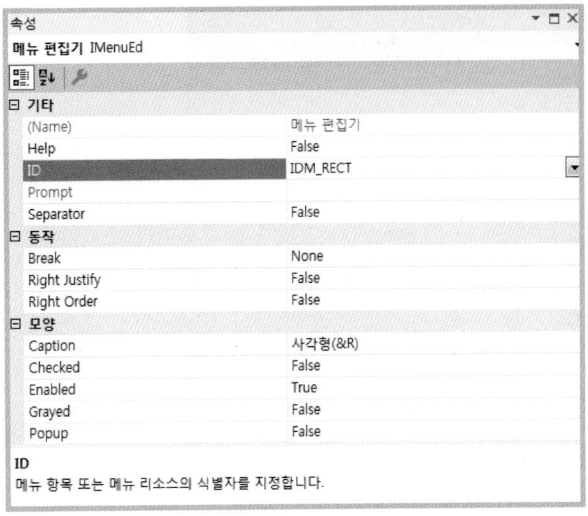

[그림 18.4] [도형(G)] – [사각형(R)] 메뉴 항목 추가

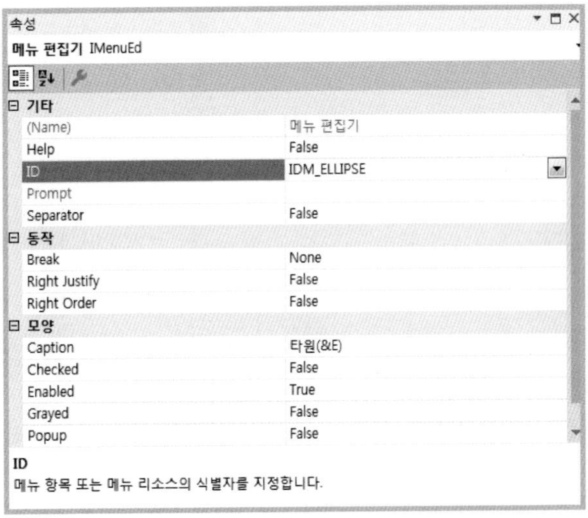

[그림 18.5] [도형(G)] – [타원(E)] 메뉴 항목 추가

⑤ 메뉴 리소스를 편집하면서 생성된 ID는 "Resource.h" 헤더 파일에 ID가 자동으로 추가된다.

Resource.h

```
//{{NO_DEPENDENCIES}}
// Microsoft Visual C++에서 생성한 포함 파일로,
// step18_ex1.rc에서 사용되고 있다.
//
#define IDC_MYICON                    2
#define IDD_STEP18EX1_DIALOG          102
#define IDS_APP_TITLE                 103
#define IDD_ABOUTBOX                  103
```

```
#define IDM_ABOUT                    104
#define IDM_EXIT                     105
#define IDI_STEP18EX1                107
#define IDI_SMALL                    108
#define IDC_STEP18EX1                109
#define IDR_MAINFRAME                128
#define IDM_LINE                     32771
#define IDM_RECT                     32772
#define IDM_ELLIPSE                  32773
#define IDC_STATIC                   -1
```

2. 소스 편집

[step18_ex1]

```
ATOM MyRegisterClass(HINSTANCE hInstance)
{
   WNDCLASSEXW wcex;
  .....
   wcex.lpszMenuName   = MAKEINTRESOURCEW(IDC_STEP18EX1);
  .....
   return RegisterClassExW(&wcex);
}
LRESULT CALLBACK WndProc(HWND hWnd, UINT message,
                                   WPARAM wParam, LPARAM lParam)
{
   static POINT pt1 = { 50, 50 };
   static POINT pt2 = { 200, 100 };
   static int graphType = IDM_LINE;

   switch (message)
   {
      case WM_COMMAND:
         {
            int wmId = LOWORD(wParam);
            // 메뉴 선택을 구문 분석합니다:
            switch (wmId)
            {
               case IDM_LINE:
                  graphType = IDM_LINE;
                  break;
               case IDM_RECT:
                  graphType = IDM_RECT;
                  break;
               case IDM_ELLIPSE:
                  graphType = IDM_ELLIPSE;
```

```
                break;
            case IDM_ABOUT:
                DialogBox(hInst,MAKEINTRESOURCE(IDD_ABOUTBOX),
                                                hWnd, About);
                break;
            case IDM_EXIT:
                DestroyWindow(hWnd);
                break;
            default:
                return DefWindowProc(hWnd, message, wParam, lParam);
            }
        }
        InvalidateRect(hWnd, NULL, TRUE);
        break;
    case WM_PAINT:
        {
            PAINTSTRUCT ps;
            HDC hdc = BeginPaint(hWnd, &ps);
            // TODO: 여기에 hdc를 사용하는 그리기 코드를 추가

            switch (graphType)
            {
                case IDM_LINE:
                    MoveToEx(hdc, pt1.x, pt1.y, NULL);
                    LineTo(hdc, pt2.x, pt2.y);
                    break;
                case IDM_RECT:
                    Rectangle(hdc, pt1.x, pt1.y, pt2.x, pt2.y);
                    break;
                case IDM_ELLIPSE:
                    Ellipse(hdc, pt1.x, pt1.y, pt2.x, pt2.y);
                    break;
            }
            EndPaint(hWnd, &ps);
        }
        break;
    case WM_DESTROY:
        PostQuitMessage(0);
        break;
    default:
        return DefWindowProc(hWnd, message, wParam, lParam);
    }
    return 0;
}
```

프로그램 설명

① 리소스 뷰에서 [그림 18.1]과 같이 메뉴 항목을 편집한다.
② 비주얼 스튜디오 마법사로 생성한 기본 윈도우 응용 프로그램은 MyRegisterClass 함수에서 리소스의 메뉴 IDC_STEP18EX1을 문자열로 변경하여 wcex.lpszMenuName에 저장하여 윈도우 클래스에 등록한다.
③ 윈도우 프로시저의 WM_COMMAND 메시지에서 LOWORD(wParam)에 전달되는 메뉴 항목을 처리한다. 메뉴 항목이 IDM_LINE이면 graphType = IDM_LINE, IDM_RECT이면 graphType = IDM_RECT, IDM_ELLIPSE이면 graphType = IDM_ELLIPSE을 저장하고, InvalidateRect 함수로 클라이언트 영역을 무효화시키면 WM_PAINT 메시지가 발생한다.
④ WM_PAINT 메시지에서 graphType에 따라 IDM_LINE이면 [그림 18.6]과 같이 pt1에서 pt2까지 직선을 그리고, IDM_RECT이면 [그림 18.7]과 같이 사각형을 그리고, IDM_ELLIPSE이면 [그림 18.8]과 같이 타원을 그린다.

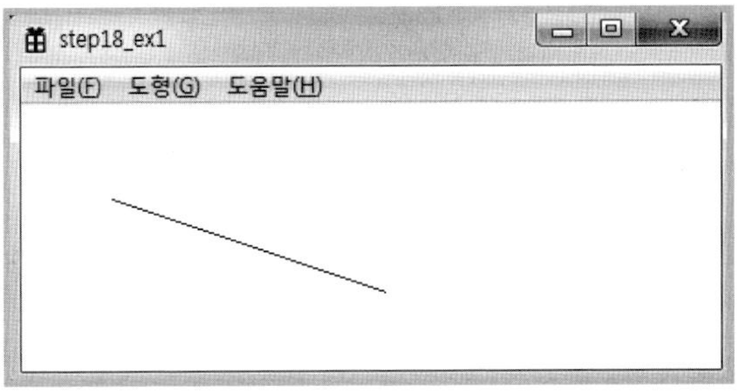

[그림 18.6] [도형(G)]-[직선(L)] 메뉴 항목

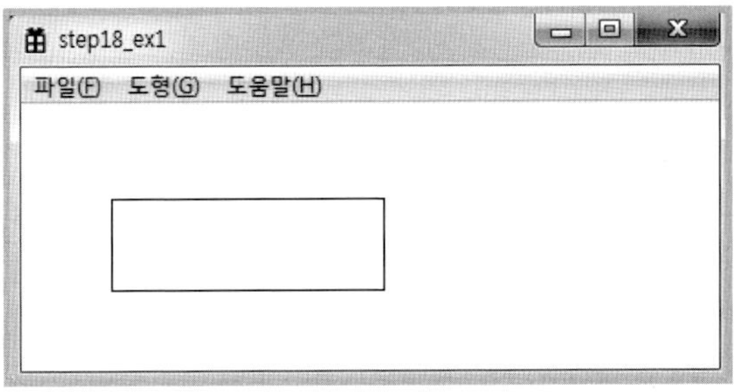

[그림 18.7] [도형(G)]-[사각형(R)] 메뉴 항목

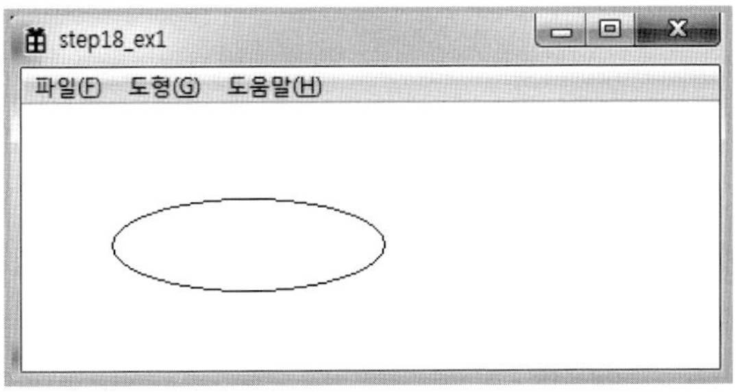

[그림 18.8] [도형(G)]-[타원(E)] 메뉴 항목

step

19 단축키와 아이콘

비주얼 스튜디오 마법사로 생성한 기본 윈도우 응용 프로그램은 단축키(accelerators)와 아이콘이 리소스에 포함되어 있다. 이 단계에서는 리소스 뷰에서 단축키와 아이콘을 사용자가 편집하는 방법을 설명한다.

1. 단축키

단축키(accelerators)는 메뉴가 복잡할 때 단축키를 정의하여 키보드에 의해 빠르게 메뉴 선택을 처리할 수 있도록 한다. 비주얼 스튜디오 마법사로 생성한 기본 윈도우 응용 프로그램은 wWinMain 함수에서 리소스에 추가된 단축키를 LoadAccelerators 함수로 단축키 핸들을 얻고, 메시지 루프에서 TranslateAccelerator 함수로 단축키를 해석하는 코드가 이미 추가되어 있다.

① 예제 [step19_ex1]에서는 [그림 19.1]과 같이 메뉴를 등록하고, [step18_ex1]과 같이 윈도우 프로시저에서 메뉴 항목을 처리한다.
② 리소스 뷰의 [Accelerator] 항목에서 IDC_STEP19EX1을 더블클릭하고, [그림 19.1]과 같이 단축키를 메뉴 항목 ID 그리고 Alt, Ctrl, Shift 등의 보조키, ASCII 또는 VIRTKEY를 사용하는 형식과 사용할 키를 콤보 박스를 이용하여 추가 등록한다. ^는 Ctrl을 나타낸다. 단축키 Ctrl+L은 메뉴에서 IDM_LINE의 [직선(L)] 항목을 선택한 것과 같다. IDM_RECT의 [사각형(R)] 항목은 단축키 Shift+R과 같다. IDM_ELLIPSE의 [타원(E)] 항목은 단축키 Ctrl+Shift+E와 같다.

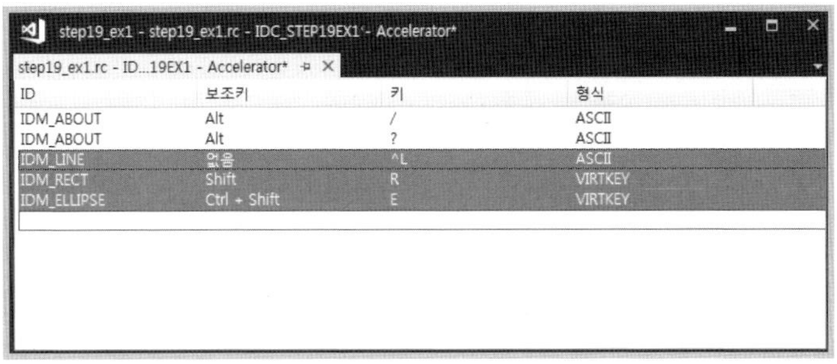

[그림 19.1] 단축키 등록

2. 아이콘

비주얼 스튜디오 마법사로 생성한 기본 윈도우 응용 프로그램은 윈도우 클래스를 등록하는 MyRegisterClass 함수에서 LoadIcon 함수로 리소스의 아이콘을 로드하여 wcex.hIcon과 wcex.hIconSm에 사용한다.

다음은 기본 윈도우 응용 프로그램에서 새로운 컬러 아이콘을 생성하는 방법을 설명한다.

① 비주얼 스튜디오 마법사로 기본 윈도우 응용 프로그램 [step19_ex2]를 생성한다.
② 리소스의 [Icon] 항목에서 마우스 오른쪽 버튼의 팝업메뉴에서 [Icon 삽입(E)]을 선택하여 새로운 아이콘 IDI_ICON1을 생성한다. [리소스 추가(A)...] 항목을 선택하여 아이콘을 새로 만들거나 외부 파일에서 가져올 수도 있다.

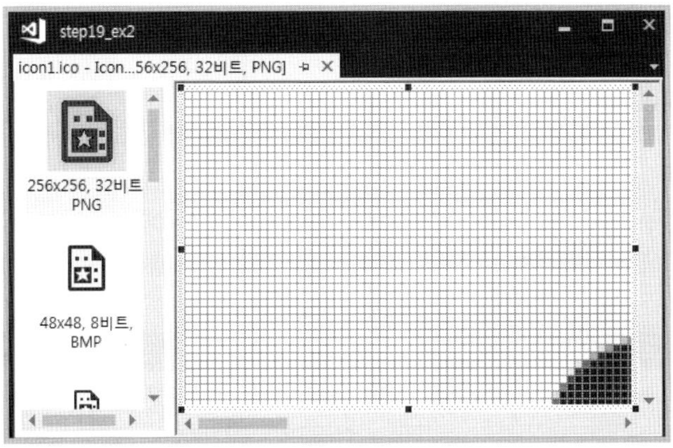

[그림 19.2] 새 아이콘 추가

③ 아이콘은 하나의 파일에 [그림 19.2]와 같이 여러 개의 포맷을 포함하고 있다. IDI_ICON1 리소스 편집화면에서 마우스 오른쪽 버튼을 클릭할 때 표시되는 팝업메뉴에서 [새 이미지 형식(W)...]을 선택하고, [그림 19.3]에서 128×128, 24비트의 새 아이콘 이미지 형식을 추가한다.

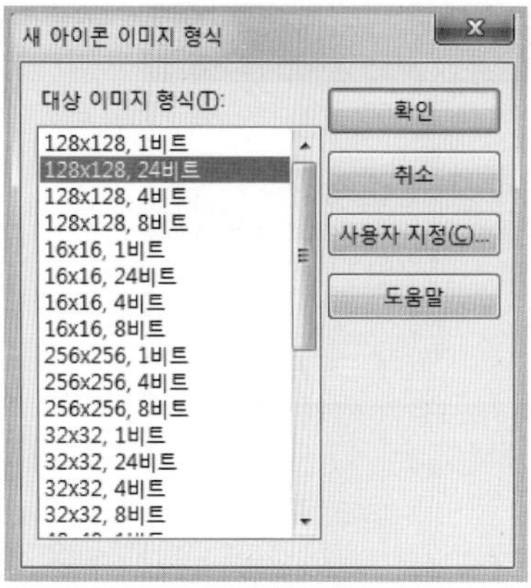

[그림 19.3] 새 아이콘 이미지 형식 추가

④ 새로 추가된 128×128, 24비트 이미지 형식을 제외한 나머지 이미지 형식을 선택하고 마우스 오른쪽 버튼을 클릭할 때 표시되는 팝업메뉴에서 [이미지 형식 삭제(M)]를 선택하여 삭제한다. 새로 추가된 이미지 형식에서 그림판과 유사한 편집 기능을 사용하여 [그림 19.4]와 같이 간단히 아이콘을 편집한다.

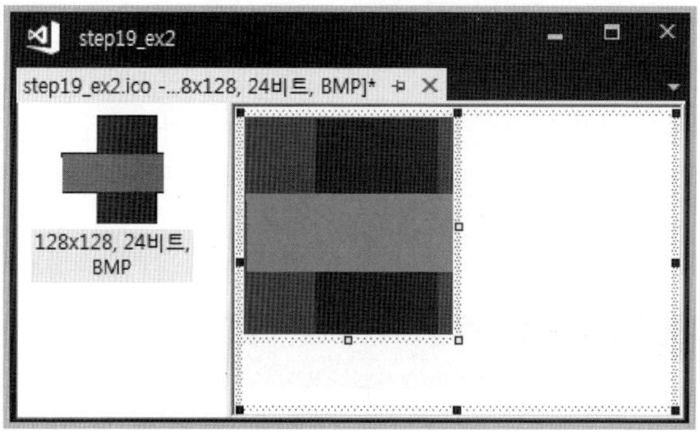

[그림 19.4] 아이콘 이미지 편집

⑤ 윈도우 클래스를 등록하는 MyRegisterClass 함수에서 LoadIcon 함수로 리소스의 IDI_ICON1 아이콘을 로드하여 wcex.hIcon과 wcex.hIconSm에 사용한다.

[step19_ex2]

```
ATOM MyRegisterClass(HINSTANCE hInstance)
{
   WNDCLASSEXW wcex;
 .....
   wcex.lpszMenuName = MAKEINTRESOURCEW(IDI_ICON1);
 .....
   wcex.hIconSm = LoadIcon(wcex.hInstance,
                              MAKEINTRESOURCE(IDI_ICON1));
   return RegisterClassExW(&wcex);
}
```

⑥ 프로그램을 실행하면, [그림 19.5]와 같이 윈도우 타이틀에 작은 아이콘 IDI_ICON1이 표시되며, 윈도우즈 운영체제의 작업 표시줄의 큰 아이콘도 IDI_ICON1으로 표시된다.

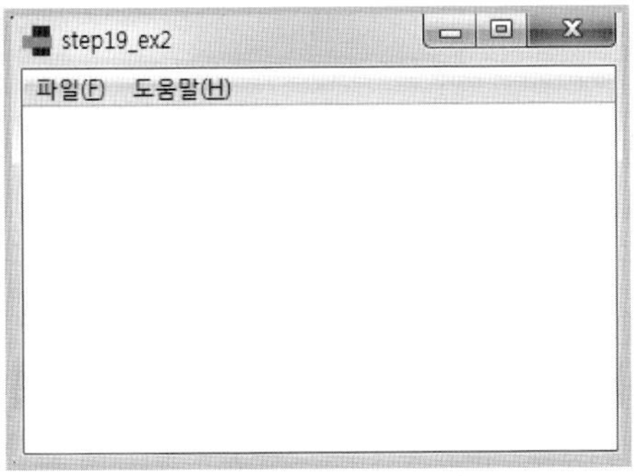

[그림 19.5] 아이콘 실행결과

step

20 커서 처리

비주얼 스튜디오 마법사로 생성한 기본 윈도우 응용 프로그램은 커서 리소스를 포함하지 않고, 윈도우 클래스를 등록하는 MyRegisterClass 함수에서 LoadCursor 함수로 윈도우즈의 기본 커서 IDC_ARROW를 hCursor에 사용한다.

다음은 기본 윈도우 응용 프로그램에서 새로운 컬러 아이콘을 생성하는 방법을 설명한다.
① 비주얼 스튜디오 마법사로 기본 윈도우 응용 프로그램 [step20_ex1]을 생성한다.
② 리소스 뷰의 "step20_ex1.rc" 파일에서 마우스 오른쪽 버튼을 클릭하여 표시되는 팝업메뉴에서 [리소스 추가(A)...]를 선택한다. 리소스 추가 대화상자에서 [Cursor] 항목을 선택하고, [새로 만들기(N)] 버튼을 클릭하여 [그림 20.1]과 같이 새로운 커서 IDC_CURSOR1을 생성한다.

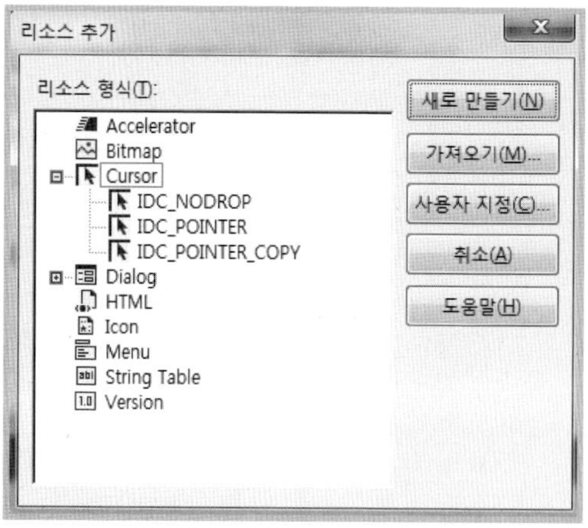

[그림 20.1] 새로운 커서 만들기

③ IDC_CURSOR1 리소스 편집화면에서 마우스 오른쪽 버튼을 클릭하여 표시되는 팝업메뉴에서 [새 이미지 형식(W)...]을 선택하고, 128×128, 24비트 새 커서 이미지 형식 추가한다.
④ 32×32, 1비트 이미지 형식을 선택하고 마우스 오른쪽 버튼의 팝업메뉴에서 [이미지 형식 삭제(M)]을 선택하여 삭제한다. 새로 추가된 128×128, 24비트 이미지 형식에서

그림판과 유사한 편집 기능을 사용하여 [그림 20.2]와 같이 간단히 커서를 편집한다.

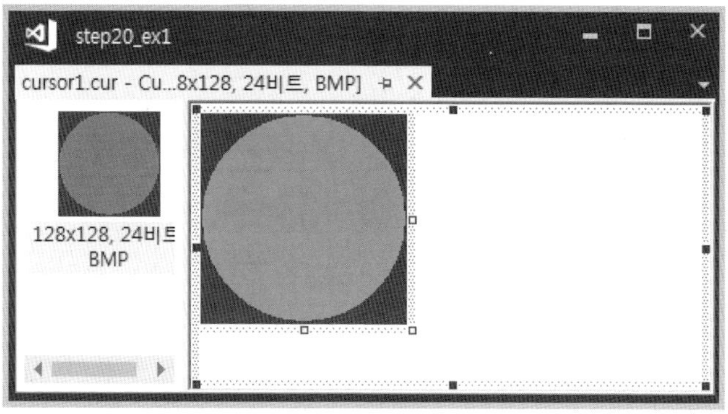

[그림 20.2] 새 커서 이미지 편집

⑤ 윈도우의 커서를 IDC_CURSOR1로 변경하려면 윈도우 클래스를 등록하는 MyRegisterClass 함수에서 LoadCursor 함수로 리소스의 IDC_CURSOR1 커서를 로드하여 wcex.hCursor에 사용한다. LoadCursor 함수로 리소스의 커서를 로드할 때 NULL이 아닌 인스턴스 핸들 hInstance을 사용해야 하고, MAKEINTRESOURCE 매크로로 정수 IDC_CURSOR1을 문자열로 변경해야 한다.

[step20_ex1] 윈도우 클래스 커서 등록

```
ATOM MyRegisterClass(HINSTANCE hInstance)
{
    WNDCLASSEXW wcex;
  .....
    wcex.hCursor = LoadCursor(hInstance,
                              MAKEINTRESOURCE(IDC_CURSOR1));
  .....
    return RegisterClassExW(&wcex);
}
```

[step20_ex2] SetCursor 함수

```
LRESULT CALLBACK WndProc(HWND hWnd, UINT message,
                                    WPARAM wParam, LPARAM lParam)
{
    static  RECT  rt = { 50, 50, 200, 200 };
    POINT  ptMouse;

    switch (message)
    {
        case WM_MOUSEMOVE:
            ptMouse.x = LOWORD(lParam);
            ptMouse.y = HIWORD(lParam);
```

```
        if (PtInRect(&rt, ptMouse))
            SetCursor(LoadCursor(nullptr, IDC_HAND));
        break;
    case WM_PAINT:
        {
            PAINTSTRUCT ps;
            HDC hdc = BeginPaint(hWnd, &ps);
            // TODO: 여기에 hdc를 사용하는 그리기 코드를 추가
            Rectangle(hdc, rt.left, rt.top, rt.right, rt.bottom);
            EndPaint(hWnd, &ps);
        }
        break;
    case WM_DESTROY:
        PostQuitMessage(0);
        break;
    default:
        return DefWindowProc(hWnd, message, wParam, lParam);
    }
    return 0;
}
```

프로그램 설명

① WM_MOUSEMOVE 메시지에서 마우스의 위치 ptMouse가 rt 사각형 내에 있으면 SetCursor 함수로 LoadCursor(nullptr, IDC_HAND) 커서로 변경한다.
② 리소스에 커서를 미리 생성하고, LoadCursor 함수로 리소스의 커서를 인스턴스 핸들과 MAKEINTRESOURCE 매크로를 사용하여 SetCursor 함수로 변경할 수 있다.

7 Chapter

공용 대화상자

윈도우즈에서 공통적으로 사용하는 컬러, 폰트, 파일 공용 대화상자를 설명한다.

step

21 폰트 대화상자

윈도우즈에서 공통적으로 사용하는 파일 열기, 저장, 컬러 선택, 폰트 등에 대한 공용 대화상자가 있다. ChooseFont 함수는 폰트 선택 대화상자이다. CHOOSEFONT 구조체 lpcf로 폰트 대화상자를 초기화하거나, 사용자가 선택한 폰트 정보를 저장한다.

CreateFontIndirect 함수에서 lpcf.lpLogFont로 폰트를 생성하고, SetTextColor 함수에서 lpcf.rgbColors를 사용하여 글자색을 설정할 수 있다. 폰트 선택 대화상자에서 사용자가 확인 버튼을 누르면 TRUE를 반환한다.

비주얼 스튜디오 마법사로 생성한 기본 윈도우 응용 프로그램에서 공용 대화상자를 사용하려면, 〈stdafx.h〉 헤더 파일에서 WIN32_LEAN_AND_MEAN 정의를 주석 처리하거나 삭제해야 한다.

```
// 폰트 선택 대화상자
BOOL ChooseFont(LPCHOOSEFONT lpcf);

typedef struct {
    DWORD        lStructSize;  // sizeof(CHOOSEFONT)
    HWND         hwndOwner;    // 소유 윈도우 핸들
    HDC          hDC;          // 프린터의 DC, CF_BOTH, CF_PRINTERFONTS에 유효
    LPLOGFONT    lpLogFont;    // 선택한 폰트 정보
    INT          iPointSize;   // 폰트의 포인트 크기
    DWORD        Flags;        // 폰트 대화상자 초기화 정보(CF_BOTH,
    DWORD        rgbColors;    // CF_EFFECTS 설정에서 폰트 컬러
...
} CHOOSEFONT;
```

[표 21.1] CHOOSEFONT 구조체의 Flags

Flags	의 미
CF_BOTH	프린터 폰트와 스크린 폰트를 모두 보여준다.
CF_EFFECTS	취소선, 밑줄, 글자색 등의 효과를 선택할 수 있게 한다.
CF_PRINTERFONTS	HDC와 관련된 프린터의 폰트를 보여준다.
CF_SCREENFONTS	스크린 폰트를 보여준다.

[step21_ex1] ChooseFont 폰트 선택 대화상자

```
// <stdafx.h> : 자주 사용하지만 자주 변경되지는 않는
// 표준 시스템 포함 파일 또는 프로젝트 특정 포함 파일이 들어 있는
// 포함 파일이다.
.....
//#define WIN32_LEAN_AND_MEAN
// 거의 사용되지 않는 내용을 Windows 헤더에서 제외한다.
.....

// step21_ex1.cpp : 응용 프로그램에 대한 진입점을 정의한다.
LRESULT CALLBACK WndProc(HWND hWnd, UINT message,
                         WPARAM wParam, LPARAM lParam)
{
   static COLORREF  textColor;
   static LOGFONT   lf = { 50, 0, 0, 0, FW_NORMAL, 0, 0, 0,
                     HANGUL_CHARSET,0,0,0,0,_T("굴림") };

   switch (message)
   {
      case WM_COMMAND:
         {
            int wmId = LOWORD(wParam);
            // 메뉴 선택을 구문 분석합니다:
            switch (wmId)
            {
               case IDM_FONT:
                  {
                     CHOOSEFONT cf;
                     static TCHAR szStyle[] = _T("굵게");
                     memset(&cf, 0, sizeof(CHOOSEFONT));
                     // ZeroMemory(&cf, sizeof(CHOOSEFONT));
                     cf.lStructSize = sizeof(CHOOSEFONT);
                     cf.hwndOwner = hWnd;
                     cf.Flags =  CF_EFFECTS
                           | CF_SCREENFONTS
                           | CF_USESTYLE
                           | CF_INITTOLOGFONTSTRUCT;
```

```
                    cf.lpszStyle = szStyle;
                    cf.lpLogFont = &lf;
                    if (ChooseFont(&cf))  // 폰트 대화상자
                    {
                        textColor = cf.rgbColors;
                        // lf = *(cf.lpLogFont);
                        InvalidateRect(hWnd, NULL, TRUE);
                    }
                }
                break;
            case IDM_ABOUT:
                DialogBox(hInst,
                        MAKEINTRESOURCE(IDD_ABOUTBOX),
                        hWnd, About);
                break;
            case IDM_EXIT:
                DestroyWindow(hWnd);
                break;
            default:
                return DefWindowProc(
                            hWnd, message, wParam, lParam);
            }
        }
        break;
    case WM_PAINT:
        {
            PAINTSTRUCT ps;
            HDC hdc = BeginPaint(hWnd, &ps);
            // TODO: 여기에 hdc를 사용하는 그리기 코드를 추가

            HFONT hFont = CreateFontIndirect(&lf);
            HFONT oldFont = (HFONT)SelectObject(hdc, hFont);
            SetTextColor(hdc, textColor);

            TextOut(hdc, 50, 50, _T("Hello, 안녕!"), 10);

            SelectObject(hdc, oldFont);
            DeleteObject(hFont);

            EndPaint(hWnd, &ps);
        }
        break;
    case WM_DESTROY:
        PostQuitMessage(0);
        break;
    default:
        return DefWindowProc(hWnd, message, wParam, lParam);
}
```

```
    return 0;
}
```

프로그램 설명

① 리소스에서 [공용대화상자] 메뉴에 메뉴 항목을 (Caption: "글꼴...," ID: IDM_FONT)로 [그림 21.1]과 같이 편집한다.

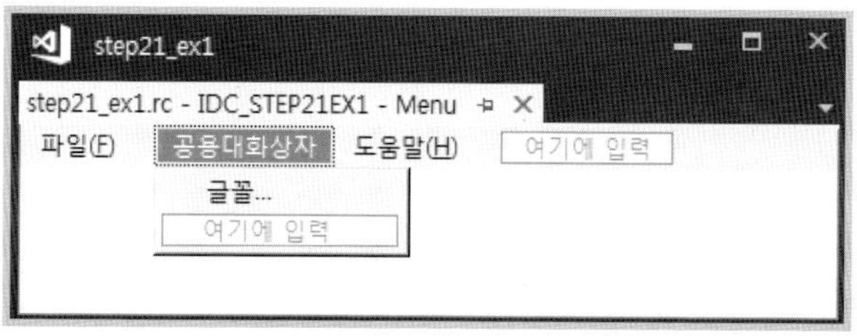

[그림 21.1] 메뉴 리소스 편집

② 윈도우 프로시저 WndProc에서 글자색을 위한 COLORREF 자료형 변수 textColor, 폰트를 위한 LOGFONT 구조체 변수 lf를 정적 변수로 선언한다.
③ WM_COMMAND 메시지에서 IDM_FONT 메뉴 항목에서 CHOOSEFONT 구조체 변수 cf를 선언하고, cf.Flags를 스크린 폰트, 스타일(cf.lpszStyle), 초기 폰트(cf.lpLogFont)의 값으로 폰트 대화상자를 초기화한 뒤에 ChooseFont 함수로 폰트 선택 대화상자를 표시하여 마우스로 폰트 정보를 선택한 후에 [확인] 버튼을 누르면, 사용자가 선택한 글자색 cf.rgbColors을 textColor 변수에 저장한다. 사용자가 선택한 폰트 정보 cf.lpLogFont는 cf.lpLogFont = &lf에 의해 복사하지 않아도 lf에 저장된다. InvalidateRect 함수에 의해 WM_PAINT 메시지가 발생한다.
④ WM_PAINT 메시지에서 CreateFontIndirect 함수로 LOGFONT 구조체 변수 lf를 이용하여 폰트 객체 hFont를 생성하여 hdc의 폰트를 변경한다. SetTextColor 함수로 hdc의 문자색을 textColor로 변경한다.
⑤ [그림 21.2]는 [공용대화상자]-[글꼴...] 메뉴를 선택하면 나타나는 글꼴 대화상자의 초기값이다. LOGFONT 구조체 변수 lf에 초기화된 글꼴 "굴림"과 폰트 크기가 반영되어 있으며, 글꼴 스타일 "굵게"가 반영되어 있다.

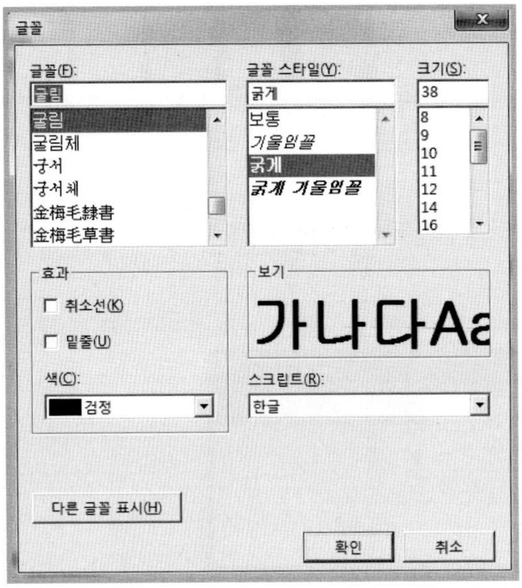

[그림 21.2] 폰트 선택 대화상자의 초기값

⑥ [그림 21.3]과 같이 글꼴 대화상자에서 글꼴, 스타일, 크기, 밑줄, 색을 선택한 다음 [확인] 버튼을 누르면, TextOut 함수에 의한 문자의 글자색과 폰트가 변경되어 [그림 21.4]와 같이 출력된다.

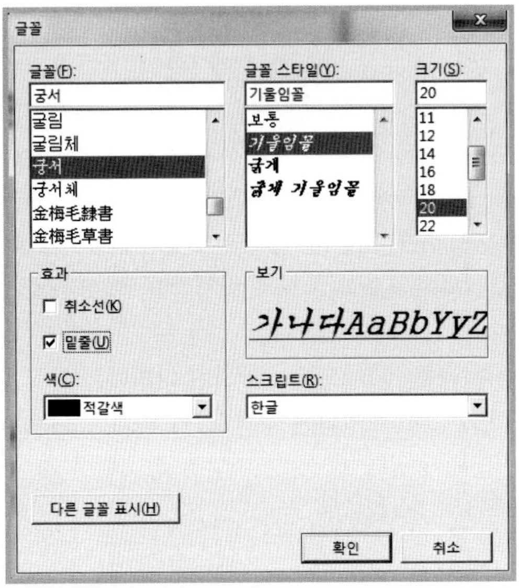

[그림 21.3] 폰트 선택 대화상자에서 항목 선택

[그림 21.4] 폰트 선택 대화상자의 항목 선택 결과

step

22 컬러 선택 대화상자

ChooseColor 함수는 컬러 선택 대화상자이다. 컬러 선택 대화상자는 CHOOSECOLOR 구조체를 사용한다. lpcc.rgbResult에 사용자가 선택한 컬러 정보가 반환된다. [표 22.1]은 CHOOSECOLOR 구조체의 Flags의 값이다.

컬러 선택 대화상자에서 사용자가 [확인] 버튼을 누르면 TRUE를 반환한다. 비주얼 스튜디오 마법사로 생성한 기본 윈도우 응용 프로그램에서 공용 대화상자를 사용하려면, 〈stdafx.h〉 헤더 파일에서 WIN32_LEAN_AND_MEAN 정의를 주석 처리하거나 삭제해야 한다.

```
// 컬러 선택 대화상자
BOOL ChooseColor(LPCHOOSECOLOR lpcc);

typedef struct {
   DWORD        lStructSize;        // sizeof(CHOOSECOLOR)
   HWND         hwndOwner;          // 소유 윈도우 핸들
   COLORREF     rgbResult;          // 사용자가 선택한 컬러
   COLORREF*    lpCustColors;       // 16개의 사용자 지정 컬러
   DWORD        Flags;
   ...
} CHOOSECOLOR;
```

[표 22.1] CHOOSECOLOR 구조체의 Flags

Flags	의 미
CC_ANYCOLOR	모든 기본 색상을 대화상자에 보인다.
CC_FULLOPEN	사용자 지정 색상 컨트롤을 보인다.
CC_RGBINIT	rgbResult에 초기 색상 값을 지정한다.
CC_SOLIDCOLOR	기본 색상 중에서 Solid 색상만 보인다.

[step22_ex1] ChooseColor 컬러 선택 대화상자

```
// <stdafx.h> : 자주 사용하지만 자주 변경되지는 않는
// 표준 시스템 포함 파일 또는 프로젝트 특정 포함 파일이 들어 있는
// 포함 파일이다.
.....
//#define WIN32_LEAN_AND_MEAN
// 거의 사용되지 않는 내용을 Windows 헤더에서 제외한다.
.....

// step22_ex1.cpp : 응용 프로그램에 대한 진입점을 정의한다.
LRESULT CALLBACK WndProc(HWND hWnd, UINT message,
                              WPARAM wParam, LPARAM lParam)
{
   static COLORREF brushColor=RGB(255, 255, 255);
   switch (message)
   {
      case WM_COMMAND:
         {
            int wmId = LOWORD(wParam);
            // 메뉴 선택을 구문 분석합니다:
            switch (wmId)
            {
               case IDM_COLOR:
                  {
                     CHOOSECOLOR cc;
                     static COLORREF  colorTable[16]; //사용자 지정 색
                     for (int i = 0; i < 16; i++)
                        colorTable[i] = RGB(i * 16, i * 16, i * 16);
                     memset(&cc, 0, sizeof(CHOOSECOLOR));
                     // ZeroMemory(&cc, sizeof(CHOOSECOLOR));
                     cc.lStructSize = sizeof(CHOOSECOLOR);
                     cc.hwndOwner = hWnd;
                     cc.rgbResult = brushColor;      // 초기색
                     cc.lpCustColors = colorTable;  // 사용자 지정 색
                     cc.Flags=CC_ANYCOLOR
                           |CC_FULLOPEN
                           |CC_RGBINIT;     // 초기색 표시
                     if (ChooseColor(&cc))  // 컬러 선택 대화상자
                     {
                        brushColor = cc.rgbResult;
                        InvalidateRect(hWnd, NULL, TRUE);
                     }
                  }
                  break;
               case IDM_ABOUT:
                  DialogBox(hInst, MAKEINTRESOURCE(IDD_ABOUTBOX),
                        hWnd, About);
                  break;
```

```
                case IDM_EXIT:
                    DestroyWindow(hWnd);
                    break;
                default:
                    return DefWindowProc(hWnd, message, wParam, lParam);
            }
        }
        break;
    case WM_PAINT:
        {
            PAINTSTRUCT ps;
            HDC hdc = BeginPaint(hWnd, &ps);
            // TODO: 여기에 hdc를 사용하는 그리기 코드를 추가

            HBRUSH hBrush = CreateSolidBrush(brushColor);
            HBRUSH oldBrush = (HBRUSH)SelectObject(hdc, hBrush);

            Rectangle(hdc, 50, 50, 200, 200);

            DeleteObject(hBrush);

            EndPaint(hWnd, &ps);
        }
        break;
    case WM_DESTROY:
        PostQuitMessage(0);
        break;
    default:
    return DefWindowProc(hWnd, message, wParam, lParam);
    }
    return 0;
}
```

프로그램 설명

① 리소스에서 [공용대화상자] 메뉴에 메뉴 항목을 (Caption: "컬러...", ID: IDM_COLOR)로 [그림 22.1]과 같이 편집한다.

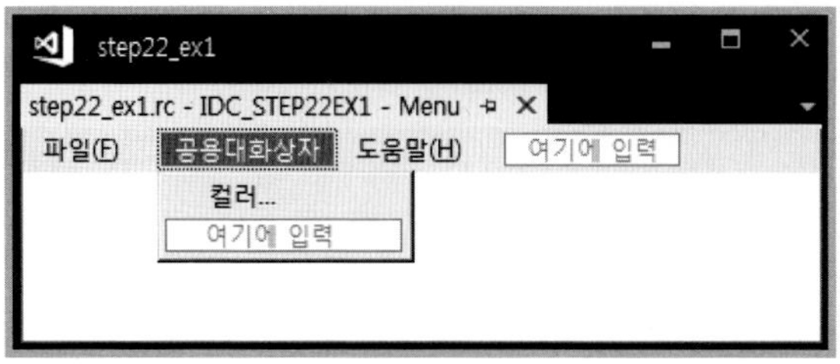

[그림 22.1] 메뉴 리소스 편집

② 윈도우 프로시저 WndProc에서 브러시 색을 위한 COLORREF 자료형 변수 brushColor를 정적 변수로 선언하고 초기화한다.
③ WM_COMMAND 메시지에서 IDM_COLOR 메뉴 항목에서 CHOOSECOLOR 구조체 변수 cc를 선언하여 사용자 지정 색으로 사용할 크기 16의 컬러 배열 colorTable을 정적 변수로 선언하여 초기화한다. cc.rgbResult에 brushColor를 저장한 뒤에 cc.lpCustColors에 colorTable을 저장하고, cc.Flags를 CC_ANYCOLOR | CC_FULLOPEN | CC_RGBINIT로 설정하여 ChooseColor 함수를 호출하면 [그림 22.2]의 색 대화상자를 표시된다.
색 대화상자에서 마우스로 컬러를 선택한 후에 [확인] 버튼을 누르면, 사용자가 선택한 색 cc.rgbResult를 brushColor 변수에 저장하고, InvalidateRect 함수에 의해 WM_PAINT 메시지가 발생한다.

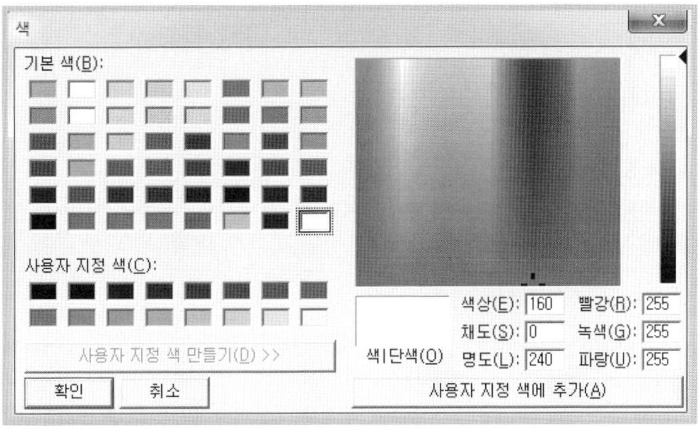

[그림 22.2] 컬러 선택 대화상자의 초기값

④ WM_PAINT 메시지에서 CreateSolidBrusht 함수로 brushColor를 이용하여 브러시 객체 hBrush를 생성하고 hdc의 브러시를 변경하면, [그림 22.3]과 같이 Rectangle 함수의 채우기 색이 변경된다.

[그림 22.3] ChooseColor 컬러 선택 대화상자의 선택 결과

step

23 파일 열기 및 저장 대화상자

GetOpenFileName 함수는 파일 열기 대화상자를 생성하고, GetSaveFileName 함수는 파일 저장 대화상자를 생성한다. OPENFILENAME 구조체를 사용한다. 대화상자가 나타난 상태에서 사용자가 파일 이름을 선택 또는 입력하고 [열기] 또는 [저장] 버튼을 누르면 TRUE를 반환한다.

```
// 파일 열기 및 저장 대화상자
BOOL GetOpenFileName(LPOPENFILENAME lpofn);  // 파일 열기 대화상자
BOOL GetSaveFileName(LPOPENFILENAME lpofn);  // 파일 저장 대화상자

typedef struct tagOFN {
   DWORD        lStructSize;        // sizeof(OPENFILENAME)
   HWND         hwndOwner;          // 소유 윈도우 핸들
   LPCTSTR      lpstrFilter;        // 파일 형식에 나타날 설명과 필터 패턴 쌍
   ...
   LPTSTR       lpstrFile;          // 패스를 포함한 선택 파일이름
   DWORD        nMaxFile;           //  lpstrFile의 버퍼크기
   LPTSTR       lpstrFileTitle;     // 파일이름
   DWORD        nMaxFileTitle;      // lpstrFileTitle의 버퍼크기
   DWORD        Flags;
  ...
} OPENFILENAME;
```

① lpstrFilter는 대화상자의 파일 형식 항목에 나타낼 설명과 필터 패턴을 쌍의 문자열로 지정하며 문자열의 끝은 "\0\0" 이다.

```
ofn.lpstrFilter = _T("텍스트 파일(*.TXT)\0*.TXT\0")
                  _T("비트맵 파일(*.bmp)\0*.bmp\0")
                  _T("모든 파일(*.*)\0 *.*\0\0");
```

② lpstrFile은 GetOpenFileName 또는 GetSaveFileName 함수의 대화상자에서 선택한 파일에 대한 드라이브 이름, 패스, 파일 이름, 확장자를 포함한 파일 이름을 반환한다. nMaxFile은 lpstrFile의 바이트 크기로 적어도 256보다 커야 한다.

③ lpstrFileTitle은 선택한 파일의 파일 이름과 확장자를 받을 버퍼이며 NULL일 수 있

다. nMaxFileTitle은 lpstrFileTitle의 바이트 크기이다.

④ [표 23.1]은 OPENFILENAME 구조체의 주요 Flags이다.

[표 23.1] OPENFILENAME 구조체의 주요 Flags

Flags	의 미
OFN_FILEMUSTEXIST	파일 이름이 존재해야한다. 파일이 없으면 경고 메시지가 나타난다.
OFN_ OVERWRITEPROMPT	Save As 대화상자에서 이미 존재하는 파일명을 입력했을 때, 덮어쓰기를 할 것인지 물어본다.

[step23_ex1] GetOpenFileName, GetSaveFileName 대화상자

```
// <stdafx.h> : 자주 사용하지만 자주 변경되지는 않는
// 표준 시스템 포함 파일 또는 프로젝트 특정 포함 파일이 들어 있는
// 포함 파일이다.
.....
//#define WIN32_LEAN_AND_MEAN
// 거의 사용되지 않는 내용을 Windows 헤더에서 제외한다.
.....

// step23_ex1.cpp : 응용 프로그램에 대한 진입점을 정의한다.
#define MAXSIZE 512
LRESULT CALLBACK WndProc(HWND hWnd, UINT message,
                         WPARAM wParam, LPARAM lParam)
{
   static TCHAR lpstrFile[MAXSIZE]= _T("");
   static TCHAR lpstrFileTitle[MAXSIZE] = _T("");
   static OPENFILENAME  ofn;

   switch (message)
   {
      case WM_CREATE:
         // memset(&ofn, 0, sizeof(OPENFILENAME));
         ZeroMemory(&ofn, sizeof(OPENFILENAME));
         ofn.lStructSize = sizeof(OPENFILENAME);
         ofn.hwndOwner = hWnd;
         ofn.hInstance = hInst;
         ofn.lpstrFilter = _T("텍스트 파일(*.TXT)\0*.TXT\0")
                  _T("비트맵 파일(*.bmp)\0*.bmp\0")
                  _T("모든 파일(*.*)\0 *.*\0\0");
         ofn.lpstrFile = lpstrFile;
         // ofn.lpstrFile = new TCHAR[MAXSIZE];
         // ZeroMemory(ofn.lpstrFile, sizeof(TCHAR)*MAXSIZE);
         ofn.lpstrDefExt = _T("txt");
         ofn.nMaxFile = MAXSIZE;
         ofn.lpstrFileTitle = lpstrFileTitle;
```

```
        ofn.nMaxFileTitle = MAXSIZE;
        break;
    case WM_COMMAND:
        {
            int wmId = LOWORD(wParam);
            // 메뉴 선택을 구문 분석합니다:
            switch (wmId)
            {
            case IDM_FILE_OPEN:
                ofn.Flags = OFN_FILEMUSTEXIST;
                if (GetOpenFileName(&ofn))  // File Open 대화상자
                {
                    MessageBox(hWnd, ofn.lpstrFile, _T("File Open"),
                            MB_OK);
                }
                break;
            case IDM_FILE_SAVE:
                MessageBox(hWnd, ofn.lpstrFile, _T("File Save"),
                        MB_OK);
                break;
            case IDM_FILE_SAVE_AS:
                ofn.Flags = OFN_OVERWRITEPROMPT;
                if (GetSaveFileName(&ofn))  //File Save As 대화상자
                {
                    MessageBox(hWnd, ofn.lpstrFile,_T("File Save As"),
                            MB_OK);
                    EnableMenuItem(GetMenu(hWnd), IDM_FILE_SAVE,
                            MF_ENABLED);
                }
                break;
            case IDM_ABOUT:
                DialogBox(hInst, MAKEINTRESOURCE(IDD_ABOUTBOX),
                        hWnd, About);
                break;
            case IDM_EXIT:
                DestroyWindow(hWnd);
                break;
            default:
                return DefWindowProc(hWnd, message,
                                wParam, lParam);
            }
        }
        break;
    case WM_PAINT:
    {
        PAINTSTRUCT ps;
        HDC hdc = BeginPaint(hWnd, &ps);
```

```
        // TODO: 여기에 hdc를 사용하는 그리기 코드를 추가합니다.
        EndPaint(hWnd, &ps);
      }
      break;
    case WM_DESTROY:
      // free(ofn.lpstrFile);
      PostQuitMessage(0);
      break;
    default:
      return DefWindowProc(hWnd, message, wParam, lParam);
    }
    return 0;
}
```

프로그램 설명

① 리소스에서 [파일] 메뉴에 [그림 23.1]과 같이 메뉴 항목을 추가하고, [표 23.1]과 같이 속성을 편집한다. [저장] 메뉴 항목은 Grayed 속성을 True로 하여 선택할 수 없게 초기화한다.

[표 23.2] 파일 메뉴의 항목 속성

Caption	ID	Grayed
열기(&O)	IDM_FILE_OPEN	False
저장(&S)	IDM_FILE_SAVE	True
다른이름으로 저장(&U)	IDM_FILE_SAVE_AS	False
끝내기(&X)	IDM_EXIT	False

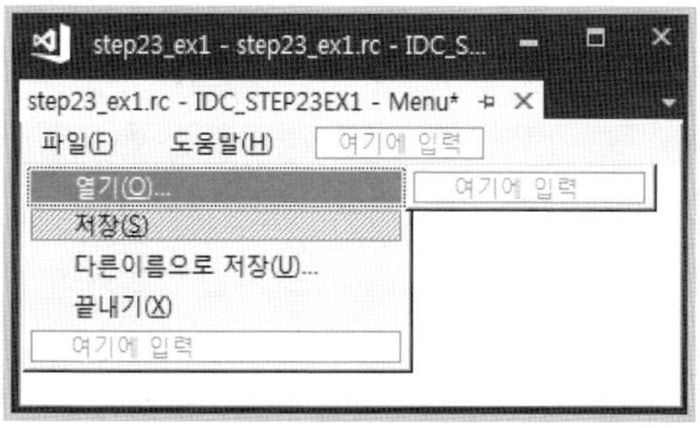

[그림 23.1] 파일 메뉴 리소스 편집

② 윈도우 프로시저 WndProc에서 OPENFILENAME 구조체의 정적 변수 ofn을 선언하고, WM_CREATE 메시지에서 초기화한다. ofn.lpstrFile과 ofn.lpstrFileTitle은 정적 문자배열 또는 new 연산자를 사용하여 메모리를 동적으로 할당하고 초기화한다.
③ WM_COMMAND 메시지에서 IDM_FILE_OPEN 메뉴 항목에서 ofn.Flags = OFN_FILEMUSTEXIST로 열기를 위한 파일이 반드시 존재해야만 하도록 설정하고,

GetOpenFileName 함수로 [그림 23.2]와 같이 파일 열기 대화상자를 표시한 뒤에 파일을 선택한 뒤에 [열기] 버튼을 누르면, 메시지 박스에 패스를 포함한 선택된 파일 이름 ofn.lpstrFile을 출력한다. ofn.lpstrFileTitle는 파일 이름만을 포함하고 있다.
④ IDM_FILE_SAVE_AS 메뉴 항목에서 ofn.Flags = OFN_OVERWRITEPROMPT로 다른 이름으로 저장을 위한 파일이 존재하면 "바꾸시겠습니까?"라고 묻도록 설정하고, GetSaveFileName 함수로 [그림 23.3]과 같이 다른 이름으로 저장 대화상자를 표시하여 파일을 선택하고 [저장] 버튼을 누르면, 메시지 박스에 패스를 포함한 선택된 파일 이름 ofn.lpstrFile을 출력한다. EnableMenuItem 함수로 GetMenu(hWnd)에 의한 현재 윈도우의 메뉴의 IDM_FILE_SAVE 항목을 MF_ENABLED로 설정하여 해당 메뉴를 선택할 수 있도록 변경한다.
⑤ 10장의 [step39_ex1] 예제에서 파일 공용 대화상자를 이용하여 에디트 컨트롤의 내용을 입출력한다.

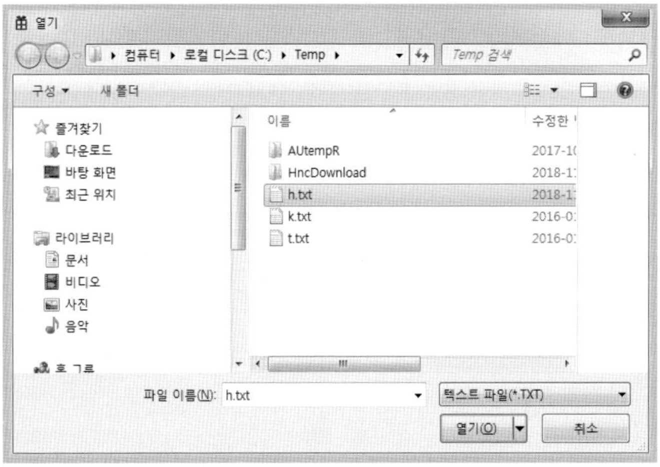

[그림 23.2] 파일 열기 대화상자

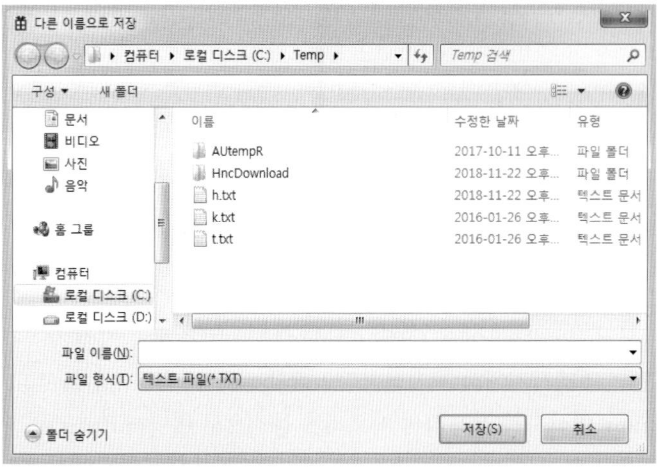

[그림 23.3] 파일 저장 대화상자

8 Chapter

컨트롤 윈도우

푸시 버튼, 에디트 박스, 체크 박스, 라디오 버튼, 리스트 박스, 콤보 박스 등 인터페이스에 사용되는 컨트롤을 CreateWindow 함수로 생성하고, 부모 윈도우와 컨트롤 사이의 메시지 처리와 통지 코드 처리에 대하여 설명한다.

step

24 컨트롤 기초

이장에서는 푸시 버튼, 에디트 박스, 체크 박스, 라디오 버튼, 리스트 박스, 콤보 박스 등 인터페이스에 사용되는 컨트롤을 CreateWindow 함수로 생성하고, 부모 윈도우에서 컨트롤로 메시지를 보내고 컨트롤에서 부모 윈도우로 오는 통지 코드를 처리하는 방법을 설명한다.

8장에서는 대화상자 리소스에서 도구상자를 사용하여 컨트롤을 생성하는 차이만 있고, 부모 윈도우와 컨트롤 사이의 메시지를 처리하는 방법은 동일하다. 컨트롤은 반드시 WS_CHILD 속성을 사용하여 부모 윈도우의 자식으로 생성해야 하며, 생성할 때 WS_VISIBLE 속성을 설정하면 컨트롤이 보인다. ShowWindow 함수를 사용하여 보이기를 설정할 수도 있다. CreateWindow 함수로 컨트롤을 생성할 때 컨트롤의 ID는 HMENU 자료형의 인수에 전달한다.

1. 컨트롤의 윈도우 클래스

[표 24.1]은 CreateWindow 함수로 컨트롤을 생성할 때 사용하는 윈도우즈에 미리 등록된 주요 윈도우 클래스(대소문자 구분 안 함) 및 윈도우 스타일이다.

[표 24.1] 주요 컨트롤의 윈도우 클래스 및 윈도우 스타일

윈도우 클래스 (lpClassName)	컨트롤	스타일(dwStyle)
BUTTON	푸시 버튼	BS_PUSHBUTTON, BS_DEFPUSHBUTTON
	체크 박스	BS_CHECKBOX, BS_AUTOCHECKBOX BS_3STATE, BS_AUTO3STATE
	라디오 버튼	BS_RADIOBUTTON, BS_AUTORADIOBUTTON
	그룹 박스	BS_GROUPBOX

EDIT	에디트 박스	ES_AUTOHSCROLL, ES_AUTOVSCROLL, ES_CENTER, ES_LEFT, ES_RIGHT, ES_LOWERCASE, ES_UPPERCAS, ES_NUMBER, ES_PASSWORD, ES_READONLY
LISTBOX	리스트 박스	LBS_NOTIFY, LBS_SORT, LBS_STANDARD, LBS_MULTIPLESEL, LBS_OWNERDRAW
COMBOBOX	콤보 박스	CBS_DROPDOWN, CBS_DROPDOWNLIST, CBS_SIMPLE, CBS_SORT
STATIC	정적 컨트롤	SS_SIMPLE, SS_SUNKEN, SS_BITMAP, SS_BLACKRECT, SS_GRAYRECT, SS_NOTIFY, SS_ICON
MDICLIENT	MDI 윈도우	MDI 응용 프로그램

2. 부모 윈도우와 컨트롤의 메시지 교환

[그림 24.1]은 부모 윈도우와 컨트롤과의 메시지 교환을 설명한다. 부모 윈도우는 SendMessage 함수로 컨트롤 윈도우에 내장된 메시지 핸들러에게 메시지를 전달한다.

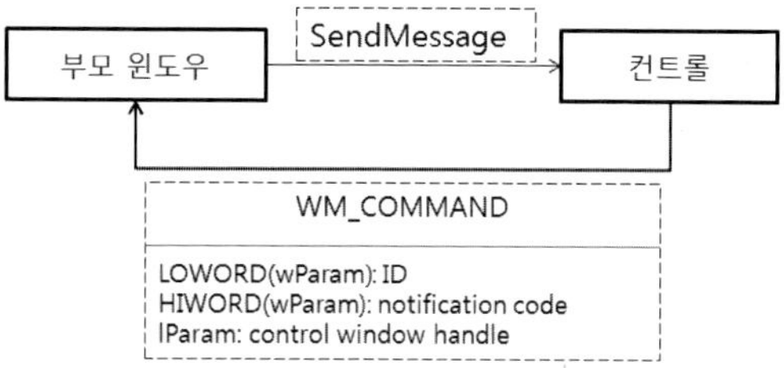

[그림 24.1] 부모 윈도우와 컨트롤과의 메시지 교환

컨트롤은 메뉴 처리에서 설명한 [표 24.2]의 WM_COMMAND 메시지를 통하여 부모 윈도우에게 통지 코드를 전달한다. LOWORD((wParam)에 컨트롤 ID, HIWORD(wParam)에 통지(notification) 코드, lParam에 컨트롤의 윈도우 핸들을 전달한다. 부모 윈도우가 컨트롤에게 보내는 메시지와 컨트롤이 부모 윈도우에게 보내는 통지 코드는 컨트롤 마다 다르다.

[표 24.2] WM_COMMAND 메시지

메시지 소스	HIWORD(wParam)	LOWORD(wParam)	lParam
메뉴	0	메뉴 ID	0
단축키	1	단축키 ID	0
컨트롤	통지(notification)코드	컨트롤 ID	컨트롤 윈도우 핸들

3. 컨트롤의 값 입출력 함수

함수 이름에 Dlg가 있는 함수는 대화상자 관련 함수이지만, CreateWindow 함수로 생성한 컨트롤에 대해서도 동작한다.

① GetDlgCtrlID 함수는 윈도우 핸들 hWnd의 ID를 반환한다. GetDlgItem 함수는 정수 nIDDlgItem의 윈도우 핸들을 반환한다.

```
// 윈도우 핸들, ID관련 함수
int GetDlgCtrlID( HWND hWnd);   // 윈도우 핸들에 대한 ID 반환
HWND GetDlgItem(HWND hDlg, int  nIDDlgItem); // nIDDlgItem에 대한 윈도우 핸들 반환
```

② SendMessage 함수에서 CreateWindow와 GetDlgItem 함수에 의한 컨트롤의 윈도우 핸들과 WM_GETTEXT와 WM_SETTEXT 메시지를 사용하여 컨트롤의 문자열 값을 가져오거나 변경할 수 있다. 또는 컨트롤의 ID인 nIDDlgItem를 이용하여 SendDlgItemMessageW 함수를 사용할 수 있다.

```
// 대화상자 메시지 함수
LRESULT SendDlgItemMessageW(HWND hDlg,  int nIDDlgItem,
                    UINT Msg, WPARAM wParam, LPARAM lParam);
```

③ 컨트롤 역시 윈도우이기 때문에 타이틀(캡션)의 문자열을 가져오거나 변경할 때 [Step 14]에서 설명한 GetWindowText와 SetWindowText 함수 또는 대화상자 함수인 GetDlgItemText, SetDlgItemText, GetDlgItemInt, SetDlgItemInt 함수를 사용하여 문자열 또는 정수 입출력을 할 수 있다.

```
// 윈도우 문자열 입출력 함수
int GetWindowTextW(HWND hWnd, LPWSTR lpString, int nMaxCount);
BOOL SetWindowTextW(HWND hWnd, LPCWSTR lpString);

// 대화상자의 컨트롤 문자열, 정수 입출력 함수
UINT GetDlgItemTextW(HWND hDlg, int nIDDlgItem, LPWSTR lpString, int cchMax);
BOOL SetDlgItemTextW(HWND hDlg, int nIDDlgItem, LPCWSTR lpString);
UINT GetDlgItemInt(HWND hDlg, int nIDDlgItem, BOOL *lpTranslated, BOOL bSigned);
BOOL SetDlgItemInt(HWND hDlg, int nIDDlgItem, UINT uValue, BOOL bSigned);
```

④ wsprintf, _wtoi, _wtof 등의 C/C++ 함수를 사용해 문자열을 숫자로 변경하여 사용할 수 있다.

step

25 버튼 컨트롤

버튼 컨트롤은 윈도우 클래스 BUTTON으로 생성한다. 윈도우 스타일 속성을 지정하여 푸시 버튼, 체크 박스, 라디오 버튼, 그룹 박스를 생성한다. [표 25.1]은 부모 윈도우가 버튼 컨트롤에게 보내는 주요 메시지이다.

BM_GETCHECK와 BM_SETCHECK는 체크 박스와 라디오 버튼에서 사용되며, BM_GETSTATE와 BM_SETSTATE는 일반 버튼 컨트롤에서 사용되는 메시지이다. BM_GETCHECK와 BM_GETSTATE는 상태를 얻고, BM_SETCHECK와 BM_SETSTATE는 상태를 변경하는 메시지이다.

[표 25.2]는 버튼이 클릭되거나 더블클릭되었을 때, WM_COMMAND 메시지를 통해 부모 윈도우에게 보내는 주요 통지 코드이다. CheckRadioButton 함수를 사용하여 라디오 버튼을 체크 할 수도 있다. IsDlgButtonChecked 함수로 체크 박스와 라디오 버튼의 체크 상태를 확인할 수 있다.

[표 25.1] 버튼의 주요 메시지

메시지	wParam	lParam	반환값
BM_GETCHECK	사용하지 않음, 0	사용하지 않음, 0	BST_CHECKED, BST_ UNCHECKED BST_INDETERMINATE (BS_3STATE, BS_AUTO3STATE인 경우만)
BM_SETCHECK	BST_CHECKED, BST_UNCHECKED, BST_INDETERMINATE	사용하지 않음	0
BM_GETSTATE	사용하지 않음, 0	사용하지 않음, 0	BST_CHECKED, BST_UNCHECKED, BST_INDETERMINATE, BST_FOCUS 등
BM_SETSTATE	TRUE이면 하이라이트	사용하지 않음	0

[표 25.2] 버튼의 주요 통지 코드

통지 코드 HIWORD (wParam)	설명
BN_CLICKED	버튼이 클릭되었음
BN_DBLCLK	버튼이 더블클릭되었음

```
// 라디오 버튼 체크 함수
BOOL CheckRadioButton(HWND hDlg, int  nIDFirstButton, int  nIDLastButton,
                  int  nIDCheckButton);  // BM_SETCHECK

// 체크 박스, 라디오 버튼 체크 확인
UINT IsDlgButtonChecked( HWND hDlg, int  nIDButton );  // BM_GETCHECK
```

[step25_ex1] 푸시 버튼 컨트롤

```
#define  IDC_BUTTON1   1001
#define  IDC_BUTTON2   1002
LRESULT CALLBACK WndProc(HWND hWnd, UINT message,
                         WPARAM wParam, LPARAM lParam)
{
   HWND hC1, hC2;
   static int graph = IDC_BUTTON1;
   switch (message)
   {
      case WM_CREATE:
         hC1 = CreateWindowW(_T("BUTTON"), _T("사각형"),
               WS_CHILD|WS_VISIBLE| BS_PUSHBUTTON,
               10, 10, 100, 40, hWnd,
               (HMENU)IDC_BUTTON1, hInst, nullptr);
         hC2 = CreateWindowW(_T("BUTTON"), _T("타원"),
               WS_CHILD | WS_VISIBLE | BS_DEFPUSHBUTTON,
               10, 60, 100, 40, hWnd,
               (HMENU)IDC_BUTTON2, hInst, nullptr);
         break;
      case WM_COMMAND:
         {
            int wmId = LOWORD(wParam);
            // 메뉴 선택을 구문 분석합니다:
            switch (wmId)
            {
               case IDC_BUTTON1:
                  graph = IDC_BUTTON1;
                  InvalidateRect(hWnd, NULL, TRUE);
                  break;
               case IDC_BUTTON2:
                  graph = IDC_BUTTON2;
```

```
                InvalidateRect(hWnd, NULL, TRUE);
                break;
            case IDM_ABOUT:
                DialogBox(hInst,
                        MAKEINTRESOURCE(IDD_ABOUTBOX),
                        hWnd,About);
                break;
            case IDM_EXIT:
                DestroyWindow(hWnd);
                break;
            default:
                return DefWindowProc(hWnd, message, w
                                    Param, lParam);
            }
        }
        break;
    case WM_PAINT:
        {
            PAINTSTRUCT ps;
            HDC hdc = BeginPaint(hWnd, &ps);
            // TODO: 여기에 hdc를 사용하는 그리기 코드를 추가합니다...

            if (graph == IDC_BUTTON1)
                Rectangle(hdc, 150, 50, 400, 400);
            else
                Ellipse(hdc, 150, 50, 400, 400);

            EndPaint(hWnd, &ps);
        }
        break;
    case WM_DESTROY:
        PostQuitMessage(0);
        break;
    default:
        return DefWindowProc(hWnd, message, wParam, lParam);
    }
    return 0;
}
```

프로그램 설명

① WM_CREATE 메시지에서 _T("BUTTON") 윈도우 클래스로 WS_CHILD | WS_VISIBLE | BS_PUSHBUTTON 윈도우 스타일 속성으로 ID가 IDC_BUTTON1인 _T("사각형") 캡션의 푸시 버튼 hC1을 생성한다. 컨트롤 윈도우 핸들이 필요하면 저장하여 사용한다. 유사하게 ID가 IDC_BUTTON2인 _T("타원") 캡션의 푸시 버튼 hC2를 생성한다.
② WM_COMMAND 메시지에서 IDC_BUTTON1 컨트롤이면 graph = IDC_BUTTON1

을 저장하고, IDC_BUTTON2 컨트롤이면 graph = IDC_BUTTON2를 저장한 뒤에 InvalidateRect 함수로 WM_PAINT 메시지를 발생한다.
③ WM_PAINT 메시지에서 graph가 IDC_BUTTON1이면 [그림 25.1]과 같이 사각형을 그리고, IDC_BUTTON2이면 타원을 그린다.

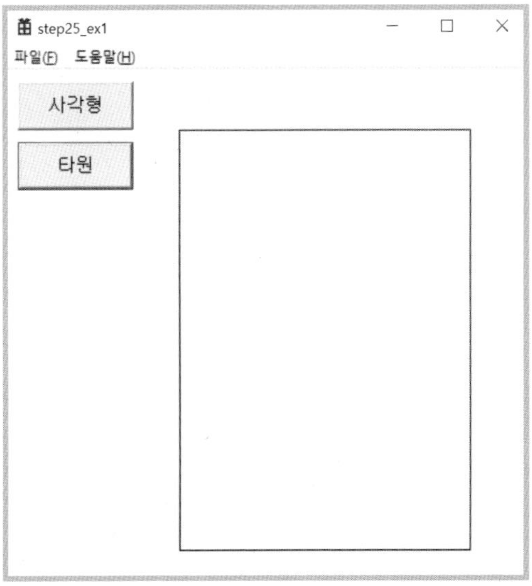

[그림 25.1] 푸시 버튼 컨트롤

[step25_ex2] 체크 박스 컨트롤

```
#define IDC_BUTTON1   1001
LRESULT CALLBACK WndProc(HWND hWnd, UINT message,
                              WPARAM wParam, LPARAM lParam)
{
   static HWND hC1;
   static BOOL bRect = TRUE;
   switch (message)
   {
      case WM_CREATE:
         hC1 = CreateWindowW(_T("BUTTON"), _T("사각형"),
                  WS_CHILD | WS_VISIBLE | BS_AUTOCHECKBOX,
                  10, 10, 100, 40, hWnd,
                  (HMENU)IDC_BUTTON1, hInst, nullptr);
         SendMessage(hC1, BM_SETCHECK, BST_CHECKED, 0);
         break;
      case WM_COMMAND:
         {
            int wmId = LOWORD(wParam);
            // 메뉴 선택을 구문 분석합니다:
            switch (wmId)
            {
```

```
            case IDC_BUTTON1:  // (HWND)lParam == hC1
               bRect = SendMessage(hC1, BM_GETCHECK,
                                   0, 0) == BST_CHECKED;
               InvalidateRect(hWnd, NULL, TRUE);
               break;
            case IDM_ABOUT:
               DialogBox(hInst,
                 MAKEINTRESOURCE(IDD_ABOUTBOX), hWnd,bout);
               break;
            case IDM_EXIT:
               DestroyWindow(hWnd);
               break;
            default:
               return DefWindowProc(hWnd, message,
                                   wParam, lParam);
         }
      }
      break;
   case WM_PAINT:
      {
         PAINTSTRUCT ps;
         HDC hdc = BeginPaint(hWnd, &ps);
         // TODO: 여기에 hdc를 사용하는 그리기 코드를 추가합니다.
         if (bRect)
            Rectangle(hdc, 150, 50, 400, 400);
         else
            Ellipse(hdc, 150, 50, 400, 400);
         EndPaint(hWnd, &ps);
      }
      break;
   case WM_DESTROY:
      PostQuitMessage(0);
      break;
   default:
      return DefWindowProc(hWnd, message, wParam, lParam);
   }
   return 0;
}
```

프로그램 설명

① WM_CREATE 메시지에서 _T("BUTTON") 윈도우 클래스로 WS_CHILD | WS_VISIBLE | BS_AUTOCHECKBOX 윈도우 스타일 속성을 사용하여 ID가 IDC_BUTTON1인 _T("사각형") 캡션의 체크 박스 hC1을 생성한다.
BS_AUTOCHECKBOX는 체크(BST_CHECKED), 언체크(BST_UNCHECKED)를 컨트롤의 윈도 프로시저가 자동으로 처리한다.

bRect = TRUE 의미에 맞게, SendMessage 함수로 hC1에 BM_SETCHECK 메시지로 BST_CHECKED 상태로 변경한다.

② WM_COMMAND 메시지에서 IDC_BUTTON1 컨트롤이면 hC1 또는 (HWND) lParam 컨트롤 윈도우의 체크 상태를 알기 위하여, SendMessage 함수로 BM_GETCHECK 메시지를 보내서 반환값이 BST_CHECKED이면 TRUE, 그렇지 않으면 FALSE를 bRect에 저장하고 InvalidateRect 함수로 WM_PAINT 메시지를 발생한다.

③ WM_PAINT 메시지에서 bRect가 TRUE이면 [그림 25.2]와 같이 사각형을 그리고, FALSE이면 타원을 그린다. 사각형 체크 박스의 체크 또는 언체크에 따라 사각형과 타원을 그린다.

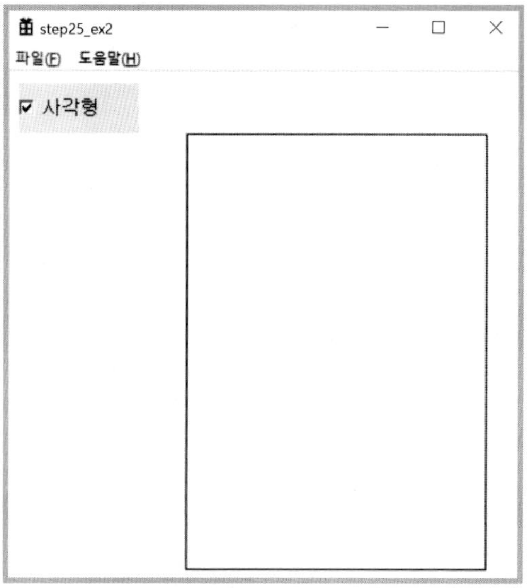

[그림 25.2] 체크 박스 컨트롤

[step25_ex3] 그룹 박스와 라디오 버튼 컨트롤

```
//#define IDC_STATIC -1 // resource.h에 이미 있음
#define IDC_NULL_PEN   1001
#define IDC_BLACK_PEN  1002
#define IDC_RED_PEN    1003
#define IDC_BLUE_PEN   1004
enum { IDC_NULL_BRUSH = 2001, IDC_WHITE_BRUSH,
     IDC_BLACK_BRUSH,       IDC_BLUE_BRUSH};

LRESULT CALLBACK WndProc(HWND hWnd, UINT message,
                                   WPARAM wParam, LPARAM lParam)
{
   static HWND   hR[8];
   static POINT  pts[2] = { {20, 250}, {300, 400} };
   static int penType   = IDC_BLACK_PEN;
   static int brushType = IDC_WHITE_BRUSH;
```

```
switch (message)
{
   case WM_CREATE:
      CreateWindowW(_T("BUTTON"), _T("Pen Color"),
            WS_CHILD | WS_VISIBLE | BS_GROUPBOX,
            10, 10, 120, 200, hWnd,
            (HMENU)IDC_STATIC, hInst, nullptr);

      hR[0]= CreateWindowW(_T("BUTTON"), _T("NULL Pen"),
         WS_CHILD|WS_VISIBLE | BS_AUTORADIOBUTTON | WS_GROUP,
         20, 40, 100, 40, hWnd, (HMENU)IDC_NULL_PEN, hInst, nullptr);

      hR[1] = CreateWindowW(_T("BUTTON"), _T("Black"),
         WS_CHILD | WS_VISIBLE | BS_AUTORADIOBUTTON,
         20, 80, 100, 40, hWnd,
         (HMENU)IDC_BLACK_PEN, hInst, nullptr);
      hR[2] = CreateWindowW(_T("BUTTON"), _T("Red"),
         WS_CHILD | WS_VISIBLE | BS_AUTORADIOBUTTON,
         20, 120, 100, 40, hWnd, (HMENU)IDC_RED_PEN, hInst, nullptr);
      hR[3] = CreateWindowW(_T("BUTTON"), _T("Blue"),
         WS_CHILD | WS_VISIBLE | BS_AUTORADIOBUTTON,
         20, 160, 100, 40, hWnd,
         (HMENU)IDC_BLUE_PEN, hInst, nullptr);
      SendMessage(hR[1], BM_SETCHECK, BST_CHECKED, 0);

      CreateWindowW(_T("BUTTON"), _T("Brush Color"),
         WS_CHILD | WS_VISIBLE | BS_GROUPBOX,
         140, 10, 120, 200, hWnd, (HMENU)IDC_STATIC, hInst, nullptr);
      hR[4] = CreateWindowW(_T("BUTTON"), _T("NULL Brush"),
         WS_CHILD | WS_VISIBLE | BS_AUTORADIOBUTTON | WS_GROUP,
         150, 40, 100, 40, hWnd,
         (HMENU)IDC_NULL_BRUSH, hInst, nullptr);
      hR[5] = CreateWindowW(_T("BUTTON"), _T("White"),
         WS_CHILD | WS_VISIBLE | BS_AUTORADIOBUTTON,
         150, 80, 100, 40, hWnd,
         (HMENU)IDC_WHITE_BRUSH, hInst, nullptr);
      hR[6] = CreateWindowW(_T("BUTTON"), _T("Black"),
         WS_CHILD | WS_VISIBLE | BS_AUTORADIOBUTTON,
         150, 120, 100, 40, hWnd,
         (HMENU)IDC_BLACK_BRUSH, hInst, nullptr);
      hR[7] = CreateWindowW(_T("BUTTON"), _T("Blue"),
         WS_CHILD | WS_VISIBLE | BS_AUTORADIOBUTTON,
         150, 160, 100, 40, hWnd,
         (HMENU)IDC_BLUE_BRUSH, hInst, nullptr);
      SendMessage(hR[5], BM_SETCHECK, BST_CHECKED, 0);
      break;
   case WM_COMMAND:
      {
```

```
            int wmId = LOWORD(wParam);
            // 메뉴 선택을 구문 분석합니다:
            switch (wmId)
            {
                case IDC_NULL_PEN:
                    penType = IDC_NULL_PEN;
                    break;
                case IDC_BLACK_PEN:
                    penType = IDC_BLACK_PEN;
                    break;
                case IDC_RED_PEN:
                    penType = IDC_RED_PEN;
                    break;
                case IDC_BLUE_PEN:
                    penType = IDC_BLUE_PEN;
                case IDC_NULL_BRUSH:
                    brushType = IDC_NULL_BRUSH;
                    break;
                case IDC_WHITE_BRUSH:
                    brushType = IDC_WHITE_BRUSH;
                    break;
                case IDC_BLACK_BRUSH:
                    brushType = IDC_BLACK_BRUSH;
                    break;
                case IDC_BLUE_BRUSH:
                    brushType = IDC_BLUE_BRUSH;
                    break;
                case IDM_ABOUT:
                    DialogBox(hInst, MAKEINTRESOURCE(IDD_ABOUTBOX),
                            hWnd, About);
                    break;
                case IDM_EXIT:
                    DestroyWindow(hWnd);
                    break;
                default:
                    return DefWindowProc(hWnd, message,
                                wParam, lParam);
            }
            InvalidateRect(hWnd, NULL, TRUE);
        }
        break;
    case WM_PAINT:
        {
            PAINTSTRUCT ps;
            HDC hdc = BeginPaint(hWnd, &ps);
            // TODO: 여기에 hdc를 사용하는 그리기 코드를 추가
```

```
HPEN   hPen;
HBRUSH hBrush;
switch (penType)

{
    case IDC_NULL_PEN:
        hPen = (HPEN)GetStockObject(NULL_PEN);
        break;
    case IDC_RED_PEN :
        hPen = CreatePen(PS_SOLID, 4, RGB(255,0,0));
        break;
    case IDC_BLUE_PEN:
        hPen = CreatePen(PS_SOLID, 4, RGB(0, 0, 255));
        break;
    default: //IDC_BLACK_PEN
        hPen = CreatePen(PS_SOLID, 4, RGB(0, 0, 0));
       break;
}

switch (brushType)
{
    case IDC_NULL_BRUSH:
        hBrush = (HBRUSH)GetStockObject(NULL_BRUSH);
        break;
    case IDC_WHITE_BRUSH:
        // hBrush = CreateSolidBrush(RGB(255, 255, 255));
        hBrush = (HBRUSH)GetStockObject(WHITE_BRUSH);
        break;
    case IDC_BLUE_BRUSH:
        hBrush = CreateSolidBrush(RGB(0, 0, 255));
        break;
    default: //IDC_BLACK_BRUSH
        // hBrush = CreateSolidBrush(RGB(0, 0, 0));
        hBrush = (HBRUSH)GetStockObject(BLACK_BRUSH);
        break;
}

HPEN oldPen = (HPEN)SelectObject(hdc, hPen);
HBRUSH oldBrush = (HBRUSH)SelectObject(hdc, hBrush);

Rectangle(hdc, pts[0].x, pts[0].y, pts[1].x, pts[1].y);

SelectObject(hdc, oldPen);
DeleteObject(hPen);
SelectObject(hdc, oldBrush);
DeleteObject(hBrush);

EndPaint(hWnd, &ps);
```

```
            }
            break;
        case WM_DESTROY:
            PostQuitMessage(0);
            break;
        default:
            return DefWindowProc(hWnd, message, wParam, lParam);
    }
    return 0;
}
```

프로그램 설명

① WM_CREATE 메시지에서 _T("BUTTON") 윈도우 클래스를 이용하여 _T("Pen Color") 이름으로 그룹 박스를 생성하고, 그룹 박스 좌표 안에 hR[0], hR[1], hR[2], hR[3]의 버튼 스타일이 BS_AUTORADIOBUTTON인 자동 라디오 버튼을 생성한다. 4개의 라디오 버튼의 ID는 연속 정수이고, 그룹의 시작인 IDC_NULL_PEN에서만 WS_GROUP 속성을 추가한다.

SendMessage 함수로 hR[1]에게 BM_SETCHECK 메시지를 보내 BST_CHECKED 상태로 설정한다. CheckRadioButton 함수를 사용하여 라디오 버튼을 체크할 수도 있다.

② WM_CREATE 메시지에서 _T("BUTTON") 윈도우 클래스를 이용하여 _T("Brush Color") 이름으로 그룹 박스를 생성하고, 그룹 박스 좌표 안에 hR[4], hR[5], hR[6], hR[7]의 버튼 스타일이 BS_AUTORADIOBUTTON인 자동 라디오 버튼을 생성한다. 4개 라디오 버튼의 ID는 연속 정수이고, 그룹의 시작인 IDC_NULL_BRUSH에서만 WS_GROUP 속성을 추가한다.

SendMessage 함수로 hR[5]에 BM_SETCHECK 메시지를 보내 BST_CHECKED 상태로 설정한다.

③ WM_COMMAND 메시지에서 라디오 버튼의 선택에 따라서 penType과 brushType에 버튼 ID를 저장하고, InvalidateRect 함수로 WM_PAINT 메시지를 발생시킨다.

④ WM_PAINT 메시지에서 penType에 따라 hPen을 생성하고, brushType에 따라 hBrush를 생성한 뒤에 SelectObject 함수로 hdc의 펜과 브러시를 변경하여 [그림 25.3]과 같이 Rectangle 함수로 사각형을 그린다.

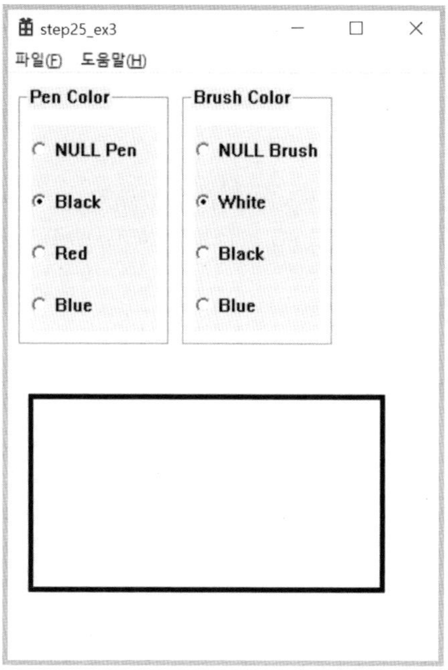

[그림 25.3] 그룹 박스와 라디오 버튼 컨트롤

[step25_ex4] 비트맵 푸시 버튼 컨트롤과 BS_BITMAP

```
#define IDC_BUTTON1 1001
#define IDC_BUTTON2 1002
LRESULT CALLBACK WndProc(HWND hWnd, UINT message,
                         WPARAM wParam, LPARAM lParam)
{
  HWND hC1, hC2;
  static HBITMAP hBitmap1, hBitmap2;
  static int graph = IDC_BUTTON1;
  switch (message)
  {
    case WM_CREATE:
      {
        hC1 = CreateWindowW(_T("BUTTON"), NULL,
          WS_CHILD|WS_VISIBLE|BS_PUSHBUTTON| BS_BITMAP,
          10, 10, 100, 40, hWnd, (HMENU)IDC_BUTTON1,
          hInst,nullptr);
        hC2 = CreateWindowW(_T("BUTTON"), NULL,
          WS_CHILD|WS_VISIBLE|BS_DEFPUSHBUTTON|BS_BITMAP,
          10, 60, 100, 40, hWnd,
          (HMENU)IDC_BUTTON2, hInst,nullptr);

        // hC1에 생성한 비트맵 설정
        RECT rt;
        GetClientRect(hC1, &rt);
        HDC hDC = GetDC(hWnd);
```

```
        HDC memDC = CreateCompatibleDC(hDC);
        hBitmap1 = CreateCompatibleBitmap(hDC, rt.right, rt.bottom);
        SelectObject(memDC, hBitmap1);
        SetDCBrushColor(memDC, RGB(0, 0, 255));

        SetRect(&rt, rt.left+5, rt.top+5, rt.right-5, rt.bottom-5);
        FillRect(memDC, &rt, (HBRUSH)GetStockObject(DC_BRUSH));

        SetBkMode(memDC, TRANSPARENT);
        SetTextColor(memDC, RGB(255, 0, 0));
        DrawText(memDC, _T("사각형"), -1, &rt,
            DT_CENTER | DT_VCENTER | DT_SINGLELINE);
        DeleteDC(memDC);
        ReleaseDC(hWnd, hDC);
        SendMessage(hC1, BM_SETIMAGE,
            (WPARAM)IMAGE_BITMAP, (LPARAM)hBitmap1);

        // hC2에 로드한 비트맵 설정
        hBitmap2 = LoadBitmap(hInst,
                MAKEINTRESOURCE(IDB_BITMAP1));
        SendMessage(hC2, BM_SETIMAGE,
                (WPARAM)IMAGE_BITMAP, (LPARAM)hBitmap2);
    }
    break;
case WM_COMMAND:
    {
        int wmId = LOWORD(wParam);
        // 메뉴 선택을 위한 구문 분석
        switch (wmId)
        {
            case IDC_BUTTON1:
                graph = IDC_BUTTON1;
                InvalidateRect(hWnd, NULL, TRUE);
                break;
            case IDC_BUTTON2:
                graph = IDC_BUTTON2;
                InvalidateRect(hWnd, NULL, TRUE);
                break;
            case IDM_ABOUT:
                DialogBox(hInst,
                    MAKEINTRESOURCE(IDD_ABOUTBOX), hWnd, About);
                break;
            case IDM_EXIT:
                DestroyWindow(hWnd);
                break;
            default:
                return DefWindowProc(hWnd, message, wParam, lParam);
        }
```

```
            }
            break;
        case WM_PAINT:
            {
                PAINTSTRUCT ps;
                HDC hdc = BeginPaint(hWnd, &ps);
                // TODO: 여기에 hdc를 사용하는 그리기 코드를 추가

                if (graph == IDC_BUTTON1)
                    Rectangle(hdc, 150, 50, 400, 400);
                else
                    Ellipse(hdc, 150, 50, 400, 400);

                EndPaint(hWnd, &ps);
            }
            break;
        case WM_DESTROY:
            PostQuitMessage(0);
            break;
        default:
            return DefWindowProc(hWnd, message, wParam, lParam);
    }
    return 0;
}
```

프로그램 설명

① WM_CREATE 메시지에서 BS_BITMAP 속성을 추가하여 비트맵 버튼 hC1과 hC2를 생성한다.
② hC1 크기의 비트맵 hBitmap1을 생성하고, 메모리 memDC를 생성하여 비트맵을 연결한 뒤에 메모리 memDC에 RGB(0, 0, 255) 브러시로 채운 뒤에 _T("사각형")을 출력하여 비트맵을 생성한다. SendMessage 함수로 hC1에 BM_SETIMAGE 메시지를 보내 비트맵 hBitmap1을 버튼 이미지로 설정한다.
③ LoadBitmap 함수로 리소스의 비트맵 IDB_BITMAP1을 hBitmap2에 로드하고, SendMessage 함수로 hC2에 BM_SETIMAGE 메시지를 보내 비트맵 hBitmap2를 버튼 이미지로 설정한다.
④ WM_COMMAND 메시지에서 버튼 선택에 따라 graph에 IDC_BUTTON1과 IDC_BUTTON2를 저장하고, InvalidateRect 함수로 WM_PAINT 메시지를 발생시켜 [그림 25.4]와 같이 사각형 또는 타원을 그린다.

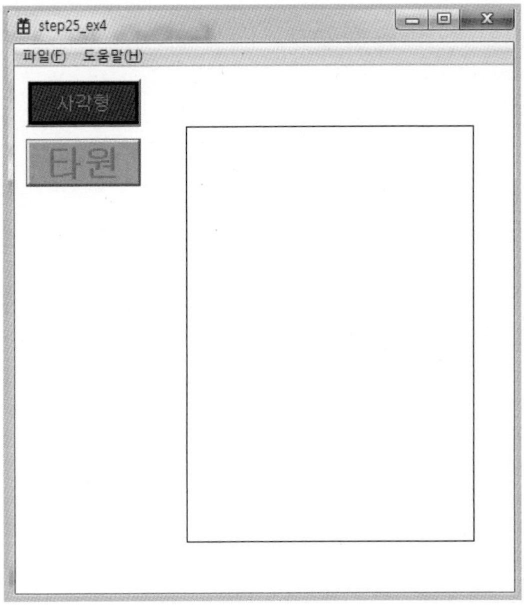

[그림 25.4] 비트맵 푸시 버튼 컨트롤

step 26 에디트 컨트롤

에디트 컨트롤은 윈도우 클래스 EDIT로 생성한다. 에디트 컨트롤은 문자열, 숫자 등의 입력을 위해 사용자 인터페이스에 사용되는 컨트롤이다.

[표 26.1]은 에디트 컨트롤의 주요 메시지이다. 에디트 컨트롤은 자동으로 내부에서 입력되는 문자열을 위한 버퍼를 할당한다(싱글 라인의 경우 대략 32KB). EM_GETLIMITTEXT 메시지는 현재의 메모리 용량을 알려 주며, EM_SETLIMITTEXT 메시지는 메모리 용량을 설정한다. 메모리가 부족할 경우 EN_ERRSPACE 통지 코드를 보낸다.

[표 26.1] 에디트 컨트롤의 주요 메시지

메시지	wParam	lParam	반환값
EM_GETLIMITTEXT	사용하지 않음, 0	사용하지 않음, 0	최대 문자수
EM_SETLIMITTEXT	최대 문자수 (싱글 라인에서 0은 0x7FFFFFFE)	사용하지 않음	없음
EM_GETHANDLE	사용하지 않음, 0	사용하지 않음, 0	멀티 라인에서 메모리 핸들 반환
EM_SETHANDLE	멀티 라인에서 메모리 핸들	사용하지 않음	없음

멀티 라인(multi line) 에디트 컨트롤에서 새로운 메모리를 할당하려면, EM_GETHANDLE 메시지로 메모리 핸들을 얻은 뒤에 LocalFree 함수로 메모리를 해제시키고, LocalAlloc 함수로 메모리를 새로 할당하여 EM_SETHANDLE 메시지로 할당된 메모리 주소를 보낸다. [표 26.2]는 에디트 컨트롤이 보내는 주요 통지 코드이다.

[표 26.2] 에디트 컨트롤의 주요 통지 코드

통지 코드 HIWORD (wParam)	설명
EN_CHANGE	문자열이 변경되었음
EN_KILLFOCUS	키보드 포커스(focus)를 잃음
EN_SETFOCUS	키보드 포커스(focus)를 얻음
EN_ERRSPACE	메모리 부족

[step26_ex1] 에디트 컨트롤

```
#define IDC_AGE    1001
#define IDC_NAME  1002
LRESULT CALLBACK WndProc(HWND hWnd, UINT message,
                                    WPARAM wParam, LPARAM lParam)
{
   static HWND  hAge, hName;
   static int   nAge = 21;
   static TCHAR szName[128]=_T("홍길동");
   static TCHAR szAge[128];
   switch (message)
   {
      case WM_CREATE:
         hAge = CreateWindowW(_T("EDIT"), NULL,
            WS_CHILD | WS_VISIBLE | WS_BORDER | ES_NUMBER,
            20, 10, 120, 20, hWnd, (HMENU)IDC_AGE, hInst, nullptr);
         hName = CreateWindowW(_T("EDIT"), NULL,
            WS_CHILD | WS_VISIBLE | WS_BORDER,
            20, 40, 120, 20, hWnd, (HMENU)IDC_NAME, hInst, nullptr);

         SetDlgItemInt(hWnd, IDC_AGE, nAge, FALSE);
         SetDlgItemText(hWnd,IDC_NAME, szName);
         wsprintf(szAge, _T("%d"), nAge);
         break;
      case WM_COMMAND:
         {
            int wmId = LOWORD(wParam);
            // 메뉴 선택을 위한 구문 분석
            switch (wmId)
            {
               case IDC_AGE:
                  if (HIWORD(wParam) == EN_CHANGE)
                  {
                     // TCHAR str[128];
                     // GetWindowText(hAge, str, 128);
                     // nAge = _wtoi(str);
                     nAge = GetDlgItemInt(hWnd,IDC_AGE,NULL, FALSE);
                     wsprintf(szAge, _T("%d"), nAge);
```

```
                InvalidateRect(hWnd, NULL, TRUE);
            }
            break;

        case IDC_NAME:
            if (HIWORD(wParam) == EN_CHANGE)
            {
                // GetWindowText(hName, szName, 128);
                GetDlgItemText(hWnd, IDC_NAME, szName, 128);
                InvalidateRect(hWnd, NULL, TRUE);
            }
            break;
        case IDM_ABOUT:
            DialogBox(hInst,
                MAKEINTRESOURCE(IDD_ABOUTBOX),hWnd, About);
            break;
        case IDM_EXIT:
            DestroyWindow(hWnd);
            break;
        default:
            return DefWindowProc(hWnd,message,wParam,lParam);
        }
    }
    break;
case WM_PAINT:
    {
        PAINTSTRUCT ps;
        HDC hdc = BeginPaint(hWnd, &ps);
        // TODO: 여기에 hdc를 사용하는 그리기 코드를 추가
        TextOut(hdc, 20, 120, szAge, lstrlen(szAge));
        TextOut(hdc, 20, 140, szName, lstrlen(szName));
        EndPaint(hWnd, &ps);
    }
    break;
case WM_DESTROY:
    PostQuitMessage(0);
    break;
default:
    return DefWindowProc(hWnd, message, wParam, lParam);
}
return 0;
}
```

프로그램 설명

① WM_CREATE 메시지에서 _T("EDIT") 윈도우 클래스, ID는 IDC_AGE, ES_NUMBER 스타일 속성에 의해 숫자만 입력 가능한 에디트 컨트롤 hAge를 생성하고, ID

가 IDC_NAME인 에디트 컨트롤 hName를 생성한다.
② SetDlgItemInt 함수로 정수 nAge를 IDC_AGE 컨트롤에 출력한다. SetDlgItemText 함수로 문자열 szName를 IDC_NAME 컨트롤에 출력한다. 정수 nAge를 WM_PAINT 메시지에서 TextOut 함수로 출력하기 위해 wsprintf 함수로 szAge에 문자열로 변환하여 저장한다.
③ WM_COMMAND 메시지에서 IDC_AGE 컨트롤의 통지 코드가 EN_CHANGE이면 IDC_AGE의 입력값을 정수 변수 nAge에 저장하고 wsprintf 함수로 szAge에 문자열로 변환하여 InvalidateRect 함수로 WM_PAINT 메시지를 발생한다.
④ WM_COMMAND 메시지에서 IDC_NAME 컨트롤의 통지 코드가 EN_CHANGE이면 IDC_NAME의 값을 szName에 읽고, InvalidateRect 함수로 WM_PAINT 메시지를 발생한다.
⑤ WM_PAINT 메시지에서 TextOut 함수로 에디트 컨트롤로 입력한 szAge, szName을 [그림 26.1]과 같이 출력한다.

[그림 26.1] 에디트 컨트롤

[step26_ex2] 멀티 라인 에디트 컨트롤

```
#define IDC_EDIT       1001
#define MAX_STRING  5000
LRESULT CALLBACK WndProc(HWND hWnd, UINT message,
                                    WPARAM wParam, LPARAM lParam)
{
   static HWND    hEdit;
   static LPTSTR  pszBuf;   // TCHAR *pszBuf;
   static int        cxClient, cyClient;
   switch (message)
   {
      case WM_CREATE:
         hEdit = CreateWindowW(_T("EDIT"), NULL,
                     WS_CHILD | WS_VISIBLE | ES_MULTILINE,
                     CW_USEDEFAULT, 0, CW_USEDEFAULT, 0,
```

```
                hWnd, (HMENU)IDC_EDIT, hInst, nullptr);
    SetFocus(hEdit);
    // pszBuf = new TCHAR[MAX_STRING];
    pszBuf=(LPTSTR)LocalAlloc(LPTR,
                        MAX_STRING * sizeof(TCHAR));
    break;
  case WM_SIZE:
    // ShowWindow(hEdit, SW_MAXIMIZE);
    cxClient = LOWORD(lParam);
    cyClient = HIWORD(lParam);
    MoveWindow(hEdit, 0, 0, cxClient, cyClient, FALSE);
    // SetWindowPos(hEdit, NULL, 0, 0, cxClient,
                cyClient, SWP_NOREDRAW);
    break;
  case WM_COMMAND:
    {
        int wmId = LOWORD(wParam);
        // 메뉴 선택을 구문 분석합니다:
        switch (wmId)
        {
            case IDC_EDIT:
                if (HIWORD(wParam) == EN_CHANGE)
                {
                    GetWindowText(hEdit, pszBuf, MAX_STRING);
                    // GetDlgItemText(hWnd,IDC_EDIT,pszBuf,
                                MAX_STRING);
                }
                break;
            case IDM_ABOUT:
                DialogBox(hInst, MAKEINTRESOURCE(IDD_ABOUTBOX),
                        hWnd, About);
                break;
            case IDM_EXIT:
                DestroyWindow(hWnd);
                break;
            default:
                return DefWindowProc(hWnd, message,
                                wParam, lParam);
        }
    }
    break;
  case WM_PAINT:
    {
        PAINTSTRUCT ps;
        HDC hdc = BeginPaint(hWnd, &ps);
        // TODO: 여기에 hdc를 사용하는 그리기 코드를 추가
        EndPaint(hWnd, &ps);
    }
```

```
            break;
        case WM_DESTROY:
            // delete pszBuf;
            LocalFree(pszBuf);
            PostQuitMessage(0);
            break;
        default:
            return DefWindowProc(hWnd, message, wParam, lParam);
    }
    return 0;
}
```

프로그램 설명

① WM_CREATE 메시지에서 _T("EDIT") 윈도우 클래스를 사용하여 ID는 IDC_EDIT, 스타일 속성은 ES_MULTILINE으로 하여 멀티 라인 에디트 컨트롤 hEdit를 생성한다.

② SetFocus 함수로 키보드 포커스를 설정하고, 에디트 컨트롤의 문자열을 읽을 메모리 버퍼 pszBuf를 생성한다.

③ WM_SIZE 메시지에서 MoveWindow와 SetWindowPos 함수로 에디트 컨트롤 hEdit의 크기를 [그림 26.2]와 같이 부모 윈도우 크기로 변경한다. ShowWindow 함수만 사용하여 에디트 컨트롤을 최대화하면 부모 윈도우 크기를 변경할 때 에디트 컨트롤의 크기가 변경되지 않는다.

④ WM_COMMAND 메시지에서 IDC_EDIT 컨트롤의 통지 코드가 EN_CHANGE이면 IDC_EDIT의 입력을 pszBuf에 읽는다. 멀티 라인 에디터 컨트롤에서는 Enter 키가 동작하며, 윈도우의 크기를 변경하면 크기에 따라 에디트 컨트롤의 크기도 변경된다. 파일 입출력을 추가하면 부족하지만 간단한 메모장의 기능으로 사용할 수 있다.

[그림 26.2] 멀티 라인 에디트 컨트롤

step

27 리스트 박스 컨트롤

리스트 박스 컨트롤은 윈도우 클래스 LISTBOX로 생성한다. LBS_NOTIFY, LBS_SORT, LBS_STANDARD, LBS_MULTIPLESEL, LBS_OWNERDRAW 등의 윈도우 스타일 속성이 있다.

[표 27.1]은 부모 윈도우가 리스트 박스 컨트롤에게 보내는 주요 메시지이다. [표 27.2]는 리스트 박스 컨트롤이 WM_COMMAND 메시지를 통해 부모 윈도우에게 보내는 주요 통지 코드이다. 오너 드로우 리스트 박스에서 LB_ADDSTRING의 lParam에 사용자 데이터 버퍼 주소를 전달하고, LB_GETITEMDATA로 데이터를 가져 오거나 LB_SETITEMDATA 메시지로 수정할 수 있다.

[표 27.1] 리스트 박스의 주요 메시지

메시지	wParam	lParam	반환값
LB_ADDSTRING	사용하지 않음	추가할 문자열 버퍼 주소 오너 드로우 데이터 주소	항목 번호
LB_DELETESTRING	삭제할 항목 번호	사용하지 않음	항목 개수
LB_GETCOUNT	사용하지 않음, 0	사용하지 않음, 0	항목의 개수
LB_GETCURSEL	사용하지 않음, 0	사용하지 않음, 0	선택한 항목 번호
LB_GETTEXT	항목 번호	문자열 버퍼 주소	문자열길이
LB_SETCURSEL	항목 번호	사용하지 않음	오류면 LB_ERR

[표 27.2] 리스트 박스의 주요 통지 코드

통지 코드 HIWORD (wParam)	설명
LBN_SELCHANGE	사용자에 의해 항목 변경
LBN_DBLCLK	항목 더블클릭

[step27_ex1] 리스트 박스 컨트롤

```
#define IDC_LIST1   1001
LPCTSTR items[] = { _T("직선"), _T("타원"), _T("사각형") };
enum { LINE, ELLIPSE, RECTANGLE };
LRESULT CALLBACK WndProc(HWND hWnd, UINT message,
                          WPARAM wParam, LPARAM lParam)
{
   HWND hList;
   static int   graphType = LINE;
   static POINT pts[] = { {200, 50}, {300, 300} };

   switch (message)
   {
      case WM_CREATE:
         hList = CreateWindowW(_T("LISTBOX"), NULL,
               WS_CHILD | WS_VISIBLE | WS_BORDER | LBS_NOTIFY,
               20, 40, 120, 100, hWnd, (HMENU)IDC_LIST1, hInst, nullptr);
         for (int i = 0; i < 3; i++)
            SendMessage(hList, LB_ADDSTRING, 0, (LPARAM)items[i]);
         SendMessage(hList, LB_SETCURSEL, LINE, 0);
         break;
      case WM_COMMAND:
         {
            int wmId = LOWORD(wParam);
            // 메뉴 선택을 위한 분석
            switch (wmId)
            {
               case IDC_LIST1:
                  if (HIWORD(wParam) == LBN_SELCHANGE)
                  {
                     TCHAR  str[128];
                     graphType = (int)SendMessage((HWND)lParam,
                           LB_GETCURSEL, 0, 0); // lParam == hList
                     SendMessage((HWND)lParam, LB_GETTEXT,
                           graphType, (LPARAM)str);
                     SetWindowText(hWnd, str);
                     InvalidateRect(hWnd, NULL, TRUE);
                  }
                  break;
               case IDM_ABOUT:
                  DialogBox(hInst, MAKEINTRESOURCE(IDD_ABOUTBOX),
                        hWnd, About);
                  break;
               case IDM_EXIT:
                  DestroyWindow(hWnd);
                  break;
               default:
                  return DefWindowProc(hWnd, message,
```

```
                                        wParam, lParam);
                }
            }
            break;
        case WM_PAINT:
            {
                PAINTSTRUCT ps;
                HDC hdc = BeginPaint(hWnd, &ps);
                // TODO: 여기에 hdc를 사용하는 그리기 코드를 추가합니다.
                switch (graphType)
                {
                    case LINE:
                        MoveToEx(hdc, pts[0].x, pts[0].y, NULL);
                        LineTo(hdc, pts[1].x, pts[1].y);
                        break;
                    case RECTANGLE:
                        Rectangle(hdc, pts[0].x, pts[0].y, pts[1].x, pts[1].y);
                        break;
                    case ELLIPSE:
                        Ellipse(hdc, pts[0].x, pts[0].y, pts[1].x, pts[1].y);
                        break;
                }
                EndPaint(hWnd, &ps);
            }
            break;
        case WM_DESTROY:
            PostQuitMessage(0);
            break;
        default:
            return DefWindowProc(hWnd, message, wParam, lParam);
    }
    return 0;
}
```

프로그램 설명

① WM_CREATE 메시지에서 _T("LISTBOX") 윈도우 클래스로 LBS_NOTIFY 윈도우 스타일을 사용하여 ID가 IDC_LIST1인 리스트 박스 hList를 생성한다.

② SendMessage 함수로 LB_ADDSTRING 메시지를 사용하여 items[i] 문자열을 리스트 박스에 추가한다. SendMessage 함수로 LB_SETCURSEL 메시지로 LINE = 0인 항목을 선택한다.

③ WM_COMMAND 메시지의 IDC_LIST1 리스트 박스 컨트롤에서 통지 코드가 LBN_SELCHANGE이면 SendMessage 함수로 LB_GETCURSEL 메시지를 보내서 현재의 선택 항목을 반환하여 graphType에 저장하고, LB_GETTEXT 메시지를 보내 graphType 항목의 문자열을 str 배열에 저장한다. SetWindowText 함수로 str을 부모 윈도우 타이

틀에 저장하고, InvalidateRect 함수로 WM_PAINT 메시지를 생성한다.
④ WM_PAINT 메시지에서 graphType에 따라 pts 배열의 좌표를 [그림 27.1]과 같이 직선, 타원, 사각형으로 그린다.

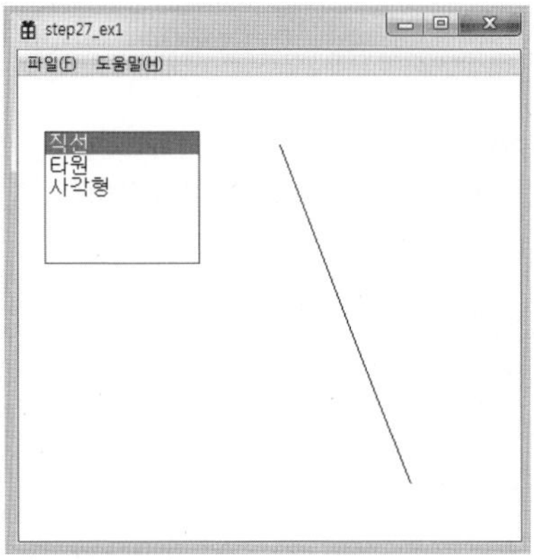

[그림 27.1] 리스트 박스

step

28 콤보 박스 컨트롤

콤보 박스 컨트롤은 윈도우 클래스 COMBOBOX로 생성한다. 콤보 박스 컨트롤은 에디트 컨트롤과 리스트 박스 컨트롤이 같이 있는 형태이다.

CBS_SIMPLE 스타일은 리스트 박스가 펼쳐진 콤보 박스이고, CBS_DROPDOWN 스타일은 마우스 클릭에 의해 펼쳐지는 콤보 박스이며, CBS_DROPDOWNLIST 스타일은 에디트에서 입력이 되지 않는 콤보 박스이다.

[표 28.1]은 부모 윈도우가 콤보 박스 컨트롤에게 보내는 주요 메시지이다. [표 28.2]는 콤보 박스 컨트롤이 부모 윈도우에게 보내는 주요 통지 코드이다. 오너 드로우 콤보 박스에서 CB_ADDSTRING의 lParam에 사용자 데이터 버퍼 주소를 전달하고 CB_GETITEMDATA로 데이터를 가져오거나 CB_SETITEMDATA 메시지로 수정할 수 있다.

[표 28.1] 콤보 박스의 주요 메시지

메시지	wParam	lParam	반환값
CB_ADDSTRING	사용하지 않음	추가할 문자열 버퍼 주소 오너드로우 데이터 주소	리스트 박스의 항목 번호
CB_DELETESTRING	삭제할 항목 번호	사용하지 않음	항목 개수
CB_GETCOUNT	사용하지 않음, 0	사용하지 않음, 0	항목 개수
CB_GETCURSEL	사용하지 않음, 0	사용하지 않음, 0	선택한 항목 번호
CB_GETLBTEXT	항목 번호	문자열 버퍼 주소	문자열길이
CB_SETCURSEL	항목 번호	사용하지 않음	오류면 CB_ERR
CB_FINDSTRING	1이면 전체 항목 검색	검색 문자열 버퍼 주소	매칭 항목 번호
CB_FINDSTRINGEXACT	1이면 전체 항목 검색	검색 문자열 버퍼 주소	매칭 항목 번호
CB_FINDSTRINGEXACT	1이면 전체 항목 검색	검색 문자열 버퍼 주소	매칭 항목 번호

[표 28.2] 콤보 박스의 주요 통지 코드

통지 코드 HIWORD(wParam)	설 명
CBN_SELCHANGE	항목 변경
CBN_EDITCHANGE	CBS_SIMPLE, CBS_DROPDOWN에서 에디트 컨트롤 문자열 변경
CBN_DBLCLK	CBS_SIMPLE 콤보 박스에서 더블클릭

[step28_ex1] 콤보 박스 컨트롤

```
#define IDC_COMBO1   1001
LPCTSTR items[] = { _T("직선"), _T("타원"), _T("사각형") };
enum { LINE, ELLIPSE, RECTANGLE };
LRESULT CALLBACK WndProc(HWND hWnd, UINT message,
                          WPARAM wParam, LPARAM lParam)
{
   static HWND hCombo;
   static int   graphType = LINE;
   static POINT pts[] = { {200, 50}, {300, 300} };

   switch (message)
   {
      case WM_CREATE:
         hCombo = CreateWindowW(_T("COMBOBOX"), NULL,
            WS_CHILD | WS_VISIBLE | WS_BORDER | CBS_DROPDOWN,
            20, 40, 120, 100, hWnd, (HMENU)IDC_COMBO1, hInst, nullptr);

         for (int i = 0; i < 3; i++)
            SendMessage(hCombo,CB_ADDSTRING,0,(LPARAM)items[i]);
         SendMessage(hCombo, CB_SETCURSEL, LINE, 0);
         break;
      case WM_COMMAND:
         {
            int wmId = LOWORD(wParam);
            // 메뉴 선택을 위한 구문 분석
            int i;
            TCHAR  str[128];
            switch (wmId)
            {
               case IDC_COMBO1:
                  switch (HIWORD(wParam))
                  {
                     case CBN_SELCHANGE:
                        // lParam == hCombo
                        graphType = (int)SendMessage((HWND)lParam,
                           CB_GETCURSEL, 0, 0);
                        SendMessage((HWND)lParam, CB_GETLBTEXT,
```

```
                        graphType, (LPARAM)str);
                    SetWindowText(hWnd, str);
                    InvalidateRect(hWnd, NULL, TRUE);
                    break;
                case CBN_EDITCHANGE:
                    GetWindowText((HWND)lParam, str, 128);

                    // CB_FINDSTRING과 CB_FINDSTRINGEXACT
                    // 메시지
                    i = (int)SendMessage((HWND)lParam,
                        CB_SELECTSTRING, 1, (LPARAM)str);
                    if (i != CB_ERR)
                    {
                        graphType = i;
                        InvalidateRect(hWnd, NULL, TRUE);
                    }
                    SetWindowText(hWnd, str);
                    break;
            }
            break;
        case IDM_ABOUT:
            DialogBox(hInst, MAKEINTRESOURCE(IDD_ABOUTBOX),
                    hWnd, About);
            break;
        case IDM_EXIT:
            DestroyWindow(hWnd);
            break;
        default:
            return DefWindowProc(hWnd, message,
                            wParam, lParam);
        }
    }
    break;
case WM_PAINT:
    {
        PAINTSTRUCT ps;
        HDC hdc = BeginPaint(hWnd, &ps);
        // TODO: 여기에 hdc를 사용하는 그리기 코드를 추가
        switch (graphType)
        {
        case LINE:
            MoveToEx(hdc, pts[0].x, pts[0].y, NULL);
            LineTo(hdc, pts[1].x, pts[1].y);
            break;
        case RECTANGLE:
            Rectangle(hdc, pts[0].x, pts[0].y, pts[1].x, pts[1].y);
            break;
        case ELLIPSE:
```

```
                Ellipse(hdc, pts[0].x, pts[0].y, pts[1].x, pts[1].y);
                break;
            }
            EndPaint(hWnd, &ps);
        }
        break;
    case WM_DESTROY:
        PostQuitMessage(0);
        break;
    default:
        return DefWindowProc(hWnd, message, wParam, lParam);
    }
    return 0;
}
```

프로그램 설명

① WM_CREATE 메시지에서 _T("COMBOBOX") 윈도우 클래스로 CBS_DROPDOWN 윈도우 스타일을 사용하여 ID가 IDC_COMBO1인 콤보 박스 hCombo을 생성한다. CBS_SIMPLE 또는 CBS_DROPDOWNLIST로 콤보 박스 스타일을 변경할 수 있다.
② SendMessage 함수로 CB_ADDSTRING 메시지를 사용하여 items[i] 문자열을 콤보 박스에 추가한다. SendMessage 함수로 CB_SETCURSEL 메시지로 LINE = 0인 항목을 선택한다.
③ WM_COMMAND 메시지의 IDC_COMBO1 콤보 박스 컨트롤에서 통지 코드가 CBN_SELCHANGE이면 SendMessage 함수로 CB_GETCURSEL 메시지를 보내서 현재의 선택 항목을 반환하여 graphType에 저장하고, CB_GETLBTEXT 메시지를 보내 graphType 항목의 문자열을 str 배열에 저장한다. SetWindowText 함수로 str을 부모 윈도우 타이틀에 저장하고 InvalidateRect 함수로 WM_PAINT 메시지를 생성한다.
④ WM_COMMAND 메시지의 IDC_COMBO1 콤보 박스 컨트롤에서 통지 코드가 CBN_EDITCHANGE이면 GetWindowText 함수로 문자열을 str에 가져와서 SendMessage 함수로 CB_SELECTSTRING 메시지를 str 문자열의 항목 번호 i를 찾아 오류가 아니면 graphType에 저장하고 InvalidateRect 함수로 WM_PAINT 메시지를 생성한다. CB_FINDSTRING 메시지를 사용하면 str로 시작하는 항목을 찾는다.
⑤ WM_PAINT 메시지에서 graphType에 따라 pts 배열의 좌표를 직선, 사각형, 타원으로 그린다. [그림 28.1](a)는 CBS_DROPDOWN 스타일의 콤보 박스이고, [그림 28.1](b)는 CBS_SIMPLE 스타일의 콤보 박스이다.

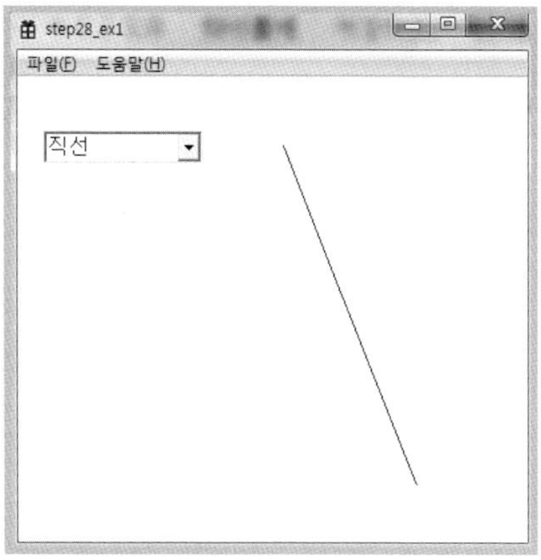

(a) CBS_DROPDOWN

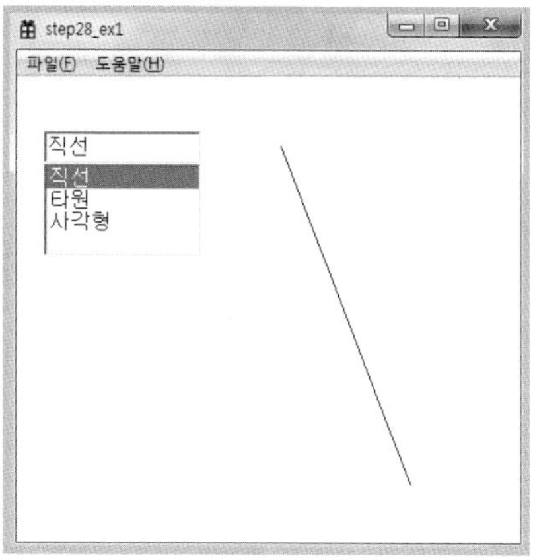

(b) CBS_SIMPLE

[그림 28.1] 콤보 박스

step

29 정적 컨트롤

정적 컨트롤은 윈도우 클래스 STATIC으로 생성한다. 정적 컨트롤은 컨트롤의 이름을 지정할 때 주로 사용하며, IDC_STATIC(−1)로 ID를 사용하며, 캡션 문자열을 변경하고자 할 때는 별도의 ID를 지정한다. SS_BITMAP과 SS_ICON 스타일 속성을 이용하여 비트맵 또는 아이콘을 표시할 수 있으며 통지 코드를 받기 위해서는 SS_NOTIFY 스타일 설정이 필요하다. [표 29.1]은 정적 컨트롤의 주요 메시지이고, [표 29.2]는 정적 컨트롤의 주요 통지 코드이다.

[표 29.1] 정적 컨트롤의 주요 메시지

메시지	wParam	lParam	반환값
STM_GETICON	사용하지 않음, 0	사용하지 않음, 0	아이콘의 윈도우 핸들
STM_GETIMAGE	IMAGE_BITMAP, IMAGE_CURSOR, IMAGE_ICON	사용하지 않음	이미지 핸들
STM_SETICON	아이콘 핸들	사용하지 않음	이전 아이콘 핸들
STM_SETIMAGE	IMAGE_BITMAP, IMAGE_CURSOR, IMAGE_ICON	이미지 핸들	이전 이미지핸들

[표 29.2] 정적 컨트롤의 주요 통지 코드(SS_NOTIFY 필요)

통지 코드 HIWORD (wParam)	설명
STN_CLICKED	정적 컨트롤이 클릭됨
STN_DBLCLK	정적 컨트롤이 더블클릭됨

[step29_ex1] 정적 컨트롤

```
#define IDC_COUNTER 1001
#define IDC_BUTTON1 1002
#define IDC_BUTTON2 1003
LRESULT CALLBACK WndProc(HWND hWnd, UINT message,
                                    WPARAM wParam, LPARAM lParam)
{
   static int    nCount=10;
   static BOOL bTimer = FALSE;

   switch (message)
   {
      case WM_CREATE:
         CreateWindowW(_T("STATIC"), _T("COUNTER"),
               WS_CHILD | WS_VISIBLE,
               20, 20, 70, 20, hWnd, (HMENU)IDC_STATIC,
               hInst, nullptr);

         CreateWindowW(_T("STATIC"),NULL,
               WS_CHILD | WS_VISIBLE,
               100, 20, 100, 20, hWnd, (HMENU)IDC_COUNTER,
               hInst, nullptr);

         CreateWindowW(_T("BUTTON"), _T("Start"),
               WS_CHILD | WS_VISIBLE | BS_PUSHBUTTON,
               20, 60, 120, 40, hWnd, (HMENU)IDC_BUTTON1,
               hInst, nullptr);

         CreateWindowW(_T("BUTTON"), _T("Reset"),
               WS_CHILD | WS_VISIBLE | BS_PUSHBUTTON,
               20, 120, 120, 40, hWnd, (HMENU)IDC_BUTTON2,
               hInst, nullptr);

         SetDlgItemInt(hWnd, IDC_COUNTER, nCount, FALSE);
         break;
      case WM_TIMER:
         nCount--;
         SetDlgItemInt(hWnd, IDC_COUNTER, nCount, FALSE);
         if (nCount == 0)
            SendDlgItemMessage(hWnd, IDC_BUTTON2, BM_CLICK, 0, 0);
         break;
      case WM_COMMAND:
         {
            int wmId = LOWORD(wParam);
            // 메뉴 선택을 위한 구문 분석
            switch (wmId)
            {
               case IDC_BUTTON1:
                  if (bTimer)
                  {
```

```
                bTimer = FALSE;
                KillTimer(hWnd, 1);
                SetDlgItemText(hWnd, IDC_BUTTON1, _T("Start"));
            }
            else {
                bTimer = TRUE;
                SetTimer(hWnd, 1, 1000, NULL);
                SendMessage(hWnd, WM_TIMER, 1, 0);
                SetDlgItemText(hWnd, IDC_BUTTON1, _T("Stop"));
            }
            break;
        case IDC_BUTTON2:
            bTimer = FALSE;
            nCount = 10;
            KillTimer(hWnd, 1);
            SetDlgItemInt(hWnd,  IDC_COUNTER, nCount , FALSE);
            SetDlgItemText(hWnd, IDC_BUTTON1, _T("Start"));
            break;
        case IDM_ABOUT:
            DialogBox(hInst, MAKEINTRESOURCE(IDD_ABOUTBOX),
                    hWnd, About);
            break;
        case IDM_EXIT:
            DestroyWindow(hWnd);
            break;
        default:
            return DefWindowProc(hWnd, message,
                                wParam, lParam);
        }
    }
    break;
  case WM_PAINT:
    {
        PAINTSTRUCT ps;
        HDC hdc = BeginPaint(hWnd, &ps);
        // TODO: 여기에 hdc를 사용하는 그리기 코드를 추가
        EndPaint(hWnd, &ps);
    }
    break;
  case WM_DESTROY:
    if(bTimer)
        KillTimer(hWnd, 1);
    PostQuitMessage(0);
    break;
  default:
    return DefWindowProc(hWnd, message, wParam, lParam);
  }
  return 0;
}
```

프로그램 설명

① WM_CREATE 메시지에서 _T("STATIC") 윈도우 클래스로 ID가 IDC_STATIC인 _T("COUNTER") 이름의 정적 컨트롤을 생성한다.
② _T("STATIC") 윈도우 클래스로 ID가 IDC_COUNTER인 변수 nCount를 출력하기 위한 정적 컨트롤을 생성한다.
③ _T("BUTTON") 윈도우 클래스로 ID가 IDC_BUTTON1과 IDC_BUTTON2이고, 이름이 _T("Start")과 _T("Reset")인 BS_PUSHBUTTON 버튼 컨트롤을 생성한다.
④ SetDlgItemInt 함수로 변수 nCount의 값을 IDC_COUNTER에 출력한다.
⑤ WM_COMMAND 메시지의 IDC_BUTTON1 컨트롤에서 bTimer가 TRUE이면 타이머를 해제하고, IDC_BUTTON1의 타이틀을 _T("Start")로 변경한다. bTimer가 FALSE이면 타이머를 설정하고, IDC_BUTTON1의 타이틀을 _T("Stop")으로 변경한다.
⑥ IDC_BUTTON2 컨트롤은 리셋 버튼이다. bTimer를 FALSE로 하고 nCount = 10으로 하여 타이머를 해제한 뒤에 nCount를 IDC_COUNTER 컨트롤에 출력하고, IDC_BUTTON1의 타이틀을 _T("Start")로 변경한다.
⑦ WM_DESTROY 메시지에서 bTimer가 TRUE이면 타이머를 해제한다. [그림 29.1]은 실행결과이다.

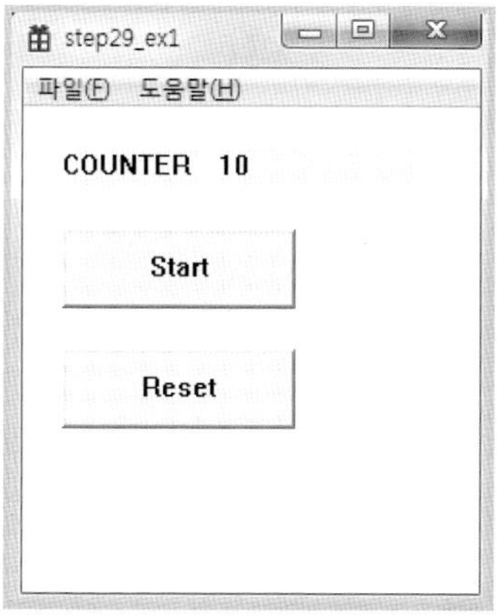

[그림 29.1] 정적 컨트롤 예제 실행결과

[step29_ex2] 정적 컨트롤에 비트맵 출력

```
#define IDC_PICTURE1  1001
LRESULT CALLBACK WndProc(HWND hWnd, UINT message,
                         WPARAM wParam, LPARAM lParam)
{
    static HBITMAP hBit;
    // static BITMAP  bit;
    HWND hPicture;

    switch (message)
    {
```

```
    case WM_CREATE:
        hBit= LoadBitmap(hInst, MAKEINTRESOURCE(IDB_BITMAP1));
        // GetObject(hBit, sizeof(BITMAP), &bit);
        hPicture = CreateWindowW(_T("STATIC"), NULL,
                WS_VISIBLE | WS_CHILD | SS_BITMAP| SS_NOTIFY,
                10, 10, bit.bmWidth, bit.bmHeight,
                hWnd, (HMENU)IDC_PICTURE1, hInst, NULL);
        SendMessage(hPicture, STM_SETIMAGE,
                (WPARAM)IMAGE_BITMAP, (LPARAM)hBit);
        break;
    case WM_COMMAND:
        {
            int wmId = LOWORD(wParam);
            // 메뉴 선택을 구문 분석합니다:
            switch (wmId)
            {
                case IDC_PICTURE1:
                    if(HIWORD(wParam) == STN_CLICKED)  // STN_DBLCLK
                        MessageBox(hWnd, _T("Click"), _T("Msg"), MB_OK);
                    break;
                case IDM_ABOUT:
                    DialogBox(hInst,
                        MAKEINTRESOURCE(IDD_ABOUTBOX),hWnd, About);
                    break;
                case IDM_EXIT:
                    DestroyWindow(hWnd);
                    break;
                default:
                    return DefWindowProc(hWnd,message,wParam,lParam);
            }
        }
        break;
    case WM_PAINT:
        {
            PAINTSTRUCT ps;
            HDC hdc = BeginPaint(hWnd, &ps);
            // TODO: 여기에 hdc를 사용하는 그리기 코드를 추가
            EndPaint(hWnd, &ps);
        }
        break;
    case WM_DESTROY:
        DeleteObject(hBit);
        PostQuitMessage(0);
        break;
    default:
        return DefWindowProc(hWnd, message, wParam, lParam);
    }
    return 0;
}
```

프로그램 설명

① WM_CREATE 메시지에서 LoadBitmap 함수로 리소스의 IDB_BITMAP1을 hBit에 로드한다.
② _T("STATIC") 윈도우 클래스로 SS_BITMAP | SS_NOTIFY 스타일을 지정하여 ID가 IDC_PICTURE1인 정적 컨트롤 hPicture를 (10, 10) 위치에 bit.bmWidth, bit.bmHeight 크기로 생성한다. SendMessage 함수로 hPicture에 STM_SETIMAGE 메시지를 보내 비트맵 hBit을 출력한다.
③ WM_COMMAND 메시지에서 IDC_PICTURE1 컨트롤의 통지 코드가 STN_CLICKED이면 MessageBox를 출력한다. 비트맵 정적 컨트롤을 버튼과 같이 사용할 수 있다. [그림 29.2]는 정적 컨트롤에 비트맵을 출력한 결과이다.

[그림 29.2] 정적 컨트롤에 비트맵 출력

step

30 컨트롤의 컬러와 폰트

컨트롤의 배경은 [표 30.1]의 메시지를 이용하여 컬러를 변경할 수 있다. 이들 메시지의 wParam는 컨트롤의 DC이고 lParam는 컨트롤의 윈도우 핸들이며 반환값은 컨트롤의 배경으로 사용할 브러시 핸들이다. CreateSolidBrush와 CreateBrushIndirect 함수로 브러시를 생성하면 DeleteObject 함수로 삭제해야 하지만, GetStockObject와 GetSysColorBrush 함수로 브러시를 반환하면 삭제하지 않아도 된다.

푸시 버튼의 색상을 변경하려면 오너 드로우(owner draw)를 사용해야 한다. [표 30.2]의 WM_SETFONT 메시지는 컨트롤의 폰트를 변경한다.

[표 30.1] 컨트롤 컬러 메시지

메시지	설명
WM_CTLCOLORBTN	푸시 버튼은 Owner Draw를 사용해야 함([Step31] 참고)
WM_CTLCOLORSTATIC	정적 컨트롤 또는 읽기 전용 또는 disabled 에디트 컨트롤의 배경색
WM_CTLCOLOREDIT	에디트 컨트롤
WM_CTLCOLORLISTBOX	리스트 박스 컨트롤

[표 30.2] WM_SETFON T메시지

wParam	lParam
폰트 핸들	LOWORD(lParam)가 TRUE이면 즉시 다시 그린다.

[step30_ex1] 체크 박스의 컬러 변경

```
#define IDC_BUTTON1   1001
#define IDC_BUTTON2   1002
LRESULT CALLBACK WndProc(HWND hWnd, UINT message,
                         WPARAM wParam, LPARAM lParam)
{
```

```
static HWND hC1, hC2;
static HBRUSH hBrush1, hBrush2;
switch (message)
{
  case WM_CREATE:
    hC1 = CreateWindowW(_T("BUTTON"), _T("check1"),
          WS_CHILD | WS_VISIBLE | BS_AUTOCHECKBOX,
          10, 20, 100, 40, hWnd,
          (HMENU)IDC_BUTTON1, hInst, nullptr);
    hC2 = CreateWindowW(_T("BUTTON"), _T("check2"),
          WS_CHILD | WS_VISIBLE | BS_AUTOCHECKBOX,
          10, 60, 100, 40, hWnd,
          (HMENU)IDC_BUTTON2, hInst, nullptr);

    hBrush1 = CreateSolidBrush(RGB(0,0,255));
    hBrush2 = CreateSolidBrush(RGB(255, 0, 0));
    break;
  case WM_CTLCOLORSTATIC:          // for check box
    {
      HWND ctrlWnd = (HWND)lParam;
      HDC hdc = (HDC)wParam;
      if (ctrlWnd == hC1)
      {
        SetTextColor(hdc, RGB(255, 0, 0));
        // SetBkColor(hdc, RGB(0, 0, 255));
        SetBkMode(hdc, TRANSPARENT);
        return (INT_PTR)hBrush1;
      }
      else // hC2
      {
        SetTextColor(hdc, RGB(0, 0, 255));
        SetBkMode(hdc, TRANSPARENT);
        return (INT_PTR)hBrush2;
      }
    }
    break;
  case WM_PAINT:
    {
      PAINTSTRUCT ps;
      HDC hdc = BeginPaint(hWnd, &ps);
      // TODO: 여기에 hdc를 사용하는 그리기 코드를 추가
      EndPaint(hWnd, &ps);
    }
    break;
  case WM_DESTROY:
    DeleteObject(hBrush1);
    DeleteObject(hBrush2);
    PostQuitMessage(0);
```

```
            break;
        default:
            return DefWindowProc(hWnd, message, wParam, lParam);
    }
    return 0;
}
```

프로그램 설명

① WM_CREATE 메시지에서 체크 박스 컨트롤 hC1과 hC2를 생성하고, 컨트롤의 배경색으로 사용할 컬러 브러시를 정적 변수 hBrush1과 hBrush2에 생성한다.
② WM_CTLCOLORSTATIC 메시지에서 ctrlWnd에 컨트롤의 윈도우 핸들을 저장하고, hdc에 컨트롤의 DC를 저장한 뒤에 컨트롤의 윈도우 핸들 ctrlWnd이 hC1이면, SetTextColor 함수로 글자색을 RGB(255, 0, 0)로 설정하고, SetBkMode로 글자 배경 모드를 TRANSPARENT로 설정한 뒤에 컨트롤의 배경으로 사용할 브러시 hBrush1을 반환한다.
③ 컨트롤의 윈도우 핸들 ctrlWnd이 hC2인 경우는 글자색을 RGB(0, 0, 255)로 설정하고, SetBkMode로 글자 배경 모드를 TRANSPARENT로 설정한 뒤에 컨트롤의 배경에 사용할 브러시 hBrush2를 반환한다. [그림 30.1]은 체크 박스의 컬러를 변경한 결과이다.

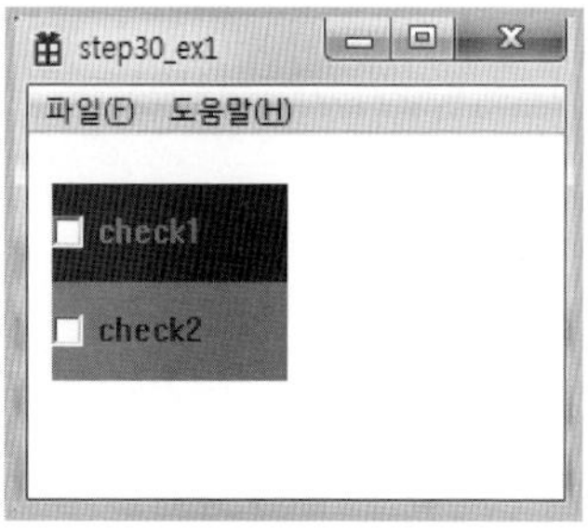

[그림 30.1] 체크 박스의 컬러 변경

[step30_ex2] 그룹 박스와 라디오 버튼의 컬러 변경

```
enum { IDC_RED = 1001, IDC_GREEN, IDC_BLUE};
LRESULT CALLBACK WndProc(HWND hWnd, UINT message,
                                  WPARAM wParam, LPARAM lParam)
{
    static HWND   hR[3];
    static HBRUSH hBrush[4];
    switch (message)
    {
        case WM_CREATE:
            CreateWindowW(_T("BUTTON"), _T("Pen Color"),
                  WS_CHILD | WS_VISIBLE | BS_GROUPBOX,
```

```
        10, 10, 120, 200, hWnd,
        (HMENU)IDC_STATIC, hInst, nullptr);

    hR[0] = CreateWindowW(_T("BUTTON"), _T("Red"),
        S_CHILD|WS_VISIBLE|BS_AUTORADIOBUTTON|WS_GROUP,
        20, 40, 100, 40, hWnd,
        (HMENU)IDC_RED, hInst, nullptr);

    hR[1] = CreateWindowW(_T("BUTTON"), _T("Green"),
        WS_CHILD | WS_VISIBLE | BS_AUTORADIOBUTTON,
        20, 80, 100, 40, hWnd,
        (HMENU)IDC_GREEN, hInst, nullptr);
    hR[2] = CreateWindowW(_T("BUTTON"), _T("Blue"),
        WS_CHILD | WS_VISIBLE | BS_AUTORADIOBUTTON,
        20, 120, 100, 40, hWnd,
        (HMENU)IDC_BLUE, hInst, nullptr);
    SendMessage(hR[1], BM_SETCHECK, BST_CHECKED, 0);

    hBrush[0] = CreateSolidBrush(RGB(255, 0, 0));
    hBrush[1] = CreateSolidBrush(RGB(0, 255, 0));
    hBrush[2] = CreateSolidBrush(RGB(0, 0, 255));
    hBrush[3] = CreateSolidBrush(RGB(0, 255, 255));
    break;
case WM_CTLCOLORSTATIC:
    {
        HWND ctrlWnd = (HWND)lParam;
        HDC hdc = (HDC)wParam;

        if (ctrlWnd == hR[0]) {
            SetTextColor(hdc, RGB(255, 255, 0));
            // SetBkColor(hdc, RGB(255, 0, 0));
            SetBkMode(hdc, TRANSPARENT);
            return (INT_PTR)hBrush[0];
        }
        else if (ctrlWnd == hR[1]) {
            SetTextColor(hdc, RGB(255, 255, 0));
            SetBkMode(hdc, TRANSPARENT);
            return (INT_PTR)hBrush[1];
        }
        else if (ctrlWnd == hR[2]) {
            SetTextColor(hdc, RGB(255, 255, 0));
            SetBkMode(hdc, TRANSPARENT);
            return (INT_PTR)hBrush[2];
        }
        else { // BS_GROUPBOX
            SetTextColor(hdc, RGB(255, 255, 0));
            SetBkMode(hdc, TRANSPARENT);
            return (INT_PTR)hBrush[3];
```

```
            }
        }
        break;
    case WM_PAINT:
        {
            PAINTSTRUCT ps;
            HDC hdc = BeginPaint(hWnd, &ps);
            // TODO: 여기에 hdc를 사용하는 그리기 코드를 추가
            EndPaint(hWnd, &ps);
        }
        break;
    case WM_DESTROY:
        for(int i = 0; i < 4; i++)
            DeleteObject(hBrush[i]);
        PostQuitMessage(0);
        break;
    default:
        return DefWindowProc(hWnd, message, wParam, lParam);
    }
    return 0;
}
```

프로그램 설명

① WM_CREATE 메시지에서 그룹 박스 컨트롤과 라디오 버튼 컨트롤 hR[0], hR[1], hR[2]를 생성하고, 컨트롤의 배경색으로 사용할 브러시를 배열 hBrush에 생성한다.
② WM_CTLCOLORSTATIC 메시지에서 ctrlWnd에 컨트롤의 윈도우 핸들을 저장하고, hdc에 컨트롤의 DC를 저장한 뒤에 컨트롤이 hR[0]이면, SetTextColor 함수로 글자색을 RGB(255, 255, 0)로 설정하고, SetBkMode로 글자 배경 모드를 TRANSPARENT로 설정하여 컨트롤의 배경에 사용할 브러시 hBrush[0]을 반환한다. 컨트롤이 hR[1]이면 글자색을 RGB(255, 255, 0)로 설정하고 브러시 hBrush[1]을 반환한다. 컨트롤이 hR[2]이면 글자색을 RGB(255, 255, 0)로 설정하고 브러시 hBrush[2]를 반환한다.
③ 컨트롤이 그룹 박스이면, 글자색을 RGB(255, 255, 0)로 설정하고 hBrush[3] 브러시를 반환한다. 그룹 박스의 전체 배경색을 변경하려면 오너 드로우를 사용해야 한다. [그림 30.2]는 그룹 박스와 라디오 버튼의 컬러를 변경한 결과이다.

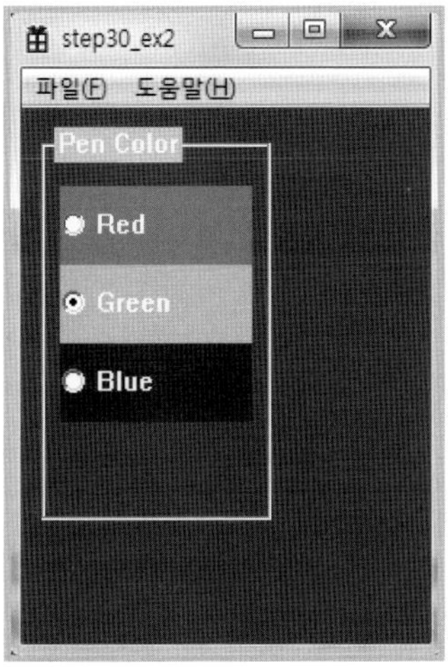

[그림 30.2] 그룹 박스와 라디오 버튼의 컬러 변경

[step30_ex3] 정적 컨트롤과 에디트 컨트롤의 컬러와 폰트 변경

```
#define IDC_EDIT1    1001
LRESULT CALLBACK WndProc(HWND hWnd, UINT message,
                                    WPARAM wParam, LPARAM lParam)
{
   static HWND   hEdit1, hStatic;
   static HBRUSH hBrush1, hBrush2;
   static HFONT  hFont;

   switch (message)
   {
      case WM_CREATE:
         hStatic = CreateWindowW(_T("STATIC"), _T("Color"),
               WS_CHILD | WS_VISIBLE | WS_BORDER,
               20, 20, 200, 40, hWnd, (HMENU)IDC_STATIC,
               hInst, nullptr);
         hEdit1 = CreateWindowW(_T("EDIT"), NULL,
               WS_CHILD | WS_VISIBLE | WS_BORDER | ES_MULTILINE,
               20, 80, 350, 250,hWnd, (HMENU)IDC_EDIT1, hInst, nullptr);

         hBrush1 = CreateSolidBrush(RGB(255, 0, 0));
         hBrush2 = CreateSolidBrush(RGB(0, 0, 255));
         hFont = CreateFont(40, 0, 0, 0, FW_NORMAL, 0, 0, 0,
               HANGEUL_CHARSET, 0, 0, 0, 0, _T("바탕"));

         SendMessage(hStatic,WM_SETFONT,(WPARAM)hFont, FALSE);
         SendMessage(hEdit1,WM_SETFONT,(WPARAM)hFont, FALSE);
         SetFocus(hEdit1);
         break;
```

```
        case WM_CTLCOLORSTATIC:
            {
                HWND ctrlWnd = (HWND)lParam;
                HDC hdc = (HDC)wParam;
                if (ctrlWnd == hStatic)
                {
                    SetTextColor(hdc, RGB(0, 255, 0));
                    SetBkMode(hdc, TRANSPARENT);
                    return (INT_PTR)hBrush1;
                }
            }
            break;

        case WM_CTLCOLOREDIT:
            {
                HWND ctrlWnd = (HWND)lParam;
                HDC hdc = (HDC)wParam;
                if (ctrlWnd == hEdit1)
                {
                    SetTextColor(hdc, RGB(255, 0, 0));
                    SetBkColor(hdc, RGB(0, 0, 255));
                    return (INT_PTR)hBrush2;
                }
            }
            break;
        case WM_PAINT:
        {
            PAINTSTRUCT ps;
            HDC hdc = BeginPaint(hWnd, &ps);
            // TODO: 여기에 hdc를 사용하는 그리기 코드를 추가합니다...
            EndPaint(hWnd, &ps);
        }
        break;
    case WM_DESTROY:
        DeleteObject(hBrush1);
        DeleteObject(hBrush2);
        DeleteObject(hFont);
        PostQuitMessage(0);
        break;
    default:
        return DefWindowProc(hWnd, message, wParam, lParam);
    }
    return 0;
}
```

프로그램 설명

① WM_CREATE 메시지에서 정적 컨트롤 hStatic과 멀티 라인 에디트 컨트롤 hEdit1을 생성하고, 컨트롤의 배경색으로 사용할 컬러 브러시 hBrush1과 hBrush2 그리고 폰트 hFont를 생성한다.

② SendMessage 함수로 hStatic, hEdit1 컨트롤에 WM_SETFONT 메시지를 보내 폰트를 hFont로 변경하고, 키보드 포커스를 hEdit1로 설정한다.

③ WM_CTLCOLORSTATIC 메시지에서 hStatic 컨트롤의 글자색을 RGB(0, 255, 0)로 설정하고, 컨트롤의 배경에 사용할 브러시 hBrush1을 반환한다.

③ WM_CTLCOLOREDIT 메시지에서 hEdit1 컨트롤의 글자색은 RGB(255, 0, 0). 글자의 배경색은 RGB(0, 0, 255)로 설정하고, 컨트롤의 배경에 사용할 브러시 hBrush2을 반환한다. [그림 30.3]은 정적 컨트롤과 에디트 컨트롤의 컬러와 폰트를 변경한 결과이다.

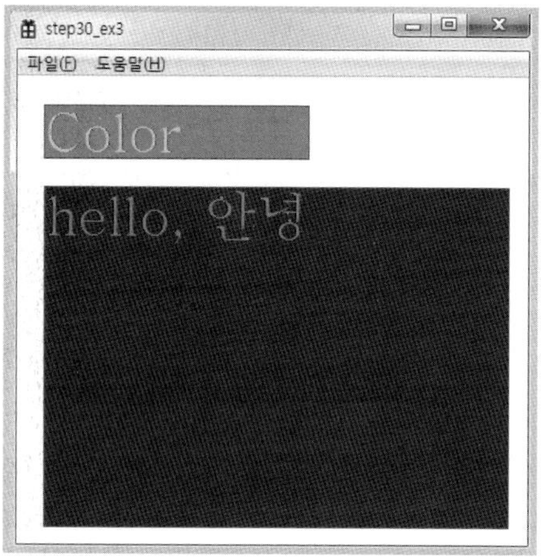

[그림 30.3] 정적 컨트롤과 에디트 컨트롤의 컬러와 폰트 변경

[step30_ex4] 리스트 박스의 컬러와 폰트 변경

```
#define IDC_LIST1   1001
LPCTSTR items[] = { _T("직선"), _T("타원"), _T("사각형") };
LRESULT CALLBACK WndProc(HWND hWnd, UINT message,
                              WPARAM wParam, LPARAM lParam)
{
   static HWND   hList;
   static HBRUSH hBrush1;
   static HFONT  hFont;

   switch (message)
   {
      case WM_CREATE:
         hList = CreateWindowW(_T("LISTBOX"), NULL,
               WS_CHILD | WS_VISIBLE | WS_BORDER | LBS_NOTIFY,
               20, 40, 120, 100, hWnd, (HMENU)IDC_LIST1, hInst, nullptr);
         for (int i = 0; i < 3; i++)
```

```
            SendMessage(hList, LB_ADDSTRING, 0, (LPARAM)items[i]);
        SendMessage(hList, LB_SETCURSEL, 0, 0);
        hBrush1 = CreateSolidBrush(RGB(255, 0, 0));
        hFont = CreateFont(40, 0, 0, 0, FW_NORMAL, 0, 0, 0,
                HANGEUL_CHARSET, 0, 0, 0, 0, _T("바탕"));
        SendMessage(hList, WM_SETFONT, (WPARAM)hFont, FALSE);
        break;

    case WM_CTLCOLORLISTBOX:
        {
            HWND ctrlWnd = (HWND)lParam;
            HDC hdc = (HDC)wParam;
            if (ctrlWnd == hList)
            {
                SetTextColor(hdc, RGB(0, 0, 255));
                // SetBkColor(hdc, RGB(0, 255, 0));
                SetBkMode(hdc, TRANSPARENT);
                return (LRESULT)hBrush1;
            }
        }
        break;
    case WM_PAINT:
        {
            PAINTSTRUCT ps;
            HDC hdc = BeginPaint(hWnd, &ps);
            // TODO: 여기에 hdc를 사용하는 그리기 코드를 추가
            EndPaint(hWnd, &ps);
        }
        break;
    case WM_DESTROY:
        DeleteObject(hBrush1);
        DeleteObject(hFont);
        PostQuitMessage(0);
        break;
    default:
        return DefWindowProc(hWnd, message, wParam, lParam);
    }
    return 0;
}
```

프로그램 설명

① WM_CREATE 메시지에서 리스트 컨트롤 hList를 생성하고, 컨트롤의 배경색으로 사용할 컬러 브러시 hBrush1과 폰트 hFont를 생성한다. SendMessage 함수로 hList 컨트롤에게 WM_SETFONT 메시지를 보내 폰트를 hFont로 변경한다.

③ WM_CTLCOLORLISTBOX 메시지에서 hList 컨트롤의 글자색을 RGB(0, 0, 255)로

설정하고, 글자의 배경 모드를 TRANSPARENT로 설정한 뒤에 컨트롤의 배경에 사용할 브러시 hBrush1을 반환한다. [그림 30.4]는 리스트 박스의 컬러와 폰트를 변경한 결과이다.

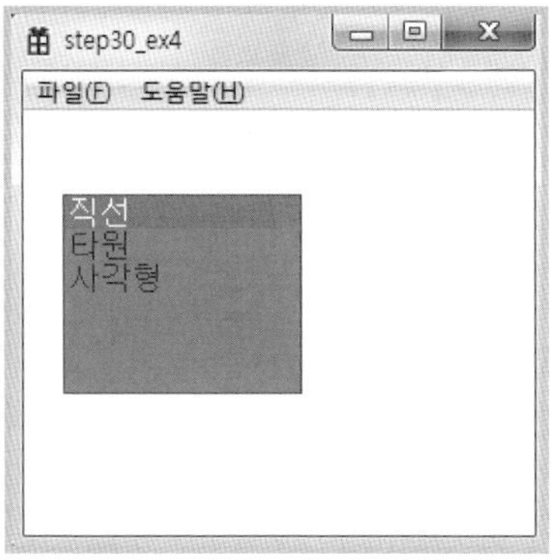

[그림 30.4] 리스트 박스의 컬러와 폰트 변경

step

31 오너 드로우 컨트롤

오너 드로우(owner drawn) 속성이 설정된 컨트롤은 컨트롤의 부모 윈도에서 출력을 담당한다. 오너 드로우 버튼은 BS_OWNERDRAW, 오너드로우 리스트 박스는 LBS_OWNERDRAWFIXED(같은 세로 크기) 또는 LBS_OWNERDRAWVARIABLE, 오너드로우 콤보 박스는 CBS_OWNERDRAWFIXED(같은 세로 크기) 또는 CBS_OWNERDRAWVARIABLE 속성을 추가하여 생성한다.

① BS_OWNERDRAW 속성이 있는 푸시 버튼에서 WM_CTLCOLORBTN 메시지를 사용하여 버튼 컨트롤의 컬러를 변경할 수 있다.
② 오너 드로우 리스트 박스, 콤보 박스, 메뉴 등이 생성될 때 [표 31.1]의 WM_MEASUREITEM 메시지를 부모 윈도우에게 보낸다. 오너 드로우 메뉴일 때 wParam 값이 0이 아니면 리스트 박스 또는 콤보 박스의 ID(lParam의 CtlID와 같다)이다. wParam 값이 0이 아니고, lParam의 CtlID 값이 1이면 콤보 박스의 에디트 부분에 의해 보내진 메시지이다.
③ 오너 드로우 버튼, 리스트 박스, 콤보 박스, 메뉴의 각 항목은 부모 윈도우에게 [표 31.2]의 WM_DRAWITEM 메시지를 보낸다. 부모 윈도우는 WM_DRAWITEM 메시지를 받아 필요한 그리기를 수행한다.

[표 31.1] WM_MEASUREITEM 메시지

wParam	lParam	설명
컨트롤이면 ID 메뉴면 0	MEASUREITEMSTRUCT 포인터	오너 드로우 리스트 박스, 콤보 박스, 메뉴 등이 생성될 때 부모 윈도우에게 보냄

MEASUREITEMSTRUCT 구조체

```
typedef struct tagMEASUREITEMSTRUCT {
    UINT     CtlType;      // 컨트롤 종류 (ODT_COMBOBOX, ODT_LISTBOX,
                           // ODT_LISTVIEW, ODT_MENU)
    UINT     CtlID;        // 리스트 박스, 콤보 박스의 ID
    UINT     itemID;       // 메뉴 항목 ID 또는 리스트 박스, 콤보 박스의 위치
    UINT     itemWidth;    // 메뉴 항목의 가로 화소크기
```

```
    UINT       itemHeight;    // 메뉴 항목. 리스트 박스, 콤보 박스의 세로 화소크기
    ULONG_PTR itemData;  // 사용자 데이터
} MEASUREITEMSTRUCT, *PMEASUREITEMSTRUCT, *LPMEASUREITEMSTRUCT;
```

[표 31.2] WM_DRAWITEM 메시지

wParam	lParam	설명
컨트롤이면 ID 메뉴이면 0	DRAWITEMSTRUCT 구조체 포인터	오너 드로우 버튼, 콤보 박스, 리스트 박스, 메뉴 등에 의해 WM_DRAWITEM 메시지를 부모 윈도우에게 보냄

DRAWITEMSTRUCT 구조체

```
typedef struct tagDRAWITEMSTRUCT {
    UINT      CtlType;        // 컨트롤 종류(ODT_BUTTON, ODT_COMBOBOX,
                              //  ODT_LISTBOX, ODT_LISTVIEW,
                              // ODT_MENU, ODT_STATIC, ODT_TAB
    UINT      CtlID;          // 컨트롤 ID, 메뉴 항목은 사용안함
    UINT      itemID;         // 메뉴 항목 ID 리스트 박스, 콤보 박스의 위치
    UINT      itemAction;     // 항목 그리기명령(ODA_DRAWENTIRE,
                              // ODA_FOCUS, ODA_SELECT)
    UINT      itemState;      // 항목의 상태(ODS_CHECKED, ODS_HOTLIGHT,
                                          ODS_SELECTED)
    HWND      hwndItem;       // 컨트롤의 윈도우 핸들, 메뉴핸들
    HDC       hDC;            // 컨트롤의 DC
    RECT      rcItem;         // 컨트롤의 사각 영역
    ULONG_PTR itemData;       // 사용자 정의 값
} DRAWITEMSTRUCT, *PDRAWITEMSTRUCT, *LPDRAWITEMSTRUCT;
```

[step31_ex1] 푸시 버튼 오너 드로우 1: WM_CTLCOLORBTN

```
#define IDC_BUTTON1   1001
#define IDC_BUTTON2   1002
LRESULT CALLBACK WndProc(HWND hWnd, UINT message,
                         WPARAM wParam, LPARAM lParam)
{
    static HWND hC1, hC2;
    static HBRUSH hBrush1, hBrush2;
    static int graph = IDC_BUTTON1;
    switch (message)
    {
      case WM_CREATE:
        hC1 = CreateWindowW(_T("BUTTON"), _T("사각형"),
          WS_CHILD | WS_VISIBLE | BS_PUSHBUTTON | BS_OWNERDRAW,
          10, 10, 100, 40, hWnd, (HMENU)IDC_BUTTON1, hInst, nullptr);
        hC2 = CreateWindowW(_T("BUTTON"), _T("타원"),
          WS_CHILD | WS_VISIBLE | BS_PUSHBUTTON | BS_OWNERDRAW
```

```
            10, 60, 100, 40, hWnd, (HMENU)IDC_BUTTON2, hInst, nullptr);
        hBrush1 = CreateSolidBrush(RGB(0, 0, 255));
        hBrush2 = CreateSolidBrush(RGB(0, 255, 0));
        break;
    case WM_CTLCOLORBTN:
        {
            HWND ctrlWnd = (HWND)lParam;
            HDC hdc = (HDC)wParam;
            RECT rt;
            GetClientRect(ctrlWnd, &rt);

            if (ctrlWnd == hC1)
            {
                SetTextColor(hdc, RGB(255, 0, 0));
                SetBkMode(hdc, TRANSPARENT);
                DrawText(hdc, _T("사각형"), -1, &rt,
                    DT_CENTER | DT_VCENTER | DT_SINGLELINE);
                return (INT_PTR)hBrush1;
            }
            else { // hC2
                SetTextColor(hdc, RGB(0, 0, 255));
                SetBkMode(hdc, TRANSPARENT);
                DrawText(hdc, _T("타원"), -1, &rt,
                    DT_CENTER | DT_VCENTER | DT_SINGLELINE);
                return (INT_PTR)hBrush2;
            }
        }
        break;
    case WM_COMMAND:
        {
            int wmId = LOWORD(wParam);
            // 메뉴 선택을 위한 구문 분석
            switch (wmId)
            {
                case IDC_BUTTON1:
                    graph = IDC_BUTTON1;
                    InvalidateRect(hWnd, NULL, TRUE);
                    break;
                case IDC_BUTTON2:
                    graph = IDC_BUTTON2;
                    InvalidateRect(hWnd, NULL, TRUE);
                    break;
                case IDM_ABOUT:
                    DialogBox(hInst, MAKEINTRESOURCE(IDD_ABOUTBOX),
                        hWnd, About);
                    break;
                case IDM_EXIT:
                    DestroyWindow(hWnd);
```

```
                break;
            default:
                return DefWindowProc(hWnd, message,
                        wParam, lParam);
            }
            InvalidateRect(hWnd, NULL, TRUE);
        }
        break;
    case WM_PAINT:
        {
            PAINTSTRUCT ps;
            HDC hdc = BeginPaint(hWnd, &ps);
            // TODO: 여기에 hdc를 사용하는 그리기 코드를 추가

            if (graph == IDC_BUTTON1)
                Rectangle(hdc, 150, 50, 400, 400);
            else
                Ellipse(hdc, 150, 50, 400, 400);

            EndPaint(hWnd, &ps);
        }
        break;
    case WM_DESTROY:
        DeleteObject(hBrush1);
        DeleteObject(hBrush2);
        PostQuitMessage(0);
        break;
    default:
        return DefWindowProc(hWnd, message, wParam, lParam);
    }
    return 0;
}
```

프로그램 설명

① WM_CREATE 메시지에서 BS_OWNERDRAW 속성을 추가하여 오너 드로우 버튼 hC1과 hC2를 생성하고, 컨트롤의 배경색으로 사용할 컬러 브러시 hBrush1과 hBrush2를 생성한다.

② WM_CTLCOLORBTN 메시지에서 hC1 컨트롤의 글자색을 RGB(255, 0, 0)으로 설정하고, 글자의 배경 모드를 TRANSPARENT로 설정한 뒤에 DrawText 함수로 컨트롤의 중앙에 _T("사각형")를 출력하고, 컨트롤의 배경에 사용할 브러시 hBrush1을 반환한다. hC2 컨트롤의 글자색을 RGB(0, 0, 255)로 설정하고, 글자의 배경 모드를 TRANSPARENT로 설정한 뒤에 DrawText 함수로 컨트롤의 중앙에 _T("타원")를 출력하고, 컨트롤의 배경에 사용할 브러시 hBrush2를 반환한다.

③ WM_COMMAND 메시지에서 IDC_BUTTON1이면 graph = IDC_BUTTON1로 저

장하고, IDC_BUTTON2이면 graph = IDC_BUTTON2로 저장한 뒤에 InvalidateRect 함수로 WM_PAINT 메시지를 발생시켜, WM_PAINT 메시지에서 graph에 따라 사각형 또는 타원을 그린다. [그림 31.1]은 WM_CTLCOLORBTN 메시지에 의한 푸시 버튼의 오너 드로우를 실행한 결과이다.

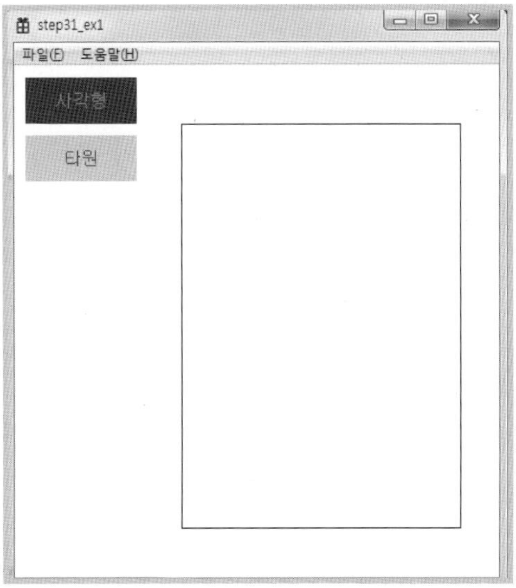

[그림 31.1] 푸시 버튼 오너 드로우 1: WM_CTLCOLORBTN

[step31_ex2] 푸시 버튼 오너 드로우 2: WM_DRAWITEM

```
#define IDC_BUTTON1  1001
#define IDC_BUTTON2  1002
LRESULT CALLBACK WndProc(HWND hWnd, UINT message,
                                    WPARAM wParam, LPARAM lParam)
{
   static HWND hC1, hC2;
   static int graph = IDC_BUTTON1;
   switch (message)
   {
      case WM_CREATE:
         hC1 = CreateWindowW(_T("BUTTON"), NULL,
            WS_CHILD | WS_VISIBLE | BS_PUSHBUTTON | BS_OWNERDRAW,
            10, 10, 100, 40, hWnd, (HMENU)IDC_BUTTON1, hInst, nullptr);

         hC2 = CreateWindowW(_T("BUTTON"), NULL,
            WS_CHILD | WS_VISIBLE | BS_PUSHBUTTON | BS_OWNERDRAW,
            10, 60, 100, 40, hWnd, (HMENU)IDC_BUTTON2, hInst, nullptr);
         break;
      case WM_DRAWITEM:
         {
            LPDRAWITEMSTRUCT pdis = (LPDRAWITEMSTRUCT)lParam;
            HDC hdc = pdis->hDC;
            RECT rt = pdis->rcItem; //GetClientRect(pdis->hwndItem, &rt);
```

```
            SetBkMode(hdc, TRANSPARENT);
            switch (pdis->CtlID)
            {
                case IDC_BUTTON1:
                    if (pdis->itemState & ODS_SELECTED) {
                        SetTextColor(hdc, RGB(255, 0, 0));
                        FillRect(hdc, &rt, GetSysColorBrush(COLOR_HIGHLIGHT));
                        HPEN hPen = CreatePen(PS_INSIDEFRAME, 4,
                                        RGB(255, 0, 0));
                        HPEN oldPen = (HPEN)SelectObject(hdc, hPen);
                        Rectangle(hdc, 0, 0, rt.right, rt.bottom);
                        SelectObject(hdc, oldPen);
                        DrawText(hdc, _T("사각형"), -1, &rt,
                            DT_CENTER | DT_VCENTER | DT_SINGLELINE);
                    }
                    else {
                        SetTextColor(hdc, RGB(0, 0, 255));
                        FillRect(hdc, &rt, GetSysColorBrush(COLOR_BTNSHADOW));
                        DrawText(hdc, _T("사각형"), -1, &rt,
                            DT_CENTER | DT_VCENTER | DT_SINGLELINE);
                    }
                    break;
                case IDC_BUTTON2:
                    SetTextColor(hdc, RGB(0, 0, 255));
                    if (pdis->itemState & ODS_SELECTED) {
                        SetTextColor(hdc, RGB(255, 0, 0));
                        FillRect(hdc, &rt, GetSysColorBrush(COLOR_HIGHLIGHT));
                        DrawText(hdc, _T("타원"), -1, &rt,
                                DT_CENTER | DT_VCENTER | DT_SINGLELINE);
                    }
                    else {
                        SetTextColor(hdc, RGB(0, 0, 255));
                        FillRect(hdc, &rt, GetSysColorBrush(COLOR_BTNFACE));
                        DrawText(hdc, _T("타원"), -1, &rt,
                                DT_CENTER | DT_VCENTER | DT_SINGLELINE);
                    }
                    break;
            }
        }
        break;
    case WM_COMMAND:
        {
            int wmId = LOWORD(wParam);
            // 메뉴 선택을 위한 구문 분석
            switch (wmId)
            {
                case IDC_BUTTON1:
                    graph = IDC_BUTTON1;
                    InvalidateRect(hWnd, NULL, TRUE);
```

```
                break;
            case IDC_BUTTON2:
                graph = IDC_BUTTON2;
                InvalidateRect(hWnd, NULL, TRUE);
                break;
            case IDM_ABOUT:
                DialogBox(hInst, MAKEINTRESOURCE(IDD_ABOUTBOX),
                    hWnd, About);
                break;
            case IDM_EXIT:
                DestroyWindow(hWnd);
                break;
            default:
                return DefWindowProc(hWnd, message, wParam, lParam);
            }
            InvalidateRect(hWnd, NULL, TRUE);
        }
        break;
    case WM_PAINT:
        {
            PAINTSTRUCT ps;
            HDC hdc = BeginPaint(hWnd, &ps);
            // TODO: 여기에 hdc를 사용하는 그리기 코드를 추가
            if (graph == IDC_BUTTON1)
                Rectangle(hdc, 150, 50, 400, 400);
            else
                Ellipse(hdc, 150, 50, 400, 400);
            EndPaint(hWnd, &ps);
        }
        break;
    case WM_DESTROY:
        PostQuitMessage(0);
        break;
    default:
        return DefWindowProc(hWnd, message, wParam, lParam);
    }
    return 0;
}
```

프로그램 설명

① WM_CREATE 메시지에서 BS_OWNERDRAW 속성을 추가하여 오너 드로우 버튼 hC1과 hC2를 생성한다.

② WM_DRAWITEM 메시지에서 lParam를 pdis에 저장하고, pdis -> hDC를 hdc에 저장하고, 버튼의 사각 영역 pdis -> rcItem를 rt에 저장한다. IDC_BUTTON1 버튼을 선택(pdis -> itemState & ODS_SELECTED)하면 COLOR_HIGHLIGHT 컬러로 버튼의

배경을 채우고, RGB(255, 0, 0) 펜으로 사각형 테두리를 그린 뒤에 DrawText 함수로 _T("사각형")을 RGB(255, 0, 0) 색의 글자로 출력한다. 버튼을 선택하지 않은 상태이면 COLOR_BTNSHADOW 컬러 브러시로 버튼의 배경을 채운 뒤에 DrawText 함수로 _T("사각형")을 RGB(0, 0, 255) 색의 글자로 출력한다.

③ IDC_BUTTON2 버튼을 선택(pdis -> itemState & ODS_SELECTED)하면 COLOR_HIGHLIGHT 컬러로 버튼의 배경을 채우고, RGB(255, 0, 0) 펜으로 사각형 테두리를 그린 뒤에 DrawText 함수로 _T("타원")을 RGB(255, 0, 0) 색의 글자로 출력한다. 버튼을 선택하지 않은 상태이면 COLOR_BTNSHADOW 컬러 브러시로 버튼의 배경을 채운 뒤에 DrawText 함수로 _T("타원")을 RGB(0, 0, 255) 색의 글자로 출력한다.

④ WM_COMMAND 메시지에서 버튼 컨트롤을 선택함에 따라 IDC_BUTTON1과 IDC_BUTTON2를 graph 변수에 저장하고 InvalidateRect 함수로 WM_PAINT 메시지를 발생시켜, WM_PAINT 메시지에서 graph에 따라 사각형 또는 타원을 그린다. [그림 31.2]는 WM_DRAWITEM 메시지에 의한 푸시 버튼의 오너 드로우 실행결과이다.

[그림 31.2] 푸시 버튼 오너 드로우 2: WM_DRAWITEM

[step31_ex3] 리스트 박스 오너 드로우

```
#define IDC_LIST1   1001
COLORREF colors[] = { RGB(255,255,255), RGB(255,0,0), RGB(0,255,0),
                      RGB(0,0,255), RGB(0, 0, 0) };
LRESULT CALLBACK WndProc(HWND hWnd, UINT message,
                         WPARAM wParam, LPARAM lParam)
{
    static HWND      hList;
    static COLORREF  brushColor = colors[0];
    RECT   rt = { 20, 250, 350, 400 };
    switch (message)
    {
```

```
case WM_CREATE:
   hList = CreateWindowW(_T("LISTBOX"), NULL,
         WS_CHILD | WS_VISIBLE | WS_BORDER |
         LBS_NOTIFY|LBS_OWNERDRAWFIXED,
         20, 40, 150, 220, hWnd, (HMENU)IDC_LIST1, hInst, nullptr);

   for (int i = 0; i < 5; i++)
      SendMessage(hList, LB_ADDSTRING, 0, (LPARAM)colors[i]);
   break;
case WM_MEASUREITEM:
   {
      LPMEASUREITEMSTRUCT pmis =
            (LPMEASUREITEMSTRUCT)lParam;
      pmis->itemHeight = 40;
         return TRUE;
   }
   break;

case WM_DRAWITEM:
   {
      LPDRAWITEMSTRUCT pdis = (LPDRAWITEMSTRUCT)lParam;
      HDC hdc = pdis->hDC;
      RECT rt = pdis->rcItem;
      COLORREF color=(COLORREF)pdis->itemData; //colors[i]

      if (pdis->CtlID == IDC_LIST1)
      {
         HBRUSH  hBrushBkg;
         if (pdis->itemState & ODS_SELECTED)
            hBrushBkg = GetSysColorBrush(COLOR_HIGHLIGHT);
         else
            hBrushBkg = GetSysColorBrush(COLOR_WINDOW);
         FillRect(hdc, &rt, hBrushBkg);

         HBRUSH  hBrush = CreateSolidBrush(color);
         SetRect(&rt, rt.left+2, rt.top+2, rt.right-2, rt.bottom-2);
         FillRect(hdc, &rt, hBrush);
         DeleteObject(hBrush);
      }
      return TRUE;
   }
   break;
case WM_COMMAND:
   {
      int wmId = LOWORD(wParam);
      // 메뉴 선택을 위한 구문 분석
      switch (wmId)
      {
```

```
                case IDC_LIST1:
                    if (HIWORD(wParam) == LBN_SELCHANGE)
                    {
                        int i;
                        i = (int)SendMessage((HWND)lParam,LB_GETCURSEL, 0, 0);
                        // brushColor = colors[i];
                        brushColo=(COLORREF)SendMessage((HWND)lParam,
                                LB_GETITEMDATA, i, 0);
                        InvalidateRect(hWnd, NULL, TRUE);
                    }
                    break;
                case IDM_ABOUT:
                    DialogBox(hInst,MAKEINTRESOURCE(IDD_ABOUTBOX),
                            hWnd,About);
                    break;
                case IDM_EXIT:
                    DestroyWindow(hWnd);
                    break;
                default:
                    return DefWindowProc(hWnd, message, wParam, lParam);
            }
        }
        break;
    case WM_PAINT:
        {
            PAINTSTRUCT ps;
            HDC hdc = BeginPaint(hWnd, &ps);
            // TODO: 여기에 hdc를 사용하는 그리기 코드를 추가
            HBRUSH hBrush = CreateSolidBrush(brushColor);
            HBRUSH oldBrush = (HBRUSH)SelectObject(hdc, hBrush);

            Rectangle(hdc, rt.left, rt.top, rt.right, rt.bottom);

            SelectObject(hdc, oldBrush);
            DeleteObject(hBrush);
            EndPaint(hWnd, &ps);
        }
        break;
    case WM_DESTROY:
        PostQuitMessage(0);
        break;
    default:
        return DefWindowProc(hWnd, message, wParam, lParam);
    }
    return 0;
}
```

프로그램 설명

① WM_CREATE 메시지에서 LBS_OWNERDRAWFIXED 속성을 추가하여 항목의 세로 크기가 같은 오너 드로우 리스트 박스 hList를 생성하고, SendMessage로 hList에 colors 배열의 각 항목의 데이터를 추가한다.
② WM_MEASUREITEM 메시지에서 항목의 세로 크기 pmis -> itemHeight를 40픽셀로 설정한다.
③ WM_DRAWITEM 메시지에서 lParam를 pdis에 저장하고, pdis -> hDC를 hdc에 저장한 뒤에 각 항목의 사각 영역 pdis -> rcItem을 rt에 저장하여 SendMessage로 리스트 박스 hList에 저장한 데이터 pdis -> itemData를 color에 저장한다.
④ IDC_LIST1 컨트롤을 선택(pdis -> itemState & ODS_SELECTED)하면 COLOR_HIGHLIGHT 컬러 브러시를 hBrushBkg에 저장하고, 선택하지 않은 상태이면 COLOR_WINDOW 컬러 브러시를 hBrushBkg에 저장하여 FillRect 함수로 컨트롤의 배경을 채운다.
⑤ 리스트 박스의 데이터에 저장한 컬러 데이터 color로 hBrush 브러시를 생성하고 SetRect 함수로 rt 사각형의 크기를 약간 줄여서 FillRect 함수로 hBrush 브러시로 채운다.
⑥ WM_COMMAND 메시지에서 리스트 박스 IDC_LIST1을 선택하면 LB_GETCURSEL 메시지를 보내 현재 항목의 번호를 i에 저장하고, LB_GETITEMDATA 메시지를 보내 현재 항목에 저장된 데이터를 brushColor에 저장한 뒤에 InvalidateRect 함수로 WM_PAINT 메시지를 발생시켜, brushColor로 브러시를 생성하여 사각형을 채운다. [그림 31.3]은 리스트 박스의 오너 드로우 실행결과이다.

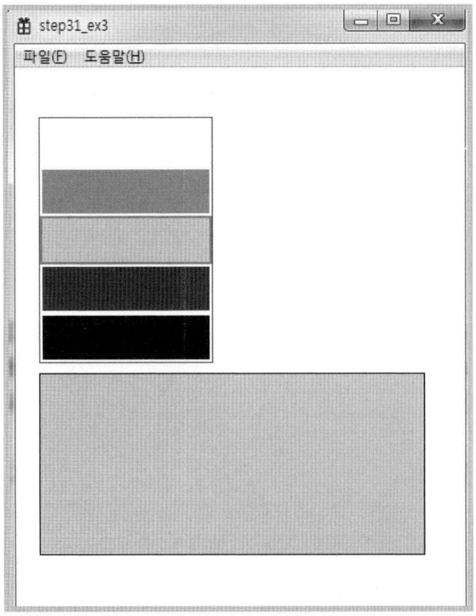

[그림 31.3] 리스트 박스 오너 드로우

[step31_ex4] 콤보 박스 오너 드로우

```
#define IDC_COMBO1   1001
COLORREF colors[] = { RGB(255,255,255), RGB(255,0,0), RGB(0,255,0),
                      RGB(0,0,255), RGB(0, 0, 0) };
LRESULT CALLBACK WndProc(HWND hWnd, UINT message,
                         WPARAM wParam, LPARAM lParam)
{
   static HWND      hCombo;
   static COLORREF  brushColor = colors[0];
   RECT   rt = { 20, 250, 350, 400 };
   switch (message)
   {
      case WM_CREATE:
         hCombo = CreateWindowW(_T("COMBOBOX"), NULL,
               WS_CHILD | WS_VISIBLE | WS_BORDER |
               CBS_DROPDOWNLIST | CBS_OWNERDRAWFIXED,
               20, 40, 150, 220, hWnd, (HMENU)IDC_COMBO1,
               hInst, nullptr);

         for (int i = 0; i < 5; i++)
            SendMessage(hCombo,CB_ADDSTRING,0,(LPARAM)colors[i]);
         break;
      case WM_MEASUREITEM:
         {
            LPMEASUREITEMSTRUCT pmis =
                  (LPMEASUREITEMSTRUCT)lParam;
            pmis->itemHeight = 40;
            return TRUE;
         }
         break;

      case WM_DRAWITEM:
         {
            LPDRAWITEMSTRUCT pdis = (LPDRAWITEMSTRUCT)lParam;
            HDC hdc = pdis->hDC;
            RECT rt = pdis->rcItem;
            COLORREF color=(COLORREF)pdis->itemData; //colors[i]

            if (pdis->CtlID == IDC_COMBO1)
            {
               HBRUSH  hBrushBkg;
               if (pdis->itemState & ODS_SELECTED)
                  hBrushBkg = GetSysColorBrush(COLOR_HIGHLIGHT);
               else
                  hBrushBkg = GetSysColorBrush(COLOR_WINDOW);
               FillRect(hdc, &rt, hBrushBkg);

               HBRUSH  hBrush = CreateSolidBrush(color);
```

```
            SetRect(&rt, rt.left+2, rt.top+2, rt.right-2, rt.bottom-2);
            FillRect(hdc, &rt, hBrush);
            DeleteObject(hBrush);
        }
        return TRUE;
    }
    break;
case WM_COMMAND:
    {
        int wmId = LOWORD(wParam);
        // 메뉴 선택을 위한 구문 분석
        switch (wmId)
        {
            case IDC_COMBO1:
                if (HIWORD(wParam) == CBN_SELCHANGE)
                {
                    int i;
                    i = (int)SendMessage((HWND)lParam,CB_GETCURSEL,
                            0, 0);
                    // brushColor = colors[i];
                    brushColor=(COLORREF)SendMessage((HWND)lParam,
                            CB_GETITEMDATA, i, 0);
                    InvalidateRect(hWnd, NULL, TRUE);
                }
                break;
            case IDM_ABOUT:
                DialogBox(hInst,MAKEINTRESOURCE(IDD_ABOUTBOX),
                        hWnd,About);
                break;
            case IDM_EXIT:
                DestroyWindow(hWnd);
                break;
            default:
                return DefWindowProc(hWnd, message, wParam, lParam);
        }
    }
    break;
case WM_PAINT:
    {
        PAINTSTRUCT ps;
        HDC hdc = BeginPaint(hWnd, &ps);
        // TODO: 여기에 hdc를 사용하는 그리기 코드를 추가
        HBRUSH hBrush = CreateSolidBrush(brushColor);
        HBRUSH oldBrush = (HBRUSH)SelectObject(hdc, hBrush);

        Rectangle(hdc, rt.left, rt.top, rt.right, rt.bottom);

        SelectObject(hdc, oldBrush);
```

```
            DeleteObject(hBrush);
            EndPaint(hWnd, &ps);
        }
        break;
    case WM_DESTROY:
        PostQuitMessage(0);
        break;
    default:
        return DefWindowProc(hWnd, message, wParam, lParam);
    }
    return 0;
}
```

프로그램 설명

① WM_CREATE 메시지에서 CBS_OWNERDRAWFIXED 속성을 추가하여 항목의 세로 크기가 같은 오너 드로우 콤보 박스 hCombo를 생성하고, SendMessage로 hCombo에 colors 배열의 각 항목의 데이터를 추가한다.

② WM_MEASUREITEM 메시지에서 항목의 세로 크기 pmis -> itemHeight를 40픽셀로 설정한다.

③ WM_DRAWITEM 메시지에서 lParam를 pdis에 저장하고, pdis -> hDC를 hdc에 저장하고, 각 항목의 사각 영역 pdis -> rcItem를 rt에 저장한 뒤에 SendMessage로 콤보 박스 hCombo에 저장한 데이터 pdis -> itemData를 color에 저장한다.

④ IDC_COMBO1 컨트롤을 선택(pdis -> itemState & ODS_SELECTED)하면 COLOR_HIGHLIGHT 컬러 브러시를 hBrushBkg에 저장하고, 선택하지 않은 상태이면 COLOR_WINDOW 컬러 브러시를 hBrushBkg에 저장한 뒤에 FillRect 함수로 컨트롤 항목의 배경을 채운다.

⑤ 콤보 박스의 데이터에 저장한 컬러 데이터 color로 hBrush 브러시를 생성하고 SetRect 함수로 rt 사각형의 크기를 약간 줄여서 FillRect 함수로 hBrush 브러시로 채운다.

⑥ WM_COMMAND 메시지에서 콤보 박스 IDC_COMBO1을 선택하면 CB_GETCURSEL 메시지를 보내 현재 항목의 번호를 i에 저장하고, CB_GETITEMDATA 메시지를 보내 현재 항목에 저장된 데이터를 brushColor에 저장하고 InvalidateRect 함수로 WM_PAINT 메시지를 발생시켜 brushColor로 브러시를 생성하여 사각형을 채운다.

[그림 31.4]는 콤보 박스의 오너 드로우 실행결과이다.

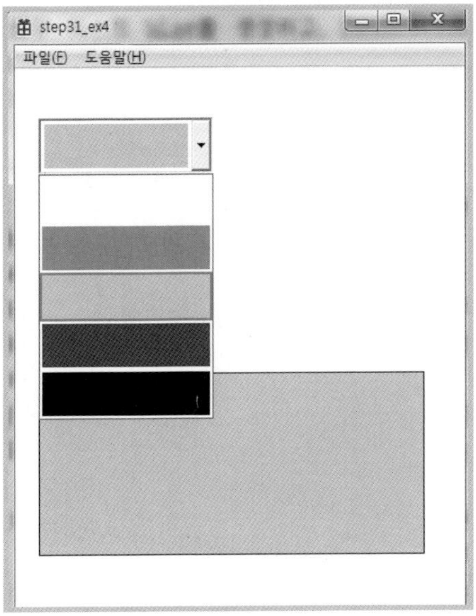

[그림 31.4] 콤보 박스 오너 드로우

Chapter 9

대화상자

대화상자에 푸시 버튼, 에디트 박스, 체크 박스, 라디오 버튼, 리스트 박스, 콤보 박스 등의 기본 컨트롤을 생성하고 메시지와 통지 코드를 처리하는 방법과 대화상자 기반 응용 프로그램을 설명한다.

step

32 대화상자 기초

이 장에서는 리소스 편집기를 사용하여 대화상자를 생성한 뒤에 도구상자를 사용하여 대화상자에 컨트롤을 생성하여 사용하는 방법을 설명한다.

7장에서는 CreateWindow 함수로 컨트롤을 생성하였는데, 이 장에서는 리소스 편집기를 사용하여 대화상자를 생성한 뒤에 도구상자를 사용하여 컨트롤을 생성한 뒤에 속성창을 사용하여 컨트롤의 속성을 설정한다. 부모 윈도우에서 컨트롤로 메시지를 보내고, 컨트롤에서 통지 코드를 처리하는 방법은 7장에서와 같다.

대화상자에서도 WM_PAINT 메시지 처리, 키보드, 마우스, 메뉴, 비트맵 처리 등 일반 윈도우에서 할 수 있는 일을 모두 할 수 있다.

대화상자에는 DialogBox 함수로 생성하는 모달(modal) 대화상자와 CreateDialog 함수로 생성하는 모드리스(modeless) 대화상자가 있다.

1. 모달 대화상자

모달 대화상자는 가장 일반적인 대화상자이다. 모달 대화상자는 사용자로부터 예/아니오 또는 확인/취소 등을 묻는 대화상자가 화면에 있는 동안 같은 응용 프로그램의 다른 작업을 할 수 없다. 모달 대화상자는 DialogBox 함수로 생성하고 EndDialog 함수로 대화상자를 파괴한다.

```
// 모달 대화상자 함수
void DialogBox(hInstance, lpTemplate, hWndParent, DlgProc);
BOOL EndDialog(HWND hDlg, INT_PTR nResult);
```

① DialogBox 함수의 hInstance는 인스턴스 핸들이고, lpTemplate는 대화상자 리소스 템플릿 ID를 MAKEINTRESOURCE 매크로로 변경한 문자열이며 hWndParent는 부모 윈도우 핸들 그리고 DlgProc는 대화상자 프로시저이다.

② EndDialog 함수는 hDlg 대화상자를 파괴(WM_DESTROY)하고 nResult를 반환한다.
③ 대화상자가 화면에 표시되기 전에 WM_INITDIALOG 메시지를 대화상자 프로시저에 보낸다. 일반 윈도우 프로시저의 WM_CREATE 메시지와 유사하다.
④ 대화상자 프로시저 DlgProc는 대화상자의 메시지를 처리하는 CALLBACK 함수로 윈도우 프로시저와 유사하다. 대화상자 프로시저는 메시지를 처리하면 TRUE를 반환하고, 그렇지 않으면 FALSE를 반환한다.
⑤ 대화상자 프로시저 DlgProc에서 Space와 Enter는 확인 버튼(IDOK)으로 지정되어 있고, 대화상자 타이틀의 닫기(X) 버튼은 취소 버튼(IDCANCEL)으로 지정되어 있다.

대화상자 프로시저: DlgProc

```
BOOL CALLBACK DlgProc(HWND hwndDlg, UINT message,
                      WPARAM wParam, LPARAM lParam)
{
   switch (message)
   {
      case WM_INITDIALOG:
         return (INT_PTR)TRUE;

      // Place message cases here. and return TRUE

   }
   return (INT_PTR)FALSE;
}
```

2. 모드리스 대화상자

모드리스 대화상자는 대화상자가 화면에 있는 동안에도 같은 응용 프로그램의 다른 작업을 할 수 있다. 모드리스 대화상자는 CreateDialog 함수로 생성하고 DestroyWindow 함수로 대화상자를 파괴한다.

```
// 모드리스 대화상자 함수
void CreateDialog(hInstance, lpName, hWndParent, lpDialogFunc );
HWND CreateDialogParamW(       // 대화상자 윈도우 핸들 반환
   HINSTANCE hInstance,        // 인스턴스 핸들
   LPCWSTR   lpTemplateName,   // 대화상자 리소스 템플릿
   HWND      hWndParent,       // 부모 윈도우 핸들
   DLGPROC   lpDialogFunc,     // 대화상자 프로시저
   LPARAM    dwInitParam       // WM_INITDIALOG 메시지의 lParam
```

3. 컨트롤의 값 입출력 함수

대화상자에 있는 컨트롤의 값 입출력은 [Step24]에서 설명한 컨트롤의 값 입출력 함수를 사용한다. 리소스 편집기에서 도구상자로 컨트롤을 생성할 경우 ID만 설정되어 있기 때문에, GetDlgItem 함수를 사용하여 컨트롤 윈도우 핸들을 얻는다. GetParent 함수를 사용하면 대화상자에서 부모 윈도우 핸들을 얻을 수 있다.

```
// 윈도우 핸들, ID 관련 함수
int    GetDlgCtrlID(HWND hWnd);    // 윈도우 핸들에 대한 ID 반환
HWND GetDlgItem(HWND hDlg, int nIDDlgItem);
                                  // nIDDlgItem에 대한 윈도우 핸들반환
HWND GetParent(HWND hWnd);        // 부모 윈도우 핸들

// 대화상자 메시지 함수
LRESULT SendDlgItemMessageW(HWND  hDlg,  int   nIDDlgItem,
UINT   Msg,  WPARAM wParam,  LPARAM lParam);
```

4. 대화상자 리소스 템플릿 및 컨트롤 생성

비주얼 스튜디오 마법사로 생성한 기본 윈도우 응용 프로그램은 리소스 스크립트에 IDD_ABOUTBOX 대화상자 리소스가 추가되어 있다.

여기서는 [step25_ex1]의 예제를 새로운 대화상자로 구현한다. 대화상자를 생성하고, 대화상자에 버튼을 컨트롤을 생성한 뒤에 메뉴 항목에 대화상자를 연결한다.

① 비주얼 스튜디오 마법사로 기본 윈도우 응용 프로그램 [step32_ex1]을 생성한다.
② "step32_ex1.rc" 파일을 더블클릭하여 리소스 뷰의 Dialog 항목에서 마우스 오른쪽 버튼을 클릭하여 표시되는 팝업 메뉴에서 [Dialog 삽입(E)] 항목을 선택하면 [그림 32.1]과 같이 [확인] 버튼과 [취소] 버튼이 있는 대화상자 템플릿 IDD_DIALOG1이 추가된다.

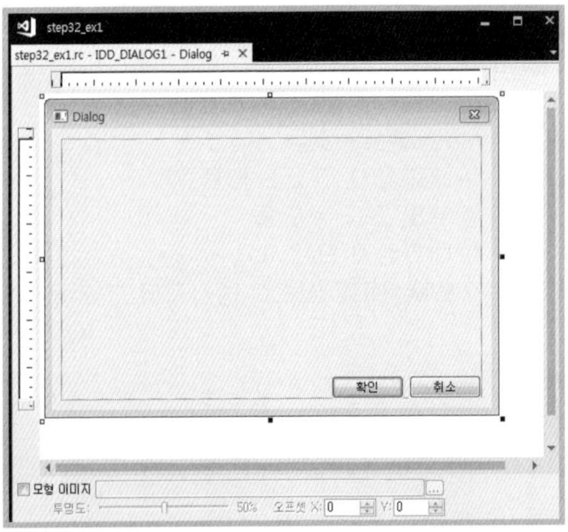

[그림 32.1] 대화상자 템플릿 IDD_DIALOG1

③ [그림 32.2]의 도구상자를 이용하여 컨트롤을 생성한다. 마우스로 도구상자에서 [Button]을 왼쪽 마우스 버튼으로 선택하고 드래그하여 대화상자 템플릿 IDD_DIALOG1에 위치시킨다. [그림 32.3]의 속성 창에서 ID는 IDC_BUTTON1, Visible은 True, Caption은 "사각형"으로 변경한다. 대화상자에서 IDC_BUTTON1을 Ctrl+C와 Ctrl+V로 복사하여 붙여넣기하면, IDC_BUTTON2의 버튼이 생성된다. 마우스 또는 키보드를 이용하여 컨트롤을 배치하고, 속성 창에서 Caption을 "타원"으로 [그림 32.4]와 같이 변경한다.

[그림 32.2] 도구상자

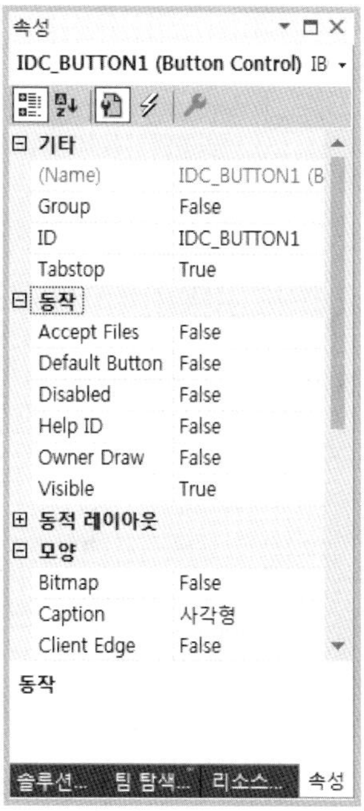

[그림 32.3] IDC_BUTTON1 속성

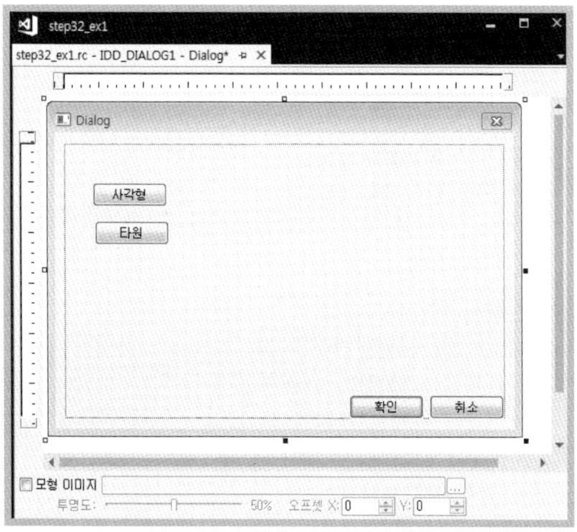

[그림 32.4] IDD_DIALOG1에 버튼 컨트롤 추가

④ 리소스 뷰에서 [Menu] 항목 아래 IDC_STEP32EX1 메뉴에 [그림 32.5]와 같이 메뉴 항목을 편집한다. 도형 선택(G) 메뉴 항목의 ID는 IDM_DIALOG1이다. [사각형] 메뉴 항목은 IDM_RECT, [타원] 메뉴 항목은 IDM_ELLIPSE이다.

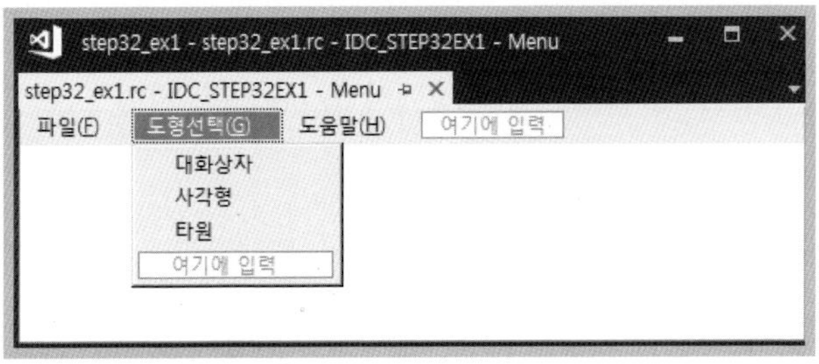

[그림 32.5] [도형선택(G)] 메뉴 추가

⑤ 윈도우 프로시저 WndProc의 WM_COMMAND 메시지에서 IDM_DIALOG1 메뉴 항목을 선택할 때 DialogBox 함수로 대화상자 리소스 템플릿 IDD_DIALOG1을 화면에 표시하고, 대화상자 프로시저를 DlgProc로 지정한 뒤에 기본 응용 프로그램에 있는 About 함수를 복사하여 이름을 DlgProc로 다음 소스 코드에서와 같이 WM_COMMAND 메시지를 변경하고 wWinMain 함수 위에 함수 선언을 추가한다.

[step32_ex1] 메뉴 항목 선택 대화상자 1(비지역 변수와 부모 윈도우 핸들사용)

```
// 이 코드 모듈에 포함된 함수의 선언을 전달
INT_PTR CALLBACK    About(HWND, UINT, WPARAM, LPARAM);
INT_PTR CALLBACK    DlgProc(HWND, UINT, WPARAM, LPARAM);
int graph = IDM_RECT;
LRESULT CALLBACK WndProc(HWND hWnd, UINT message,
                                    WPARAM wParam, LPARAM lParam)
{
   switch (message)
   {
      case WM_COMMAND:
         {
            int wmId = LOWORD(wParam);
            // 메뉴 선택을 구문 분석합니다:
            switch (wmId)
            {
               case IDM_DIALOG1:
                  DialogBox(hInst, MAKEINTRESOURCE(IDD_DIALOG1),
                                    hWnd, DlgProc);
                  break;
               case IDM_RECT:
                  graph = IDM_RECT;
                  InvalidateRect(hWnd, NULL, TRUE);
                  break;
               case IDM_ELLIPSE:
```

```
                    graph = IDM_ELLIPSE;
                    InvalidateRect(hWnd, NULL, TRUE);
                    break;
                case IDM_ABOUT:
                    DialogBox(hInst, MAKEINTRESOURCE(IDD_ABOUTBOX),
                                        hWnd, About);
                    break;
                case IDM_EXIT:
                    DestroyWindow(hWnd);
                    break;
                default:
                    return DefWindowProc(hWnd, message,
                                    wParam, lParam);
            }
        }
        break;
    case WM_PAINT:
        {
            PAINTSTRUCT ps;
            HDC hdc = BeginPaint(hWnd, &ps);
            // TODO: 여기에 hdc를 사용하는 그리기 코드를 추가
            if (graph == IDM_RECT)
                Rectangle(hdc, 50, 50, 300, 400);
            else
                Ellipse(hdc, 50, 50, 300, 400);

            EndPaint(hWnd, &ps);
        }
        break;
    case WM_DESTROY:
        PostQuitMessage(0);
        break;
    default:
        return DefWindowProc(hWnd, message, wParam, lParam);
    }
    return 0;
}
// 정보 대화상자의 메시지 처리기
INT_PTR CALLBACK DlgProc(HWND hDlg, UINT message,
                        WPARAM wParam, LPARAM lParam)
{
    static HWND hWndParent;
    switch (message)
    {
    case WM_INITDIALOG:
        hWndParent = GetParent(hDlg); // 부모 윈도우
        return (INT_PTR)TRUE;
```

```
        case WM_COMMAND:
            switch(LOWORD(wParam))
            {
                case IDC_BUTTON1:
                    graph =IDM_RECT;
                    InvalidateRect(hWndParent, NULL, TRUE);
                    break;
                case IDC_BUTTON2:
                    graph = IDM_ELLIPSE;
                    InvalidateRect(hWndParent, NULL, TRUE);
                    break;
                case IDOK:
                case IDCANCEL:
                    EndDialog(hDlg, LOWORD(wParam));
                    break;
            }
            return (INT_PTR)TRUE;
    }
    return (INT_PTR)FALSE;
}
```

프로그램 설명

① 비지역 변수 graph의 값에 따라 윈도우 프로시저 WndProc의 WM_PAINT 메시지에서 사각형과 타원을 그린다.

② 대화상자 프로시저 DlgProc의 WM_INITDIALOG 메시지에서 GetParent 함수로 대화상자 hDlg의 부모 윈도우 핸들을 hWndParent에 저장한다.

③ 대화상자 프로시저의 WM_COMMAND 메시지에서 IDC_BUTTON1과 IDC_BUTTON2 버튼 컨트롤에 따라 비지역 변수 graph의 값을 변경한 뒤에 InvalidateRect 함수로 부모 윈도우 hWndParent을 무효화시켜 [그림 32.6]과 같이 사각형 또는 타원을 그린다.

④ DialogBox 함수에 의한 모달 대화상자이기 때문에 대화상자가 화면에 있는 동안 IDM_RECT 또는 IDM_ELLIPSE 메뉴 항목을 선택할 수 없다.

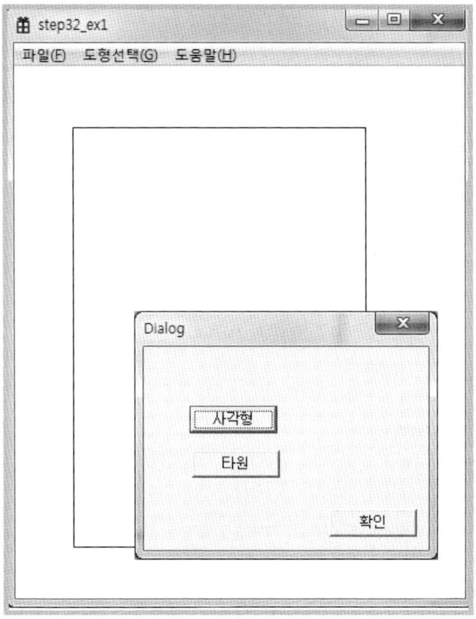

[그림 32.6] 메뉴 항목 선택 대화상자 1

[step32_ex2] 메뉴 항목 선택 대화상자 2(사용자 정의 메시지 전달)

```
// 이 코드 모듈에 포함된 함수의 선언을 전달
INT_PTR CALLBACK    About(HWND, UINT, WPARAM, LPARAM);
INT_PTR CALLBACK    DlgProc(HWND, UINT, WPARAM, LPARAM);

#define GRAPH_TYPE    WM_USER+1  // 사용자 정의 메시지
LRESULT CALLBACK WndProc(HWND hWnd, UINT message,
                                   WPARAM wParam, LPARAM lParam)
{
   static int graph = IDM_RECT;
   switch (message)
   {
      case GRAPH_TYPE:       // 사용자 정의 메시지 처리
         graph = (int)wParam;  // IDM_RECT, IDM_ELLIPSE
         InvalidateRect(hWnd, NULL, TRUE);
         break;
      case WM_COMMAND:
         {
            int wmId = LOWORD(wParam);
            // 메뉴 선택을 위한 구문 분석
            switch (wmId)
            {
               case IDM_DIALOG1:
                  DialogBox(hInst, MAKEINTRESOURCE(IDD_DIALOG1),
                                           hWnd, DlgProc);
                  break;
               case IDM_RECT:
```

```
                graph = IDM_RECT;
                InvalidateRect(hWnd, NULL, TRUE);
                break;
            case IDM_ELLIPSE:
                graph = IDM_ELLIPSE;
                InvalidateRect(hWnd, NULL, TRUE);
                break;
            case IDM_ABOUT:
                DialogBox(hInst, MAKEINTRESOURCE(IDD_ABOUTBOX),
                                        hWnd, About);
                break;
            case IDM_EXIT:
                DestroyWindow(hWnd);
                break;
            default:
                return DefWindowProc(hWnd, message,
                                wParam, lParam);
            }
        }
        break;
    case WM_PAINT:
        {
            PAINTSTRUCT ps;
            HDC hdc = BeginPaint(hWnd, &ps);
            // TODO: 여기에 hdc를 사용하는 그리기 코드를 추가

            if (graph == IDM_RECT)
                Rectangle(hdc, 50, 50, 300, 400);
            else
                Ellipse(hdc, 50, 50, 300, 400);

            EndPaint(hWnd, &ps);
        }
        break;
    case WM_DESTROY:
        PostQuitMessage(0);
        break;
    default:
        return DefWindowProc(hWnd, message, wParam, lParam);
    }
    return 0;
}

// 정보 대화상자의 메시지 처리기
INT_PTR CALLBACK DlgProc(HWND hDlg, UINT message,
                        WPARAM wParam, LPARAM lParam)
{
    static HWND hWndParent;
```

```
    switch (message)
    {
        case WM_INITDIALOG:
            hWndParent = GetParent(hDlg); // 부모 윈도우
            return (INT_PTR)TRUE;
        case WM_COMMAND:
            switch(LOWORD(wParam))
            {
                case IDC_BUTTON1:
                    SendMessage(hWndParent, GRAPH_TYPE,
                            (WPARAM)IDM_RECT, 0);
                    break;
                case IDC_BUTTON2:
                    SendMessage(hWndParent, GRAPH_TYPE,
                            (WPARAM)IDM_ELLIPSE, 0);
                    break;
                case IDOK:
                case IDCANCEL:
                    EndDialog(hDlg, LOWORD(wParam));
                    break;
            }
            return (INT_PTR)TRUE;
    }
    return (INT_PTR)FALSE;
}
```

프로그램 설명

① [step32_ex1] 예제와 같이 대화상자와 메뉴 리소스를 편집한다.

② 사용자 정의 메시지 GRAPH_TYPE을 WM_USER+1로 정의한다.

③ 윈도우 프로시저 WndProc에서 정적 지역 변수 graph를 선언하여 초기화한 뒤에 GRAPH_TYPE 사용자 정의 메시지 처리에서 (int)wParam을 graph에 저장하고, InvalidateRect 함수로 WM_PAINT 메시지를 생성하여 사각형 또는 타원을 그린다.

④ 대화상자 프로시저 DlgProc의 WM_INITDIALOG 메시지에서 GetParent 함수로 대화상자 hDlg의 부모 윈도우 핸들을 hWndParent에 저장한다.

⑤ 대화상자 프로시저의 WM_COMMAND 메시지에서 IDC_BUTTON1과 IDC_BUTTON2 버튼 컨트롤에 따라 SendMessage 함수로 부모 윈도우 hWndParent에 GRAPH_TYPE 메시지의 wParam에 IDM_RECT 또는 IDM_ELLIPSE를 보낸다. 실행 결과는 [step32_ex1]의 [그림 32.6]과 같다.

⑥ DialogBox 함수에 의한 모달 대화상자이기 때문에 대화상자가 화면에 있는 동안 IDM_RECT 또는 IDM_ELLIPSE 메뉴 항목을 선택할 수 없다.

[step32_ex3] 모드리스 대화상자(사용자 정의 메시지 전달)

```
// 이 코드 모듈에 포함된 함수의 선언을 전달
INT_PTR CALLBACK    About(HWND, UINT, WPARAM, LPARAM);
INT_PTR CALLBACK    DlgProc(HWND, UINT, WPARAM, LPARAM);
.....
#define GRAPH_TYPE   WM_USER+1  // 사용자 정의 메시지
HWND hDlgMain;                   // 대화상자 핸들, NULL 초기화
LRESULT CALLBACK WndProc(HWND hWnd, UINT message,
                         WPARAM wParam, LPARAM lParam)
{
   static int graph = IDM_RECT;

   switch (message)
   {
      case GRAPH_TYPE:          // 사용자 정의 메시지 처리
         graph = (int)wParam;   // IDM_RECT, IDM_ELLIPSE
         InvalidateRect(hWnd, NULL, TRUE);
         break;
      case WM_COMMAND:
         {
            int wmId = LOWORD(wParam);
            // 메뉴 선택을 위한 구문 분석
            switch (wmId)
            {
               case IDM_DIALOG1:
                  if (hDlgMain == NULL) // 대화상자가 없을 때, 생성
                  {
                     hDlgMain = CreateDialog(hInst,
                           MAKEINTRESOURCE(IDD_DIALOG1),
                           hWnd, DlgProc);
                     ShowWindow(hDlgMain, SW_SHOW);
                  }
               case IDM_RECT:
                  graph = IDM_RECT;
                  InvalidateRect(hWnd, NULL, TRUE);
                  break;
               case IDM_ELLIPSE:
                  graph = IDM_ELLIPSE;
                  InvalidateRect(hWnd, NULL, TRUE);
                  break;
               case IDM_ABOUT:
                  DialogBox(hInst, MAKEINTRESOURCE(IDD_ABOUTBOX),
                        hWnd, About);
                  break;
               case IDM_EXIT:
                  DestroyWindow(hWnd);
                  break;
               default:
```

```
                return DefWindowProc(hWnd, message,
                                wParam, lParam);
            }
        }
        break;
    case WM_PAINT:
        {
            PAINTSTRUCT ps;
            HDC hdc = BeginPaint(hWnd, &ps);
            // TODO: 여기에 hdc를 사용하는 그리기 코드를 추가
            if (graph == IDM_RECT)
                Rectangle(hdc, 50, 50, 300, 400);
            else
                Ellipse(hdc, 50, 50, 300, 400);
            EndPaint(hWnd, &ps);
        }
        break;
    case WM_DESTROY:
        PostQuitMessage(0);
        break;
    default:
        return DefWindowProc(hWnd, message, wParam, lParam);
    }
    return 0;
}

// 정보 대화상자의 메시지 처리기
INT_PTR CALLBACK DlgProc(HWND hDlg, UINT message,
                    WPARAM wParam, LPARAM lParam)
{
    static HWND hWndParent;
    switch (message)
    {
    case WM_INITDIALOG:
        hWndParent = GetParent(hDlg);    // 부모 윈도우
        return (INT_PTR)TRUE;
    case WM_COMMAND:
        switch(LOWORD(wParam))
        {
            case IDC_BUTTON1:
                SendMessage(hWndParent, GRAPH_TYPE,
                        (WPARAM)IDM_RECT, 0);
                break;
            case IDC_BUTTON2:
                SendMessage(hWndParent, GRAPH_TYPE,
                        (WPARAM)IDM_ELLIPSE, 0);
                break;
            case IDOK:
```

```
            case IDCANCEL:
                DestroyWindow(hDlg);  // 대화상자 파괴
                hDlgMain = NULL;        // 대화상자 윈도우 핸들 초기화
                break;
        }
        return (INT_PTR)TRUE;
    }
    return (INT_PTR)FALSE;
}
```

프로그램 설명

① [step32_ex2] 예제를 CreateDialog 함수로 모드리스 대화상자를 생성한다. 메뉴 리소스와 대화상자를 [step32_ex2]와 같이 편집한다.

② 윈도우 프로시저 WndProc의 WM_COMMAND 메시지에서 IDM_DIALOG1 메뉴 항목을 선택할 때 hDlgMain가 NULL이면 CreateDialog 함수로 대화상자를 생성하고 반환되는 대화상자 윈도우 핸들을 hDlgMain에 저장한 뒤에 ShowWindow 함수로 화면에 표시한다.

③ 대화상자 프로시저 DlgProc는 [step32_ex2] 예제와 같다. WM_INITDIALOG 메시지에서 hDlg는 hDlgMain와 같다. CreateDialog 함수로 생성한 모드리스 대화상자는 DestroyWindow 함수로 hDlg를 파괴하고, hDlgMain = NULL로 대화상자 윈도우 핸들 초기화한다.

④ CreateDialog 함수의 모드리스 대화상자이기 때문에 대화상자가 화면에 있는 동안 IDM_RECT 또는 IDM_ELLIPSE 메뉴 항목을 선택할 수 있고 부모 윈도우의 종료 버튼을 선택할 수도 있다. [그림 32.7]은 모드리스 대화상자의 결과이다.

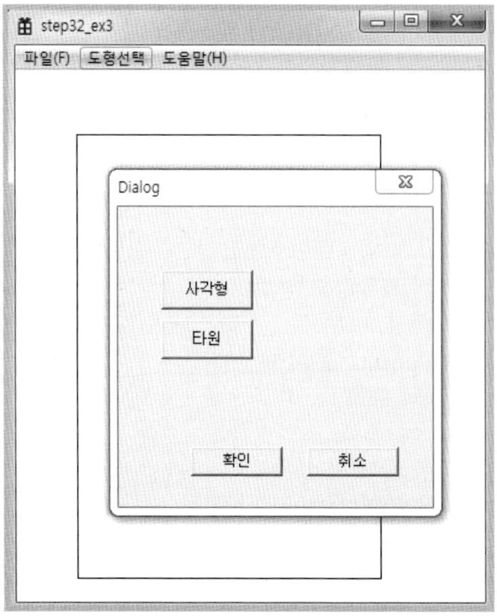

[그림 32.7] 모드리스 대화상자

step

33 대화상자 기반 응용 프로그램

대화상자 기반(dialog based) 응용 프로그램을 작성할 수 있다. 여기서는 비주얼 스튜디오 마법사로 생성한 기본 윈도우 응용 프로그램(SDI, 단일문서 인터페이스)을 DialogBox에 의한 모달 대화상자 기반 응용 프로그램으로 변경하는 방법을 설명하고, 7장의 예제를 대화상자 기반 응용 프로그램으로 작성한다.

[step33_ex1] 푸시 버튼 컨트롤(step25_ex1)

```
// step33_ex1.cpp : 응용 프로그램에 대한 진입점을 정의
//
#include "stdafx.h"
#include "step33_ex1.h"

// 전역 변수:
HINSTANCE hInst; // 현재 인스턴스입니다.

// 이 코드 모듈에 포함된 함수의 선언을 전달합니다:
INT_PTR CALLBACK    DlgProc(HWND, UINT, WPARAM, LPARAM);

int APIENTRY wWinMain(_In_ HINSTANCE hInstance,
                      _In_opt_ HINSTANCE hPrevInstance,
                      _In_ LPWSTR    lpCmdLine,
                      _In_ int       nCmdShow)
{
   hInst = hInstance;
   DialogBox(hInst, MAKEINTRESOURCE(IDD_DIALOG1), NULL, DlgProc);
   return 0;
}

// 정보 대화상자의 메시지 처리기
INT_PTR CALLBACK DlgProc(HWND hDlg, UINT message,
                         WPARAM wParam, LPARAM lParam)
{
   static int graph = IDC_BUTTON1;
   switch (message)
```

```
    {
    case WM_INITDIALOG:
        return (INT_PTR)TRUE;

    case WM_COMMAND:
        switch (LOWORD(wParam))
        {
            case IDC_BUTTON1:
                graph = IDC_BUTTON1;
                InvalidateRect(hDlg, NULL, TRUE);
                break;
            case IDC_BUTTON2:
                graph = IDC_BUTTON2;
                InvalidateRect(hDlg, NULL, TRUE);
                break;
            case IDOK:
            case IDCANCEL:
                EndDialog(hDlg, LOWORD(wParam));
                break;
        }
        return (INT_PTR)TRUE;
    case WM_PAINT:
        {
            PAINTSTRUCT ps;
            HDC hdc = BeginPaint(hDlg, &ps);
            // TODO: 여기에 hdc를 사용하는 그리기 코드를 추가
            if (graph == IDC_BUTTON1)
                Rectangle(hdc, 150, 50, 400, 400);
            else
                Ellipse(hdc, 150, 50, 400, 400);
            EndPaint(hDlg, &ps);
        }
        return (INT_PTR)TRUE;
    }
    return (INT_PTR)FALSE;
}
```

프로그램 설명

① 7장의 [step25_ex1 예제를 대화상자 기반으로 작성한다.

② "step33_ex1.rc" 파일의 리소스 뷰에서 대화상자 템플릿 IDD_DIALOG1을 추가하고 [확인] 버튼과 [취소] 버튼은 삭제한다. 실행결과를 보고 도구상자를 이용하여 [사각형] 버튼과 [타원] 버튼 컨트롤을 생성한 뒤에 [표 33.1]의 속성을 설정한다.

[표 33.1] 컨트롤의 주요 속성

컨트롤 종류	이름	값	설명
Button	ID	IDC_BUTTON1	
	Visible	True	컨트롤 보이기 설정
	Caption	사각형	타이틀
Button	ID	IDC_BUTTON2	
	Visible	True	컨트롤 보이기 설정
	Caption	타원	타이틀

③ wWinMain 함수에서 hInstance를 전역 변수 hInst에 저장하고, DialogBox 함수로 리소스 템플릿 IDD_DIALOG1, 부모 윈도우 NULL, 대화상자 프로시저 DlgProc로 대화상자를 생성한다. About 대화상자를 복사하고 수정하여 대화상자 프로시저 DlgProc를 작성한다. WM_COMMAND 메시지에서 IDC_BUTTON1과 IDC_BUTTON2 버튼을 처리하고 WM_PAINT 메시지를 추가하여 [그림 33.1]과 같이 사각형과 타원을 그린다.

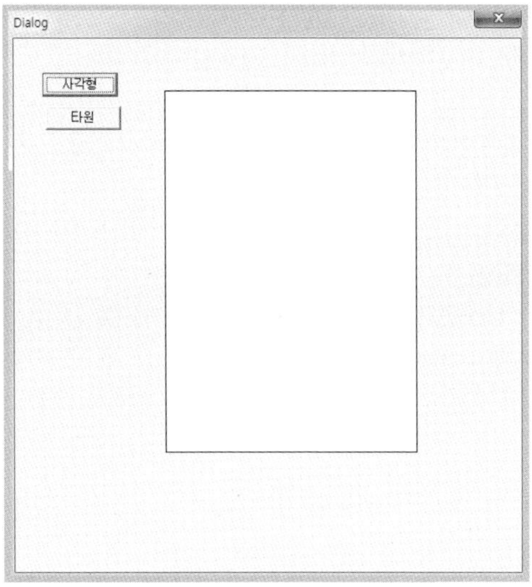

[그림 33.1] 푸시 버튼

[step33_ex2] 체크 박스 컨트롤(step25_ex2)

```
// step33_ex2.cpp : 응용 프로그램에 대한 진입점을 정의
//
#include "stdafx.h"
#include "step33_ex2.h"

// 전역 변수:
HINSTANCE hInst;      // 현재 인스턴스입니다.
// 이 코드 모듈에 포함된 함수의 선언을 전달
INT_PTR CALLBACK    DlgProc(HWND, UINT, WPARAM, LPARAM);
```

```
int APIENTRY wWinMain(_In_ HINSTANCE hInstance,
                      _In_opt_ HINSTANCE hPrevInstance,
                      _In_ LPWSTR    lpCmdLine,
                      _In_ int       nCmdShow)
{
   hInst = hInstance;
   DialogBox(hInst, MAKEINTRESOURCE(IDD_DIALOG1), NULL, DlgProc);
   return 0;
}

// 정보 대화상자의 메시지 처리기
INT_PTR CALLBACK DlgProc(HWND hDlg, UINT message,
                         WPARAM wParam, LPARAM lParam)
{
   static BOOL bRect = TRUE;
   static HWND hC1;
   switch (message)
   {
      case WM_INITDIALOG:
         hC1 = GetDlgItem(hDlg, IDC_CHECK1);
         SendMessage(hC1, BM_SETCHECK, BST_CHECKED, 0);
         return (INT_PTR)TRUE;
      case WM_COMMAND:
         switch (LOWORD(wParam))
         {
            case IDC_CHECK1://hC1 == (HWND)lParam;
               bRect = SendMessage(hC1,
                          BM_GETCHECK, 0, 0) == BST_CHECKED;
               InvalidateRect(hDlg, NULL, TRUE);
               break;
            case IDOK:
            case IDCANCEL:
               EndDialog(hDlg, LOWORD(wParam));
               break;
         }
         return (INT_PTR)TRUE;
      case WM_PAINT:
         {
            PAINTSTRUCT ps;
            HDC hdc = BeginPaint(hDlg, &ps);
            // TODO: 여기에 hdc를 사용하는 그리기 코드를 추가
            if (bRect)
               Rectangle(hdc, 150, 50, 400, 400);
            else
               Ellipse(hdc, 150, 50, 400, 400);
            EndPaint(hDlg, &ps);
         }
         return (INT_PTR)TRUE;
```

```
    }
    return (INT_PTR)FALSE;
}
```

프로그램 설명

① [step25_ex2]의 체크 박스 컨트롤 예제를 대화상자 기반으로 작성한다.
② 리소스에 대화상자 템플릿 IDD_DIALOG1을 추가하고, [확인] 버튼과 [취소] 버튼은 삭제하고, 실행결과를 보며 도구상자를 이용하여 [사각형] 체크 박스를 생성하고 [표 33.2]의 속성을 설정한다.

[표 33.2] 컨트롤의 주요 속성

컨트롤 종류	이름	값	설명
Check Box	ID	IDC_CHECK1	
	Auto	True	Auto 체크 박스
	Tri-state	False	체크, 언체크 상태의 체크 박스
	Visible	True	
	Caption	사각형	

③ wWinMain 함수에서 hInstance를 전역 변수 hInst에 저장하고, DialogBox 함수로 리소스 템플릿 IDD_DIALOG1, 부모 윈도우 NULL, 대화상자 프로시저 DlgProc로 대화상자를 생성한다.
④ About 대화상자를 복사하여 수정한 대화상자 프로시저 DlgProc의 WM_INITDIALOG 메시지에서 GetDlgItem 함수로 대화상자 hDlg의 IDC_CHECK1 체크 박스의 윈도우 핸들을 hC1에 저장하고, SendMessage 함수로 hC1에 BM_SETCHECK 메시지를 보내 BST_CHECKED 상태로 변경한다.
⑤ WM_COMMAND 메시지에서 SendMessage 함수로 IDC_CHECK1 체크 박스에 BM_GETCHECK 메시지를 보내 체크 상태를 bRect에 저장한 뒤에 InvalidateRect 함수로 WM_PAINT 메시지를 발생시켜 bRect의 값에 따라 [그림 33.2]와 같이 [사각형] 체크 항목을 체크하면 사각형을 그리고, 체크를 해제하면 타원을 그린다.

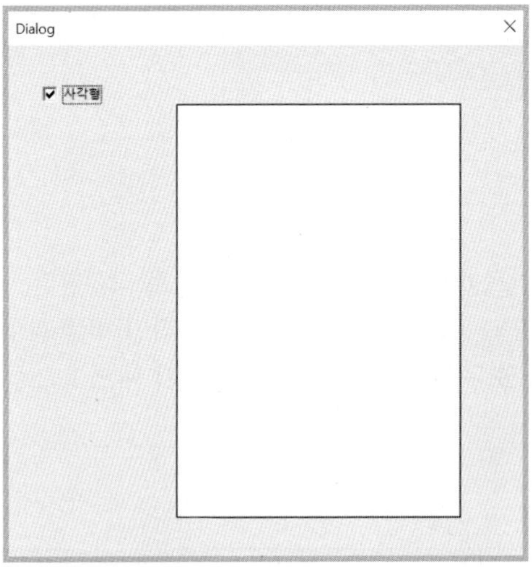

[그림 33.2] 체크 박스

[step33_ex3] 그룹 박스 라디오 버튼(step25_ex3)

```
// step33_ex3.cpp : 응용 프로그램에 대한 진입점을 정의
//
#include "stdafx.h"
#include "step33_ex3.h"

// 전역 변수:
HINSTANCE hInst;        // 현재 인스턴스입니다.
INT_PTR CALLBACK    DlgProc(HWND, UINT, WPARAM, LPARAM);

int APIENTRY wWinMain(_In_ HINSTANCE hInstance,
                      _In_opt_ HINSTANCE hPrevInstance,
                      _In_ LPWSTR    lpCmdLine,
                      _In_ int       nCmdShow)
{
   hInst = hInstance;
   DialogBox(hInst, MAKEINTRESOURCE(IDD_DIALOG1), NULL, DlgProc);
   return 0;
}

// 정보 대화상자의 메시지 처리기
INT_PTR CALLBACK DlgProc(HWND hDlg, UINT message,
                          WPARAM wParam, LPARAM lParam)
{
   static HWND   hR[8];
   static POINT  pts[2] = { {20, 250}, {300, 400} };
   static int penType = IDC_BLACK_PEN;
   static int brushType = IDC_WHITE_BRUSH;

   switch (message)
   {
```

```
    case WM_INITDIALOG:
        for(int i = 0; i < 8; i++)
            hR[i] = GetDlgItem(hDlg, IDC_NULL_PEN+i);
        SendMessage(hR[1], BM_SETCHECK, BST_CHECKED, 0);
        SendMessage(hR[5], BM_SETCHECK, BST_CHECKED, 0);
        return (INT_PTR)TRUE;
    case WM_COMMAND:
        switch (LOWORD(wParam))
        {
            case IDC_NULL_PEN:
                penType = IDC_NULL_PEN;
                break;
            case IDC_BLACK_PEN:
                penType = IDC_BLACK_PEN;
                break;
            case IDC_RED_PEN:
                penType = IDC_RED_PEN;
                break;
            case IDC_BLUE_PEN:
                penType = IDC_BLUE_PEN;
            case IDC_NULL_BRUSH:
                brushType = IDC_NULL_BRUSH;
                break;
            case IDC_WHITE_BRUSH:
                brushType = IDC_WHITE_BRUSH;
                break;
            case IDC_BLACK_BRUSH:
                brushType = IDC_BLACK_BRUSH;
                break;
            case IDC_BLUE_BRUSH:
                brushType = IDC_BLUE_BRUSH;
                break;
            case IDOK:
            case IDCANCEL:
                EndDialog(hDlg, LOWORD(wParam));
                break;
        }
        InvalidateRect(hDlg, NULL, TRUE);
        return (INT_PTR)TRUE;
    case WM_PAINT:
        {
            PAINTSTRUCT ps;
            HDC hdc = BeginPaint(hDlg, &ps);
            // TODO: 여기에 hdc를 사용하는 그리기 코드를 추가
            HPEN   hPen;
            HBRUSH hBrush;
            switch (penType)
            {
```

```
            case IDC_NULL_PEN:
                hPen = (HPEN)GetStockObject(NULL_PEN);
                break;
            case IDC_RED_PEN:
                hPen = CreatePen(PS_SOLID, 4, RGB(255, 0, 0));
                break;
            case IDC_BLUE_PEN:
                hPen = CreatePen(PS_SOLID, 4, RGB(0, 0, 255));
                break;
            default: //IDC_BLACK_PEN
                hPen = CreatePen(PS_SOLID, 4, RGB(0, 0, 0));
                break;
        }

        switch (brushType)
        {
            case IDC_NULL_BRUSH:
                hBrush = (HBRUSH)GetStockObject(NULL_BRUSH);
                break;
            case IDC_WHITE_BRUSH:
                // hBrush = CreateSolidBrush(RGB(255, 255, 255));
                hBrush = (HBRUSH)GetStockObject(WHITE_BRUSH);
                break;
            case IDC_BLUE_BRUSH:
                hBrush = CreateSolidBrush(RGB(0, 0, 255));
                break;
            default:    // IDC_BLACK_BRUSH
                // hBrush = CreateSolidBrush(RGB(0, 0, 0));
                hBrush = (HBRUSH)GetStockObject(BLACK_BRUSH);
                break;
        }

        HPEN oldPen = (HPEN)SelectObject(hdc, hPen);
        HBRUSH oldBrush = (HBRUSH)SelectObject(hdc, hBrush);

        Rectangle(hdc, pts[0].x, pts[0].y, pts[1].x, pts[1].y);

        SelectObject(hdc, oldPen);
        DeleteObject(hPen);
        SelectObject(hdc, oldBrush);
        DeleteObject(hBrush);
        EndPaint(hDlg, &ps);
      }
      return (INT_PTR)TRUE;
  }
  return (INT_PTR)FALSE;
}
```

프로그램 설명

① [step25_ex3]의 그룹 박스와 라디오 버튼 컨트롤 예제를 대화상자 기반으로 작성한다.
② 리소스에 대화상자 IDD_DIALOG1을 추가하고 [확인] 버튼과 [취소] 버튼은 삭제한다. 실행결과를 보고 도구상자를 이용하여 그룹 박스와 라디오 버튼 컨트롤을 생성하고 [표 33.3]의 속성을 설정한다. 모든 컨트롤의 Visible 속성은 True로 하여 바로 화면에 보이게 설정한다. 라디오 버튼의 Auto 속성은 True로 생성하여 라디오 버튼 체크를 컨트롤의 윈도우 프로시저가 자동으로 하도록 하고, 사용자는 메시지를 보내 체크 상태를 확인한다.

[표 33.3] 컨트롤의 주요 속성

컨트롤 종류	이름	값	설명
Group Box	ID	IDC_STATIC	
	Caption	Pen Color	
Group Box	ID	IDC_STATIC	
	Caption	Brush Color	
Radio Button	ID	IDC_NULL_PEN	
	Group	True	그룹 시작 설정
	Auto	True	
	Caption	NULL Pen	
Radio Button	ID	IDC_BLACK_PEN	
	Group	False	
	Auto	True	
	Caption	Black	
Radio Button	ID	IDC_RED_PEN	
	Group	False	
	Auto	True	
	Caption	Red	
Radio Button	ID	IDC_BLUE_PEN	
	Group	False	
	Auto	True	
	Caption	Blue	
Radio Button	ID	IDC_NULL_BRUSH	
	Group	True	그룹 시작 설정
	Auto	True	
	Caption	NULL Brush	

Radio Button	ID	IDC_WHITE_BRUSH	
	Group	False	
	Auto	True	
	Caption	White	
Radio Button	ID	IDC_BLACK_BRUSH	
	Group	False	
	Auto	True	
	Caption	Black	
Radio Button	ID	IDC_BLUE_BRUSH	
	Group	False	
	Auto	True	
	Caption	Blue	

③ wWinMain 함수에서 hInstance를 전역 변수 hInst에 저장하고, DialogBox 함수로 리소스 템플릿 DD_DIALOG1, 부모 윈도우 NULL, 대화상자 프로시저 DlgProc로 대화상자를 생성한다.

④ 대화상자 프로시저 DlgProc의 WM_INITDIALOG 메시지에서 GetDlgItem 함수로 라디오 버튼의 윈도우 핸들을 hR 배열에 저장한다. 컨트롤의 ID가 IDC_NULL_PEN = 1000부터 차례로 정의되어 있기 때문에 for 문을 사용할 수 있다("resource.h" 파일로부터 확인할 수 있다). SendMessage 함수로 BM_SETCHECK 메시지를 보내 hR[1]과 hR[5] 라디오 버튼을 BST_CHECKED 체크 상태로 변경한다.

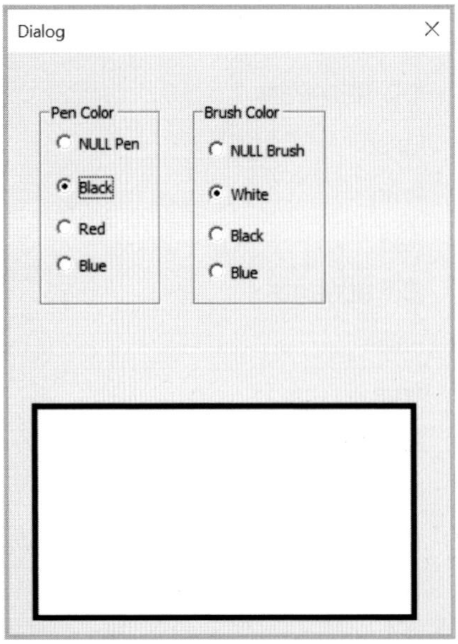

[그림 33.3] 그룹 박스와 라디오 버튼

⑤ WM_COMMAND 메시지에서 컨트롤의 선택에 따라 penType, brushType 변수에 컨트롤의 ID를 저장한다. InvalidateRect 함수로 WM_PAINT 메시지를 발생시켜 penType 값에 따라 hPen을 생성하고, brushType에 따라 hBrush를 생성하여 SelectObject 함수로 hdc의 펜과 브러시를 변경하고 [그림 33.3]과 같이 사각형을 그린다.

[step33_ex4] 비트맵 푸시 버튼 컨트롤(step25_ex4)

```
// step33_ex4.cpp : 응용 프로그램에 대한 진입점을 정의
//
#include "stdafx.h"
#include "step33_ex4.h"

// 전역 변수:
HINSTANCE hInst;      // 현재 인스턴스입니다.
INT_PTR CALLBACK   DlgProc(HWND, UINT, WPARAM, LPARAM);

int APIENTRY wWinMain(_In_ HINSTANCE hInstance,
                      _In_opt_ HINSTANCE hPrevInstance,
                      _In_ LPWSTR    lpCmdLine,
                      _In_ int       nCmdShow)
{
   hInst = hInstance;
   DialogBox(hInst, MAKEINTRESOURCE(IDD_DIALOG1), NULL, DlgProc);
   return 0;
}

// 정보 대화상자의 메시지 처리기
INT_PTR CALLBACK DlgProc(HWND hDlg, UINT message,
                         WPARAM wParam, LPARAM lParam)
{
   HWND hC1, hC2;
   static HBITMAP hBitmap1, hBitmap2;
   static int graph = IDC_BUTTON1;

   switch (message)
   {
      case WM_INITDIALOG:
         {
            hC1 = GetDlgItem(hDlg, IDC_BUTTON1);
            hC2 = GetDlgItem(hDlg, IDC_BUTTON2);

            // hC1에 생성한 비트맵 설정
            RECT rt;
            GetClientRect(hC1, &rt);
            HDC hDC = GetDC(hDlg);
            HDC memDC = CreateCompatibleDC(hDC);
            hBitmap1 = CreateCompatibleBitmap(hDC, rt.right, rt.bottom);
            SelectObject(memDC, hBitmap1);
```

```
            SetDCBrushColor(memDC, RGB(0, 0, 255));

            SetRect(&rt, rt.left + 5, rt.top + 5, rt.right - 5, rt.bottom - 5);
            FillRect(memDC, &rt, (HBRUSH)GetStockObject(DC_BRUSH));

            SetBkMode(memDC, TRANSPARENT);
            SetTextColor(memDC, RGB(255, 0, 0));
            DrawText(memDC, _T("사각형"), -1, &rt,
                DT_CENTER | DT_VCENTER | DT_SINGLELINE);
            DeleteDC(memDC);
            ReleaseDC(hDlg, hDC);
            SendMessage(hC1, BM_SETIMAGE,
                (WPARAM)IMAGE_BITMAP, (LPARAM)hBitmap1);

            // hC2에 로드한 비트맵 설정
            hBitmap2 = LoadBitmap(hInst,
                MAKEINTRESOURCE(IDB_BITMAP1));
            SendMessage(hC2, BM_SETIMAGE,
                (WPARAM)IMAGE_BITMAP, (LPARAM)hBitmap2);
            return (INT_PTR)TRUE;
        }
    case WM_COMMAND:
        switch (LOWORD(wParam))
        {
            case IDC_BUTTON1:
                graph = IDC_BUTTON1;
                InvalidateRect(hDlg, NULL, TRUE);
                break;
            case IDC_BUTTON2:
                graph = IDC_BUTTON2;
                InvalidateRect(hDlg, NULL, TRUE);
                break;
            case IDOK:
            case IDCANCEL:
                EndDialog(hDlg, LOWORD(wParam));
                return (INT_PTR)TRUE;
        }
        return (INT_PTR)TRUE;

    case WM_PAINT:
        {
            PAINTSTRUCT ps;
            HDC hdc = BeginPaint(hDlg, &ps);
            // TODO: 여기에 hdc를 사용하는 그리기 코드를 추가
            if (graph == IDC_BUTTON1)
                Rectangle(hdc, 150, 50, 400, 400);
            else
                Ellipse(hdc, 150, 50, 400, 400);
```

```
            EndPaint(hDlg, &ps);
        }
        return (INT_PTR)TRUE;
    }
    return (INT_PTR)FALSE;
}
```

프로그램 설명

① [step25_ex4]의 비트맵 버튼 컨트롤 예제를 대화상자 기반으로 작성한다.
② 리소스에 대화상자 템플릿 IDD_DIALOG1을 추가하고 [확인] 버튼과 [취소] 버튼은 삭제한다. 실행결과를 보고 도구상자를 이용하여 버튼 컨트롤을 생성하여 [표 33.4]의 속성을 설정한다. Bitmap 속성이 True이면 버튼의 캡션은 의미 없다. [리소스 추가(A)...]-[가져오기]를 사용하여 "ellipse.bmp" 파일을 IDB_BITMAP1 비트맵으로 가져온다.

[표 33.4] 컨트롤의 주요 속성

컨트롤 종류	이름	값	설명
Button	ID	IDC_BUTTON1	
	Bitmap	True	비트맵 버튼 설정
Button	ID	IDC_BUTTON2	
	Bitmap	True	비트맵 버튼 설정

③ wWinMain 함수에서 hInstance를 전역 변수 hInst에 저장하고, DialogBox 함수로 리소스 템플릿 IDD_DIALOG1, 부모 윈도우 NULL, 대화상자 프로시저 DlgProc로 대화상자를 생성한다.
④ 대화상자 프로시저 DlgProc의 WM_INITDIALOG 메시지에서 GetDlgItem 함수로 IDC_BUTTON1과 IDC_BUTTON2 버튼의 윈도우 핸들을 hC1과 hC2에 저장한다.
⑤ hC1 크기의 비트맵 hBitmap1을 생성하고, 메모리 memDC를 생성하여 비트맵을 연결하며 메모리 memDC에 RGB(0, 0, 255) 브러시로 채우고, _T("사각형")를 출력하여 비트맵을 생성한다. SendMessage 함수로 hC1에 BM_SETIMAGE 메시지를 보내 비트맵 hBitmap1을 버튼 이미지로 설정한다.
⑥ LoadBitmap 함수로 리소스의 비트맵 IDB_BITMAP1을 hBitmap2에 로드하고 SendMessage 함수로 hC2에 BM_SETIMAGE 메시지를 보내 비트맵 hBitmap2를 버튼 이미지로 설정한다.
⑦ WM_COMMAND 메시지에서 버튼 선택에 따라 graph에 IDC_BUTTON1 또는 IDC_BUTTON2를 저장하고 InvalidateRect 함수로 WM_PAINT 메시지를 발생시켜 [그림 33.4]와 같이 사각형 또는 타원을 그린다.

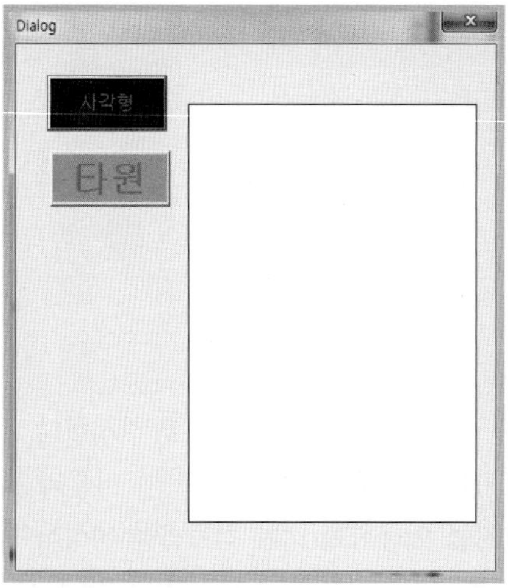

[그림 33.4] 비트맵 푸시 버튼

[step33_ex5] 에디트 컨트롤(step26_ex1)

```
// step33_ex5.cpp : 응용 프로그램에 대한 진입점을 정의
//
#include "stdafx.h"
#include "step33_ex5.h"

// 전역 변수:
HINSTANCE hInst;        // 현재 인스턴스입니다.
INT_PTR CALLBACK    DlgProc(HWND, UINT, WPARAM, LPARAM);

int APIENTRY wWinMain(_In_ HINSTANCE hInstance,
                      _In_opt_ HINSTANCE hPrevInstance,
                      _In_ LPWSTR    lpCmdLine,
                      _In_ int       nCmdShow)
{
    hInst = hInstance;
    DialogBox(hInst, MAKEINTRESOURCE(IDD_DIALOG1), NULL, DlgProc);
    return 0;
}

// 정보 대화상자의 메시지 처리기
INT_PTR CALLBACK DlgProc(HWND hDlg, UINT message,
                         WPARAM wParam, LPARAM lParam)
{
    static HWND  hAge, hName;
    static int   nAge = 21;
    static TCHAR szName[128] = _T("홍길동");
    static TCHAR szAge[128];

    switch (message)
    {
```

```
case WM_INITDIALOG:
    {
        hAge = GetDlgItem(hDlg, IDC_AGE);
        hName = GetDlgItem(hDlg, IDC_NAME);

        SetDlgItemInt(hDlg, IDC_AGE, nAge, FALSE);
        SetDlgItemText(hDlg, IDC_NAME, szName);
        wsprintf(szAge, _T("%d"), nAge);
        return (INT_PTR)TRUE;
    }
case WM_COMMAND:
    switch (LOWORD(wParam))
    {
        case IDC_AGE:
            if (HIWORD(wParam) == EN_CHANGE)
            {
                // TCHAR str[128];
                // GetWindowText(hAge, str, 128);
                // nAge = _wtoi(str);
                nAge=GetDlgItemInt(hDlg, IDC_AGE, NULL, FALSE);
                wsprintf(szAge, _T("%d"), nAge);
                InvalidateRect(hDlg, NULL, TRUE);
            }
            break;
        case IDC_NAME:
            if (HIWORD(wParam) == EN_CHANGE)
            {
                // GetWindowText(hName, szName, 128);
                GetDlgItemText(hDlg, IDC_NAME, szName, 128);
                InvalidateRect(hDlg, NULL, TRUE);
            }
            break;
        case IDOK:
        case IDCANCEL:
            EndDialog(hDlg, LOWORD(wParam));
            break;
    }
    return (INT_PTR)TRUE;
case WM_PAINT:
    {
        PAINTSTRUCT ps;
        HDC hdc = BeginPaint(hDlg, &ps);
        // TODO: 여기에 hdc를 사용하는 그리기 코드를 추가
        TextOut(hdc, 20, 120, szAge, lstrlen(szAge));
        TextOut(hdc, 20, 140, szName, lstrlen(szName));
        EndPaint(hDlg, &ps);
    }
    return (INT_PTR)TRUE;
```

```
    }
    return (INT_PTR)FALSE;
}
```

프로그램 설명

① [step26_ex1]의 에디트 컨트롤 예제를 대화상자 기반으로 작성한다.
② 리소스에 대화상자 템플릿 IDD_DIALOG1을 추가하고, [확인] 버튼과 [취소] 버튼은 삭제한다. 실행결과를 보고 도구상자를 이용하여 에디트 컨트롤을 생성하고 [표 33.5]의 속성을 설정한다.

[표 33.5] 컨트롤의 주요 속성

컨트롤 종류	이름	값	설명
Edit	ID	IDC_AGE	
	Number	True	숫자만 입력
Edit	ID	IDC_NAME	
	Number	False	

③ 대화상자 프로시저 DlgProc의 WM_INITDIALOG 메시지에서 GetDlgItem 함수로 IDC_AGE와 IDC_NAME 컨트롤의 윈도우 핸들을 hAge와 hName에 저장한다. SetDlgItemInt 함수로 nAge를 IDC_AGE 컨트롤에 출력하고, SetDlgItemText 함수로 szName을 IDC_NAME 컨트롤에 출력한다. wsprintf 함수로 정수 nAge를 문자열 szAge에 출력한다.

[그림 33.5] 에디트 컨트롤

④ WM_COMMAND 메시지의 IDC_AGE 에디트 컨트롤에서 숫자가 변경되면 IDC_AGE 컨트롤의 값을 정수 변수 nAge에 저장하고, wsprintf 함수로 nAge를 문자열 szAge에 출력하고, InvalidateRect 함수로 WM_PAINT 메시지를 발생시킨다.
⑤ IDC_NAME 에디트 컨트롤에서 문자열이 변경되면 IDC_NAME 컨트롤의 문자열을 szName에 가져오고, InvalidateRect 함수로 WM_PAINT 메시지를 발생시켜 TextOut

함수로 szAge, szName을 [그림 33.5]와 같이 출력한다.

**[step33_ex6] 멀티 라인 에디트 컨트롤(step26_ex2)
크기 변경이 가능한 대화상자, WM_SIZE와 WM_DESTROY 메시지 처리**

```
// step33_ex6.cpp : 응용 프로그램에 대한 진입점을 정의
//
#include "stdafx.h"
#include "step33_ex6.h"

// 전역 변수:
HINSTANCE hInst;      // 현재 인스턴스
INT_PTR CALLBACK    DlgProc(HWND, UINT, WPARAM, LPARAM);

int APIENTRY wWinMain(_In_ HINSTANCE hInstance,
                      _In_opt_ HINSTANCE hPrevInstance,
                      _In_ LPWSTR    lpCmdLine,
                      _In_ int       nCmdShow)
{
   hInst = hInstance;
   DialogBox(hInst, MAKEINTRESOURCE(IDD_DIALOG1), NULL, DlgProc);
   return 0;
}
// 정보 대화상자의 메시지 처리기
#define MAX_STRING  5000
INT_PTR CALLBACK DlgProc(HWND hDlg, UINT message,
                         WPARAM wParam, LPARAM lParam)
{
   static HWND    hEdit;
   static LPTSTR  pszBuf;  // TCHAR *pszBuf;
   static int     cxClient, cyClient;

   switch (message)
   {
      case WM_INITDIALOG:
         {
            hEdit = GetDlgItem(hDlg, IDC_EDIT1);
            SetFocus(hEdit);
            pszBuf = (LPTSTR)LocalAlloc(
                        LPTR,MAX_STRING * sizeof(TCHAR));
            return (INT_PTR)TRUE;
         }
      case WM_SIZE:
         cxClient = LOWORD(lParam);
         cyClient = HIWORD(lParam);
         SetWindowPos(hEdit, NULL, 0, 0, cxClient, cyClient,
                        SWP_NOREDRAW);
         return (INT_PTR)TRUE;
```

```
        case WM_COMMAND:
            switch (LOWORD(wParam))
            {
                case IDC_EDIT1:
                    if (HIWORD(wParam) == EN_CHANGE)
                    {
                        GetWindowText(hEdit, pszBuf, MAX_STRING);
                        // GetDlgItemText(hWnd, IDC_EDIT1,
                                    pszBuf, MAX_STRING);
                    }
                    break;
                case IDOK:
                case IDCANCEL:
                    EndDialog(hDlg, LOWORD(wParam));
                    break;
            }
            return (INT_PTR)TRUE;
        case WM_DESTROY:
            LocalFree(pszBuf);
            return (INT_PTR)TRUE;
    }
    return (INT_PTR)FALSE;
}
```

프로그램 설명

① [step26_ex2]의 멀티 에디트 컨트롤 예제를 대화상자 기반으로 작성한다.

② 리소스에 대화상자 IDD_DIALOG1을 추가하고, [확인] 버튼과 [취소] 버튼을 삭제한 뒤에 [표 33.6]의 IDD_DIALOG1 속성을 변경하여 대화상자에서 WM_SIZE 메시지가 발생하고, 대화상자의 크기를 변경할 수 있게 한다.

[표 33.6] IDD_DIALOG1의 주요 속성

이름	값	설명
ID	IDD_DIALOG1	
Border	Resizing	크기변경 가능
Style	Overlapped	대화상자 프레임이 있고, WM_SIZE

③ 실행결과를 보고 도구상자를 이용하여 에디트 컨트롤을 생성하고, [표 33.7]의 속성을 설정한다. Multiline 속성과 Want Return 속성을 True로 설정하여 Enter 키로 줄을 변경할 수 있게 한다.

[표 33.7] 컨트롤의 주요 속성

컨트롤 종류	이름	값	설명
Edit	ID	IDC_EDIT1	
	Multiline	True	다중 라인 설정
	Want Return	True	Enter 키
	Auto HScroll	False	수평 스크롤 없음
	Auto VScroll	False	수직 스크롤 없음
	Border	True	테두리 있음

③ 대화상자 프로시저 DlgProc의 WM_INITDIALOG 메시지에서 GetDlgItem 함수로 IDC_EDIT1 컨트롤의 윈도우 핸들을 hEdit에 저장한다. LocalAlloc 함수로 최대 문자열 pszBuf에 할당한다.
④ WM_SIZE 메시지에서 클라이언트 영역의 크기를 cxClient와 cyClient에 저장하고, SetWindowPos 함수로 대화상자 크기를 변경한다.
⑤ WM_COMMAND 메시지의 IDC_EDIT1 컨트롤의 문자열이 변경되면 pszBuf에 읽어 저장한다.
⑥ WM_DESTROY 메시지에서 LocalFree 함수로 pszBuf 메모리를 해제한다.
⑦ 대화상자의 크기를 변경하면, 그에 따라 에디트 컨트롤의 크기도 변경한다. [그림 33.6]은 실행결과이다.

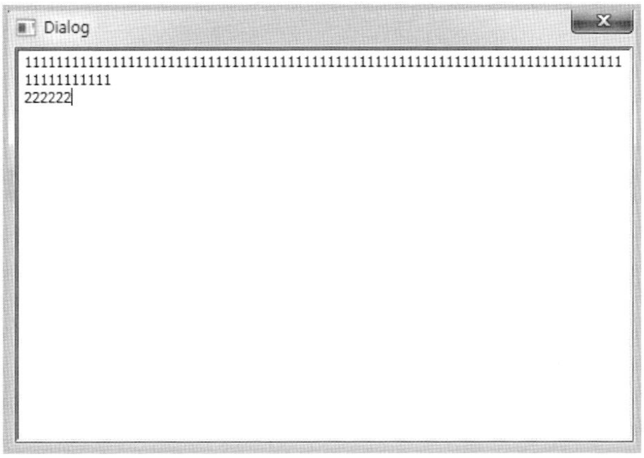

[그림 33.6] 멀티 라인 에디트 컨트롤

[step33_ex7] 리스트 박스(step27_ex1)

```
// step33_ex7.cpp : 응용 프로그램에 대한 진입점을 정의
//
#include "stdafx.h"
#include "step33_ex7.h"

// 전역 변수:
HINSTANCE hInst;        // 현재 인스턴스
INT_PTR CALLBACK    DlgProc(HWND, UINT, WPARAM, LPARAM);

int APIENTRY wWinMain(_In_ HINSTANCE hInstance,
                      _In_opt_ HINSTANCE hPrevInstance,
                      _In_ LPWSTR    lpCmdLine,
                      _In_ int       nCmdShow)
{
   hInst = hInstance;
   DialogBox(hInst, MAKEINTRESOURCE(IDD_DIALOG1), NULL, DlgProc);
   return 0;
}
// 정보 대화상자의 메시지 처리기
LPCTSTR items[] = { _T("직선"), _T("타원"), _T("사각형") };
enum { LINE, ELLIPSE, RECTANGLE };
INT_PTR CALLBACK DlgProc(HWND hDlg, UINT message,
                         WPARAM wParam, LPARAM lParam)
{
   HWND hList;
   static int  graphType = LINE;
   static POINT pts[] = { {200, 50}, {300, 300} };

   switch (message)
   {
      case WM_INITDIALOG:
         {
            hList = GetDlgItem(hDlg, IDC_LIST1);
            SetFocus(hList);
            for (int i = 0; i < 3; i++)
               SendMessage(hList,LB_ADDSTRING, 0, (LPARAM)items[i]);
            SendMessage(hList, LB_SETCURSEL, LINE, 0);
            return (INT_PTR)TRUE;
         }
      case WM_COMMAND:
         switch (LOWORD(wParam))
         {
            case IDC_LIST1:
               if (HIWORD(wParam) == LBN_SELCHANGE)
               {
                  TCHAR  str[128];
                  graphType = (int)SendMessage((HWND)lParam,
```

```
                    LB_GETCURSEL, 0, 0); // lParam == hList
                SendMessage((HWND)lParam, LB_GETTEXT,
                    graphType, (LPARAM)str);
                SetWindowText(hDlg, str);
                InvalidateRect(hDlg, NULL, TRUE);
            }
            break;
        case IDOK:
        case IDCANCEL:
            EndDialog(hDlg, LOWORD(wParam));
            break;
        }
        return (INT_PTR)TRUE;
    case WM_PAINT:
        {
        PAINTSTRUCT ps;
        HDC hdc = BeginPaint(hDlg, &ps);
        // TODO: 여기에 hdc를 사용하는 그리기 코드를 추가
        switch (graphType)
        {
            case LINE:
                MoveToEx(hdc, pts[0].x, pts[0].y, NULL);
                LineTo(hdc, pts[1].x, pts[1].y);
                break;
            case RECTANGLE:
                Rectangle(hdc, pts[0].x, pts[0].y, pts[1].x, pts[1].y);
                break;
            case ELLIPSE:
                Ellipse(hdc, pts[0].x, pts[0].y, pts[1].x, pts[1].y);
                break;
        }
        EndPaint(hDlg, &ps);
        }
        return (INT_PTR)TRUE;
    }
    return (INT_PTR)FALSE;
}
```

프로그램 설명

① [step27_ex1]의 리스트 박스 컨트롤 예제를 대화상자 기반으로 작성한다.

② 리소스에 대화상자 IDD_DIALOG1을 추가하고, [확인] 버튼과 [취소] 버튼을 삭제한 뒤에 실행결과를 보고 도구상자를 이용하여 리스트 박스를 생성하고 [표 33.8]의 속성을 설정한다. Sort 속성을 False로 설정하여 항목을 정렬하지 않는다.

[표 33.8] 컨트롤의 주요 속성

컨트롤 종류	이름	값	설명
List Box	ID	IDC_LIST1	
	Sort	False	항목 정렬 안 함
	Selection	Single	단일 항목 선택
	Notify	True	부모에게 통지 코드 전달

③ 대화상자 프로시저 DlgProc의 WM_INITDIALOG 메시지에서 GetDlgItem 함수로 IDC_LIST1 컨트롤의 윈도우 핸들을 hList에 저장한다. SendMessage 함수로 LB_ADDSTRING 메시지를 사용하여 items[i] 문자열을 리스트 박스에 추가한다. SendMessage 함수로 LB_SETCURSEL 메시지로 LINE 항목을 선택한다.
④ WM_COMMAND 메시지의 IDC_LIST1 리스트 박스 컨트롤에서 LBN_SELCHANGE 통지 코드가 오면 SendMessage 함수로 LB_GETCURSEL 메시지를 보내서 현재의 선택 항목을 반환하여 graphType에 저장하고, LB_GETTEXT 메시지를 보내 graphType 항목의 문자열을 str 배열에 저장한다. SetWindowText 함수로 str을 대화상자 타이틀에 저장하고 InvalidateRect 함수로 WM_PAINT 메시지를 생성한다.
④ WM_PAINT 메시지에서 graphType에 따라 pts 배열의 좌표로 [그림 33.7]과 같이 직선이나 사각형 또는 타원으로 그린다.

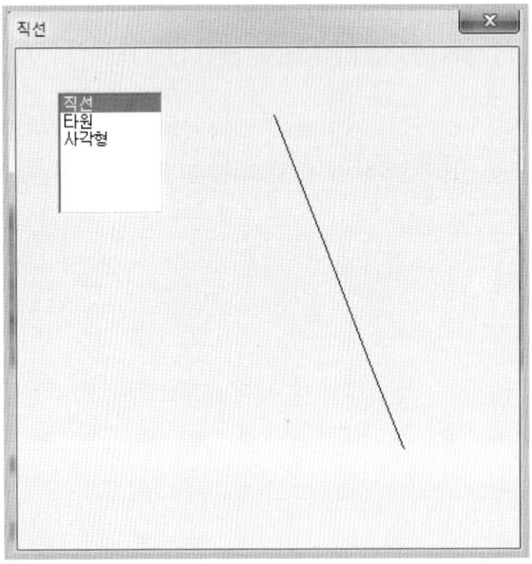

[그림 33.7] 리스트 박스

[step33_ex8] 콤보 박스(step28_ex1)

```
// step33_ex8.cpp : 응용 프로그램에 대한 진입점을 정의합니다.
//
#include "stdafx.h"
#include "step33_ex8.h"

// 전역 변수:
HINSTANCE hInst;        // 현재 인스턴스입니다.
INT_PTR CALLBACK    DlgProc(HWND, UINT, WPARAM, LPARAM);

int APIENTRY wWinMain(_In_ HINSTANCE hInstance,
                     _In_opt_ HINSTANCE hPrevInstance,
                     _In_ LPWSTR    lpCmdLine,
                     _In_ int       nCmdShow)
{
   hInst = hInstance;
   DialogBox(hInst, MAKEINTRESOURCE(IDD_DIALOG1), NULL, DlgProc);
   return 0;
}
// 정보 대화상자의 메시지 처리기
LPCTSTR items[] = { _T("직선"), _T("타원"), _T("사각형") };
enum { LINE, ELLIPSE, RECTANGLE };

INT_PTR CALLBACK DlgProc(HWND hDlg, UINT message,
                          WPARAM wParam, LPARAM lParam)
{
   HWND hList;
   static int  graphType = LINE;
   static POINT pts[] = { {200, 50}, {300, 300} };

   switch (message)
   {
      case WM_INITDIALOG:
         {
            hCombo = GetDlgItem(hDlg, IDC_COMBO1);
            SetFocus(hCombo);
            for (int i = 0; i < 3; i++)
               SendMessage(hCombo,CB_ADDSTRING, 0, (LPARAM)items[i]);
            SendMessage(hCombo, CB_SETCURSEL, LINE, 0);
            return (INT_PTR)TRUE;
         }
      case WM_COMMAND:
         {
            int i;
            TCHAR  str[128];
            switch (LOWORD(wParam))
            {
               case IDC_COMBO1:
```

```
                switch (HIWORD(wParam))
                {
                    case CBN_SELCHANGE:
                        graphType = (int)SendMessage((HWND)lParam,
                            CB_GETCURSEL, 0, 0); // lParam == hCombo
                        SendMessage((HWND)lParam, CB_GETLBTEXT,
                            graphType, (LPARAM)str);
                        SetWindowText(hDlg, str);
                        InvalidateRect(hDlg, NULL, TRUE);
                        break;
                    case CBN_EDITCHANGE:
                        GetWindowText((HWND)lParam, str, 128);
                        // CB_FINDSTRING, CB_FINDSTRINGEXACT 메시지
                        i = (int)SendMessage((HWND)lParam,
                            CB_SELECTSTRING, 1, (LPARAM)str);
                        if (i != CB_ERR)
                        {
                            graphType = i;
                            InvalidateRect(hDlg, NULL, TRUE);
                        }
                        SetWindowText(hDlg, str);
                        break;
                }
                break;
            case IDOK:
            case IDCANCEL:
                EndDialog(hDlg, LOWORD(wParam));
                break;
        }
        return (INT_PTR)TRUE;
    }
case WM_PAINT:
    {
        PAINTSTRUCT ps;
        HDC hdc = BeginPaint(hDlg, &ps);
        // TODO: 여기에 hdc를 사용하는 그리기 코드를 추가
        switch (graphType)
        {
            case LINE:
                MoveToEx(hdc, pts[0].x, pts[0].y, NULL);
                LineTo(hdc, pts[1].x, pts[1].y);
                break;
            case RECTANGLE:
                Rectangle(hdc, pts[0].x, pts[0].y, pts[1].x, pts[1].y);
                break;
            case ELLIPSE:
                Ellipse(hdc, pts[0].x, pts[0].y, pts[1].x, pts[1].y);
                break;
```

```
                }
                EndPaint(hDlg, &ps);
            }
            return (INT_PTR)TRUE;
    }
    return (INT_PTR)FALSE;
}
```

프로그램 설명

① [step28_ex1]의 콤보 박스 컨트롤 예제를 대화상자 기반으로 작성한다.
② 리소스에 대화상자 IDD_DIALOG1을 추가하고, [확인] 버튼과 [취소] 버튼을 삭제한 뒤에 실행결과를 보고 도구상자를 이용하여 콤보 박스 컨트롤을 생성한다. 주의할 것은 마우스로 콤보 박스의 영역을 아래로 충분히 늘려야 한다. 생성된 콤보 박스 컨트롤은 [표 33.9]의 속성을 설정한다. Sort 속성을 False로 설정하여 항목을 정렬하지 않고, Type을 Dropdown으로 설정한다.

[표 33.9] 컨트롤의 주요 속성

컨트롤 종류	이름	값	설명
Combo Box	ID	IDC_COMBO1	
	Type	Dropdown	Simple, Dropdown, Drop list
	Sort	False	

③ 대화상자 프로시저 DlgProc의 WM_INITDIALOG 메시지에서 GetDlgItem 함수로 IDC_COMBO1 컨트롤의 윈도우 핸들을 hCombo에 저장한다. SendMessage 함수로 CB_ADDSTRING 메시지를 사용하여 items[i] 문자열을 콤보 박스에 추가한다. SendMessage 함수로 CB_SETCURSEL 메시지로 LINE 항목을 선택한다.
④ WM_COMMAND 메시지의 IDC_COMBO1 콤보 박스에서 통지 코드가 CBN_SELCHANGE이면 SendMessage 함수로 CB_GETCURSEL 메시지를 보내 현재의 선택 항목을 반환하여 graphType에 저장하고, CB_GETLBTEXT 메시지를 보내 graphType 항목의 문자열을 str 배열에 저장한다. SetWindowText 함수로 str을 대화상자 타이틀에 저장하고, InvalidateRect 함수로 WM_PAINT 메시지를 생성한다.
⑤ 통지 코드가 CBN_EDITCHANGE이면 GetWindowText 함수로 문자열을 str에 가져와서 SendMessage 함수로 CB_SELECTSTRING 메시지를 str 문자열의 항목 번호 i를 찾아 오류가 아니면 graphType에 저장하고, InvalidateRect 함수로 WM_PAINT 메시지를 생성하여 graphType에 따라 pts 배열의 좌표를 [그림 33.8]과 같이 직선, 사각형, 타원으로 그린다. [그림 33.8](a)은 Dropdown 타입 콤보 박스이고, [그림 33.8](b)은 Simple 타입 콤보 박스이다.

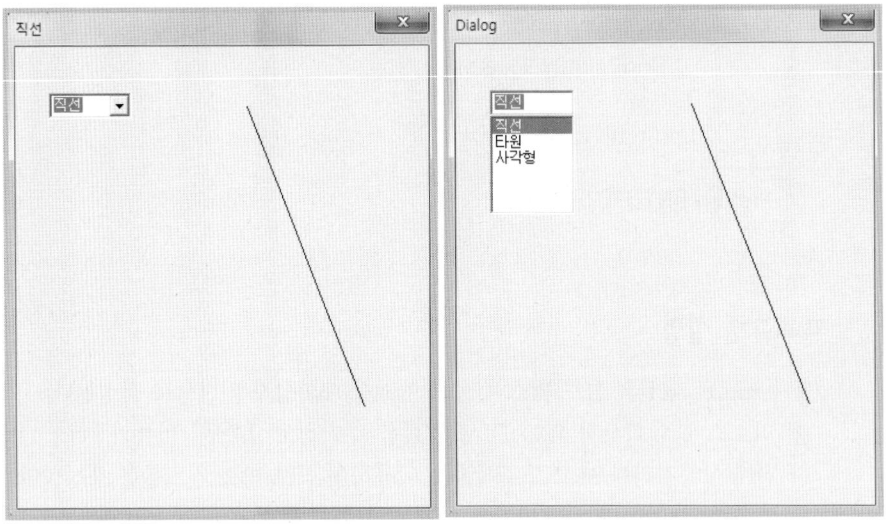

(a) Type = Dropdown (b) Type = Simple

[그림 33.8] 콤보 박스

[step33_ex9] 정적 컨트롤(step29_ex1)

```
// step33_ex9.cpp : 응용 프로그램에 대한 진입점을 정의
//
#include "stdafx.h"
#include "step33_ex9.h"

// 전역 변수:
HINSTANCE hInst;        // 현재 인스턴스입니다.
INT_PTR CALLBACK    DlgProc(HWND, UINT, WPARAM, LPARAM);

int APIENTRY wWinMain(_In_ HINSTANCE hInstance,
                      _In_opt_ HINSTANCE hPrevInstance,
                      _In_ LPWSTR    lpCmdLine,
                      _In_ int       nCmdShow)
{
   hInst = hInstance;
   DialogBox(hInst, MAKEINTRESOURCE(IDD_DIALOG1), NULL, DlgProc);
   return 0;
}

// 정보 대화상자의 메시지 처리기
INT_PTR CALLBACK DlgProc(HWND hDlg, UINT message,
                         WPARAM wParam, LPARAM lParam)
{
   static int  nCount = 10;
   static BOOL bTimer = FALSE;

   switch (message)
   {
```

```
    case WM_INITDIALOG:
        {
            SetDlgItemInt(hDlg, IDC_COUNTER, nCount, FALSE);
            return (INT_PTR)TRUE;
        }
    case WM_TIMER:
        nCount--;
        SetDlgItemInt(hDlg, IDC_COUNTER, nCount, FALSE);
        if (nCount == 0)
            SendDlgItemMessage(hDlg, IDC_BUTTON2, BM_CLICK, 0,0);
        return (INT_PTR)TRUE;
    case WM_COMMAND:
        {
            switch (LOWORD(wParam))
            {
                case IDC_BUTTON1:
                    if (bTimer) {
                        bTimer = FALSE;
                        KillTimer(hDlg, 1);
                        SetDlgItemText(hDlg,IDC_BUTTON1, _T("Start"));
                    }
                    else {
                        bTimer = TRUE;
                        SetTimer(hDlg, 1, 1000, NULL);
                        SendMessage(hDlg, WM_TIMER, 1, 0);
                        SetDlgItemText(hDlg,IDC_BUTTON1, _T("Stop"));
                    }
                    break;
                case IDC_BUTTON2:
                    bTimer = FALSE;
                    nCount = 10;
                    KillTimer(hDlg, 1);
                    SetDlgItemInt(hDlg, IDC_COUNTER, nCount, FALSE);
                    SetDlgItemText(hDlg, IDC_BUTTON1, _T("Start"));
                    break;
                case IDOK:
                case IDCANCEL:
                    EndDialog(hDlg, LOWORD(wParam));
                    break;
            }
            return (INT_PTR)TRUE;
        }
    case WM_DESTROY:
        if (bTimer)
            KillTimer(hDlg, 1);
        return (INT_PTR)TRUE;
  }
  return (INT_PTR)FALSE;
}
```

프로그램 설명

① [step29_ex1]의 정적 컨트롤 예제를 대화상자 기반으로 작성한다.
② 리소스에 대화상자 IDD_DIALOG1을 추가하고, [확인] 버튼과 [취소] 버튼을 삭제한 뒤에 실행결과를 보고 도구상자를 이용하여 정적 컨트롤과 푸시 버튼을 생성한다. 생성된 정적 컨트롤과 푸시 버튼의 속성을 [표 33.10]과 같이 설정한다.

[표 33.10] 컨트롤의 주요 속성

컨트롤 종류	이름	값	설명
Static Text	ID	IDC_STATIC	변경 안 할 정적 컨트롤
	Caption	COUNTER	
Static Text	ID	IDC_COUNTER	카운터를 출력
	Align Text	Center	
	Sunken	True	움푹 들어간 모양
Button	ID	IDC_BUTTON1	
	Caption	Start	
Button	ID	IDC_BUTTON2	
	Caption	Reset	

③ 대화상자 프로시저 DlgProc의 WM_INITDIALOG 메시지에서 SetDlgItemInt 함수로 변수 nCount의 값을 IDC_COUNTER에 출력한다.
④ WM_COMMAND 메시지의 IDC_BUTTON1 컨트롤에서 bTimer가 TRUE이면 타이머를 해제하고, IDC_BUTTON1의 타이틀을 _T("Start")로 변경한다. bTimer가 FALSE이면 타이머를 설정하고, IDC_BUTTON1의 타이틀을 _T("Stop")으로 변경한다. IDC_BUTTON2 컨트롤은 [Reset] 버튼이다. [Reset] 버튼에서는 bTimer를 FALSE, nCount = 10으로 설정하여 타이머를 해제하고 초기화한 뒤에 nCount를 IDC_COUNTER 컨트롤에 출력하고 IDC_BUTTON1의 타이틀을 _T("Start")로 변경한다.
⑤ WM_DESTROY 메시지에서 bTimer가 TRUE이면 타이머를 해제한다. [그림 33.9]는 실행결과이다.

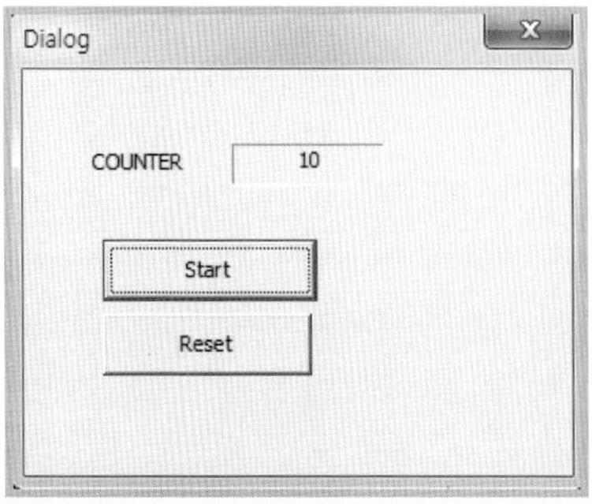

[그림 33.9] 정적 컨트롤

[step33_ex10] Picture 컨트롤(step29_ex2)

```
// step33_ex10.cpp : 응용 프로그램에 대한 진입점을 정의
//
#include "stdafx.h"
#include "step33_ex10.h"

// 전역 변수:
HINSTANCE hInst;       // 현재 인스턴스
INT_PTR CALLBACK    DlgProc(HWND, UINT, WPARAM, LPARAM);

int APIENTRY wWinMain(_In_ HINSTANCE hInstance,
                      _In_opt_ HINSTANCE hPrevInstance,
                      _In_ LPWSTR    lpCmdLine,
                      _In_ int       nCmdShow)
{
   hInst = hInstance;
   DialogBox(hInst, MAKEINTRESOURCE(IDD_DIALOG1), NULL, DlgProc);
   return 0;
}

// 정보 대화상자의 메시지 처리기
INT_PTR CALLBACK DlgProc(HWND hDlg, UINT message,
                         WPARAM wParam, LPARAM lParam)
{
   static HBITMAP hBit;
   static HWND hPicture;

   switch (message)
   {
      case WM_INITDIALOG:
         {
            // IDC_PICTURE1 컨트롤의 Image 속성이 IDB_BITMAP1이면
            // 설정 필요 없음
            hBit = LoadBitmap(hInst, MAKEINTRESOURCE(IDB_BITMAP1));
            hPicture =GetDlgItem(hDlg, IDC_PICTURE1);
            SendMessage(hPicture, STM_SETIMAGE,
                     (WPARAM)IMAGE_BITMAP, (LPARAM)hBit);
            return (INT_PTR)TRUE;
         }
      case WM_COMMAND:
         {
            switch (LOWORD(wParam))
            {
               case IDC_PICTURE1:
                  if (HIWORD(wParam) == STN_CLICKED)
                     MessageBox(hDlg, _T("Click"), _T("Msg"), MB_OK);
                  break;
               case IDOK:
```

```
                case IDCANCEL:
                    EndDialog(hDlg, LOWORD(wParam));
                    break;
            }
            return (INT_PTR)TRUE;
        }
    case WM_DESTROY:
        DeleteObject(hBit);
        return (INT_PTR)TRUE;
    }
    return (INT_PTR)FALSE;
}
```

프로그램 설명

① [step29_ex2]의 비트맵 정적 컨트롤 예제를 대화상자 기반으로 작성한다.
② 리소스에 "WelcomeScan.bmp" 파일을 가져와 IDB_BITMAP1 비트맵에 생성한다. 대화상자 IDD_DIALOG1을 추가하고, [확인] 버튼과 [취소] 버튼을 삭제한 뒤에 실행결과를 보고 도구상자를 이용하여 Picture 컨트롤을 생성한다. Picture 컨트롤의 속성은 [표 33.11]과 같이 설정한다. Picture 컨트롤은 정적 컨트롤이다. 통지 코드를 받기 위해서는 IDC_PICTURE1의 값을 "resource.h"에서 -1이 아닌 값으로 정의해야 한다. Type 속성을 Bitmap으로 설정하고, Image 속성에서 IDB_BITMAP1을 선택하면 컨트롤에 바로 비트맵이 표시된다.

[표 33.11] 컨트롤의 주요 속성

컨트롤 종류	이름	값	설명
Picture	ID	IDC_PICTURE1	resource.h에서 1001로 정의
	Notify	True	부모에게 통지
	Type	Bitmap	비트맵
	Image	IDB_BITMAP1	리소스에 비트맵을 생성하면 선택 가능

③ 대화상자 프로시저 DlgProc의 WM_INITDIALOG 메시지에서 LoadBitmap 함수로 비트맵을 로드하고, GetDlgItem 함수로 IDC_PICTURE1 컨트롤의 윈도우 핸들 hPicture에 저장한 뒤에 SendMessageSendMessage 함수로 hPicture에 STM_SETIMAGE 메시지를 보내 비트맵 hBit을 [그림 33.10]과 같이 출력한다. 만약 IDC_PICTURE1 컨트롤의 Image 속성에 IDB_BITMAP1 비트맵을 설정하면 WM_INITDIALOG 메시지에서 아무것도 하지 않아도 비트맵이 컨트롤에 표시된다.
④ WM_COMMAND 메시지에서 IDC_PICTURE1 컨트롤의 통지 코드가 STN_CLICKED이면 MessageBox를 출력한다. 비트맵 정적 컨트롤을 버튼과 같이 사용할 수 있다. 이 때는 Picture 컨트롤의 ID인 IDC_PICTURE1은 -1이 아니어야 한다.

[그림 33.10] Picture 컨트롤

[step33_ex11] 푸시 버튼 오너 드로우 1: WM_CTLCOLORBTN(step31_ex1)

```
// step33_ex11.cpp : 응용 프로그램에 대한 진입점을 정의
//
#include "stdafx.h"
#include "step33_ex11.h"

// 전역 변수:
HINSTANCE hInst;        // 현재 인스턴스입니다.
INT_PTR CALLBACK    DlgProc(HWND, UINT, WPARAM, LPARAM);

int APIENTRY wWinMain(_In_ HINSTANCE hInstance,
                      _In_opt_ HINSTANCE hPrevInstance,
                      _In_ LPWSTR    lpCmdLine,
                      _In_ int       nCmdShow)
{
    hInst = hInstance;
    DialogBox(hInst, MAKEINTRESOURCE(IDD_DIALOG1), NULL, DlgProc);
    return 0;
}

// 정보 대화상자의 메시지 처리기
INT_PTR CALLBACK DlgProc(HWND hDlg, UINT message,
                         WPARAM wParam, LPARAM lParam)
{
    static HWND hC1, hC2;
    static HBRUSH hBrush1, hBrush2;
    static int graph = IDC_BUTTON1;

    switch (message)
    {
        case WM_INITDIALOG:
            {
                hC1 = GetDlgItem(hDlg, IDC_BUTTON1);
                hC2 = GetDlgItem(hDlg, IDC_BUTTON2);
                hBrush1 = CreateSolidBrush(RGB(0, 0, 255));
                hBrush2 = CreateSolidBrush(RGB(0, 255, 0));
                return (INT_PTR)TRUE;
```

```
    }
case WM_CTLCOLORBTN:
    {
        HWND ctrlWnd = (HWND)lParam;
        HDC hdc = (HDC)wParam;
        RECT rt;
        GetClientRect(ctrlWnd, &rt);

        if (ctrlWnd == hC1) {
            SetTextColor(hdc, RGB(255, 0, 0));
            SetBkMode(hdc, TRANSPARENT);
            DrawText(hdc, _T("사각형"), -1, &rt,
                    DT_CENTER | DT_VCENTER | DT_SINGLELINE);
            return (INT_PTR)hBrush1;
        }
        else { // hC2
            SetTextColor(hdc, RGB(0, 0, 255));
            SetBkMode(hdc, TRANSPARENT);
            DrawText(hdc, _T("타원"), -1, &rt,
                    DT_CENTER | DT_VCENTER | DT_SINGLELINE);
            return (INT_PTR)hBrush2;
        }
        return (INT_PTR)TRUE;
    }
case WM_COMMAND:
    {
        switch (LOWORD(wParam))
        {
            case IDC_BUTTON1:
                graph = IDC_BUTTON1;
                InvalidateRect(hDlg, NULL, TRUE);
                break;
            case IDC_BUTTON2:
                graph = IDC_BUTTON2;
                InvalidateRect(hDlg, NULL, TRUE);
                break;
            case IDOK:
            case IDCANCEL:
                EndDialog(hDlg, LOWORD(wParam));
                break;
        }
        return (INT_PTR)TRUE;
    }
case WM_PAINT:
    {
        PAINTSTRUCT ps;
        HDC hdc = BeginPaint(hDlg, &ps);
        // TODO: 여기에 hdc를 사용하는 그리기 코드를 추가
```

```
            if (graph == IDC_BUTTON1)
                Rectangle(hdc, 150, 50, 400, 400);
            else
                Ellipse(hdc, 150, 50, 400, 400);

            EndPaint(hDlg, &ps);
        }
        break;
    case WM_DESTROY:
        DeleteObject(hBrush1);
        DeleteObject(hBrush2);
        return (INT_PTR)TRUE;
    }
    return (INT_PTR)FALSE;
}
```

프로그램 설명

① [step31_ex1]의 오너 드로우 버튼 예제를 대화상자 기반으로 작성한다.
② 리소스에 대화상자 IDD_DIALOG1을 추가하고, [확인] 버튼과 [취소] 버튼을 삭제한 뒤에 실행결과를 보고 도구상자를 이용하여 버튼 컨트롤을 생성한다. 생성된 버튼 컨트롤의 속성은 [표 33.12]와 같이 설정한다.

[표 33.12] 컨트롤의 주요 속성

컨트롤 종류	이름	값	설명
Button	ID	IDC_BUTTON1	
	Caption	사각형	오너 드로우의 캡션은 의미 없음
	Owner Draw	True	BS_OWNERDRAW
Button	ID	IDC_BUTTON2	
	Caption	타원	오너 드로우의 캡션은 의미 없음
	Owner Draw	True	BS_OWNERDRAW

③ 대화상자 프로시저 DlgProc의 WM_INITDIALOG 메시지에서 GetDlgItem 함수로 IDC_BUTTON1, IDC_BUTTON2 컨트롤의 윈도우 핸들 hC1과 hC2에 저장하고, 컨트롤의 배경색으로 사용할 컬러 브러시 hBrush1, hBrush2를 생성한다.
④ WM_CTLCOLORBTN 메시지에서 hC1 컨트롤의 글자색을 RGB(255, 0, 0)으로 설정하고, 글자의 배경 모드를 TRANSPARENT로 설정한 뒤에 DrawText 함수로 컨트롤의 중앙에 _T("사각형")를 출력하고, 컨트롤의 배경에 사용할 브러시 hBrush1을 반환한다. hC2 컨트롤은 글자색을 RGB(0, 0, 255)로 설정하고, 글자의 배경 모드를 TRANSPARENT로 설정한 뒤에 DrawText 함수로 컨트롤의 중앙에 _T("타원")를 출력하고, 컨트롤의 배경에 사용할 브러시 hBrush2를 반환한다.

⑤ WM_COMMAND 메시지에서 IDC_BUTTON1 또는 IDC_BUTTON2 선택에 따라 graph 변수에 저장하고, WM_PAINT 메시지에서 graph에 따라 사각형 또는 타원을 그린다. [그림 33.11]은 WM_CTLCOLORBTN메시지에 의한 푸시 버튼 오너 드로우 실행 결과이다.

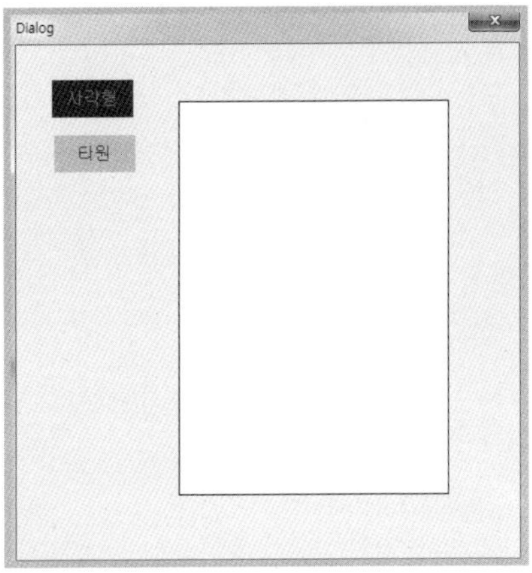

[그림 33.11] 푸시 버튼 오너 드로우 1(WM_CTLCOLORBTN)

[step33_ex12] 푸시 버튼 오너드로우 2: WM_DRAWITEM(step31_ex2)

```
// step33_ex12.cpp : 응용 프로그램에 대한 진입점을 정의
//
#include "stdafx.h"
#include "step33_ex12.h"

// 전역 변수:
HINSTANCE hInst;      // 현재 인스턴스입니다.
INT_PTR CALLBACK    DlgProc(HWND, UINT, WPARAM, LPARAM);

int APIENTRY wWinMain(_In_ HINSTANCE hInstance,
                      _In_opt_ HINSTANCE hPrevInstance,
                      _In_ LPWSTR    lpCmdLine,
                      _In_ int       nCmdShow)
{
   hInst = hInstance;
   DialogBox(hInst, MAKEINTRESOURCE(IDD_DIALOG1), NULL, DlgProc);
   return 0;
}
// 정보 대화상자의 메시지 처리기
INT_PTR CALLBACK DlgProc(HWND hDlg, UINT message,
                          WPARAM wParam, LPARAM lParam)
{
   static HWND hC1, hC2;
   static HBRUSH hBrush1, hBrush2;
   static int graph = IDC_BUTTON1;
```

```
switch (message)
{
   case WM_INITDIALOG:
      {
         hC1 = GetDlgItem(hDlg, IDC_BUTTON1);
         hC2 = GetDlgItem(hDlg, IDC_BUTTON2);
         hBrush1 = CreateSolidBrush(RGB(0, 0, 255));
         hBrush2 = CreateSolidBrush(RGB(0, 255, 0));
         return (INT_PTR)TRUE;
      }
   case WM_DRAWITEM:
      {
         LPDRAWITEMSTRUCT pdis = (LPDRAWITEMSTRUCT)lParam;
         HDC hdc = pdis -> hDC;
         RECT rt = pdis -> rcItem;  // GetClientRect(pdis->hwndItem, &rt);

         SetBkMode(hdc, TRANSPARENT);
         switch (pdis->CtlID)
         {
            case IDC_BUTTON1:
               if (pdis -> itemState & ODS_SELECTED) {
                  SetTextColor(hdc, RGB(255, 0, 0));
                  FillRect(hdc, &rt,
                        GetSysColorBrush(COLOR_HIGHLIGHT));
                  HPEN hPen = CreatePen(PS_INSIDEFRAME,
                        4, RGB(255, 0, 0));
                  HPEN oldPen = (HPEN)SelectObject(hdc, hPen);

                  Rectangle(hdc, 0, 0, rt.right, rt.bottom);
                  SelectObject(hdc, oldPen);
                  DrawText(hdc, _T("사각형"), -1, &rt,
                     DT_CENTER | DT_VCENTER | DT_SINGLELINE);
               }
               else {
                  SetTextColor(hdc, RGB(0, 0, 255));
                  FillRect(hdc, &rt,
                        GetSysColorBrush(COLOR_BTNSHADOW));
                  DrawText(hdc, _T("사각형"), -1, &rt,
                     DT_CENTER | DT_VCENTER | DT_SINGLELINE);
               }
               break;
            case IDC_BUTTON2:
               SetTextColor(hdc, RGB(0, 0, 255));
               if (pdis -> itemState & ODS_SELECTED) {
                  SetTextColor(hdc, RGB(255, 0, 0));
                  FillRect(hdc, &rt,
                     GetSysColorBrush(COLOR_HIGHLIGHT));
```

```
                    DrawText(hdc, _T("타원"), -1, &rt,
                        DT_CENTER | DT_VCENTER | DT_SINGLELINE);
                }
                else {
                    SetTextColor(hdc, RGB(0, 0, 255));
                    FillRect(hdc, &rt,
                        GetSysColorBrush(COLOR_BTNFACE));
                    DrawText(hdc, _T("타원"), -1, &rt,
                        DT_CENTER | DT_VCENTER | DT_SINGLELINE);
                }
                break;
            }
            return (INT_PTR)TRUE;
        }
    case WM_COMMAND:
        {
            switch (LOWORD(wParam))
            {
                case IDC_BUTTON1:
                    graph = IDC_BUTTON1;
                    InvalidateRect(hDlg, NULL, TRUE);
                    break;
                case IDC_BUTTON2:
                    graph = IDC_BUTTON2;
                    InvalidateRect(hDlg, NULL, TRUE);
                    break;
                case IDOK:
                case IDCANCEL:
                    EndDialog(hDlg, LOWORD(wParam));
                    break;
            }
            return (INT_PTR)TRUE;
        }
    case WM_PAINT:
        {
            PAINTSTRUCT ps;
            HDC hdc = BeginPaint(hDlg, &ps);
            // TODO: 여기에 hdc를 사용하는 그리기 코드를 추가
            if (graph == IDC_BUTTON1)
                Rectangle(hdc, 150, 50, 400, 400);
            else
                Ellipse(hdc, 150, 50, 400, 400);
            EndPaint(hDlg, &ps);
        }
        return (INT_PTR)TRUE;

    case WM_DESTROY:
        DeleteObject(hBrush1);
```

```
            DeleteObject(hBrush2);
            return (INT_PTR)TRUE;
        }
        return (INT_PTR)FALSE;
}
```

프로그램 설명

① [step31_ex2]의 오너 드로우 버튼 예제를 대화상자 기반으로 작성한다.
② 리소스에 대화상자 템플릿 IDD_DIALOG1을 추가하고, [확인] 버튼과 [취소] 버튼을 삭제한 뒤에 실행결과를 보고 도구상자를 이용하여 버튼 컨트롤을 생성한다. [표 33.13]의 속성을 설정한다.

[표 33.13] 컨트롤의 주요 속성

컨트롤 종류	이름	값	설명
Button	ID	IDC_BUTTON1	
	Caption	사각형	오너 드로우의 캡션은 의미 없음
	Owner Draw	True	BS_OWNERDRAW
Button	ID	IDC_BUTTON2	
	Caption	타원	오너 드로우의 캡션은 의미 없음
	Owner Draw	True	BS_OWNERDRAW

③ 대화상자 프로시저 DlgProc의 WM_INITDIALOG 메시지에서 GetDlgItem 함수로 IDC_BUTTON1과 IDC_BUTTON2 컨트롤의 윈도우 핸들을 hC1과 hC2에 저장하고, 컨트롤의 배경색으로 사용할 컬러 브러시 hBrush1과 hBrush2를 생성한다.
④ WM_DRAWITEM 메시지에서 lParam를 pdis에 저장하고, pdis -> hDC를 hdc에 저장한 뒤에 버튼의 사각영역 pdis -> rcItem을 rt에 저장한다. IDC_BUTTON1 버튼을 선택(pdis -> itemState & ODS_SELECTED)하면 COLOR_HIGHLIGHT 컬러로 버튼의 배경을 채우고, RGB(255, 0, 0) 펜으로 사각형 테두리를 그린 뒤에 DrawText 함수로 _T("사각형")을 RGB(255, 0, 0) 색의 글자로 출력한다. 버튼을 선택하지 않은 상태이면 COLOR_BTNSHADOW 컬러 브러시로 버튼의 배경을 채우고, DrawText 함수로 _T("사각형")을 RGB(0, 0, 255) 색의 글자로 출력한다.
⑤ IDC_BUTTON2 버튼을 선택(pdis -> itemState & ODS_SELECTED)하면 COLOR_HIGHLIGHT 컬러로 버튼의 배경을 채우고, RGB(255, 0, 0) 펜으로 사각형 테두리를 그린 뒤에 DrawText 함수로 _T("타원")을 RGB(255, 0, 0) 색의 글자로 출력한다. 버튼을 선택하지 않은 상태이면 COLOR_BTNSHADOW 컬러 브러시로 버튼의 배경을 채우고, DrawText 함수로 _T("타원")을 RGB(0, 0, 255) 색의 글자로 출력한다.
⑥ WM_COMMAND 메시지에서 IDC_BUTTON1 또는 IDC_BUTTON2의 선택에 따라

graph 변수에 저장하고, WM_PAINT 메시지에서 graph에 따라 사각형 또는 타원을 그린다. [그림 33.12]는 WM_DRAWITEM 메시지에 의한 푸시 버튼의 오너 드로우 실행결과이다.

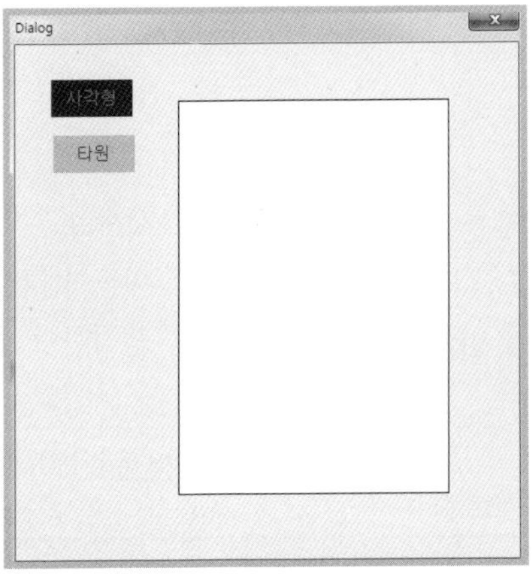

[그림 33.12] 푸시 버튼 오너 드로우 2: WM_DRAWITEM

[step33_ex13] 대화상자의 아이콘 · 배경색 · 메뉴 설정

```
// step33_ex13.cpp : 응용 프로그램에 대한 진입점을 정의
//
#include "stdafx.h"
#include "step33_ex13.h"

// 전역 변수:
HINSTANCE hInst;    // 현재 인스턴스입니다.
INT_PTR CALLBACK About(HWND, UINT, WPARAM, LPARAM);
INT_PTR CALLBACK DlgProc(HWND, UINT, WPARAM, LPARAM);

int APIENTRY wWinMain(_In_ HINSTANCE hInstance,
                      _In_opt_ HINSTANCE hPrevInstance,
                      _In_ LPWSTR    lpCmdLine,
                      _In_ int       nCmdShow)
{
    hInst = hInstance;
    DialogBox(hInst, MAKEINTRESOURCE(IDD_DIALOG1), NULL, DlgProc);
    return 0;
}
// 정보 대화상자의 메시지 처리기
INT_PTR CALLBACK DlgProc(HWND hDlg, UINT message,
                         WPARAM wParam, LPARAM lParam)
{
    static HWND hC1, hC2;
    static HBRUSH hBrush;
    static HICON hIcon1, hIcon2;
    switch (message)
```

```
	{
		case WM_INITDIALOG:
			{
				hBrush = CreateSolidBrush(RGB(0, 0, 255));
				hIcon1 = LoadIcon(hInst, MAKEINTRESOURCE(IDI_SMALL));
				hIcon2 =
					LoadIcon(hInst, MAKEINTRESOURCE(IDI_STEP33EX13));
				SendMessage(hDlg,
					WM_SETICON, ICON_SMALL,(LPARAM)hIcon1);
				SendMessage(hDlg,
					WM_SETICON, ICON_BIG, (LPARAM)hIcon2);
				return (INT_PTR)TRUE;
			}
		case WM_CTLCOLORDLG: // 대화상자의 배경색 브러시
			{
				return (INT_PTR)hBrush;
			}
		case WM_COMMAND:
			{
				switch (LOWORD(wParam))
				{
					case IDM_ABOUT:
						DialogBox(hInst, MAKEINTRESOURCE(IDD_ABOUTBOX),
								hDlg, About);
						break;

					case IDM_EXIT:
					case IDOK:
					case IDCANCEL:
						EndDialog(hDlg, LOWORD(wParam));
						break;
				}
				return (INT_PTR)TRUE;
			}
		case WM_DESTROY:
			DeleteObject(hBrush);
			DeleteObject(hIcon1);
			DeleteObject(hIcon2);
			return (INT_PTR)TRUE;
	}
	return (INT_PTR)FALSE;
}

// 정보 대화상자의 메시지 처리기
INT_PTR CALLBACK About(HWND hDlg, UINT message,
			WPARAM wParam, LPARAM lParam)
{
	UNREFERENCED_PARAMETER(lParam);
```

```
    switch (message)
    {
        case WM_INITDIALOG:
            return (INT_PTR)TRUE;
        case WM_COMMAND:
            if (LOWORD(wParam) == IDOK || LOWORD(wParam) == IDCANCEL)
            {
                EndDialog(hDlg, LOWORD(wParam));
                return (INT_PTR)TRUE;
            }
            break;
    }
    return (INT_PTR)FALSE;
}
```

프로그램 설명

① 비주얼 스튜디오 마법사로 기본 윈도우 응용 프로그램 "step33_ex13"을 생성한다.
② 리소스에 IDD_DIALOG1 대화상자를 추가하고, Menu 속성에서 IDC_STEP33EX13을 선택한다.
③ 대화상자 메시지 핸들러 DlgProc의 WM_INITDIALOG 메시지에서 대화상자의 배경으로 사용할 브러시 hBrush를 생성하고, LoadIcon 함수로 hIcon1과 hIcon2 아이콘을 로드하여 SendMessage 함수로 대화상자 hDlg의 아이콘을 설정한다.
④ WM_CTLCOLORDLG 메시지에서 배경으로 사용할 브러시 hBrush를 반환한다.
⑤ WM_COMMAND 메시지에서 IDM_ABOUT과 IDM_EXIT를 처리한다. [그림 33.13]은 대화상자의 아이콘과 배경색을 변경하고 메뉴를 설정한 결과이다.

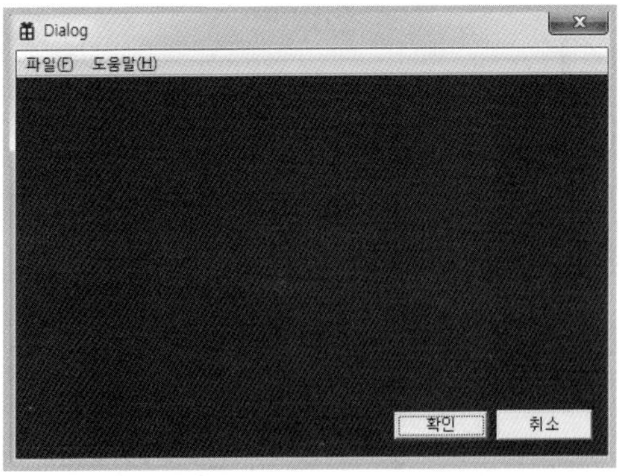

[그림 33.13] 대화상자의 아이콘 · 배경색 · 메뉴 설정

[step33_ex14] WM_GETDLGCODE 메지지에 의한 키보드 메시지 처리

```
// step33_ex14.cpp : 응용 프로그램에 대한 진입점을 정의
//
#include "stdafx.h"
#include "step33_ex14.h"

// 전역 변수:
HINSTANCE hInst;        // 현재 인스턴스입니다.
INT_PTR CALLBACK    DlgProc(HWND, UINT, WPARAM, LPARAM);

int APIENTRY wWinMain(_In_ HINSTANCE hInstance,
                      _In_opt_ HINSTANCE hPrevInstance,
                      _In_ LPWSTR    lpCmdLine,
                      _In_ int       nCmdShow)
{
    hInst = hInstance;
    DialogBox(hInst, MAKEINTRESOURCE(IDD_DIALOG1), NULL, DlgProc);
    return 0;
}

INT_PTR CALLBACK DlgProc(HWND hDlg, UINT message,
                         WPARAM wParam, LPARAM lParam)
{
    switch (message)
    {
        case WM_INITDIALOG:
            return (INT_PTR)TRUE;
        case WM_GETDLGCODE: // 주석으로 처리하고 실행해보자.
            {
                if (lParam)
                {
                    LPMSG pMsg = (LPMSG)lParam;
                    // if (pMsg->message == WM_KEYDOWN)
                    {
                        SendMessage(hDlg, pMsg->message,
                              pMsg->wParam, pMsg->lParam);
                        return DLGC_WANTMESSAGE;
                    }
                }
                break;
            }
        case WM_KEYDOWN:
            switch (wParam)
            {
                case VK_RETURN:
                    SetWindowText(hDlg, _T("VK_RETURN, Down"));
                    break;
                case VK_SPACE:
```

```
                SetWindowText(hDlg, _T("VK_SPACE, Down"));
                break;
            case VK_LEFT:
                SetWindowText(hDlg, _T("VK_LEFT, Down"));
                break;
            case 'A':
                SetWindowText(hDlg, _T("A, Down"));
                break;
        }
        return TRUE;

    case WM_KEYUP:
        switch (wParam)
        {
            case VK_RETURN:
                SetWindowText(hDlg, _T("VK_RETURN, Up"));
                break;
            case VK_SPACE:
                SetWindowText(hDlg, _T("VK_SPACE, Up"));
                break;
            case VK_LEFT:
                SetWindowText(hDlg, _T("VK_LEFT, Up"));
                break;
            case 'A':
                SetWindowText(hDlg, _T("A, Up"));
                break;
        }
        return TRUE;
    case WM_COMMAND:
        {
            switch (LOWORD(wParam))
            {
                case IDOK:
                    break;
                case IDCANCEL:
                    EndDialog(hDlg, LOWORD(wParam));
                    break;
            }
            return (INT_PTR)TRUE;
        }
    // case WM_CLOSE:
        // DestroyWindow(hDlg);
        // return TRUE;
    case WM_DESTROY:
        PostQuitMessage(0);
        return TRUE;
    }
    return FALSE;
}
```

프로그램 설명

① 특정 키보드 입력(TAB, RETURN, 방향키 등)이 대화상자에서 컨트롤을 선택하기 위한 이동에 사용되어 사용자가 처리할 수 없다. 여기서는 WM_GETDLGCODE 메시지까지 전달되는 키 입력을 SendMessage 함수로 대화상자에 다시 전달하여 키 입력을 사용한다. 단, 대화상자에 컨트롤이 있으면 동작하지 않는다. [표 33.14]의 WM_GETDLGCODE 메시지는 wParam에 사용자가 누른 가상 키, lParam은 MSG 포인터 또는 NULL을 전달하며, 응용 프로그램이 처리할 키보드 입력에 따라 반환값을 사용한다. WM_GETDLGCODE 메시지 처리는 [step37]의 서브클래싱 예제를 참조한다.

[표 33.14] WM_GETDLGCODE 메시지의 주요 반환값

반환값	설명
DLGC_HASSETSEL	EM_SETSEL 메시지
DLGC_WANTALLKEYS	모든 키 입력
DLGC_WANTARROWS	방향키입력
DLGC_WANTCHARS	WM_CHAR 메시지
DLGC_WANTMESSAGE	모든 키 입력, 컨트롤에 MSG 전달
DLGC_WANTTAB	TAB 처리

② 리소스에 대화상자 IDD_DIALOG1을 추가하고, [확인] 버튼과 [취소] 버튼을 삭제하여 대화상자에서 컨트롤을 모두 제거한다.
③ 대화상자 프로시저 DlgProc의 WM_GETDLGCODE 메시지에서 lParam를 LPMSG 자료형 pMsg에 저장하고, SendMessage 함수로 pMsg -> message, pMsg -> wParam, pMsg -> lParam을 대화상자에 전달한 뒤에 DLGC_WANTMESSAGE를 반환한다(SendMessage 함수로 직접 메시지를 전달하였기 때문에 TRUE를 반환해도 된다). pMsg -> message가 WM_KEYDOWN일 때 만 메시지를 전달해도 같은 결과를 갖는다(WM_KEYUP 일 때는 대화상자로 메시지가 전달되기 때문이다).
④ WM_KEYDOWN과 WM_KEYUP 메시지에서 VK_RETURN, VK_SPACE, VK_LEFT, 'A' 키의 누름(Down)과 뗌(Up)의 상태 문자열을 SetWindowText 함수로 대화상자 타이틀에 [그림 33.14]와 같이 출력한다.
⑤ WM_GETDLGCODE 메시지를 주석 처리하거나, SendMessage 함수를 주석처리하면, VK_RETURN과 VK_LEFT의 누름(Down)이 출력되지 않는다.
⑥ WM_COMMAND 메시지에서 대화상자는 VK_RETURN이 디폴트로 IDOK를 선택하기 때문에 break한다. [종료] 버튼이 IDCANCEL과 연결되어 EndDialog 함수로 대화상자를 종료한다. IDCANCEL 처리 대신 WM_CLOSE 메시지를 처리해 대화상자를 파괴할 수 있다.

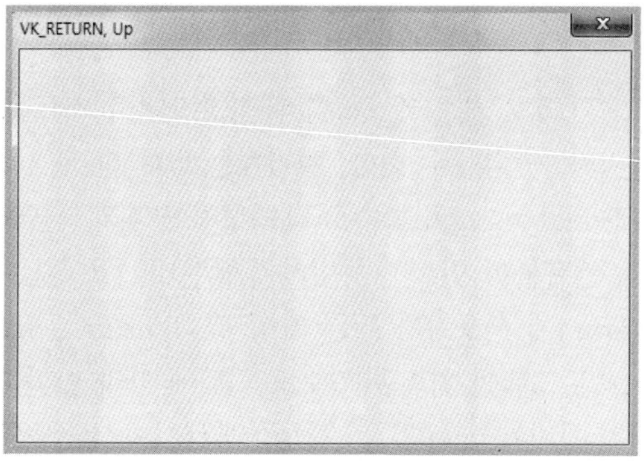

[그림 33.14] WM_GETDLGCODE 메시지에 의한 키보드 메시지 처리

step

34 이미지 리스트

이미지 리스트는 같은 크기의 이미지를 생성하거나 리소스에서 로드하여 화면 출력, 이미지 오버레이, 드래깅 등 편리하게 사용할 수 있다. 이미지 리스트를 사용하기 위해서는 〈commctrl.h〉 헤더 파일과 "Comctl32.lib" 라이브러리를 임포트해야 한다. 이미지 리스트 관련 매크로 및 함수는 매우 많다. 여기서는 간단히 이미지를 로드하고, 출력하는 방법을 설명한다.

1. 이미지 리스트 생성 및 파괴

```
HIMAGELIST ImageList_LoadImageW( // 이미지를 로드하여 리스트 생성
   HINSTANCE hi,              // 인스턴스 핸들
   LPCWSTR   lpbmp,           // 비트맵 리소스 또는 이미지 파일
   int       cx,              // 각 이미지의 width
   int       cGrow,           // 추가 이미지 공간 확보 개수
   COLORREF crMask,           // 마스크 컬러, 사용하지 않으면 CLR_NONE
   UINT      uType,           // IMAGE_BITMAP
   UINT      uFlags           // LR_DEFAULTCOLOR, LR_CREATEDIBSECTION
                              // LR_LOADFROMFILE 이면, lpbmp이 파일명
);
#define ImageList_LoadBitmap(hi, lpbmp, cx, cGrow, crMask)
ImageList_LoadImage(hi, lpbmp, cx, cGrow, crMask, IMAGE_BITMAP, 0)

HIMAGELIST ImageList_Create(  // 이미지 리스트 생성
   int cx, int cy,     // 이미지 가로 세로 크기
   UINT flags,         // ILC_COLOR8, ILC_COLOR24, ILC_MASK 등
   int cInitial,       // 초기 이미지 개수
   int cGrow);         //  추가 이미지 공간 확보 개수

int ImageList_Add(HIMAGELIST himl, HBITMAP hbmImage,
              HBITMAP  hbmMask);              // 이미지 리스트에 추가
BOOL ImageList_Destroy(HIMAGELIST himl);  // 이미지 리스트 파괴
```

```
int ImageList_GetImageCount(HIMAGELIST himl); // 이미지 개수
BOOL ImageList_GetImageInfo(                  // 이미지 정보 얻기
   HIMAGELIST himl, int i, IMAGEINFO *pImageInfo);
typedef struct tagIMAGEINFO {
   HBITMAP hbmImage;      // 이미지 전체의 비트맵 핸들
   HBITMAP hbmMask;
   int      Unused1; int Unused2;
   RECT     rcImage;        // hbmImage에서 이미지 i의 사각 영역
} IMAGEINFO;
```

① ImageList_LoadImage 함수는 리소스 또는 파일의 이미지를 로드하여 이미지 리스트를 생성한다. 이미지의 세로 크기는 원본 영상의 세로 크기와 같고, 가로 크기는 cx에 지정된 이미지 한 장의 가로 크기로 잘라서 로드한다. 24비트 컬러로 읽기 위해서는 LR_CREATEDIBSECTION으로 읽어야 한다.
② ImageList_LoadBitmap 매크로는 uType = IMAGE_BITMAP, uFlags = LR_DEFAULTCOLOR = 0으로 ImageList_LoadImage 함수를 호출한다.
③ ImageList_Create 함수로 이미지 한 장의 크기가 cx, cy인 cInitial 개수의 이미지 리스트를 생성하고, ImageList_Add 함수로 추가할 수 있다. ImageList_Destroy 함수는 이미지 리스트를 파괴한다.
④ ImageList_GetImageCount 함수는 이미지 리스트의 이미지 개수를 반환하고, ImageList_GetImageInfo 함수를 사용하면 이미지 정보를 반환한다.

2. 이미지 리스트 출력

이미지 리스트는 ImageList_Draw, ImageList_DrawEx, ImageList_DrawIndirect 함수로 화면에 출력한다.

```
BOOL ImageList_Draw(HIMAGELIST himl, int i, HDC hdcDst,
                    int x, int y, UINT fStyle);

BOOL ImageList_DrawEx(HIMAGELIST himl, int i, HDC hdcDst,
      int x, int y, int dx, int dy, COLORREF rgbBk,
      COLORREF rgbFg, UINT fStyle);

BOOL ImageList_DrawIndirect(IMAGELISTDRAWPARAMS *pimldp);
typedef struct _IMAGELISTDRAWPARAMS {
   DWORD      cbSize;
   HIMAGELIST himl;
   int        i;            // 이미지 인덱스
   HDC        hdcDst;
   int        x;            // hdcDst의 출력위치 (x, y)
   int        y;
```

```
    int        cx;          // 이미지 크기
    int        cy;
    int        xBitmap;     // 이미지의 왼쪽-위(upper-left) 위치
    int        yBitmap;
    COLORREF rgbBk; //  배경, CLR_DEFAULT, CLR_NONE, RGB()
    COLORREF rgbFg; //  전경
    UINT fStyle;        // 드로잉 스타일, ILD_NORMAL, ILD_BLEND, ILD_ROP 등
    DWORD dwRop;    // 래스터연산, MERGECOPY, PATINVERT, SRCCOPY 등
    DWORD    fState;  // 드로잉 상태, ILS_NORMAL, ILS_ALPHA 등
    DWORD    Frame;  // ILS_ALPHA일 때 0(완전투명)에서 255(완전 불투명)
    COLORREF    crEffect; // comctl32.dll version 6, glow, shadow 효과
} IMAGELISTDRAWPARAMS;
```

① ImageList_Draw 함수는 이미지 리스트 himl의 i 이미지를 hdcDst,의 (x, y) 위치에 fStyle로 출력한다. ILD_BLEND, ILD_NORMAL, ILD_IMAGE, ILD_TRANSPARENT 등의 스타일을 사용한다.
② ImageList_DrawEx 함수에 추가된 dx, dy는 이미지를 그릴 크기이다. dx = 0, dy = 0이면 이미지 전체를 그린다. rgbBk는 배경색이고 rgbFg는 전경색이다. rgbBk와 rgbFg에 RGB 매크로를 사용하여 컬러를 지정할 수 있으며, CLR_DEFAULT 또는 CLR_NONE을 사용할 수 있다. rgbBk = CLR_NONE이면 이미지를 투명하게 그린다. rgbFg = CLR_NONE이면 hdcDst의 컬러와 블랜드한다.
③ ImageList_DrawIndirect를 사용하면 보다 일반적으로 출력할 수 있다. 이미지 리스트에서 i번째 이미지의 왼쪽–위(upper–left) 좌표 (xBitmap, yBitmap)에서 크기 (cx, cy)의 이미지를 잘라서 hdcDst의 (x, y) 위치에 출력한다.

[step34_ex1] 이미지 리스트 1

```
// step34_ex1.cpp : 응용 프로그램에 대한 진입점을 정의
//
#include "stdafx.h"
#include "step34_ex1.h"

#include <commctrl.h>
#pragma comment(lib, "Comctl32.lib")

// 전역 변수:
HINSTANCE hInst;        // 현재 인스턴스입니다.
INT_PTR CALLBACK    DlgProc(HWND, UINT, WPARAM, LPARAM);

int APIENTRY wWinMain(_In_ HINSTANCE hInstance,
                      _In_opt_ HINSTANCE hPrevInstance,
                      _In_ LPWSTR    lpCmdLine,
                      _In_ int       nCmdShow)
{
```

```
    hInst = hInstance;
    DialogBox(hInst, MAKEINTRESOURCE(IDD_DIALOG1), NULL, DlgProc);
    return 0;
}

INT_PTR CALLBACK DlgProc(HWND hDlg, UINT message,
                             WPARAM wParam, LPARAM lParam)
{
    static HIMAGELIST hIL;
    switch (message)
    {
        case WM_INITDIALOG:
            {
                InitCommonControls();    // 공용 컨트롤 DLL 로드 확인
                hIL = ImageList_LoadBitmap(hInst,
                    MAKEINTRESOURCE(IDB_BITMAP1), 71, 1, CLR_NONE);

                //      hIL = ImageList_LoadImage(hInst,
                // MAKEINTRESOURCE(IDB_BITMAP1), 71, 1, CLR_NONE,
                //          IMAGE_BITMAP,  LR_DEFAULTCOLOR);
                return (INT_PTR)TRUE;
            }
        case WM_PAINT:
            {
                PAINTSTRUCT ps;
                HDC hdc = BeginPaint(hDlg, &ps);
                // TODO: 여기에 hdc를 사용하는 그리기 코드를 추가
                ImageList_Draw(hIL, 0, hdc, 0, 0, ILD_NORMAL);
                ImageList_Draw(hIL, 1, hdc, 100, 0, ILD_NORMAL);
                ImageList_DrawEx(hIL, 2, hdc, 200, 0, 71, 98,
                    CLR_DEFAULT, CLR_DEFAULT, ILD_NORMAL);
                ImageList_DrawEx(hIL, 3, hdc, 300, 0, 71, 98,
                    CLR_DEFAULT, CLR_DEFAULT, ILD_NORMAL);
                EndPaint(hDlg, &ps);
                return TRUE;
            }
        case WM_CLOSE:
            ImageList_Destroy(hIL);
            DestroyWindow(hDlg); // EndDialog(hDlg, TRUE);
            return TRUE;
    //  case WM_DESTROY:
    //      return TRUE;
    }
    return FALSE;
}
```

프로그램 설명

① 리소스에 대화상자 IDD_DIALOG1을 추가하고, [확인] 버튼과 [취소] 버튼을 삭제한 뒤에 284×98 크기의 "card.bmp" 파일을 비트맵 리소스 IDB_BITMAP1에 추가한다.
② 이미지 리스트를 사용하기 위하여 〈commctrl.h〉 헤더 파일을 포함하고, "comctl32.lib" 라이브러리를 설정한다.
③ 대화상자 프로시저 DlgProc의 WM_INITDIALOG 메시지에서 InitCommonControls() 함수를 호출하여 공용 컨트롤 DLL의 로드를 확인한다. ImageList_LoadBitmap 또는 ImageList_LoadImage 함수로 리소스의 비트맵 IDB_BITMAP1을 이미지 한 장 크기 cx = 71, 추가공간 개수 cGrow = 1, 컬러 마스크 crMask = CLR_NONE으로 로드하여 이미지 리스트 hIL을 생성한다.
④ WM_PAINT 메시지에서 ImageList_Draw 함수로 리스트 hIL의 0, 1번 이미지를 윈도우 화면 hdc의 (0, 0), (100, 0)에 출력한다. ImageList_DrawEx 함수로 리스트 hIL의 2, 3번 이미지를 윈도우 화면 hdc의 (200, 0), (300, 0)에 각각 출력한다. [그림 34.1]은 출력 결과이다.
⑤ 대화상자의 [종료] 버튼을 클릭하면 WM_CLOSE 메시지가 발생한다. ImageList_Destroy 이미지 리스트 hIL을 파괴하고, DestroyWindow 함수 또는 EndDialog 함수로 대화상자를 파괴한다. WM_DESTROY 메시지 처리는 생략할 수 있다.

[그림 34.1] 이미지 리스트의 로드와 화면 출력

[step34_ex2] 이미지 리스트 2(DIB 이미지 리스트 로드, 이미지 정보)

```
// step34_ex2.cpp : 응용 프로그램에 대한 진입점을 정의
//
#include "stdafx.h"
#include "step34_ex2.h"
#include <commctrl.h>
#pragma comment(lib, "Comctl32.lib")

// 전역 변수:
HINSTANCE hInst;        // 현재 인스턴스입니다.
INT_PTR CALLBACK    DlgProc(HWND, UINT, WPARAM, LPARAM);
```

```
int APIENTRY wWinMain(_In_ HINSTANCE hInstance,
                      _In_opt_ HINSTANCE hPrevInstance,
                      _In_ LPWSTR    lpCmdLine,
                      _In_ int       nCmdShow)
{
   hInst = hInstance;
   DialogBox(hInst, MAKEINTRESOURCE(IDD_DIALOG1), NULL, DlgProc);
   return 0;
}

INT_PTR CALLBACK DlgProc(HWND hDlg, UINT message,
                         WPARAM wParam, LPARAM lParam)
{
   static HIMAGELIST hIL;
   static int k;    // k =0
   switch (message)
   {
      case WM_INITDIALOG:
         {
            InitCommonControls(); // 공용 컨트롤 DLL 로드 확인
            hIL = ImageList_LoadImage(hInst,
               MAKEINTRESOURCE(IDB_BITMAP1), 512, 1, CLR_NONE,
               IMAGE_BITMAP, LR_CREATEDIBSECTION);
         // hIL = ImageList_LoadImage(hInst,
         //       _T("sampleImage.bmp"), 512, 1, CLR_NONE,
         //            IMAGE_BITMAP, LR_LOADFROMFILE|
         //       LR_CREATEDIBSECTION);

            IMAGEINFO  info;
            ImageList_GetImageInfo(hIL, 0, &info); // 0 이미지 정보
         // BITMAP  bm;
         // GetObject(info.hbmImage, sizeof(BITMAP), &bm);

            RECT rc = info.rcImage;
            AdjustWindowRect(&rc, WS_OVERLAPPEDWINDOW, TRUE);
            int nWidth = rc.right - rc.left;
            int nHeight = rc.bottom - rc.top;
            SetWindowPos(hDlg, NULL, 0, 0, nWidth, nHeight,
                  SWP_NOMOVE);
            return (INT_PTR)TRUE;
         }
      case WM_KEYDOWN:
         if (wParam == VK_SPACE)
         {
            k++;
            if (k >= 4)      k = 0;
            InvalidateRect(hDlg, NULL, TRUE);
         }
```

```
            return TRUE;
        case WM_PAINT:
            {
                PAINTSTRUCT ps;
                HDC hdc = BeginPaint(hDlg, &ps);
                // TODO: 여기에 hdc를 사용하는 그리기 코드를 추가
                ImageList_Draw(hIL, k, hdc, 0, 0, ILD_NORMAL);
                EndPaint(hDlg, &ps);
                return TRUE;
            }
        case WM_CLOSE:
            ImageList_Destroy(hIL);
            DestroyWindow(hDlg);    // EndDialog(hDlg, TRUE);
            return TRUE;
        case WM_DESTROY:
            return TRUE;
    }
    return FALSE;
}
```

프로그램 설명

① 리소스에 대화상자 IDD_DIALOG1을 추가한 뒤에 [확인] 버튼과 [취소] 버튼을 삭제하고, 2048×384, 24비트의 "sampleImage.bmp" 파일을 비트맵 리소스 IDB_BITMAP1에 추가한다.
② 이미지 리스트를 사용하기 위하여 〈commctrl.h〉 헤더 파일을 포함하고, "comctl32.lib" 라이브러리를 설정한다.
③ 대화상자 프로시저 DlgProc의 WM_INITDIALOG 메시지에서 InitCommonControls 함수를 호출하여 공용 컨트롤 DLL의 로드를 확인한다. ImageList_LoadImage 함수로 리소스의 비트맵 IDB_BITMAP1 또는 "sampleImage.bmp" 파일에서 이미지 한 장 크기 cx = 512, 추가 공간 개수 cGrow = 1, 컬러 마스크 crMask = CLR_NONE, uType = IMAGE_BITMAP, uFlags = LR_CREATEDIBSECTION으로 로드하여 이미지 리스트 hIL을 생성한다. uFlags = LR_DEFAULTCOLOR이면 4비트 이미지로 로드한다.
④ ImageList_GetImageInfo 함수로 이미지 0의 정보를 info에 저장한다. AdjustWindowRect 함수로 이미지의 사각형 정보 info.rcImage를 이용하여 필요한 클라이언트 크기를 rc에 계산하고, SetWindowPos 함수로 대화상자 hDlg의 크기를 변경한다.
⑤ WM_KEYDOWN 메시지에서 스페이스 바 VK_SPACE에 따라 k를 증가시켜 0에서 3 사이를 반복하고, InvalidateRect 함수로 WM_PAINT 메시지를 발생시킨다.
⑥ WM_PAINT 메시지에서 ImageList_Draw 함수로 리스트 hIL의 k번 이미지를 윈도우 화면 hdc의 (0, 0)에 [그림 34.2]와 같이 출력한다.

[그림 34.2] DIB 이미지 리스트 로드

[step34_ex3] 이미지 리스트 3(ImageList_DrawIndirect)

```
// step34_ex3.cpp : 응용 프로그램에 대한 진입점을 정의
//
#include "stdafx.h"
#include "step34_ex3.h"

#include <commctrl.h>
#pragma comment(lib, "Comctl32.lib")

// 전역 변수:
HINSTANCE hInst;      // 현재 인스턴스입니다.
INT_PTR CALLBACK    DlgProc(HWND, UINT, WPARAM, LPARAM);

int APIENTRY wWinMain(_In_ HINSTANCE hInstance,
                      _In_opt_ HINSTANCE hPrevInstance,
                      _In_ LPWSTR    lpCmdLine,
                      _In_ int       nCmdShow)
{
   hInst = hInstance;
   DialogBox(hInst, MAKEINTRESOURCE(IDD_DIALOG1), NULL, DlgProc);
   return 0;
}

#include<time.h>
void Shuffle(IMAGELISTDRAWPARAMS card[])    // 카드 섞기
{
   int i, j;
   IMAGELISTDRAWPARAMS tmp;
   srand(time(NULL));
   for (int k = 0; k < 1000; k++)
```

```
    {
        i = rand() % 52; // 2장을 뽑아 교환
        j = rand() % 52;
        tmp = card[i];
        card[i] = card[j];
        card[j] = tmp;
    }
}

INT_PTR CALLBACK DlgProc(HWND hDlg, UINT message,
                         WPARAM wParam, LPARAM lParam)
{
    static HIMAGELIST hIL;
    static IMAGELISTDRAWPARAMS card[52];

    switch (message)
    {
        case WM_INITDIALOG:
            {
                InitCommonControls();    // 공용 컨트롤 DLL 로드 확인
                hIL = ImageList_LoadImage(hInst,
                    MAKEINTRESOURCE(IDB_BITMAP1), 71, 1, CLR_NONE,
                    IMAGE_BITMAP, LR_DEFAULTCOLOR); // 284 x 1248

                // 이미지 정보를 card 배열에 저장
                for (int i = 0; i < 52; i++)
                {
                    IMAGELISTDRAWPARAMS dp;
                    dp.cbSize = sizeof(IMAGELISTDRAWPARAMS);
                    dp.himl = hIL;
                    dp.i = (int)i / 13;
                    // dp.x = 0; // (x, y)는 출력할 때 변경
                    // dp.y = 0;
                    dp.cx = 71;
                    dp.cy = 96; // 96 = 1248 / 13;
                    dp.xBitmap = 0;
                    dp.yBitmap = (i % 13) * dp.cy;
                    dp.rgbBk = CLR_NONE; // CLR_DEFAULT;
                    dp.rgbFg = CLR_NONE;
                    dp.fStyle = ILD_NORMAL;
                    dp.dwRop = SRCCOPY;
                    dp.hdcDst = GetDC(hDlg);
                    card[i] = dp;
                }
                return (INT_PTR)TRUE;
            }
        case WM_KEYDOWN:
            if (wParam == VK_SPACE)
```

```
            {
                Shuffle(card);      // 카드 섞기
                InvalidateRect(hDlg, NULL, TRUE);
            }
            return TRUE;
        case WM_PAINT:
            {
                PAINTSTRUCT ps;
                HDC hdc = BeginPaint(hDlg, &ps);
                // TODO: 여기에 hdc를 사용하는 그리기 코드를 추가

                for (int i = 0; i < 13; i++)
                {
                    card[i].x = i * (card[i].cx+10);
                    card[i].y =0;
                    ImageList_DrawIndirect(&card[i]);

                    int j = i + 13;
                    card[j].x = i * (card[j].cx + 10);
                    card[j].y = card[j].cy + 10;
                    ImageList_DrawIndirect(&card[j]);

                    j = i + 13 * 2;
                    card[j].x = i * (card[j].cx + 10);
                    card[j].y = (card[j].cy+10)*2;
                    ImageList_DrawIndirect(&card[j]);

                    j = i + 13 * 3;
                    card[j].x = i * (card[j].cx + 10);
                    card[j].y = (card[j].cy+10) * 3;
                    ImageList_DrawIndirect(&card[j]);
                }
                EndPaint(hDlg, &ps);
                return TRUE;
            }
        case WM_CLOSE:
            ImageList_Destroy(hIL);
            DestroyWindow(hDlg);      // EndDialog(hDlg, TRUE);
            return TRUE;
        case WM_DESTROY:
            return TRUE;
    }
    return FALSE;
}
```

프로그램 설명

① 리소스에 대화상자 IDD_DIALOG1을 추가한 뒤에 [확인] 버튼과 [취소] 버튼을 삭제하고, 284×1248, 4비트의 "card2.bmp" 파일을 비트맵 리소스 IDB_BITMAP1에 추가한다.
② 이미지 리스트를 사용하기 위하여 〈commctrl.h〉 헤더 파일을 포함하고, "comctl32.lib" 라이브러리를 설정한다.
③ 대화상자 프로시저 DlgProc의 WM_INITDIALOG 메시지에서 ImageList_LoadImage 함수로 리소스의 비트맵 IDB_BITMAP1에서 이미지 한 장 크기 cx = 71로 로드하여 이미지 리스트 hIL을 생성한다.
④ for 문을 사용하여 52장의 카드 이미지 정보를 card 배열에 저장한다. 이미지 리스트 hIL에 4종류(클로버, 다이아몬드, 하트, 스페이드)의 카드 이미지가 생성되어 있다. 각각의 이미지는 13장의 카드로 이루어져 있다. dp.i = (int)i / 13으로 이미지 리스트의 이미지를 지정하고, 각 카드 한 장의 크기는 dp.cx = 71, dp.cy = 96으로, 이미지의 위치는 dp.xBitmap = 0, dp.yBitmap = (i % 13) * dp.cy, dp.hdcDst = GetDC(hDlg)로 지정하여 dp를 card[i]에 저장한다. dp.x, dp.y는 화면 출력할 때 변경한다.
⑤ WM_KEYDOWN 메시지에서 VK_SPACE 키를 누를 때마다 Shuffle 함수로 card 배열의 카드 정보를 섞는다.
⑥ WM_PAINT 메시지에서 ImageList_DrawIndirect 함수로 출력 위치 card[i].x, card[i].y를 변경하여 [그림 34.3]과 같이 4종류(클로버, 다이아몬드, 하트, 스페이드)의 카드 이미지 출력한다. VK_SPACE 키를 누르면 카드를 섞어서 출력한다.
⑦ WM_DESTROY 메시지에서 ImageList_Destroy 이미지 리스트 hIL을 파괴한다.

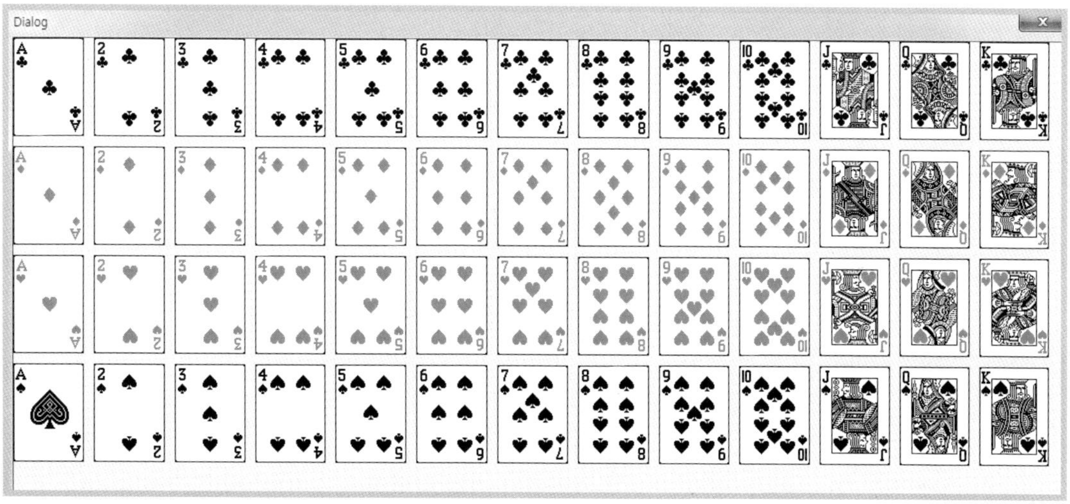

[그림 34.3] ImageList_DrawIndirect로 카드 이미지 출력

step

35 리스트-뷰 컨트롤

리스트-뷰 컨트롤은 아이콘(LVS_ICON), 작은 아이콘(LVS_SMALLICON), 리스트(LVS_LIST), 리포트(LVS_REPORT)의 4가지 스타일이 있다. 특히 리포트 스타일을 사용하면 다중 칼럼의 테이블 형태로 데이터를 표시할 수 있다.

[표 35.1]은 리스트-뷰 컨트롤의 주요 메시지이며, 각 메시지에 대한 매크로 함수가 정의되어 있다. 이 단계에서는 리포트 스타일의 리스트-뷰 컨트롤에서 매크로 함수를 사용하여 간단한 다중 칼럼의 테이블 데이터를 표시하는 방법을 설명한다.

[표 35.1] 리스트-뷰 컨트롤의 주요 메시지

메시지	매크로 함수
LVM_INSERTCOLUMN	ListView_InsertColumn
LVM_INSERTITEM	ListView_InsertItem
LVM_SETITEM	ListView_SetItem
LVM_SETITEMTEXT	ListView_SetItemText
LVM_SETIMAGELIST	ListView_SetImageList
LVM_GETITEMTEXT	ListView_GetItemText
LVM_GETITEMCOUNT	ListView_GetItemCount
LVM_GETNEXTITEM	ListView_GetNextItem
LVM_DELETEITEM	ListView_DeleteItem
LVM_DELETEALLITEMS	ListView_DeleteAllItems
LVM_SETEXTENDEDLISTVIEWSTYLE	ListView_SetExtendedListViewStyle

LVCOLUMNW 구조체는 칼럼 정보를 명시하기 위해 사용하며, LVITEMW 구조체는 항목 정보를 명시하기 위해 사용한다.

① LVCOLUMNW 구조체는 리포트 뷰에서 칼럼 정보를 갖는다. mask는 구조체 멤버에서 유효한 데이터를 갖는 항목을 명시한다. LVCF_FMT, LVCF_WIDTH, LVCF_TEXT,

LVCF_SUBITEM, LVCF_IMAGE 등이 있다. fmt는 정렬방법을 명시한다. 단, 첫 번째 칼럼에는 적용되지 않는다. 사용하지 않는 나머지 항목은 0으로 초기화한다.

```
typedef struct tagLVCOLUMNW { // 리포트 뷰에서 칼럼 정보
    UINT   mask;                    // 데이터를 갖는 항목 표시
    int   fmt;       // 정렬방법, LVCFMT_LEFT, LVCFMT_RIGHT, LVCFMT_CENTER
    int   cx;        // 칼럼 가로 픽셀 크기
    LPWSTR pszText;  // 칼럼 헤더 문자열
    int   iSubItem;       // 칼럼의 인덱스
    int   iImage;         // 이미지 리스트의 인덱스
    .....                 // 생략
} LVCOLUMNW, *LPLVCOLUMNW;
```

② LVITEMW 구조체는 리스트-뷰 항목의 속성 정보를 갖는다. mask는 구조체 멤버에서 유효한 데이터를 갖는 항목을 명시한다. mask는 LVIF_IMAGE, LVIF_TEXT, LVIF_PARAM 등의 값을 갖는다.

```
typedef struct tagLVITEMW { // 리스트-뷰 항목의 속성
    UINT      mask;           // 데이터를 갖는 항목 표시
    int       iItem;          // 항목 번호
    int       iSubItem;       // 서브항목 번호
    LPWSTR  pszText;          // 항목 문자열
    int       iImage;         // 이미지 리스트에서 항목 아이콘 이미지 번호
    .....                     // 생략
} LVITEMW, *LPLVITEMW;
```

③ ListView_InsertColumn 매크로 함수는 새로운 칼럼을 추가한다. hwnd는 리스트-뷰 컨트롤이다. iCol은 새로운 칼럼 번호, pcol은 칼럼 정보를 갖는 LVCOLUMN 구조체 포인터이다.

```
void ListView_InsertColumn( hwnd, iCol, pcol );
```

④ ListView_InsertItem 매크로 함수는 항목을 추가한다. pitem은 항목정보를 갖는 LVITEMW 구조체 포인터이다.

```
void ListView_InsertItem(  hwnd,   pitem );
```

⑤ ListView_SetItemText 매크로 함수는 서브 항목 문자열을 변경한다. i는 항목번호, iSubItem_는 서브 항목번호, pszText_는 서브 항목 문자열이다.

```
void ListView_SetItemText( hwnd, i, iSubItem_, pszText_);
```

⑥ ListView_GetItemText 매크로 함수는 서브 항목 문자열을 얻는다. i는 항목번호,

iSubItem_는 서브 항목번호, pszText_는 서브 항목 문자열이다.

```
void ListView_GetItemText(hwnd, i, iSubItem_, pszText_, cchTextMax_);
```

⑦ ListView_GetItemCount 매크로 함수는 항목의 개수를 얻는다.

```
void ListView_GetItemCount(hwnd);
```

⑧ ListView_GetNextItem 매크로 함수는 flags에 명시된 항목을 검색한다. i는 검색 시작 항목번호이다. i = −1이면 매칭되는 첫 항목을 검색한다. flags는 LVNI_FOCUSED, LVNI_SELECTED 등이 있다.

```
void ListView_GetNextItem(hwnd, i, flags);
```

⑨ ListView_SetImageList 매크로 함수는 이미지 리스트를 리스트-뷰 컨트롤에 설정한다. himl은 이미지 리스트 핸들이고, iImageList는 이미지 리스트 형태로 LVSIL_NORMAL, LVSIL_SMALL 등이 있다.

```
void ListView_SetImageList(hwnd, himl, iImageList);
```

⑩ ListView_DeleteItem 매크로 함수는 항목 i를 삭제한다. ListView_DeleteAllItems는 모든 항목을 삭제한다.

```
void ListView_DeleteItem(hwnd, i);
void ListView_DeleteAllItems(hwnd);
```

⑪ ListView_SetExtendedListViewStyle 매크로 함수는 dw에 명시된 확장 스타일을 설정한다. dw = LVS_EX_FULLROWSELECT이면 행 전체가 선택된다.

```
void ListView_SetExtendedListViewStyle(hwnd, dw);
```

[step35_ex1] 리스트-뷰 컨트롤 1: Report 뷰

```
// step35_ex1.cpp : 응용 프로그램에 대한 진입점을 정의
//
#include "stdafx.h"
#include "step35_ex1.h"
#include <commctrl.h>
#pragma comment(lib, "Comctl32.lib") // for InitCommonControls()

// 전역 변수:
HINSTANCE hInst;        // 현재 인스턴스입니다.
INT_PTR CALLBACK    DlgProc(HWND, UINT, WPARAM, LPARAM);
```

```
int APIENTRY wWinMain(_In_ HINSTANCE hInstance,
                      _In_opt_ HINSTANCE hPrevInstance,
                      _In_ LPWSTR    lpCmdLine,
                      _In_ int       nCmdShow)
{
   hInst = hInstance;
   DialogBox(hInst, MAKEINTRESOURCE(IDD_DIALOG1), NULL, DlgProc);
   return 0;
}
typedef struct {
   TCHAR  name[20];      // 이름
   TCHAR  dept[20];      // 학과
   TCHAR  address[60];  // 주소
   BOOL   male;          // 성별
} STUDENT;

INT_PTR CALLBACK DlgProc(HWND hDlg, UINT message,
                         WPARAM wParam, LPARAM lParam)
{
   static HWND hList;
   STUDENT students[] = {
         { _T("김철수"), _T("컴퓨터공학"), _T("서울시"),TRUE},
         { _T("박인수"), _T("국문학"), _T("부산시"), TRUE},
         { _T("이영희"), _T("영문학"), _T("대전시"), FALSE} };
   switch (message)
   {
      case WM_INITDIALOG:
         {
            InitCommonControls();  // 공용 컨트롤 DLL 로드 확인
            hList = GetDlgItem(hDlg, IDC_LIST1);
            RECT rc;
            GetClientRect(hList, &rc);
            int nWidth = rc.right - rc.left;

            // 칼럼 헤더 생성
            LVCOLUMN col;
            ZeroMemory(&col, sizeof(LVCOLUMN));
            col.mask = LVCF_FMT | LVCF_WIDTH | LVCF_TEXT;
            col.fmt = LVCFMT_CENTER;

            col.pszText = (LPTSTR)_T("성별");
            col.cx = 50;
            ListView_InsertColumn(hList, 0, &col);

            col.pszText = (LPTSTR)_T("이름");
            col.cx = 120;
            ListView_InsertColumn(hList, 1, &col);
```

```
                col.pszText = (LPTSTR)_T("학과");
                col.cx = 130;
                ListView_InsertColumn(hList, 2, &col);

                col.cx = nWidth - 300;
                col.pszText = (LPTSTR)_T("주소");
                ListView_InsertColumn(hList, 3, &col);

                // 항목 추가
                LVITEM  row;
                ZeroMemory(&row, sizeof(LVITEM));
                row.mask = LVIF_TEXT;
                for (int i = 0; i < 3; i++)
                {
                    row.iItem = i;
                    row.iSubItem = 0;
                    row.pszText =
                        (LPTSTR)(students[i].male? _T("남자"): _T("여자"));
                    ListView_InsertItem(hList, &row);

                    ListView_SetItemText(hList, i, 1, students[i].name);
                    ListView_SetItemText(hList, i, 2, students[i].dept);
                    ListView_SetItemText(hList, i,3, students[i].address);
                }
                // 행 전체 선택 설정
                ListView_SetExtendedListViewStyle(hList,
                                LVS_EX_FULLROWSELECT);
                return (INT_PTR)TRUE;
            }
        case WM_CLOSE:
            DestroyWindow(hDlg);
            return TRUE;
        case WM_DESTROY:
            return TRUE;
    }
    return FALSE;
}
```

프로그램 설명

① 리소스에 대화상자 IDD_DIALOG1을 추가한 뒤에 [확인] 버튼과 [취소] 버튼을 삭제하고, [표 35.2]와 [그림 35.1]을 참고하여 리스트-뷰 컨트롤을 추가하고 속성을 설정한다.

[표 35.2] 컨트롤의 주요 속성

컨트롤 종류	이름	값	설명
List (List-view)	ID	IDC_LIST1	
	No Column Header	False	칼럼 이름 있음
	View	Report	다중 칼럼 테이블

② 〈commctrl.h〉 헤더 파일을 포함하고, 공용 컨트롤 DLL의 로드를 확인하기 위한 InitCommonControls 함수의 사용을 위해 "comctl32.lib" 라이브러리 사용을 설정한다.
③ 리스트-뷰 컨트롤에 표시할 정보를 위해 STUDENT 구조체를 정의하고, 대화상자 프로시저 DlgProc에서 students 배열에 학생 정보를 초기화한다.
④ 대화상자 프로시저 DlgProc의 WM_INITDIALOG 메시지에서 리스트-뷰 컨트롤 IDC_LIST1의 핸들을 hList에 저장한다. LVCOLUMN 구조체 변수 col의 col.mask = LVCF_FMT | LVCF_WIDTH | LVCF_TEXT 항목의 값을 설정하고 ListView_InsertColumn 매크로 함수로 _T("성별"), _T("이름"), _T("학과"), _T("주소") 칼럼 헤더를 생성한다. col.fmt = LVCFMT_CENTER로 지정하면, 첫 번째 항목 _T("성별")를 제외한 칼럼은 가운데 정렬한다.
⑤ LVITEM 구조체 변수 row의 row.mask = LVIF_TEXT 항목의 값을 설정하고 항목 번호 row.iItem, 서브 항목 row.iSubItem = 0의 문자열 row.pszText를 성별에 따라 설정하고 ListView_InsertItem으로 항목을 추가한다. ListView_SetItemText로 서브 항목 문자열을 설정한다.
⑥ ListView_SetExtendedListViewStyle에서 LVS_EX_FULLROWSELECT로 설정하면 [그림 35.1]과 같이 행 전체가 선택된다.

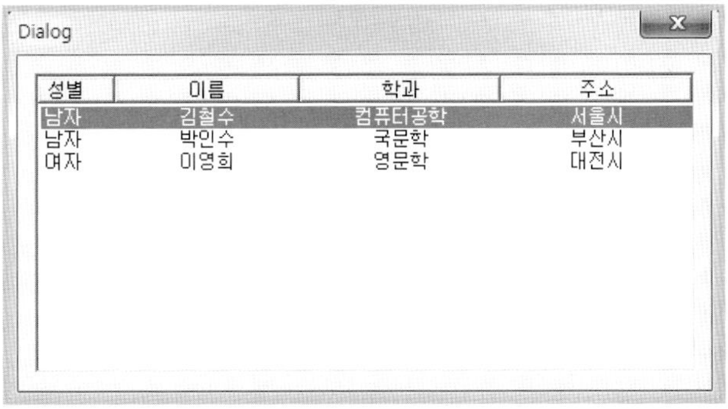

[그림 35.1] 리포트(LVS_REPORT) 스타일의 리스트-뷰

[step35_ex2] 리스트-뷰 컨트롤 2: 이미지 표시와 뷰 스타일 변경

```
// step35_ex2.cpp : 응용 프로그램에 대한 진입점을 정의
//
#include "stdafx.h"
#include "step35_ex2.h"

#include <commctrl.h>
#pragma comment(lib, "Comctl32.lib") // for InitCommonControls()

// 전역 변수:
HINSTANCE hInst;      // 현재 인스턴스입니다.
INT_PTR CALLBACK    DlgProc(HWND, UINT, WPARAM, LPARAM);

int APIENTRY wWinMain(_In_ HINSTANCE hInstance,
                      _In_opt_ HINSTANCE hPrevInstance,
                      _In_ LPWSTR    lpCmdLine,
                      _In_ int       nCmdShow)
{
   hInst = hInstance;
   DialogBox(hInst, MAKEINTRESOURCE(IDD_DIALOG1), NULL, DlgProc);
   return 0;
}

typedef struct {
   TCHAR  name[20];    // 이름
   TCHAR  dept[20];    // 학과
   TCHAR  address[60]; // 주소
   BOOL   male;        // 성별
} STUDENT;

INT_PTR CALLBACK DlgProc(HWND hDlg, UINT message,
                         WPARAM wParam, LPARAM lParam)
{
   static HWND hList;
   static HIMAGELIST hIL;

   STUDENT students[] = {
       { _T("김철수"), _T("컴퓨터공학"), _T("서울시"),TRUE},
       { _T("박인수"), _T("국문학"), _T("부산시"), TRUE},
       { _T("이영희"), _T("영문학"), _T("대전시"), FALSE} };

   switch (message)
   {
     case WM_INITDIALOG:
       {
          InitCommonControls(); // 공용 컨트롤 DLL 로드 확인
          hList = GetDlgItem(hDlg, IDC_LIST1);
```

```
        hIL = ImageList_LoadBitmap(hInst,
        MAKEINTRESOURCE(IDB_BITMAP1), 48, 1, CLR_NONE);
        ListView_SetImageList(hList, hIL, LVSIL_SMALL);
        ListView_SetImageList(hList,hIL, LVSIL_NORMAL);//LVS_ICON

        RECT rc;
        GetClientRect(hList, &rc);
        int nWidth = rc.right - rc.left;

        // 칼럼 헤더 생성
        LVCOLUMN col;
        ZeroMemory(&col, sizeof(LVCOLUMN));
        col.mask = LVCF_FMT | LVCF_WIDTH | LVCF_TEXT;
        col.fmt = LVCFMT_CENTER;

        col.pszText = (LPTSTR)_T("이름");
        col.cx = 120;
        ListView_InsertColumn(hList, 0, &col);

        col.pszText = (LPTSTR)_T("학과");
        col.cx = 130;
        ListView_InsertColumn(hList, 1, &col);

        col.cx = nWidth - 250;
        col.pszText = (LPTSTR)_T("주소");
        ListView_InsertColumn(hList, 2, &col);

        // 항목 추가
        LVITEM   row;
        ZeroMemory(&row, sizeof(LVITEM));
        row.mask = LVIF_TEXT | LVIF_IMAGE;
        for (int i = 0; i < 3; i++)
        {
            row.iItem = i;
            row.iSubItem = 0;
            row.pszText = students[i].name;
            row.iImage = students[i].male ? 1 : 0;
            ListView_InsertItem(hList, &row);

            ListView_SetItemText(hList, i, 1, students[i].dept);
            ListView_SetItemText(hList, i,2, students[i].address);
        }
        // 행 전체 선택 설정
        ListView_SetExtendedListViewStyle(hList,
                LVS_EX_FULLROWSELECT);
        return (INT_PTR)TRUE;
    }
case WM_COMMAND:
```

```
        {
            DWORD dwStyle = GetWindowLong(hList, GWL_STYLE);
            switch (LOWORD(wParam))
            {
                case IDM_ICON:
                    dwStyle &= ~LVS_TYPEMASK;
                    dwStyle |= LVS_ICON;    // 원하는 스타일 지정
                    SetWindowLong(hList, GWL_STYLE, dwStyle);
                    break;
                case IDM_SMALLICON:
                    dwStyle &= ~LVS_TYPEMASK;
                    dwStyle |= LVS_SMALLICON;
                    SetWindowLong(hList, GWL_STYLE, dwStyle);
                    break;
                case IDM_LIST:
                    dwStyle &= ~LVS_TYPEMASK;
                    dwStyle |= LVS_LIST;
                    SetWindowLong(hList, GWL_STYLE, dwStyle);
                    break;
                case IDM_REPORT:
                    dwStyle &= ~LVS_TYPEMASK;
                    dwStyle |= LVS_REPORT;
                    SetWindowLong(hList, GWL_STYLE, dwStyle);
                    break;
            }
            return (INT_PTR)TRUE;
        }
    case WM_CLOSE:
        ImageList_Destroy(hIL);
        DestroyWindow(hDlg);
        return TRUE;
    case WM_DESTROY:
        return TRUE;
    }
    return FALSE;
}
```

프로그램 설명

① 리소스에 대화상자 IDD_DIALOG1을 추가한 뒤에 [확인] 버튼과 [취소] 버튼을 삭제하고, 리스트-뷰 컨트롤을 추가하여 [표 35.2]와 같이 속성을 설정한다. [그림 35.2]와 같이 [View Style] 메뉴를 추가하고 IDM_ICON, IDM_SMALLICON, IDM_LIST, IDM_REPORT 메뉴 항목을 추가한 뒤에 IDD_DIALOG1의 menu 속성에 IDC_STEP35EX2 메뉴를 연결한다.

② 대화상자 프로시저 DlgProc의 WM_INITDIALOG 메시지에서 ImageList_LoadBitmap으로 남녀 성별 기호가 있는 96×48 크기의 IDB_BITMAP1을 이미지 리스

트 hIL에 로드한다. ListView_SetImageList로 LVSIL_SMALL과 LVSIL_NORMAL의 이미지 리스트를 hIL로 설정한다. LVSIL_SMALL은 LVS_SMALLICON, LVS_LIST, LVS_REPORT에서 사용하고, LVSIL_NORMAL은 LVS_ICON에서 사용한다. 다른 크기의 이미지 리스트를 로드하여 사용할 수 있다.

③ LVCOLUMN 구조체 변수 col의 col.mask = LVCF_FMT | LVCF_WIDTH | LVCF_TEXT 항목의 값을 설정하고 ListView_InsertColumn 매크로 함수로 _T("이름"), _T("학과"), _T("주소") 칼럼 헤더를 생성한다.

④ LVITEM 구조체 변수 row의 row.mask = LVIF_TEXT | LVIF_IMAGE 항목의 값을 이용하여 ListView_InsertItem으로 항목을 추가하고, ListView_SetItemText로 서브 항목 문자열을 설정한다. students[i].male이 TRUE이면 row.iImage에 이미지 리스트의 1번(남자), FLASE이면 0번(여자) 이미지를 저장한다.

⑤ WM_COMMAND 메시지에서 메뉴 항목 IDM_ICON, IDM_SMALLICON, IDM_LIST, IDM_REPORT에 따라 SetWindowLong 함수로 리스트-뷰 컨트롤의 뷰를 LVS_ICON, LVS_SMALLICON, LVS_LIST, LVS_REPORT 스타일로 각각 변경한다. [그림 35.2]는 LVS_REPORT 스타일, [그림 35.3]은 LVS_LIST 스타일이다.

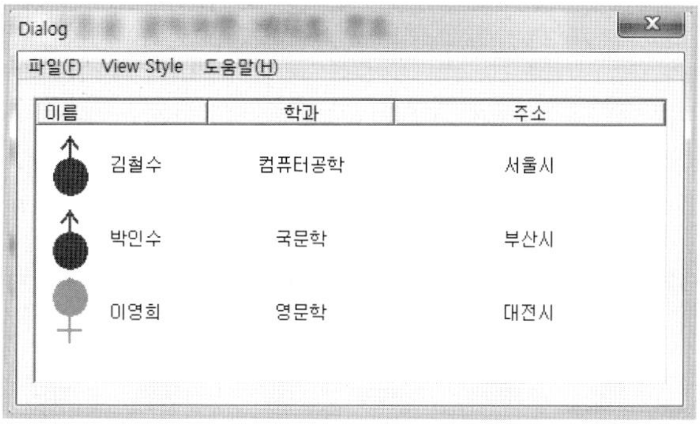

[그림 35.2] 리포트(LVS_REPORT) 스타일의 리스트-뷰

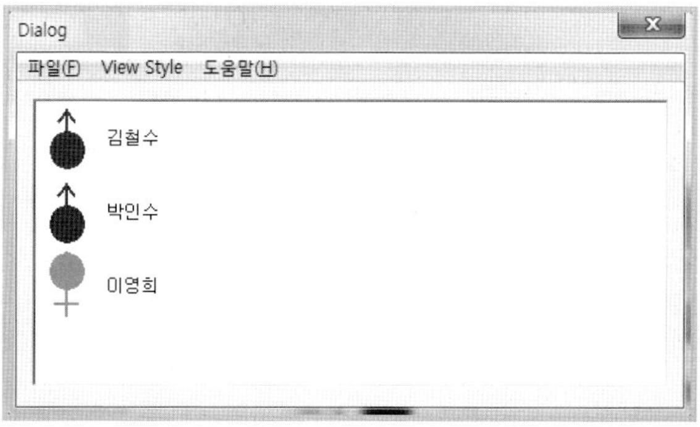

[그림 35.3] 리스트(LVS_LIST) 스타일의 리스트-뷰

[step35_ex3] 리스트-뷰 컨트롤 3: 항목 값 읽기 · 추가 · 삭제

```
// step35_ex3.cpp : 응용 프로그램에 대한 진입점을 정의
//
#include "stdafx.h"
#include "step35_ex3.h"

#include <commctrl.h>
#pragma comment(lib, "Comctl32.lib") // for InitCommonControls()

// 전역 변수:
HINSTANCE hInst;      // 현재 인스턴스입니다.
INT_PTR CALLBACK    DlgProc(HWND, UINT, WPARAM, LPARAM);

int APIENTRY wWinMain(_In_ HINSTANCE hInstance,
                      _In_opt_ HINSTANCE hPrevInstance,
                      _In_ LPWSTR    lpCmdLine,
                      _In_ int       nCmdShow)
{
   hInst = hInstance;
   DialogBox(hInst, MAKEINTRESOURCE(IDD_DIALOG1), NULL, DlgProc);
   return 0;
}

typedef struct {
   TCHAR  name[20];      // 이름
   TCHAR  dept[20];      // 학과
   TCHAR  address[60];   // 주소
   BOOL   male;          // 성별
} STUDENT;

INT_PTR CALLBACK DlgProc(HWND hDlg, UINT message,
                         WPARAM wParam, LPARAM lParam)
{
   static HWND hList;
   static HIMAGELIST hIL;

   STUDENT students[] = {
         { _T("김철수"), _T("컴퓨터공학"), _T("서울시"),TRUE},
         { _T("박인수"), _T("국문학"), _T("부산시"), TRUE},
         { _T("이영희"), _T("영문학"), _T("대전시"), FALSE} };
   switch (message)
   {
      case WM_INITDIALOG:
         {
            InitCommonControls();   // 공용 컨트롤 DLL 로드 확인
            hList = GetDlgItem(hDlg, IDC_LIST1);
            hIL = ImageList_LoadBitmap(hInst,
               MAKEINTRESOURCE(IDB_BITMAP1), 48, 1, CLR_NONE);
```

```
        ListView_SetImageList(hList, hIL, LVSIL_SMALL);

        RECT rc;
        GetClientRect(hList, &rc);
        int nWidth = rc.right - rc.left;

        // 칼럼 헤더 생성
        LVCOLUMN col;
        ZeroMemory(&col, sizeof(LVCOLUMN));
        col.mask = LVCF_FMT | LVCF_WIDTH | LVCF_TEXT;
        col.fmt = LVCFMT_CENTER;

        col.pszText = (LPTSTR)_T("이름");
        col.cx = 120;
        ListView_InsertColumn(hList, 0, &col);

        col.pszText = (LPTSTR)_T("학과");
        col.cx = 130;
        ListView_InsertColumn(hList, 1, &col);

        col.cx = nWidth - 250;
        col.pszText = (LPTSTR)_T("주소");
        ListView_InsertColumn(hList, 2, &col);

        // 항목 추가
        LVITEM  row;
        ZeroMemory(&row, sizeof(LVITEM));
        row.mask = LVIF_TEXT | LVIF_IMAGE;
        for (int i = 0; i < 3; i++)
        {
            row.iItem = i;
            row.iSubItem = 0;
            row.pszText = students[i].name;
            row.iImage = students[i].male ? 1 : 0;
            ListView_InsertItem(hList, &row);

            ListView_SetItemText(hList, i, 1, students[i].dept);
            ListView_SetItemText(hList, i,2, students[i].address);
        }
        // 행 전체 선택 설정
        ListView_SetExtendedListViewStyle(hList,
                LVS_EX_FULLROWSELECT);
        return (INT_PTR)TRUE;
    }
case WM_NOTIFY:
    {
        LPNMHDR pHDR = (LPNMHDR)lParam;
        int i;
```

```
        LVITEM   row;
        ZeroMemory(&row, sizeof(LVITEM));

        switch (pHDR->idFrom)
        {
           case IDC_LIST1:
              if (pHDR->code == NM_CLICK)
              {
                 i = ListView_GetNextItem(
                          hList, -1, LVNI_SELECTED);

                 if (i < 0)
                    break;

                 TCHAR  pszText[128];
                 ListView_GetItemText(hList, i, 0, pszText, 128);
                 SetDlgItemText(hDlg, IDC_EDIT1, pszText);
                 ListView_GetItemText(hList, i, 1, pszText, 128);
                 SetDlgItemText(hDlg, IDC_EDIT2, pszText);

                 ListView_GetItemText(hList, i, 2, pszText, 128);
                 SetDlgItemText(hDlg, IDC_EDIT3, pszText);

                 row.iItem = i;
                 row.mask =  LVIF_IMAGE;
                 ListView_GetItem(hList, &row);
                 CheckDlgButton(hDlg, IDC_CHECK1,
                    row.iImage ? BST_CHECKED: BST_UNCHECKED);
              }
              break;
        }
        return (INT_PTR)TRUE;
     }
  case WM_COMMAND:
     {
        LVITEM   row;
        int i;
        TCHAR  szText1[128], szText2[128], szText3[128];
        switch (LOWORD(wParam))
        {
           case IDC_BUTTON1:
              // 에디트 컨트롤 문자열 가져오기
              GetDlgItemText(hDlg, IDC_EDIT1, szText1, 128);
              GetDlgItemText(hDlg, IDC_EDIT2, szText2, 128);
              GetDlgItemText(hDlg, IDC_EDIT3, szText3, 128);

              if (lstrlen(szText1) == 0)
                 break;
```

```
                i = ListView_GetItemCount(hList); // 항목 개수

                // 행 추가
                memset(&row, 0, sizeof(LVITEM));
                row.iItem = i;
                row.iImage= IsDlgButtonChecked(hDlg, IDC_CHECK1);
                row.mask = LVIF_IMAGE;
                ListView_InsertItem(hList, &row); // 행 추가
                ListView_SetItemText(hList, i, 0, szText1);
                ListView_SetItemText(hList, i, 1, szText2);
                ListView_SetItemText(hList, i, 2, szText3);
                break;
            case IDC_BUTTON2:
                // 행 삭제
                i=ListView_GetNextItem(hList, -1, LVNI_SELECTED);
                ListView_DeleteItem(hList, i); // LVM_DELETEITEM
                break;
            }
            return (INT_PTR)TRUE;
        }
    case WM_CLOSE:
        ImageList_Destroy(hIL);
        DestroyWindow(hDlg);
        return TRUE;
    case WM_DESTROY:
        return TRUE;
    }
    return FALSE;
}
```

프로그램 설명

① 리소스에 대화상자 IDD_DIALOG1을 추가한 뒤에 [확인] 버튼과 [취소] 버튼을 삭제하고, [표 35.3]과 [그림 35.4]를 참고하여 컨트롤을 추가하고 속성을 설정한다.

[표 35.3] 컨트롤의 주요 속성

컨트롤 종류	이름	값	설명
List (List-view)	ID	IDC_LIST1	
	No Column Header	False	칼럼 이름 있음
	View	Report	다중 칼럼 테이블
Check Box	ID	IDC_CHECK1	성별 표시
	Caption	남자	

Edit	ID	IDC_EDIT1	IDC_LIST1의 선택항목 표시
	ID	IDC_EDIT2	
	ID	IDC_EDIT3	
Button	ID	IDC_BUTTON1	IDC_EDIT1이 공백이 아니면 IDC_LIST1에 항목 추가
	Caption	추가	
Button	ID	IDC_BUTTON2	IDC_LIST1에서 선택항목 삭제
	Caption	삭제	

② 대화상자 프로시저 DlgProc의 WM_INITDIALOG 메시지에서 이미지 리스트를 로드하고, 칼럼 헤더를 생성하여 students 배열의 내용으로 항목을 추가하는 것은 [step35_ex2]와 같다.

③ WM_NOTIFY 메시지에서 IDC_LIST1을 클릭하면 ListView_GetNextItem으로 선택(LVNI_SELECTED)한 항목번호를 i에 저장하고, ListView_GetItemText로 선택한 항목의 서브 항목의 문자열을 pszText에 가져와서 SetDlgItemText로 에디트 컨트롤에 출력한다. ListView_GetItem으로 선택한 항목의 이미지 번호 row.iImage를 가져와서 1(남자)이면 체크 박스 IDC_CHECK1을 BST_CHECKED하고, 0(여자)이면 BST_UNCHECKED한다.

④ WM_COMMAND 메시지에서 IDC_BUTTON1 버튼을 클릭하면 에디트 컨트롤의 문자열을 szText1, szText2, szText3에 가져와서 szText1이 공백이 아니면 ListView_GetItemCount로 항목 개수를 가져와 i에 저장하고, row.iItem = i, row.iSubItem = 0, row.pszText = szText1, row.mask = LVIF_TEXT | LVIF_IMAGE로 설정한 뒤에 ListView_InsertItem으로 row 항목을 추가하고, ListView_SetItemText로 서브 항목 문자열을 변경한다.

⑤ IDC_BUTTON2 버튼을 클릭하면 ListView_GetNextItem으로 선택(LVNI_SELECTED)한 항목번호를 i에 저장하고, ListView_DeleteItem으로 삭제한다. [그림 35.4]는 항목 0을 선택했을 때의 결과이다.

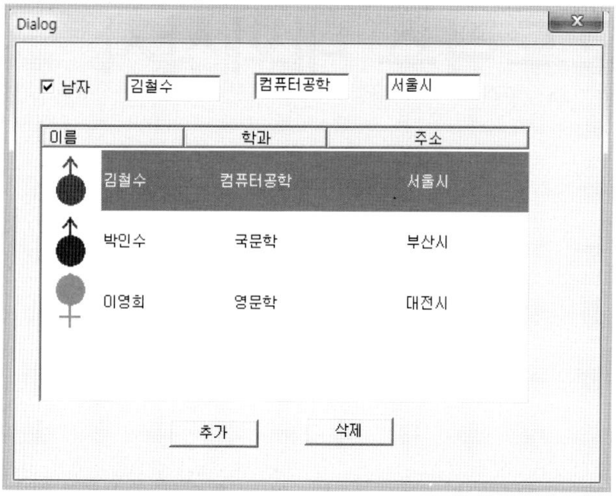

[그림 35.4] 리스트-뷰 컨트롤의 항목 값 읽기 · 추가 · 삭제

step

36 모드리스 대화상자

이 단계에서는 CreateDialog 또는 CreateDialogParam 함수에 의한 모드리스 대화상자 기반 응용 프로그램을 설명한다. 모드리스 대화상자 기반 응용 프로그램은 메시지 루프(message loop)가 필요하다.

[step36_ex1] 모드리스 대화상자: 키보드 메시지 처리

```
// step36_ex1.cpp : 응용 프로그램에 대한 진입점을 정의.
//
#include "stdafx.h"
#include "step36_ex1.h"

// 전역 변수:
HINSTANCE hInst;       // 현재 인스턴스입니다.
INT_PTR CALLBACK    DlgProc(HWND, UINT, WPARAM, LPARAM);

int APIENTRY wWinMain(_In_ HINSTANCE hInstance,
                      _In_opt_ HINSTANCE hPrevInstance,
                      _In_ LPWSTR    lpCmdLine,
                      _In_ int       nCmdShow)
{
   HWND hDlg;
   hDlg = CreateDialog(hInst, MAKEINTRESOURCE(IDD_DIALOG1),
                       NULL, DlgProc);
   ShowWindow(hDlg, nCmdShow);

   // 기본 메시지 루프
   MSG  msg;
   while (GetMessage(&msg, nullptr, 0, 0))
   {
      TranslateMessage(&msg);
      DispatchMessage(&msg);
   }
   return (int)msg.wParam;
}
```

```
INT_PTR CALLBACK DlgProc(HWND hDlg, UINT message,
                         WPARAM wParam, LPARAM lParam)
{
   switch (message)
   {
      case WM_INITDIALOG:
         return (INT_PTR)TRUE;
      case WM_KEYDOWN:
         switch (wParam)
         {
            case VK_RETURN:
               SetWindowText(hDlg, _T("VK_RETURN, Down"));
               break;
            case VK_SPACE:
               SetWindowText(hDlg, _T("VK_SPACE, Down"));
               break;
            case VK_LEFT:
               SetWindowText(hDlg, _T("VK_LEFT, Down"));
               break;
            case 'A':
               SetWindowText(hDlg, _T("A, Down"));
               break;
         }
         return TRUE;
      case WM_KEYUP:
         switch (wParam)
         {
            case VK_RETURN:
               SetWindowText(hDlg, _T("VK_RETURN, Up"));
               break;
            case VK_SPACE:
               SetWindowText(hDlg, _T("VK_SPACE, Up"));
               break;
            case VK_LEFT:
               SetWindowText(hDlg, _T("VK_LEFT, Up"));
               break;
            case 'A':
               SetWindowText(hDlg, _T("A, Up"));
               break;
         }
         return TRUE;
      case WM_COMMAND:
         {
            switch (LOWORD(wParam))
            {
               case IDOK:
                  break;
               case IDCANCEL:
```

```
                DestroyWindow(hDlg);
                break;
            }
            return (INT_PTR)TRUE;
        }
//  case WM_CLOSE:
//        DestroyWindow(hDlg);
//      return TRUE;
    case WM_DESTROY:
        PostQuitMessage(0);
        return TRUE;
    }
    return FALSE;
}
```

프로그램 설명

① wWinMain 함수에서 CreateDialog 함수로 대화상자의 윈도우 핸들 hDlg를 생성하고, ShowWindow 함수로 화면에 표시하며 메시지 루프를 갖는다.
② 리소스에 대화상자 IDD_DIALOG1을 추가한 뒤에 [확인] 버튼과 [취소] 버튼을 삭제하여 대화상자에서 컨트롤을 모두 제거한다.
③ 대화상자 프로시저 DlgProc의 WM_GETDLGCODE 메시지가 없어도 WM_KEYDOWN, WM_KEYUP 메시지에서 VK_RETURN, VK_SPACE, VK_LEFT, 'A' 키의 누름(Down)과 뗌(Up)의 상태가 정상적으로 전달되어 문자열을 SetWindowText 함수로 대화상자 타이틀에 [그림 36.1]과 같이 출력한다.
④ 대화상자에 컨트롤이 있으면 정상적으로 동작하지 않는다.

[그림 36.1] 모드리스 대화상자(키보드 메시지 처리)

[step36_ex2] 모드리스 대화상자(step12_ex1): WM_SIZE, WM_TIMER, WM_KEYDOWN

```
// step36_ex2.cpp : 응용 프로그램에 대한 진입점을 정의
//
#include "stdafx.h"
#include "step36_ex2.h"

// 전역 변수:
HINSTANCE hInst;       // 현재 인스턴스입니다.
INT_PTR CALLBACK    DlgProc(HWND, UINT, WPARAM, LPARAM);

int APIENTRY wWinMain(_In_ HINSTANCE hInstance,
                      _In_opt_ HINSTANCE hPrevInstance,
                      _In_ LPWSTR    lpCmdLine,
                      _In_ int       nCmdShow)
{
   HWND hDlg;
   hDlg = CreateDialog(hInst, MAKEINTRESOURCE(IDD_DIALOG1), NULL,
                      DlgProc);
   ShowWindow(hDlg, nCmdShow);

   // 기본 메시지 루프입니다:
   MSG  msg;
   while (GetMessage(&msg, nullptr, 0, 0))
   {
      TranslateMessage(&msg);
      DispatchMessage(&msg);
   }
   return (int)msg.wParam;
}

// [step12_ex1] 타이머에 의한 원 움직이기
#define  STEP  10
#define  R     50
INT_PTR CALLBACK DlgProc(HWND hDlg, UINT message,
                         WPARAM wParam, LPARAM lParam)
{
   static POINT ptCircle;
   static RECT  rtClient;
   static int   direction = VK_RIGHT;

   switch (message)
   {
      case WM_INITDIALOG:
         SetTimer(hDlg, 1, 50, NULL);
         return (INT_PTR)TRUE;
      case WM_SIZE:
         GetClientRect(hDlg, &rtClient);
         ptCircle.x = rtClient.right / 2;
```

```
        ptCircle.y = rtClient.bottom / 2;
        return (INT_PTR)TRUE;
    case WM_KEYDOWN:
        switch (wParam)
        {
            case VK_LEFT:
                direction = VK_LEFT;
                break;
            case VK_RIGHT:
                direction = VK_RIGHT;
                break;
            case VK_UP:
                direction = VK_UP;
                break;
            case VK_DOWN:
                direction = VK_DOWN;
                break;
        }
        return (INT_PTR)TRUE;
    case WM_TIMER:
        switch (direction)
        {
            case VK_LEFT:
                ptCircle.x -= STEP;
                break;
            case VK_RIGHT:
                ptCircle.x += STEP;
                break;
            case VK_UP:
                ptCircle.y -= STEP;
                break;
            case VK_DOWN:
                ptCircle.y += STEP;
                break;
        }
        // check the boundaries  and change the direction
        if (ptCircle.x - R <= 0)
        {
            ptCircle.x = R;
            direction = VK_RIGHT;
        }
        if (ptCircle.x + R >= rtClient.right)
        {
            ptCircle.x = rtClient.right - R;
            direction = VK_LEFT;
        }
        if (ptCircle.y - R <= 0)
        {
```

```
            ptCircle.y = R;
            direction = VK_DOWN;
        }
        if (ptCircle.y + R >= rtClient.bottom)
        {
            ptCircle.y = rtClient.bottom - R;
            direction = VK_UP;
        }
        InvalidateRect(hDlg, NULL, TRUE); // 전체영역 지우고 그리기
        return (INT_PTR)TRUE;
    case WM_PAINT:
        {
            PAINTSTRUCT ps;
            HDC hdc = BeginPaint(hDlg, &ps);
            // TODO: 여기에 hdc를 사용하는 그리기 코드를 추가
            Ellipse(hdc, ptCircle.x - R, ptCircle.y - R,
                    ptCircle.x + R, ptCircle.y + R);
            EndPaint(hDlg, &ps);
            return (INT_PTR)TRUE;
        }
    case WM_CLOSE:
        DestroyWindow(hDlg);
        return TRUE;
    case WM_DESTROY:
        KillTimer(hDlg, 1);
        PostQuitMessage(0);
        return (INT_PTR)TRUE;
    }
    return FALSE;
}
```

프로그램 설명

① [step12_ex1] 타이머에 의한 원 움직이기를 모드리스 대화상자 기반의 응용 프로그램으로 작성한다. wWinMain 함수에서 CreateDialog 함수로 대화상자의 윈도우 핸들 hDlg를 생성하고, ShowWindow 함수로 화면에 표시하며 메시지 루프를 갖는다.
② 리소스에 대화상자 IDD_DIALOG1을 추가한 뒤에 [확인] 버튼과 [취소] 버튼을 삭제하고, [표 36.1]을 참고하여 IDD_DIALOG1 속성을 변경하고 대화상자에서 WM_SIZE 메시지가 발생하도록 하여 대화상자의 크기를 변경할 수있게 한다.

[표 36.1] IDD_DIALOG1의 주요 속성

이름	값	설명
ID	IDD_DIALOG1	
Border	Resizing	크기변경 가능
Style	Overlapped	대화상자 프레임이 있고, WM_SIZE

③ [step12_ex1]의 윈도우 프로시저 WndProc를 편집하여 타이머에 의한 원 움직이기를 구현한다. 대화상자에서는 WM_CREATE를 WM_INITDIALOG 메시지로 변경하고, DefWindowProc 함수가 필요 없기 때문에 윈도우 핸들 변수 hWnd를 hDlg로 변경한다.
④ 마우스에 의해 대화상자의 크기를 변경할 수 있으며, 타이머에 의해 원이 움직인다. 대화상자의 경계에 부딪히면 반대 방향으로 움직이며, 방향키에 의해 방향전환 한다. [그림 36.2]는 모드리스 대화상자 기반의 타이머에 의한 원 움직이기 예제를 실행한 결과이다.

[그림 36.2] 모드리스 대화상자 기반의 타이머에 의한 원 움직이기

step

37 서브클래싱

서브클래싱(subclassing)은 [그림 37.1]과 같이 윈도우즈 운영체제가 윈도우로 보낸 메시지를 중간에 가로채서 서브클래스 프로시저(subclass procedure)에서 메시지를 처리한다.

컨트롤의 서브클래싱은 WM_INITDIALOG 메시지에서 처리하며, [step37_ex1] 예제와 같이 SetWindowLong 함수에서 GWLP_WNDPROC로 새로운 서브클래스 윈도 프로시저 SubClassProc로 설정한다. 서브클래스 프로시저에서 처리되지 않은 나머지 메시지는 반환되는 이전 윈도 프로시저 OldWndProc를 CallWindowProc 함수로 호출하여 원래의 윈도우 프로시저에서 처리한다.

ComCtl32.dll version 6에서는 [step37_ex2] 예제와 같이 〈commctrl.h〉 헤더 파일과 "comctl32.lib" 라이브러리를 사용하여 서브클래스 윈도 프로시저를 SetWindowSubclass로 설정하고, DefSubclassProc 함수로 처리되지 않는 나머지 메시지를 처리한다. 서브클래스 윈도 프로시저에 매개변수 2개(uIdSubclass, dwRefData)가 추가되어 있다. 훅(hook)은 메시지가 대상 윈도우에 도달하기 전에 가로채는 방법으로 [Step38]에서 다룬다.

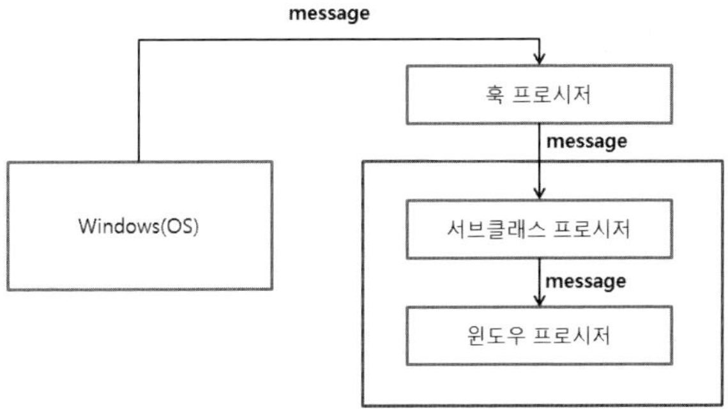

[그림 37.1] 서브클래싱(subclassig)과 훅(hook)

[step37_ex1] 서브클래싱 1(SetWindowLong, CallWindowProc)

```
// step37_ex1.cpp : 응용 프로그램에 대한 진입점을 정의합니다.
//
#include "stdafx.h"
#include "step37_ex1.h"

// 전역 변수:
HINSTANCE hInst;              // 현재 인스턴스입니다.
WNDPROC   OldEditProc;  // 컨트롤의 원래의 프로시저 저장

INT_PTR CALLBACK DlgProc(HWND, UINT, WPARAM, LPARAM);
INT_PTR CALLBACK EditSubClassProc(HWND, UINT, WPARAM, LPARAM);

int APIENTRY wWinMain(_In_ HINSTANCE hInstance,
                      _In_opt_ HINSTANCE hPrevInstance,
                      _In_ LPWSTR    lpCmdLine,
                      _In_ int       nCmdShow)
{
   hInst = hInstance;
   DialogBox(hInst, MAKEINTRESOURCE(IDD_DIALOG1), NULL, DlgProc);
   return 0;
}
// 정보 대화상자의 메시지 처리기입니다.
INT_PTR CALLBACK DlgProc(HWND hDlg, UINT message,
                         WPARAM wParam, LPARAM lParam)
{
   HWND hEdit;

   switch (message)
   {
      case WM_INITDIALOG:
         {
            hEdit = GetDlgItem(hDlg, IDC_EDIT1);
            SetFocus(hEdit);
            OldEditProc = (WNDPROC)SetWindowLong(hEdit,
                      GWL_WNDPROC, (LONG)EditSubClassProc);
            return (INT_PTR)TRUE;
         }
      case WM_COMMAND:
         {
            switch (LOWORD(wParam))
            {
               case IDOK:
               case IDCANCEL:
                  EndDialog(hDlg, LOWORD(wParam));
                  break;
            }
            return (INT_PTR)TRUE;
```

```
        }
    }
    return (INT_PTR)FALSE;
}

// 서브클래스 프로시저
INT_PTR CALLBACK EditSubClassProc(HWND hWnd, UINT message,
                                  WPARAM wParam, LPARAM lParam)
{
    switch (message)
    {
        case WM_GETDLGCODE: // 주석 처리하고 실행해보자
            return DLGC_WANTALLKEYS;
        case WM_CHAR:
            {
                UINT   nChar = (UINT)wParam;
                if ((nChar<'0' || nChar >'9') &&
                    nChar != VK_BACK && nChar != VK_TAB &&
                    nChar != VK_SPACE && nChar != VK_RETURN)
                {
                    return MessageBeep(0);
                }
                break;
            }
    }
    return CallWindowProc((WNDPROC)OldEditProc, hWnd, message,
                    wParam, lParam);
}
```

프로그램 설명

① 리소스에 대화상자 IDD_DIALOG1을 추가한 뒤에 [확인] 버튼과 [취소] 버튼을 삭제하고, 도구상자를 이용하여 에디트 컨트롤 IDC_EDIT1을 생성하여 [표 37.1]의 속성을 설정한다. Multiline 속성과 Want Return 속성을 True로 설정하여 엔터키를 이용하여 행을 변경할 수 있게 한다. Numbers는 False로 하고 서브클래싱으로 처리한다.

[표 37.1] 컨트롤의 주요 속성

컨트롤 종류	이름	값	설명
Edit	ID	IDC_EDIT1	
	Multiline	True	다중라인 설정
	Number	False	숫자 입력 해제
	Want Return	True	Enter 키

③ 대화상자 프로시저 DlgProc의 WM_INITDIALOG 메시지에서 SetWindowLong 함수로 에디트 컨트롤 hEdit의 윈도우 프로시저를 EditSubClassProc 함수로 서브클래싱하고, 이전 윈도우 프로시저를 OldEditProc에 저장한다.
④ 새로운 에디트 컨트롤의 윈도우 프로시저인 EditSubClassProc의 WM_GETDLGCODE 메시지에서 모든 키보드 입력을 윈도우 프로시저 EditSubClassProc에서 처리할 것을 알리는 DLGC_WANTALLKEYS를 반환한다.
⑤ EditSubClassProc의 WM_CHAR 메시지에서 입력 키가 숫자, VK_BACK, VK_TAB, VK_SPACE, VK_RETURN 키가 아니면 MessageBeep 함수로 비프(beep)음을 출력한다. 숫자, VK_BACK, VK_TAB, VK_SPACE, VK_RETURN 키이면 CallWindowProc 함수로 이전의 에디트 컨트롤 윈도우 프로시저 OldEditProc를 호출하여 키 입력을 처리한다.
⑥ WM_GETDLGCODE 메시지를 주석 처리하고 실행하면 VK_TAB 키가 다르게 동작한다. 숫자 입력 부분은 에디트 컨트롤의 Number속성을 True로 설정해도 가능하다. [그림 37.1]은 실행결과이다.

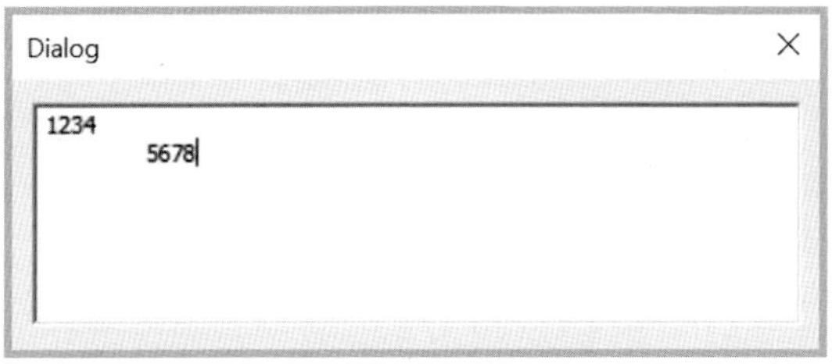

[그림 37.1] 멀티 라인 에디트 컨트롤 서브클래싱

[step37_ex2] 서브클래싱2(SetWindowSubclass, DefSubclassProc)

```
// step37_ex2.cpp : 응용 프로그램에 대한 진입점을 정의
//
#include "stdafx.h"
#include "step37_ex2.h"

#include <commctrl.h>
#pragma comment(lib, "comctl32.lib")

// 전역 변수:
HINSTANCE hInst;      // 현재 인스턴스입니다.
INT_PTR CALLBACK DlgProc(HWND, UINT, WPARAM, LPARAM);
INT_PTR CALLBACK EditSubClassProc(HWND, UINT,
                    WPARAM, LPARAM, UINT_PTR, DWORD_PTR);

int APIENTRY wWinMain(_In_ HINSTANCE hInstance,
                      _In_opt_ HINSTANCE hPrevInstance,
                      _In_ LPWSTR    lpCmdLine,
                      _In_ int       nCmdShow)
{
```

```
    hInst = hInstance;
    DialogBox(hInst, MAKEINTRESOURCE(IDD_DIALOG1), NULL, DlgProc);
    return 0;
}

// 정보 대화상자의 메시지 처리기
INT_PTR CALLBACK DlgProc(HWND hDlg, UINT message,
                          WPARAM wParam, LPARAM lParam)
{
    HWND hEdit;

    switch (message)
    {
        case WM_INITDIALOG:
            {
                hEdit = GetDlgItem(hDlg, IDC_EDIT1);
                SetFocus(hEdit);
                 SetWindowSubclass(hEdit,
                        (SUBCLASSPROC)EditSubClassProc, 0,0);
                return (INT_PTR)TRUE;
            }
        case WM_COMMAND:
            {
                switch (LOWORD(wParam))
                {
                    case IDOK:
                    case IDCANCEL:
                        EndDialog(hDlg, LOWORD(wParam));
                        break;
                }
                return (INT_PTR)TRUE;
            }
    }
    return (INT_PTR)FALSE;
}

// 서브클래스 프로시저
INT_PTR CALLBACK EditSubClassProc(HWND hWnd, UINT message,
                    WPARAM wParam, LPARAM lParam,
                    UINT_PTR uIdSubclass, DWORD_PTR dwRefData)
{
    switch (message)
    {
        case WM_GETDLGCODE: // 주석 처리하고 실행해보자
            return DLGC_WANTALLKEYS;
        case WM_CHAR:
            {
                UINT nChar = (UINT)wParam;
```

```
            if ((nChar<'0' || nChar >'9') &&
               nChar != VK_BACK && nChar != VK_TAB &&
               nChar != VK_SPACE&& nChar != VK_RETURN)
            {
               return MessageBeep(0);
            }
            break;
         }
   }
   return DefSubclassProc(hWnd, message, wParam, lParam);
}
```

프로그램 설명

① SetWindowSubclass와 DefSubclassProc 함수를 사용하기 위하여 〈commctrl.h〉 헤더 파일을 포함하고 "comctl32.lib" 라이브러리를 설정한다.

② 리소스에 대화상자 IDD_DIALOG1을 추가한 뒤에 [확인] 버튼과 [취소] 버튼을 삭제하고, 도구상자를 이용하여 에디트 컨트롤 IDC_EDIT1을 생성하고 [표 37.1]의 속성을 설정한다.

③ 대화상자 프로시저 DlgProc의 WM_INITDIALOG 메시지에서 SetWindowSubclass 함수로 에디트 컨트롤 hEdit의 윈도우 프로시저를 SubClassProc로 서브클래싱 한다.

④ 새로운 에디트 컨트롤의 윈도우 프로시저인 EditSubClassProc의 WM_GETDLGCODE 메시지에서 모든 키보드 입력을 윈도우 프로시저 EditSubClassProc에서 처리할 것을 알리는 DLGC_WANTALLKEYS를 반환한다.

⑤ EditSubClassProc의 WM_CHAR 메시지에서 입력 키가 숫자, VK_BACK, VK_TAB, VK_SPACE, VK_RETURN 키가 아니면 MessageBeep 함수로 비프 음을 출력한다. 숫자, VK_BACK, VK_TAB, VK_SPACE, VK_RETURN 키이면 DefSubclassProc 함수가 키 입력을 처리한다.

⑥ WM_GETDLGCODE 메시지를 주석 처리하여 실행하면 VK_TAB 키가 다르게 동작한다. 숫자 입력 부분은 에디트 컨트롤의 Number 속성을 True로 설정해도 가능하다. 실행결과는 [그림 37.1]과 같다.

[step37_ex3] 서브클래싱 3(Picture 컨트롤에 TicTacToe 게임 구현)

```
// step37_ex3.cpp : 응용 프로그램에 대한 진입점을 정의
//
#include "stdafx.h"
#include "step37_ex3.h"

// 전역 변수:
HINSTANCE hInst;
INT_PTR CALLBACK    DlgProc(HWND, UINT, WPARAM, LPARAM);

int APIENTRY wWinMain(_In_ HINSTANCE hInstance,
                      _In_opt_ HINSTANCE hPrevInstance,
                      _In_ LPWSTR    lpCmdLine,
                      _In_ int       nCmdShow)
{
   hInst = hInstance;
   DialogBox(hInst, MAKEINTRESOURCE(IDD_DIALOG1), NULL, DlgProc);

   return 0;
}

#define BLOCK_SIZE          80
#define WM_GAME_START   WM_USER+1
#define WM_GAME_END       WM_USER+2

WNDPROC   OldProc;  // 컨트롤의 기존 프로시저
INT_PTR   CALLBACK PictureSubClassProc(HWND, UINT,
                                        WPARAM, LPARAM);

// 정보 대화상자의 메시지 처리기
INT_PTR CALLBACK DlgProc(HWND hDlg, UINT message,
                         WPARAM wParam, LPARAM lParam)
{
   switch (message)
   {
      case WM_INITDIALOG:
         {
            // 대화상자 크기 조정, 100은 마진
            RECT rt = { 0, 0, BLOCK_SIZE * 3 + 100, BLOCK_SIZE * 3 + 100};
            AdjustWindowRect(&rt, WS_OVERLAPPEDWINDOW, FALSE);
            int nWidth = rt.right - rt.left;
            int nHeight = rt.bottom - rt.top;
            SetWindowPos(hDlg, NULL, 0, 0,
                     nWidth, nHeight, SWP_NOMOVE);

            // Picture 컨트롤 크기 조정
            HWND  hPicture = GetDlgItem(hDlg, IDC_PICTURE1);
            SetWindowPos(hPicture, NULL, 50, 50,
```

```
                    BLOCK_SIZE * 3, BLOCK_SIZE * 3, 0);

            // Picture 컨트롤 서브클래싱
            OldProc = (WNDPROC)SetWindowLong(hPicture,
                        GWL_WNDPROC, (LONG)PictureSubClassProc);
            SendMessage(hPicture, WM_GAME_START, 0, 0);
            return (INT_PTR)TRUE;
        }
    case WM_CTLCOLORDLG: // 대화상자 배경색 브러시
        {
            return (INT_PTR)GetStockObject(GRAY_BRUSH);
        }
    case WM_COMMAND:
        if (LOWORD(wParam)==IDOK||LOWORD(wParam) == IDCANCEL)
        {
            EndDialog(hDlg, LOWORD(wParam));
            return (INT_PTR)TRUE;
        }
        break;
    }
    return (INT_PTR)FALSE;
}

typedef enum { EMPTY, PLAYER1, PLAYER2} PLAYER;
typedef PLAYER  CELL;
typedef enum { NONE, GAMEPLAYER1, GAMEPLAYER2, DRAW } WINNER;

void DrawBlock(HDC hdc, int ix, int iy, HBITMAP hBit)
{
    // BITMAP bit;
    // bit.bmWidth, bit.bmHeight: BLOCK_SIZE
    // GetObject(hBit, sizeof(BITMAP), &bit);
    HDC memDC = CreateCompatibleDC(hdc);
    HBITMAP oldBit = (HBITMAP)SelectObject(memDC, hBit);
    BitBlt(hdc, ix * BLOCK_SIZE, iy * BLOCK_SIZE,
            BLOCK_SIZE, BLOCK_SIZE, memDC, 0, 0, SRCCOPY);
    SelectObject(memDC, oldBit);
    DeleteDC(memDC);
}

void DrawBoard(HDC hdc, HBITMAP hBitmap[], CELL board[][3])
{
    for (int ix = 0; ix < 3; ix++)
        for (int iy = 0; iy < 3; iy++)
        {
            int img = (int)board[iy][ix];
            DrawBlock(hdc, ix, iy, hBitmap[img]);
        }
```

```
}

WINNER WinnerCheck(int ix, int iy, CELL board[][3])
{
   // if(board[iy][ix] == EMPTY) // 이런 경우는 없음
   // return NONE;
   if (board[iy][0] == board[iy][1] && board[iy][1] == board[iy][2])
      return (WINNER)board[iy][0];          // 가로
   else if (board[0][ix]==board[1][ix] && board[1][ix] == board[2][ix])
      return (WINNER)board[0][ix];          // 세로
   else if (board[0][0] == board[1][1] && board[1][1] == board[2][2])
      return (WINNER)board[0][0];           // 대각선
   else if (board[2][0] == board[1][1] && board[1][1] == board[0][2])
      return (WINNER)board[2][0];           //역대각선
   else { // 비김 확인
      for (int x = 0; x < 3; x++)
         for (int y = 0; y < 3; y++)
         {
            if (board[y][x] == EMPTY)
               return NONE;
         }
       return DRAW; // EMPTY가 하나도 없는 경우
   }
   return NONE;        // EMPTY가 적어도 하나 있는 경우
}

INT_PTR CALLBACK PictureSubClassProc(HWND hWnd, UINT message,
                              WPARAM wParam, LPARAM lParam)
{
   static HBITMAP hBitmap[3];
   static CELL     board[3][3];
   static BOOL     bBitmapLoaded = FALSE;
   static PLAYER  gamePlayer    = PLAYER1;
   static BOOL     gameRunning  = FALSE;

   switch (message)
   {
      case WM_GAME_START:
         if (!bBitmapLoaded)
         {
            bBitmapLoaded = TRUE;
            hBitmap[0] = LoadBitmap(hInst,
                           MAKEINTRESOURCE(IDB_BITMAP0));
            hBitmap[1] = LoadBitmap(hInst,
                           MAKEINTRESOURCE(IDB_BITMAP1));
            hBitmap[2] = LoadBitmap(hInst,
                           MAKEINTRESOURCE(IDB_BITMAP2));
         }
```

```
            gameRunning = TRUE;
            memset(board, EMPTY, sizeof(board));
            InvalidateRect(hWnd, NULL, FALSE);
            return TRUE;
/*
// Picture 컨트롤 배경을 변경하고자 하는 경우,
// 여기서는 블록이 컨트롤 전체를 사용하기 때문에 필요 없음
        case WM_ERASEBKGND:
            {
                HDC hdc = GetDC(hWnd);
                RECT rtClient;
                GetClientRect(hWnd, &rtClient);
                FillRect(hdc, &rtClient, (HBRUSH)(COLOR_WINDOW + 2));
                ReleaseDC(hWnd, hdc);
                return TRUE;
            }
*/
        case WM_LBUTTONDOWN:
            {
                int ix, iy;
                ix = (int)(LOWORD(lParam) / BLOCK_SIZE);
                iy = (int)(HIWORD(lParam) / BLOCK_SIZE);
                if (board[iy][ix] != EMPTY || !gameRunning)
                    return TRUE;

                // EMPTY인 경우만
                board[iy][ix] = gamePlayer;
                InvalidateRect(hWnd, NULL, FALSE);  // 현재 클릭을 반영

                WINNER winner = WinnerCheck(ix, iy, board);
                if (winner != NONE)
                {
                    gameRunning = FALSE;
                    TCHAR str[128];

                    if(winner == DRAW)
                        wsprintf(str, _T("Draw, 한판더?"));
                    else
                        wsprintf(str, _T("Winner = %s, 한판더?"),
                                (winner == GAMEPLAYER1)? _T("O"): _T("X"));

                    if (MessageBox(hWnd,str, _T("Msg"),MB_YESNO)==IDYES)
                        SendMessage(hWnd, WM_GAME_START, 0, 0);
                    else
                    {
                        SendMessage(hWnd, WM_GAME_END, 0, 0);
                        EndDialog(GetParent(hWnd), LOWORD(wParam));
                    }
```

```
            }
            // 플레이어 전환
            gamePlayer=(gamePlayer==PLAYER1) ? PLAYER2 : PLAYER1;
            return TRUE;
        }
    case WM_PAINT:
        {
            PAINTSTRUCT ps;
            HDC hdc = BeginPaint(hWnd, &ps);
            // TODO: 여기에 hdc를 사용하는 그리기 코드를 추가
            DrawBoard(hdc, hBitmap, board);
            EndPaint(hWnd, &ps);
        }
        break;
    case WM_GAME_END:
        for(int i=0; i<3; i++)
            DeleteObject(hBitmap[i]);
        return TRUE;
    }
    return CallWindowProc((WNDPROC)OldProc, hWnd, message,
                    wParam, lParam);
}
```

프로그램 설명

① 대화상자의 Picture 컨트롤을 서브클래싱하여 삼목(Tic-Tac-Toe) 게임을 작성한다. BLOCK_SIZE는 보드의 셀에 표시할 비트맵의 가로, 세로 크기이다. WM_GAME_START, WM_GAME_END 게임 시작 끝을 위한 사용자 정의 메시지이고, PictureSubClassProc는 Picture 컨트롤을 위한 서브클래스 프로시저이다.
② 리소스에 비트맵을 추가하고, 대화상자 IDD_DIALOG1을 추가한 뒤에 [확인] 버튼과 [취소] 버튼을 삭제하고, 도구상자를 이용하여 Picture 컨트롤을 생성한다. [표 37.2]는 리소스 또는 컨트롤의 주요 속성이다.

[표 37.2] 리소스 또는 컨트롤의 주요 속성

종류	이름	값	설명
Bitmap	ID	IDB_BITMAP0	80×80 흰색 비트맵(white.bmp)
Bitmap	ID	IDB_BITMAP1	80×80 흰색 비트맵(O.bmp)
Bitmap	ID	IDB_BITMAP2	80×80 흰색 비트맵(X.bmp)
Dialog	ID	IDD_DIALOG1	대화상자 템플릿
	Style	Overlapped	
Picture	ID	IDC_PICTURE1	게임을 위한 Picture 컨트롤
	Type	Frame	
	Notify	TRUE	마우스 메시지를 받기 위해 설정

③ 대화상자 프로시저 DlgProc의 WM_INITDIALOG 메시지에서 대화상자 크기인 클라이언트 영역의 가로세로 크기를 BLOCK_SIZE * 3 + 100으로 변경한다. IDC_PICTURE1 컨트롤의 크기를 윈도우 핸들을 hPicture에 저장하고, hPicture 컨트롤의 가로세로 크기를 BLOCK_SIZE * 3으로 변경하고 대화상자의 (50, 50) 위치에 시킨다. SetWindowLong 함수로 hPicture 컨트롤의 윈도우 프로시저를 PictureSubClassProc 함수로 서브클래싱하고, 이전 윈도우 프로시저를 OldProc저장한다. SendMessage로 hPicture에 WM_GAME_START 메시지를 보내어 게임을 시작한다. WM_CTLCOLORDLG 메시지에서 대화상자의 배경색을 GRAY_BRUSH로 변경한다.

④ 열거형을 이용하여 PLAYER를 정의하고, CELL 자료형도 PLAYER와 같다. WINNER 자료형은 게임의 승자를 위한 자료형이다. GAMEPLAYER1과 PLAYER1은 같은 1의 값이며, GAMEPLAYER2와 PLAYER2는 같은 2의 값이다.

⑤ DrawBlock 함수는 (ix, iy) 보드 셀에 가로세로 크기가 BLOCK_SIZE인 비트맵 hBit를 출력한다. DrawBoard 함수는 board 배열에 저장된 게임 정보를 DrawBlock 함수를 호출하여 hBitmap 배열의 비트맵으로 출력한다.

⑥ WinnerCheck 함수는 (ix, iy)을 기준으로 가로, 세로, 대각선, 역대각선의 board 배열의 값을 조사하여 승자를 찾는다.

⑦ 서브클래스 프로시저 PictureSubClassProc에 게임을 구현한다. gamePlayer = PLAYER1, gameRunning = FALSE, bBitmapLoaded = FALSE로 초기화하고, board 배열은 게임 정보를 저장하고, hBitmap 배열은 보드에 표시할 비트맵을 저장한다. 서브클래스 프로시저의 인수 hWnd는 Picture 컨트롤이다.

⑧ WM_GAME_START 메시지에서 비트맵이 로드되지 않았으면 hBitmap 배열에 비트맵을 로드하고, gameRunning = TRUE, memset 함수로 board 배열을 EMPTY로 초기화하고, InvalidateRect 함수로 WM_PAINT 메시지를 발생시켜 DrawBoard 함수로 보드를 표시한다.

⑨ WM_ERASEBKGND 메시지에서 Picture 컨트롤의 배경을 변경할 수 있으나, 여기서는 컨트롤의 전체 영역을 블록으로 표시하기 때문에 주석 처리했다.

⑩ WM_LBUTTONDOWN 메시지에서 마우스 클릭 위치를 BLOCK_SIZE 크기로 나누어 보드 인덱스 (ix, iy)를 계산하여 이미 다른 플레이어가 선택했거나 게임이 실행 중이 아니면 아무 일도 하지 않고 반환한다. board[iy][ix] = EMPTY인 경우 board[iy][ix] = gamePlayer로 선택한 위치를 현재의 플레이어를 저장하고, InvalidateRect 함수로 DrawBoard 함수로 보드를 표시한다. WinnerCheck 함수로 현재 클릭위치 (ix, iy)에 의해 게임의 승자가 결정되는지 확인하여 winner에 저장한다. 승자가 없으면 gamePlayer = (gamePlayer == PLAYER1) ? PLAYER2 : PLAYER1으로 플레이어를 전환하고, winner != NONE으로 승자가 있으면 gameRunning = FALSE로 하고, 문자열 str에 승자 정보를 생성하여, MessageBox로 메시지를 출력하고, IDYES를 선택하면 SendMessage 함수로 hWnd(Picture 컨트롤)에 WM_GAME_START 메시지를 보내 게임을 다시 시작하고, IDNO를 선택하면 hWnd에 WM_GAME_END 메시지를 보내 비트맵을 삭제하고, EndDialog 함수로 부모 윈도우(대화상자)를 파괴하여 프로그램을 종료

시킨다. [그림 37.2]는 삼목(Tic-Tac-Toe) 게임의 실행결과이다.

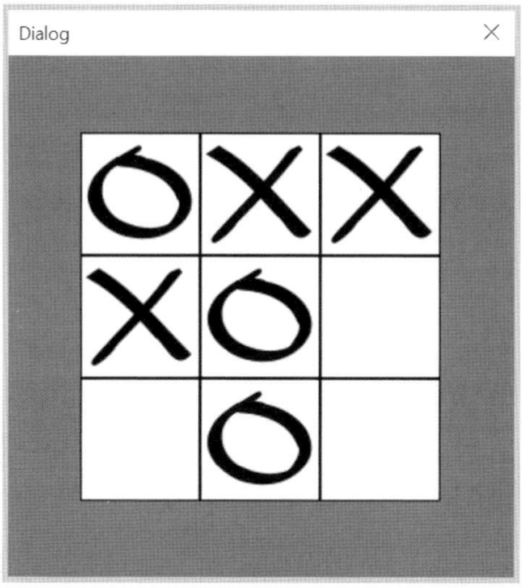

[그림 37.2] 삼목(Tic-Tac-Toe) 게임

step

38 키보드 훅

훅(hook)은 메시지가 대상 윈도우에 도달하기 전에 가로채는 방법이다. 훅을 설치하면 모든 메시지가 훅 프로시저를 통과해야 하기 때문에 성능이 저하될 수 있다.

훅(hook)은 SetWindowsHookEx 함수에 의해 훅 체인(hook chain)에 설치되고, UnhookWindowsHookEx 함수로 제거된다. 이 단계에서는 WH_KEYBOARD, WH_KEYBOARD_LL 키보드 훅에 관해서 설명한다.

1. 훅 설치 및 제거

① SetWindowsHookEx 함수는 훅 프로시저를 훅 체인에 설치하고 함수가 성공하면, 훅 프로시저 핸들을 반환한다.
② idHook은 훅 프로시저의 종류이다. idHook = WH_KEYBOARD은 키 스트로크 메시지를 감시한다. idHook = WH_KEYBOARD_LL은 저수준(low-level) 키보드 입력 이벤트를 감시한다.
③ lpfn은 훅 프로시저 포인터, hMod는 프로시저를 포함하는 DLL의 핸들이다. 현재 프로세스에 의해 생성된 스레드이고, 훅 프로시저가 현재 프로세스의 코드내에 있으면 hMod = NULL이다.
④ dwThreadId는 훅 프로시저와 관련된 스레드의 ID이다. dwThreadId = 0이면, 모든 스레드와 관련된 전역(global) 후킹이다. 현재 스레드 ID는 GetCurrentThreadId 함수로 얻는다. WH_KEYBOARD 훅은 스레드 또는 전역 훅이 가능하다. WH_KEYBOARD_LL 훅은 dwThreadId = 0인 전역 후킹만 가능하다.
⑤ UnhookWindowsHookEx 함수로 훅을 제거한다.

```
HHOOK SetWindowsHookEx(int idHook, HOOKPROC lpfn,      // 훅 설치
                  HINSTANCE hMod, DWORD dwThreadId);
BOOL UnhookWindowsHookEx(HHOOK hhk);                   // 훅 제거

// idHook = WH_KEYBOARD의 키보드 훅 프로시저
LRESULT CALLBACK KeyboardProc(
```

```
        _In_ int    code,
        _In_ WPARAM wParam, _In_ LPARAM lParam);

// idHook = WH_KEYBOARD_LL의 저수준 키보드 훅 프로시저
LRESULT CALLBACK LowLevelKeyboardProc(
        _In_ int    nCode,
        _In_ WPARAM wParam, _In_ LPARAM lParam );
```

2. idHook = WH_KEYBOARD의 키보드 훅 프로시저

① WH_KEYBOARD는 키보드 훅 프로시저 KeyboardProc에서 nCode < 0이면 훅 프로시저는 메시지를 처리하지 않고 CallNextHookEx 함수로 메시지를 보내고, CallNextHookEx 함수의 반환된 값을 반환한다. nCode = HC_ACTION이면, wParam, lParam에 입력 키 정보가 있다. nCode = HC_NOREMOVE이면 wParam, lParam에 입력키 정보가 있고 이 메시지가 메시지 큐에서 제거되지 않는다.
② wParam은 입력 키의 가상 키 코드이다. lParam 반복 카운트와 스캔 코드(scan code) 등의 상태 플래그 정보를 갖는다.

3. idHook = WH_KEYBOARD_LL의 저수준 키보드 훅 프로시저

① WH_KEYBOARD_LL은 저수준 전역 키보드 훅 프로시저 LowLevelKeyboardProc에서 nCode < 0이면 훅 프로시저는 메시지를 처리하지 않고 CallNextHookEx 함수로 메시지를 보내고, CallNextHookEx 함수의 반환된 값을 반환한다.
② nCode = HC_ACTION이면, wParam는 WM_KEYDOWN, WM_KEYUP, WM_SYSKEYDOWN, WM_SYSKEYUP 중 하나이다. lParam는 KBDLLHOOKSTRUCT 구조체 포인터이다.

```
typedef struct tagKBDLLHOOKSTRUCT {
    DWORD     vkCode;
    DWORD     scanCode;
    DWORD     flags;
    DWORD     time;
    ULONG_PTR dwExtraInfo;
} KBDLLHOOKSTRUCT,*LPKBDLLHOOKSTRUCT, *PKBDLLHOOKSTRUCT;
```

[step38_ex1] 키보드 훅(WH_KEYBOARD)

```
// step38_ex1.cpp : 응용 프로그램에 대한 진입점을 정의
//
#include "stdafx.h"
#include "step38_ex1.h"

// 전역 변수:
HINSTANCE hInst;    // 현재 인스턴스입니다.
HHOOK     hhk;      // 훅 핸들
INT_PTR CALLBACK DlgProc(HWND, UINT, WPARAM, LPARAM);
LRESULT CALLBACK KeyboardProc(int code, WPARAM wParam,
                              LPARAM lParam);

int APIENTRY wWinMain(_In_ HINSTANCE hInstance,
                      _In_opt_ HINSTANCE hPrevInstance,
                      _In_ LPWSTR    lpCmdLine,
                      _In_ int       nCmdShow)
{
   hInst = hInstance;
   DialogBox(hInst, MAKEINTRESOURCE(IDD_DIALOG1), NULL, DlgProc);
   return 0;
}
// 정보 대화상자의 메시지 처리기
INT_PTR CALLBACK DlgProc(HWND hDlg, UINT message,
                         WPARAM wParam, LPARAM lParam)
{
   switch (message)
   {
      case WM_INITDIALOG:
         {
            hhk = SetWindowsHookEx(WH_KEYBOARD, KeyboardProc,
                     NULL, GetCurrentThreadId());
            return (INT_PTR)TRUE;
         }
      case WM_COMMAND:
         {
            switch (LOWORD(wParam))
            {
               case IDOK:
               case IDCANCEL:
                  EndDialog(hDlg, LOWORD(wParam));
                  break;
            }
            return (INT_PTR)TRUE;
         }
      case WM_DESTROY:
         UnhookWindowsHookEx(hhk);
         return (INT_PTR)TRUE;
```

```
    }
    return (INT_PTR)FALSE;
}

LRESULT CALLBACK KeyHookProc(int code, WPARAM wParam,
                              LPARAM lParam)
{
    if (code < 0)
        return CallNextHookEx(hhk, code, wParam, lParam);
    switch (wParam)
    {
        case VK_ESCAPE:
            SetWindowText(GetActiveWindow(), _T("VK_ESCAPE"));
            return (INT_PTR)TRUE;
        case VK_SPACE:
            SetWindowText(GetActiveWindow(), _T("VK_SPACE"));
            return (INT_PTR)TRUE;
        case VK_RETURN:
            SetWindowText(GetActiveWindow(), _T("VK_RETURN"));
            return (INT_PTR)TRUE;
    }
    return CallNextHookEx(hhk, code, wParam, lParam);
}
```

프로그램 설명

① 대화상자 프로시저 DlgProc의 WM_INITDIALOG 메시지에서 SetWindowsHookEx 함수로 WH_KEYBOARD 훅을 설정하면서 GetCurrentThreadId 함수로 현재 스레드에 키보드 훅 프로시저를 KeyboardProc로 설치하고 훅 핸들을 전역 변수 hhk에 저장한다.
② WM_DESTROY 메시지에서 UnhookWindowsHookEx 함수로 훅 hhk를 해제한다.
③ 키보드 훅 프로시저 KeyboardProc에서 GetActiveWindow 함수로 현재 활성화된 대화상자 윈도우의 핸들을 hWnd에 저장한다. code < 0이면 CallNextHookEx 함수를 호출하여 결과를 반환한다. wParam의 가상 키(virtual key)가 VK_ESCAPE, VK_SPACE, VK_RETURN이면 SetWindowText 함수로 타이틀에 출력한다.
④ [그림 38.1]은 실행결과이다. KeyboardProc 프로시저는 키를 누를 때와 뗄 때 모두 호출되며 두 가지 상태를 구분할 수 없다. WM_INITDIALOG 메시지의 SetWindowsHookEx 함수를 주석 처리하고 실행하면 VK_ESCAPE, VK_SPACE, VK_RETURN 키를 입력할 때 대화상자가 종료한다.

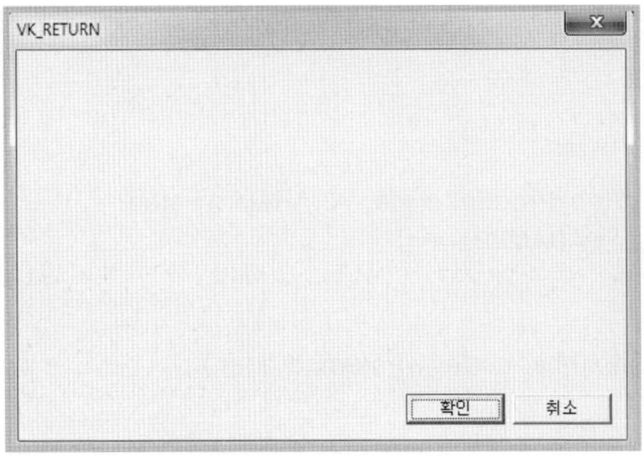

[그림 38.1] 키보드 훅(WH_KEYBOARD)

[step38_ex2] 저수준 키보드 훅(WH_KEYBOARD_LL)

```
// step38_ex2.cpp : 응용 프로그램에 대한 진입점을 정의
//
#include "stdafx.h"
#include "step38_ex2.h"

// 전역 변수:
HINSTANCE hInst;      // 현재 인스턴스입니다.
HHOOK     hhk;        // 훅 핸들
INT_PTR CALLBACK DlgProc(HWND, UINT, WPARAM, LPARAM);
LRESULT CALLBACK LowLevelKeyboardProc(int code,
                        WPARAM wParam, LPARAM lParam);

int APIENTRY wWinMain(_In_ HINSTANCE hInstance,
                      _In_opt_ HINSTANCE hPrevInstance,
                      _In_ LPWSTR    lpCmdLine,
                      _In_ int       nCmdShow)
{
   hInst = hInstance;
   DialogBox(hInst, MAKEINTRESOURCE(IDD_DIALOG1), NULL, DlgProc);
   return 0;
}

// 정보 대화상자의 메시지 처리기
INT_PTR CALLBACK DlgProc(HWND hDlg, UINT message,
                         WPARAM wParam, LPARAM lParam)
{
   switch (message)
   {
      case WM_INITDIALOG:
         {
            // dwThreadId = 0으로 전역 훅으로 설치해야 한다.
            hhk=SetWindowsHookEx(WH_KEYBOARD_LL,
                    LowLevelKeyboardProc, NULL, 0);
```

```
            return (INT_PTR)TRUE;
        }
    case WM_COMMAND:
        {
            switch (LOWORD(wParam))
            {
                case IDOK:
                case IDCANCEL:
                    EndDialog(hDlg, LOWORD(wParam));
                    break;
            }
            return (INT_PTR)TRUE;
        }
    case WM_DESTROY:
        UnhookWindowsHookEx(hhk);
        return (INT_PTR)TRUE;
    }
    return (INT_PTR)FALSE;
}

LRESULT CALLBACK LowLevelKeyboardProc(int code,
                                  WPARAM wParam, LPARAM lParam)
{
    HWND hWnd = GetActiveWindow(); // 현재 활성 윈도우 핸들
    if (code < 0)
        return CallNextHookEx(hhk, code, wParam, lParam);
    PKBDLLHOOKSTRUCT pkb = (PKBDLLHOOKSTRUCT)lParam;
    switch (wParam)
    {
    case WM_KEYDOWN:
        switch (pkb->vkCode)
        {
            case VK_ESCAPE:
                SetWindowText(hWnd, _T("VK_ESCAPE, Down"));
                break;
            case VK_SPACE:
                SetWindowText(hWnd, _T("VK_SPACE, Down"));
                break;
            case VK_RETURN:
                SetWindowText(hWnd , _T("VK_RETURN, Down"));
                break;
        }
        return (INT_PTR)TRUE;
    case WM_KEYUP:
        switch (pkb->vkCode)
        {
            case VK_ESCAPE:
                SetWindowText(hWnd, _T("VK_ESCAPE, Up"));
```

```
            break;
        case VK_SPACE:
            SetWindowText(hWnd, _T("VK_SPACE, Up"));
            break;
        case VK_RETURN:
            SetWindowText(hWnd, _T("VK_RETURN, Up"));
            break;
        }
        return (INT_PTR)TRUE;
    }
    return CallNextHookEx(hhk, code, wParam, lParam);
}
```

프로그램 설명

① 대화상자 프로시저 DlgProc의 WM_INITDIALOG 메시지에서 SetWindowsHookEx 함수로 저수준 키보드 훅 WH_KEYBOARD_LL을 dwThreadId = 0으로 해서 전역 훅으로 설치한다. 키보드 훅 프로시저를 LowLevelKeyboardProc로 설정하고 훅 핸들을 전역 변수 hhk에 저장한다.

② WM_DESTROY 메시지에서 UnhookWindowsHookEx 함수로 훅 hhk를 해제한다.

③ 키보드 훅 프로시저 LowLevelKeyboardProc에서 GetActiveWindow 함수로 현재 활성화된 대화상자 윈도우의 핸들을 hWnd에 저장한다. code 〈 0이면 CallNextHookEx 함수를 호출하여 결과를 반환한다. lParam을 PKBDLLHOOKSTRUCT 구조체 포인터 변수 pkb에 저장하고, wParam의 WM_KEYDOWN, WM_KEYUP 메시지에 대해 pkb -〉 vkCode의 가상 키가 VK_ESCAPE, VK_SPACE, VK_RETURN이면 SetWindowText 함수로 타이틀에 출력한다.

④ [그림 38.2]는 실행결과이다. LowLevelKeyboardProc 키보드 훅 프로시저는 키를 누를 때와 뗄 때 모두 호출되며 wParam에 의해 구분된다. WM_INITDIALOG 메시지의 SetWindowsHookEx 함수를 주석 처리하고 실행하면 VK_ESCAPE, VK_SPACE, VK_RETURN 키를 입력할 때 대화상자가 종료한다.

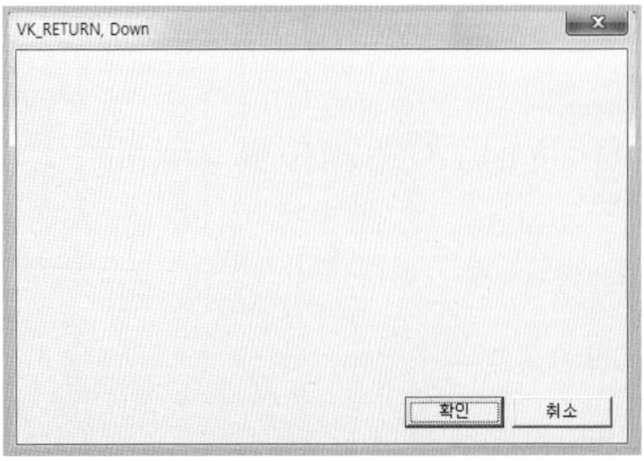

[그림 38.2] 저수준 키보드 훅(WH_KEYBOARD_LL)

파일처리

10

Chapter

파일 입출력 방법을 설명한다.

step

39 파일 입출력 기초

윈도우즈 응용 프로그램에서 파일 입출력을 위해서는 다음과 같은 3가지 방법이 있다.

① C언어의 fopen(), fclose(), fprintf(), fscanf(), fread(), fwrite(), fseek(), open, close, read, write, lseek 함수 등을 사용하는 방법

② C++의 ifstream, ofstream, fstream 등의 입출력 스트림 클래스를 사용하는 방법

③ CreateFile, CloseHandle, ReadFile, WriteFile, SetFilePointer 등의 윈도우즈 API 함수를 사용하는 방법

윈도우즈 API 함수를 사용하면, 파일 공유, 비동기 입출력 등 보다 다양한 입출력을 수행할 수 있다.

```
// 파일 생성 및 열기
HANDLE CreateFile(LPCTSTR lpFileName, DWORD dwDesiredAccess,
       DWORD dwShareMode, LPSECURITY_ATTRIBUTES lpSecurityAttributes,
       DWORD dwCreationDisposition, DWORD dwFlagsAndAttributes,
       HANDLE hTemplateFile);

// 파일 닫기
BOOL CloseHandle(HANDLE hObject);

// 파일 읽기
BOOL ReadFile(HANDLE hFile, LPVOID lpBuffer,
       DWORD nNumberOfBytesToRead,
       LPDWORD lpNumberOfBytesRead,
       LPOVERLAPPED lpOverlapped);

// 파일 쓰기
BOOL WriteFile(HANDLE hFile, LPCVOID lpBuffer,
       DWORD nNumberOfBytesToWrite,
       LPDWORD lpNumberOfBytesWritten,
       LPOVERLAPPED lpOverlapped );

// 파일 크기
DWORD GetFileSize( HANDLE  hFile,  LPDWORD lpFileSizeHigh);
```

```
// 파일 포인터 이동
DWORD SetFilePointer(HANDLE hFile, LONG lDistanceToMove,
      PLONG lpDistanceToMoveHigh, DWORD dwMoveMethod);
```

[step39_ex1] 에디트 컨트롤의 내용 파일 입출력

```
// step39_ex1.cpp : 응용 프로그램에 대한 진입점을 정의
// ref1: [step23_ex1] GetOpenFileName, GetSaveFileName 대화상자
// ref2: [step33_ex6] 멀티 라인 에디트 컨트롤

#include "stdafx.h"
#include "step39_ex1.h"

// 전역 변수:
HINSTANCE hInst;      // 현재 인스턴스입니다.
INT_PTR CALLBACK   DlgProc(HWND, UINT, WPARAM, LPARAM);

int APIENTRY wWinMain(_In_ HINSTANCE hInstance,
                      _In_opt_ HINSTANCE hPrevInstance,
                      _In_ LPWSTR    lpCmdLine,
                      _In_ int       nCmdShow)
{
   hInst = hInstance;
   DialogBox(hInst, MAKEINTRESOURCE(IDD_DIALOG1), NULL, DlgProc);

   return 0;
}

LPWSTR LoadFromFile(LPTSTR fileName) // Unicode load
{
   HANDLE hFile = CreateFile(fileName, GENERIC_READ, 0, NULL,
            OPEN_EXISTING, FILE_ATTRIBUTE_NORMAL, NULL);
   if (hFile == INVALID_HANDLE_VALUE)
      return NULL;

   DWORD nFileSize = GetFileSize(hFile, NULL);

   char *pszBuf = (char*)LocalAlloc(LPTR, nFileSize);
   DWORD nReadSize;
   ReadFile(hFile, pszBuf, nFileSize, &nReadSize, NULL);
   CloseHandle(hFile);

   // BOM(Byte Order Marker) check
   BYTE b0 = (BYTE)pszBuf[0];
   BYTE b1 = (BYTE)pszBuf[1];
   BYTE b2 = (BYTE)pszBuf[2];
   LPWSTR  strUnicode;
   if (b0 == 0xFF && b1 == 0xFE)  // Unicode, Little Endian
```

```
  {
    // 마지막 NULL 문자열 때문에 +2
    strUnicode = (LPWSTR)LocalAlloc(LPTR, nFileSize + 2);
    // ZeroMemory(strUnicode, nFileSize + 2);

    CopyMemory(strUnicode, pszBuf, nFileSize);
  }
  else if (b0 == 0xEF && b1 == 0xBB && b2 == 0xBF) // UTF-8
  {
    int nLen=MultiByteToWideChar(CP_UTF8, 0, pszBuf,nFileSize,
                              NULL, 0);
    strUnicode = (LPWSTR)LocalAlloc(LPTR,
          (nLen+1) * sizeof(WCHAR)); // 마지막 NULL 문자열 때문에 +1
    // ZeroMemory(strUnicode, (nLen + 1) * sizeof(WCHAR));
    MultiByteToWideChar(CP_UTF8, 0, pszBuf, strlen(pszBuf),
                  strUnicode, nLen);
  }
  else { // ANSI -> Unicode
    int nLen = MultiByteToWideChar(CP_ACP, 0, pszBuf,
                              nFileSize, NULL, 0);
    strUnicode = (LPWSTR)LocalAlloc(LPTR,
          (nLen+1)*sizeof(WCHAR)); // 마지막 NULL 문자열 때문에 +1
    // ZeroMemory(strUnicode, (nLen + 1) * sizeof(WCHAR));
    MultiByteToWideChar(CP_ACP, 0, pszBuf, strlen(pszBuf),
                    strUnicode, nLen);
  }
  LocalFree(pszBuf);
  return strUnicode;
}
```

```
void WriteToFile(LPTSTR fileName, LPWSTR strUnicode)
{
  HANDLE hFile = CreateFile(fileName, GENERIC_WRITE, 0, NULL,
        CREATE_ALWAYS, FILE_ATTRIBUTE_NORMAL, NULL);

  DWORD bytesWritten;
  // BOM(Byte Order Marker) check
  WORD w0 = strUnicode[0];
  if (w0 != 0xFEFF) // 에디트 컨트롤, 유니코드로 저장
  {
    w0 = 0xFEFF; // Unicode BOM
    WriteFile(hFile, &w0, 2, &bytesWritten, NULL);
  }
  DWORD nSize;
  nSize = lstrlen(strUnicode) * sizeof(WCHAR); //wcslen
  WriteFile(hFile, strUnicode, nSize, &bytesWritten, NULL);
  CloseHandle(hFile);
}
```

```
// 정보 대화상자의 메시지 처리기
#define MAXSIZE  512
INT_PTR CALLBACK DlgProc(HWND hDlg, UINT message,
                                     WPARAM wParam, LPARAM lParam)
{
   static HWND hEdit;
   static int     cxClient, cyClient;

   static TCHAR lpstrFile[MAXSIZE] = _T("");
   static TCHAR lpstrFileTitle[MAXSIZE] = _T("");
   static OPENFILENAME  ofn;

   switch (message)
   {
      case WM_INITDIALOG:
         {
            hEdit = GetDlgItem(hDlg, IDC_EDIT1);
            SetWindowText(hDlg, _T("제목 없음"));
            SetFocus(hEdit);

            ZeroMemory(&ofn, sizeof(OPENFILENAME));
            ofn.lStructSize = sizeof(OPENFILENAME);
            ofn.hwndOwner = hDlg;
            ofn.hInstance = hInst;
            ofn.lpstrFilter = _T("텍스트 파일(*.txt)\0*.txt\0")
                              _T("모든 파일(*.*)\0 *.*\0\0");
            ofn.lpstrFile = lpstrFile;
            ofn.lpstrDefExt = _T("txt");
            ofn.nMaxFile = MAXSIZE;
            ofn.lpstrFileTitle = lpstrFileTitle;
            ofn.nMaxFileTitle = MAXSIZE;
            return (INT_PTR)TRUE;
         }
      case WM_SIZE:
         cxClient = LOWORD(lParam);
         cyClient = HIWORD(lParam);
         SetWindowPos(hEdit, NULL, 0, 0, cxClient, cyClient,
                     SWP_NOREDRAW);
         return (INT_PTR)TRUE;
      case WM_COMMAND:
         switch (LOWORD(wParam))
         {
            case IDM_FILE_NEW:
               ZeroMemory(ofn.lpstrFile, sizeof(lpstrFile));
               ZeroMemory(ofn.lpstrFileTitle, sizeof(lpstrFileTitle));

               SetWindowText(hDlg, _T("제목 없음"));
```

```
        SetDlgItemText(hDlg, IDC_EDIT1, _T(""));
        EnableMenuItem(GetMenu(hDlg), IDM_FILE_SAVE,
                                MF_DISABLED);
        break;
    case IDM_FILE_OPEN:
        ofn.Flags = OFN_FILEMUSTEXIST;
        if (GetOpenFileName(&ofn))  // File Open 대화상자
        {
            SetWindowText(hDlg, ofn.lpstrFileTitle);
            LPWSTR strUnicode=LoadFromFile(ofn.lpstrFile);
            SetDlgItemText(hDlg, IDC_EDIT1, strUnicode);
            LocalFree(strUnicode);
            EnableMenuItem(GetMenu(hDlg), IDM_FILE_SAVE,
                                MF_ENABLED);
        }
        break;
    case IDM_FILE_SAVE:
        {
            if (lstrlen(ofn.lpstrFile) == 0)
            {
                SendMessage(hDlg, WM_COMMAND,
                            IDM_FILE_SAVE_AS, 0);
                break;
            }
            DWORD  nTextLimit = (DWORD)SendMessage(hEdit,
                                EM_GETLIMITTEXT, 0, 0);
            LPWSTR strUnicode = (LPWSTR)LocalAlloc(LPTR,
                            nTextLimit * sizeof(WCHAR));
            GetDlgItemText(hDlg, IDC_EDIT1, strUnicode,
                        nTextLimit);
            WriteToFile(ofn.lpstrFile, strUnicode);
            LocalFree(strUnicode);
            break;
        }
    case IDM_FILE_SAVE_AS: // Unicode Save
        ofn.Flags = OFN_OVERWRITEPROMPT;
        if (GetSaveFileName(&ofn))
        {
            DWORD nTextLimit=(DWORD) SendMessage(hEdit,
                            EM_GETLIMITTEXT, 0, 0);
            LPTSTR strUnicode = (LPTSTR)LocalAlloc(LPTR,
                            nTextLimit * sizeof(TCHAR));
            GetDlgItemText(hDlg, IDC_EDIT1,
                        strUnicode, nTextLimit);

            WriteToFile(ofn.lpstrFile, strUnicode);
            LocalFree(strUnicode);
            SetWindowText(hDlg, ofn.lpstrFileTitle);
```

```
                    EnableMenuItem(GetMenu(hDlg), IDM_FILE_SAVE,
                                            MF_ENABLED);
                }
                break;
            case IDOK:
            case IDCANCEL:
                EndDialog(hDlg, LOWORD(wParam));
                break;
        }
        return (INT_PTR)TRUE;
    case WM_DESTROY:
        return (INT_PTR)TRUE;
    }
    return (INT_PTR)FALSE;
}
```

프로그램 설명

① [step23_ex1]의 파일 공용 대화상자와 [step33_ex6] 멀티 라인 에디트 컨트롤 예제를 참고하여 에디트 컨트롤에 파일을 입출력한다. 파일 읽기는 ANSI, 유니코드, UTF-8 인코딩 문서를 모두 읽어, 에디트 컨트롤에는 유니코드로 출력한다. 공용 파일 대화상자를 사용하기 위해 〈stdafx.h〉 헤더 파일에서 WIN32_LEAN_AND_MEAN 설정을 주석 처리하여 해제한다.

```
//#define WIN32_LEAN_AND_MEAN
```

② 리소스에 대화상자 IDD_DIALOG1을 추가한 뒤에 [확인] 버튼과 [취소] 버튼은 삭제하여 [표 33.6]과 같이 대화상자 속성을 변경하고, 에디트 컨트롤 IDC_EDIT1을 추가하여 [표 33.7]과 같이 속성을 변경한다. [그림 39.1]과 같이 파일 메뉴 아래에 IDM_FILE_NEW, IDM_FILE_OPEN, IDM_FILE_SAVE, IDM_FILE_SAVE_AS 메뉴 항목을 추가한다.

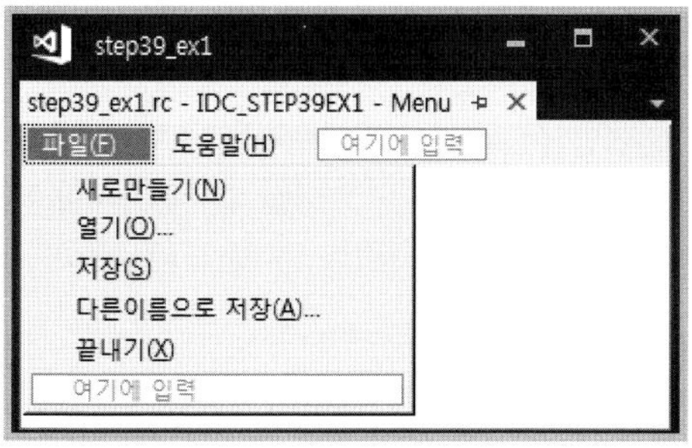

[그림 39.1] 파일 메뉴 항목 추가

③ LoadFromFile 함수는 fileName 파일에서 문자 내용을 읽어 유니코드 strUnicode로 변환한다. CreateFile 함수로 GENERIC_READ 모드로 파일을 hFile 핸들에 개방한다. GetFileSize 함수로 파일의 바이트 크기를 nFileSize에 저장하고 LocalAlloc 함수로 nFileSize 바이트 할당하여 pszBuf 포인터에 저장한다. ReadFile 함수로 hFile 핸들에서 nFileSize 바이트를 pszBuf에 읽고 CloseHandle 함수로 파일 핸들을 닫는다.
처음 3바이트 b0, b1, b2 바이트를 조사하여 BOM이 b0 == 0xFF && b1 == 0xFE이면 유니코드 인코딩 문서이므로, strUnicode에 메모리를 할당하여 CopyMemory 함수로 pszBuf를 strUnicode에 복사한다. BOM이 b0 == 0xEF && b1 == 0xBB && b2 == 0xBF이면 UTF-8 인코딩 문서이므로 MultiByteToWideChar 함수에서 CP_UTF8로 필요한 메모리를 계산하여 pszBuf에서 strUnicode로 변환한다.
BOM이 없으면 ANSI 인코딩이다. MultiByteToWideChar 함수에서 CP_ACP로 필요한 메모리를 계산하여, pszBuf에서 strUnicode로 변환한다. 각 인코딩 문서를 모두 유니코드 인코딩 strUnicode로 변환하고 반환한다.
④ WriteToFile 함수는 유니코드 문자열 strUnicode을 fileName 파일에 출력한다. CreateFile 함수로 GENERIC_WRITE 모드로 파일을 hFile 핸들에 개방한다. 처음 2바이트 w0가 0xFEFF가 아니면 WriteFile 함수로 hFile 핸들에 유니코드 BOM인 w0 = 0xFEFF를 파일에 출력한 다음 strUnicode을 파일에 출력한다.
⑤ WM_INITDIALOG 메시지에서 에디트 컨트롤 윈도우 핸들을 hEdit에 저장하고, 공용 파일 대화상자를 위한 OPENFILENAME 구조체 변수 ofn을 초기화한다.
⑥ WM_SIZE 메시에서 대화상자의 클라이언트 크기로 에디트 컨트롤 hEdit의 크기를 변경한다.
⑦ WM_COMMAND 메시지의 IDM_FILE_NEW 메뉴 항목을 선택하면 파일 이름ofn.lpstrFile, ofn.lpstrFileTitle을 0으로 초기화하고, 대화상자 hDlg의 타이틀을 _T("제목 없음")으로 변경한다. 에디트 컨트롤 IDC_EDIT1의 내용을 _T("")로 변경하여 내용을 지우고, EnableMenuItem 함수로 메뉴 항목 IDM_FILE_SAVE을 MF_DISABLED시킨다.
⑧ IDM_FILE_OPEN 메뉴 항목을 선택하면 GetOpenFileName 함수의 파일 열기 대화상자에서 선택한 파일 이름 ofn.lpstrFileTitle을 대화상자 hDlg의 타이틀에 표시하고, LoadFromFile(ofn.lpstrFile)로 문서를 strUnicode에 읽고 SetDlgItemText 함수로 에디트 컨트롤 IDC_EDIT1에 출력하고, LocalFree 함수로 strUnicode에 할당된 메모리를 해제한 뒤에 IDM_FILE_SAVE 메뉴 항목을 MF_ENABLED 시킨다.
⑨ IDM_FILE_SAVE 메뉴 항목을 선택할 때 ofn.lpstrFile 파일이 비었으면(타이틀을 _T("제목 없음")인 경우), SendMessage 함수로 WM_COMMAND 메시지에 IDM_FILE_SAVE_AS 메뉴 항목 선택으로 메시지를 보낸다. 에디트 컨트롤 hEdit의 메모리 한계 nTextLimit를 이용하여 메모리를 할당하고, GetDlgItemText 함수로 strUnicode에 문자열을 읽어 WriteToFile 함수로 strUnicode을 기존의 ofn.lpstrFile 파일에 출력한다.
⑩ IDM_FILE_SAVE_AS 메뉴 항목을 선택하면, GetSaveFileName 함수의 파일저장 대화상자를 표시하고, strUnicode에 메모리를 할당하여 에디트 컨트롤 IDC_EDIT1에서 문자열을 strUnicode에 읽고, WriteToFile 함수로 문자열 strUnicode를 파일저장 대

화상자에서 선택한 경로를 포함하는 파일 이름 ofn.lpstrFile 출력하고, 메모리를 해제한 뒤에 파일명 ofn.lpstrFileTitle을 대화상자 hDlg의 타이틀에 표시하고, IDM_FILE_SAVE 메뉴 항목을 MF_ENABLED 시킨다. [그림 39.2]는 실행결과이다.

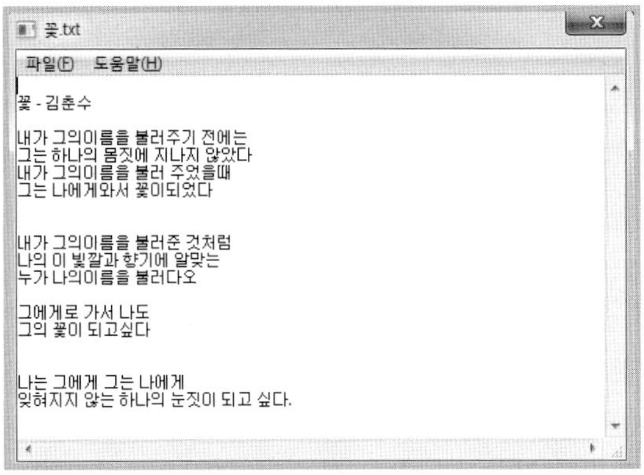

[그림 39.2] 파일 읽기 대화상자

step

40 비트맵 파일 입출력

BMP(DIB) 파일의 구조는 [표 40.1]과 같다. BITMAPFILEHEADER는 BMP 파일에서 앞의 14바이트를 정의하고, BITMAPINFOHEADER는 다음 40바이트를 정의한다. 트루 컬러는 RGBQUAD 구조체가 필요 없다. LoadImage 함수를 사용하면 BMP 파일로부터 비트맵 핸들로 읽을 수 있으므로([Step 16] 참조), 여기서는 윈도우의 클라이언트 영역을 BMP 파일로 출력하는 예제를 설명한다.

[표 40.1] BMP 파일 구조

자료형	바이트	설명
BITMAPFILEHEADER	14	0x4D42 = “BM”, 파일의 바이트 크기, 비트맵 옵셋
BITMAPINFOHEADER	40	가로, 세로 크기, 화소당 비트 수, 압축방식 등
RGBQUAD	가변	biBitCount = 8, 4, 2, 1인 인덱스 컬러에만 있음
Bitmap Raw Data	가변	각 화소값을 BGR 순서로 저장된다. 비트맵 데이터는 상하 반전되어 저장된다.

```
typedef struct tagBITMAPFILEHEADER {
   WORD  bfType;           // 0x4D42 = "BM"
   DWORD bfSize;           // 파일의 바이트 크기
   WORD  bfReserved1;      // 항상 0
   WORD  bfReserved2;      // 항상 0
   DWORD bfOffBits;        // 비트맵 데이터(Bitmap Raw Data)의 Offset 바이트
} BITMAPFILEHEADER;

typedef struct tagBITMAPINFOHEADER {
   DWORD biSize;           // sizeof(BITMAPINFOHEADER) = 40 Bytes
   DWORD biWidth;          // 화소 단위로 가로크기
   DWORD biHeight;         // 화소 단위로 세로크기
   WORD  biPlanes;         // 항상  1
   WORD  biBitCount;       // 화소당 bit 수(1, 4, 8, 16, 24)
   DWORD biCompression; // 압축형태(0(Raw data),1(RLE-8),2 (RLE-4)
   DWORD biSizeImage;      // 비트맵의 바이트 크기
```

```
    DWORD biXPelsPerMeter;   // 미터당 수평 화소 크기
    DWORD biYPelsPerMeter;   // 미터당 수직 화소 수
    DWORD biClrUsed;         // 사용된 컬러 수
    DWORD biClrImportant;    // 중요한 컬러 수
} BITMAPINFOHEADER;
```

① BITMAPFILEHEADER 구조체는 BMP 파일의 처음 14바이트를 정의한다. bfType은 BMP 파일형식을 확인하는 영문자 “BM”에 대한 ASCII 값(0x4D42)이다. bfSize는 파일의 전체 바이트 수이다. bfOffBits은 실제 비트맵 데이터가 시작되는 위치까지의 Offset 바이트 수이다.

② BITMAPINFO 구조체는 장치 독립 비트맵(DIB)에 대한 정보를 갖고 있으며, BITMAPINFOHEADER와 RGBQUAD 구조체로 구성된다. BITMAPFILEHEADER 구조체로 읽은 14바이트 뒤의 40바이트는 BITMAPINFOHEADER 구조체에 의해 정의된다. biWidth와 biHeight는 BMP 파일의 가로세로 크기이다. 비트맵의 가로(biWidth) 바이트 수는 4의 배수이다. biBitCount는 화소 당 비트 수(bits / pixel)로, biBitCount = 32, 24, 16이면 트루 컬러로 팔레트 테이블이 없고, biBitCount = 8, 4, 2, 1이면 팔레트 테이블이 있다. biCompression는 압축 방법이다. biCompression = 0(BI_RGB)은 비트맵 데이터를 압축하지 않는다. biSizeImage는 비트맵의 전체 바이트 크기이다.

③ 실제 비트맵 데이터는 BITMAPFILEHEADER 구조체의 bfOffBits 바이트부터 각 화소 값을 BGR 순서로 저장된다. 비트맵 데이터는 상하가 뒤집혀서 저장된다. 즉 화면의 아래쪽 비트맵 부분이 먼저 저장된다.

④ GetObject 함수로 HBITMAP 자료형의 DDB(Device Dependent Bitmap) 비트맵 정보를 얻을 수 있다.

⑤ GetDIBits와 GetBitmapBits 함수는 HBITMAP 자료형의 DDB 비트맵 hbit을 메모리 버퍼 lpvBits에 복사한다. GetDIBits 함수는 HDC를 요구하며, 아래쪽 스캔 라인부터 비트맵 데이터를 가져오기 때문에, BMP 파일로 저장하면 화면에 보이는 것 같이 그대로 보인다. GetBitmapBits 함수는 DDB 비트맵 데이터를 위쪽부터 메모리에 복사하기 때문에, BMP 파일로 저장하면 상하 반전된다.

```
int GetDIBits(
    HDC           hdc,
    HBITMAP       hbit,      // 호환 가능한 비트맵(DDB)
    UINT          start,     // 스캔라인 시작 위치
    UINT          cLines,    // 스캔라인 수
    LPVOID        lpvBits,   // 복사될 비트맵 버퍼
    LPBITMAPINFO lpbmi,      // 비트맵정보
    UINT          usage      // DIB_RGB_COLORS, DIB_PAL_COLORS
);

LONG GetBitmapBits(
    HBITMAP hbit,            // 호환 가능한 비트맵(DDB)
```

```
    LONG    cb,                // 복사될 바이트 수
    LPVOID  lpvBits            // 복사될 비트맵 버퍼
);
```

[step40_ex1] 더블 버퍼링 비트맵을 BMP 파일에 저장

```
// step40_ex1.cpp : 응용 프로그램에 대한 진입점을 정의
//ref: [step17_ex1] 더블 버퍼링 1
#include "stdafx.h"
#include "step40_ex1.h"

// 전역 변수:
HINSTANCE hInst;       // 현재 인스턴스입니다.
INT_PTR CALLBACK    DlgProc(HWND, UINT, WPARAM, LPARAM);

int APIENTRY wWinMain(_In_ HINSTANCE hInstance,
                      _In_opt_ HINSTANCE hPrevInstance,
                      _In_ LPWSTR    lpCmdLine,
                      _In_ int       nCmdShow)
{
    hInst = hInstance;
    DialogBox(hInst, MAKEINTRESOURCE(IDD_DIALOG1), NULL, DlgProc);
    return 0;
}

//ref: https://docs.microsoft.com/ko-kr/windows/desktop/gdi/capturing-an-image
void SaveBitmap2File(HWND hWnd, LPCTSTR fileName)
{
    // #1: 화면
    hdc -> memDC -> hBit
    HDC  hdc = GetDC(hWnd);
    HDC   memDC = CreateCompatibleDC(hdc);
    RECT rtClient;
    GetClientRect(hWnd, &rtClient);
    HBITMAP hBit=CreateCompatibleBitmap(hdc,
                    rtClient.right,rtClient.bottom);
    SelectObject(memDC, hBit);
    BitBlt(memDC, 0, 0, rtClient.right, rtClient.bottom,
                    hdc, 0, 0, SRCCOPY); // hdc -> memDC

    // #2: 비트맵 정보
    BITMAP   bmp;
    GetObject(hBit, sizeof(BITMAP), &bmp);

    BITMAPINFOHEADER   bmih;
    bmih.biSize = sizeof(BITMAPINFOHEADER);
    bmih.biWidth = bmp.bmWidth;
```

```
bmIh.biHeight = bmp.bmHeight;
bmIh.biPlanes = 1;
bmIh.biBitCount = bmp.bmBitsPixel; // 32
bmIh.biCompression = BI_RGB;  // uncompressed format
bmIh.biSizeImage = 0;
bmIh.biXPelsPerMeter = 0;
bmIh.biYPelsPerMeter = 0;
bmIh.biClrUsed = 0;
bmIh.biClrImportant = 0;

// #3: 메모리할당, 비트맵 데이터 읽기
// 가로 폭이 4의 배수가 되어야함
DWORD dwBmpSize =
      ((bmIh.biWidth * bmIh.biBitCount + 31) / 32) * 4 * bmIh.biHeight;
LPBYTE lpBits = (LPBYTE)LocalAlloc(LPTR, dwBmpSize);

// hBit에서 lpBits로 복사, GetDC(NULL)
GetDIBits(hdc, hBit, 0, (UINT)bmp.bmHeight, lpBits,
      (BITMAPINFO *)&bmIh, DIB_RGB_COLORS);
// GetBitmapBits(hBit, dwBmpSize, lpBits); // Upside down

// #4: 파일 헤더 생성
BITMAPFILEHEADER   bmFh;
ZeroMemory(&bmFh, sizeof(BITMAPFILEHEADER));
bmFh.bfType = 0x4D42; // BM

// True color, 헤더 크기 + 비트맵 크기
DWORD dwSizeofDIB = dwBmpSize +
      sizeof(BITMAPFILEHEADER) + sizeof(BITMAPINFOHEADER);
bmFh.bfSize = dwSizeofDIB; // BMP 파일 크기

// 비트맵 Offset, True color,  RGB 팔레트 없음
bmFh.bfOffBits = (DWORD)sizeof(BITMAPFILEHEADER) +
      (DWORD)sizeof(BITMAPINFOHEADER);
// #5: 파일저장
HANDLE hFile = CreateFile(fileName, GENERIC_WRITE, 0,
      NULL, CREATE_ALWAYS, FILE_ATTRIBUTE_NORMAL, NULL);
DWORD dwBytesWritten = 0;
WriteFile(hFile, (LPBYTE)&bmFh, sizeof(BITMAPFILEHEADER),
      &dwBytesWritten, NULL);
WriteFile(hFile, (LPBYTE)&bmIh, sizeof(BITMAPINFOHEADER),
      &dwBytesWritten, NULL);
WriteFile(hFile, (LPBYTE)lpBits, dwBmpSize, &dwBytesWritten, NULL);

// #6: 메모리, 핸들 해제
LocalFree(lpBits);
CloseHandle(hFile);
DeleteDC(memDC);
```

```
    DeleteObject(hBit);
    ReleaseDC(hWnd, hdc);
}

INT_PTR CALLBACK DlgProc(HWND hDlg, UINT message,
                                    WPARAM wParam, LPARAM lParam)
{
    static RECT   rtClient;
    static HDC    memDC;
    static HBITMAP hBit;

    switch (message)
    {
        case WM_INITDIALOG:
            {
                return (INT_PTR)TRUE;
            }
        case WM_SIZE:
            {
                GetClientRect(hDlg, &rtClient);
                HDC hdc = GetDC(hDlg);
                if (hBit)
                    DeleteObject(hBit);
                hBit=CreateCompatibleBitmap(hdc,rtClient.right,rtClient.bottom);
                if (memDC)
                    DeleteDC(memDC);
                memDC = CreateCompatibleDC(hdc);
                ReleaseDC(hDlg, hdc);
                SelectObject(memDC, hBit);
                return (INT_PTR)TRUE;
            }
        case WM_LBUTTONDOWN:
            {
                SaveBitmap2File(hDlg, _T("test.bmp"));
                return (INT_PTR)TRUE;
            }
        case WM_ERASEBKGND:
            return (INT_PTR)TRUE;
        case WM_PAINT:
            {
                PAINTSTRUCT ps;
                HDC hdc = BeginPaint(hDlg, &ps);
                // TODO: 여기에 hdc를 사용하는 그리기 코드를 추가
                // 배경을 브러시로 채워 지우기
                FillRect(memDC, &rtClient, (HBRUSH)(COLOR_WINDOW + 2));

                HPEN hPen = CreatePen(PS_INSIDEFRAME, 10, RGB(255,0,0));
                HBRUSH hBrush = CreateSolidBrush(RGB(0, 0, 255));
```

```
            HPEN hOldPen = (HPEN)SelectObject(memDC, hPen);
            HBRUSH oldBrush = (HBRUSH)SelectObject(memDC, hBrush);

            Rectangle(memDC, 0, 0, 400, 200);

            SelectObject(memDC, hOldPen);
            SelectObject(memDC, oldBrush);
            DeleteObject(hPen);
            DeleteObject(hBrush);

            BitBlt(hdc, 0, 0, rtClient.right, rtClient.bottom,
                memDC, 0, 0, SRCCOPY); // memDC -> hdc

            EndPaint(hDlg, &ps);
            return (INT_PTR)TRUE;
        }
    case WM_CLOSE:
        DestroyWindow(hDlg);
        return TRUE;
    case WM_DESTROY:
        DeleteDC(memDC);
        DeleteObject(hBit);
        return TRUE;
    }
    return FALSE;
}
```

프로그램 설명

① [step17_ex1] 더블 버퍼링 예제를 대화상자로 구현하고, 마우스 왼쪽 버튼을 클릭할 때마다 비트맵을 BMP 파일로 저장한다.
② 리소스에 대화상자 IDD_DIALOG1을 추가한 뒤에 [확인] 버튼과 [취소] 버튼을 삭제하고, [표 40.1]과 같이 IDD_DIALOG1 속성을 변경하여 대화상자에서 WM_SIZE 메시지가 발생하고 대화상자의 크기를 변경할 수 있도록 한다.

[표 40.1] 리소스 또는 컨트롤의 주요 속성

이름	값	설명
ID	IDD_DIALOG1	
Border	Resizing	크기 변경 가능
Style	Overlapped	대화상자 프레임이 있고, WM_SIZE

③ SaveBitmap2File 함수는 윈도우 핸들 hWnd의 클라이언트 영역을 비트맵으로 가져와서 fileName의 BMP 파일로 저장한다.

#1에서는 hWnd 윈도우의 화면 hdc, 메모리 memDC, 비트맵 hBit를 생성하고, 메모리 memDC의 비트맵을 hBit로 설정한 뒤에 BitBlt 함수로 화면 hdc를 메모리 memDC에 복사하면 윈도우의 클라이언트 영역의 내용이 비트맵 hBit에 저장된다.
#2에서는 GetObject 함수로 비트맵 hBit의 정보를 bmp에 저장하고, BMP 파일을 저장하기 위해 BITMAPINFOHEADER 구조체 변수 bmIh의 멤버를 초기화한다.
#3에서는 dwBmpSize에 비트맵 화소 데이터를 읽기 위한 바이트를 4의 배수로 계산하고, LocalAlloc 함수로 lpBits에 메모리를 할당한다. GetDIBits 함수로 DDB 비트맵 hBit에서 화소 데이터를 lpBits에 복사한다. 이때 GetDIBits 함수는 hdc, bmIh 을 이용하여 0번 스캔 라인부터 데이터를 읽어 BMP 파일로 출력할 때 화면에 보이는 것과 같게 읽어오며, bmIh.biSizeImage 등의 값을 변경한다. 함수를 사용하면 비트맵 hBit에서 왼쪽 위에서부터 차례로 화소 데이터를 lpBits에 복사하여 결과적으로 그림이 상하 반전된다. 두 함수 모두 화소 데이터는 BGR 바이트 순서로 읽는다.
#4에서는 BMP 파일의 헤더 BITMAPFILEHEADER 구조체 변수 bmFh를 초기화한다. BMP 파일은 bmFh.bfType = 0x4D42 반드시 이어야 하고, BMP 파일의 크기 bmFh.bfSize는 트루컬러 BMP 파일로 저장하기 때문에, RGBQUAD가 없으므로 BITMAPFILEHEADER의 크기(14바이트)와 BITMAPINFOHEADER(40바이트)의 크기 그리고 실제 비트맵 데이터 크기(dwBmpSize)의 합계이다. 실제 비트맵의 옵셋 bmFh.bfOffBits은 54바이트이다.
#5에서는 fileName으로 GENERIC_WRITE 모드로 파일을 생성하고 hFile에 저장한다. WriteFile 함수로 bmFh의 14바이트를 파일에 출력한 뒤에 bmIh의 40바이트를 파일에 출력하고, 비트맵 데이터 lpBits의 dwBmpSize 바이트를 출력한다.
#6에서는 할당된 메모리를 해제하고, 파일 핸들을 닫고, DC를 삭제하고 반환한다.
④ 대화상자 프로시저 DlgProc의 WM_LBUTTONDOWN 메시지에서 SaveBitmap2File 함수를 호출하여 _T("test.bmp") 파일에 hDlg 윈도우의 클라이언트 영역을 BMP 파일로 저장한다. 대화상자의 크기는 변경할 수 있고, memDC와 hBit를 사용하여 더블 버퍼링을 사용한다. 사각형을 memDC에 그리고 BitBlt 함수로 화면 hdc로 복사하여 보이는 방식이다. 주의할 것은 윈도우 크기를 변경하면 WM_SIZE 메시지에서 윈도우 크기에 따른 비트맵 hBit를 생성하고 memDC에 설정하고 있어서 저장할 때 hBit만을 전달하여 저장할 수 있을 것 같지만, 이런 경우 비트맵 데이터가 모두 0으로 초기화되어 검은색 BMP 파일이 생긴다. 여기서는 SaveBitmap2File 함수에 윈도우 핸들 hDlg를 전달하여, 윈도우의 화면 hdc, 메모리 memDC, 비트맵 hBit를 생성하고, 메모리 memDC의 비트맵을 hBit로 설정하고, BitBlt 함수로 hdc를 memDC에 복사하여 윈도우의 클라이언트 영역의 내용이 비트맵 hBit을 생성하여 BMP 파일로 저장한다. [그림 40.1]은 실행결과이고, 마우스 왼쪽 버튼을 누르면 [그림 40.2]와 같이 클라이언트 영역을 "test.bmp" 파일에 저장한다.

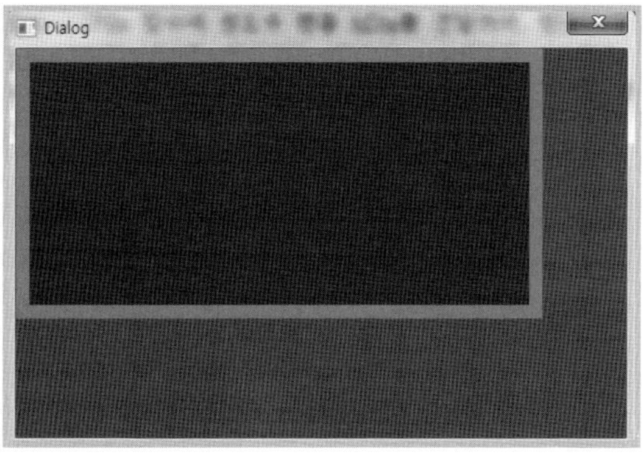

[그림 40.1] 비트맵을 BMP 파일에 저장

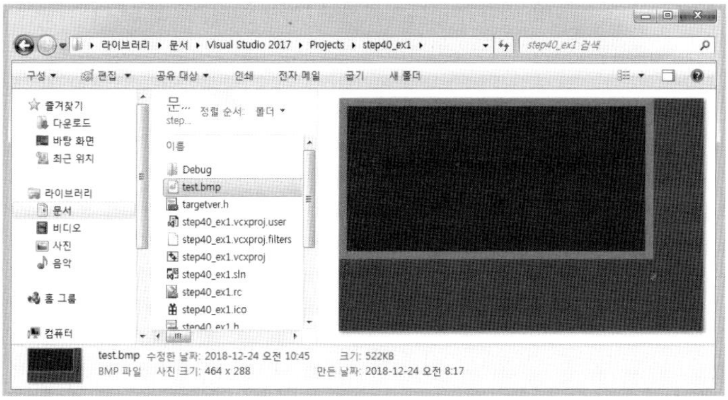

[그림 40.2] "test.bmp" 파일 미리보기

데이터베이스: SQLite3

11
Chapter

SQLite3와 연동하는 방법을 설명한다.

step 41 SQLite3 기초

SQLite는 C 언어 소스가 공개된 소규모 SQL 데이터베이스 엔진을 구현한 라이브러리이다. 공식 사이트(https://www.sqlite.org/)에 따르면 안드로이드, iOS, Mac, Windows 10, Python 등에 포함된 가장 많이 사용되는 데이터베이스 엔진이다. 2018년 12월 기준으로 최신 버전은 Version 3.26.0이다. SQLite3에서 SQL 문장의 문자열은 UTF-8 인코딩을 사용한다.

[그림 41.1]은 공식 사이트의 다운로드 페이지에서 다운로드하는 Source Code로 "sqlite-amalgamation-3260000.zip" 압축파일이다.

[그림 41.2]는 미리 컴파일된 DLL 라이브러리 [Precompiled Binaries for Windows]의 32비트 "sqlite-dll-win32-x86-3260000.zip" 압축파일이다.

C/C++ 응용 프로그램에서 SQLite3을 사용하기 위해서는 헤더 파일 〈sqlite3.h〉와 임포트 라이브러리(sqlite3.lib)인 "sqlite3.dll" 파일이 필요하다. 모듈정의 파일 (sqlite3.def)를 사용하여 임포트 라이브러리(sqlite3.lib)를 생성할 수 있다.

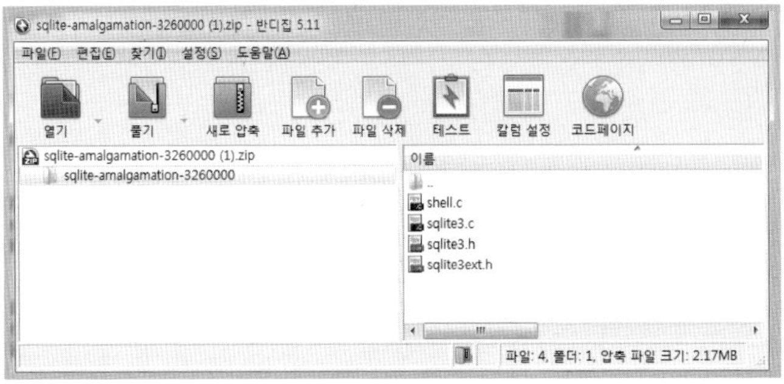

[그림 41.1] SQLite3 소스 코드: sqlite-amalgamation-3260000.zip

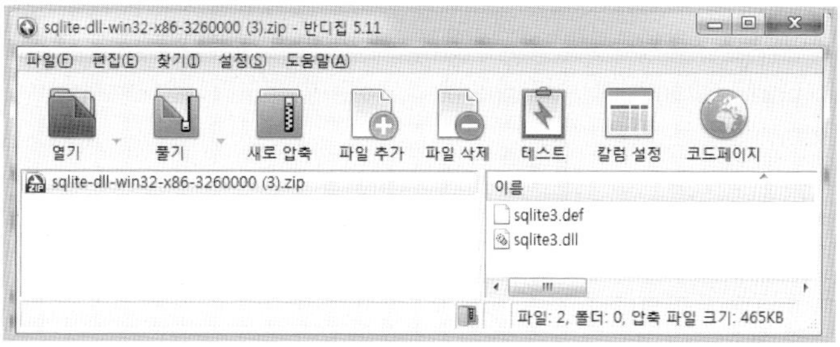

[그림 41.2] SQLite3 DLL 라이브러리: sqlite–dll–win32–x86–3260000.zip

① 비주얼 스튜디오에서 [Windows 콘솔 응용 프로그램]으로 [step41_ex1]을 생성한다.
② [그림 41.1]의 소스 코드 압축파일에서 압축을 풀어 헤더 파일 〈sqlite3.h〉와 〈sqlite3ext.h〉를 복사하여 [step41_ex1] 프로젝트 폴더에 붙여넣기 한다.
③ [그림 41.2]의 DLL 라이브러리 압축파일에서 압축을 풀어 모듈 정의 파일 "sqlite3.def"와 동적 라이브러리 파일 "sqllite3.dll"을 복사하여 [step41_ex1] 프로젝트 폴더에 붙여넣기 한다.
④ [그림 41.3]과 같이 [Visual Studio 개발자 명령 창]을 열고, [step41_ex1] 프로젝트 폴더로 이동하여 "LIB /DEF:sqlite3.def /Machine:x86" 명령을 실행하면 임포트 라이브러리인 "sqlite3.lib" 파일이 생성된다.

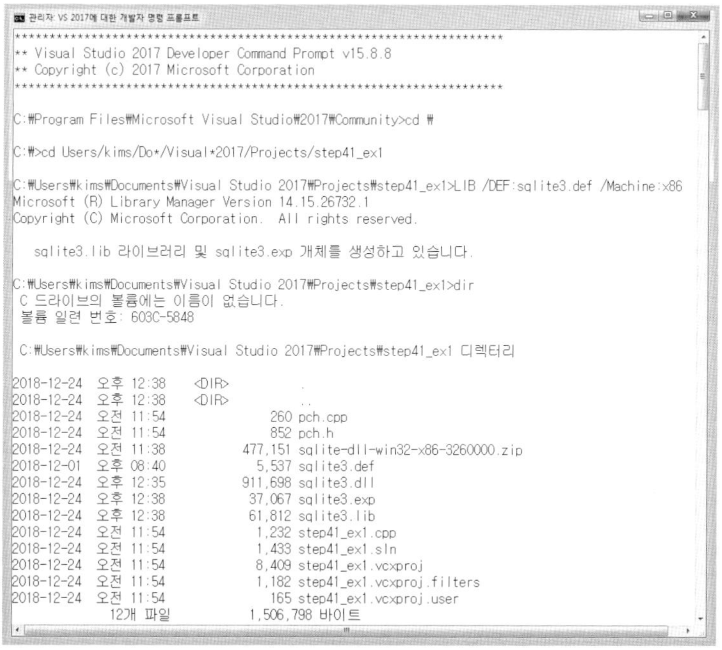
```
관리자: VS 2017에 대한 개발자 명령 프롬프트
**********************************************************************
** Visual Studio 2017 Developer Command Prompt v15.8.8
** Copyright (c) 2017 Microsoft Corporation
**********************************************************************

C:₩Program Files₩Microsoft Visual Studio₩2017₩Community>cd ₩

C:₩>cd Users/kims/Do*/Visual*2017/Projects/step41_ex1

C:₩Users₩kims₩Documents₩Visual Studio 2017₩Projects₩step41_ex1>LIB /DEF:sqlite3.def /Machine:x86
Microsoft (R) Library Manager Version 14.15.26732.1
Copyright (C) Microsoft Corporation.  All rights reserved.

   sqlite3.lib 라이브러리 및 sqlite3.exp 개체를 생성하고 있습니다.

C:₩Users₩kims₩Documents₩Visual Studio 2017₩Projects₩step41_ex1>dir
 C 드라이브의 볼륨에는 이름이 없습니다.
 볼륨 일련 번호: 603C-5848

 C:₩Users₩kims₩Documents₩Visual Studio 2017₩Projects₩step41_ex1 디렉터리

2018-12-24  오후 12:38    <DIR>          .
2018-12-24  오후 12:38    <DIR>          ..
2018-12-24  오전 11:54               260 pch.cpp
2018-12-24  오전 11:54               852 pch.h
2018-12-24  오전 11:38           477,151 sqlite-dll-win32-x86-3260000.zip
2018-12-01  오후 08:40             5,537 sqlite3.def
2018-12-24  오후 12:35           911,698 sqlite3.dll
2018-12-24  오후 12:38            37,067 sqlite3.exp
2018-12-24  오후 12:38            61,812 sqlite3.lib
2018-12-24  오전 11:54             1,232 step41_ex1.cpp
2018-12-24  오전 11:54             1,433 step41_ex1.sln
2018-12-24  오전 11:54             8,409 step41_ex1.vcxproj
2018-12-24  오전 11:54             1,182 step41_ex1.vcxproj.filters
2018-12-24  오전 11:54               165 step41_ex1.vcxproj.user
              12개 파일           1,506,798 바이트
```

[그림 41.3] SQLite3 임포트 라이브러리(sqlite3.lib) 파일 생성

⑤ "step41_ex1.cpp" 소스 코드를 다음과 같이 편집한다.

step41_ex1.cpp

```
// step41_ex1.cpp : 이 파일에는 'main' 함수가 포함
// ref1: https://www.sqlite.org/cintro.html
// ref2:https://dcravey.wordpress.com/2011/03/21/using-sqlite-in-a-visual-c-application/
#include "pch.h"
#include <iostream>
#include <iomanip>  // setw
#include <windows.h> // for DeleteFile
#include "sqlite3.h"
#pragma comment(lib, "sqlite3.lib")
using namespace std;
int main()
{
   ::DeleteFile(L"test.db");     // DB 파일 삭제
   // #1: DB 파일 개방
   sqlite3 *db;
   // if (sqlite3_open(":memory:", &db) != SQLITE_OK) // 인 메모리 DB
   if (sqlite3_open("test.db", &db) != SQLITE_OK)       // DB 개방
   {
      cerr << "Error: " << sqlite3_errmsg(db) << endl;
      sqlite3_close(db);
      return 1;
   }
   // #2: 테이블 생성
   char *error;
   const char *sql =
            "CREATE TABLE IF NOT EXISTS STUDENT  \
               (id INTEGER PRIMARY KEY, name TEXT, \
               dept TEXT, address TEXT, gender INTEGER);";
   if (sqlite3_exec(db, sql, NULL, NULL, &error) != SQLITE_OK)
   {
      cerr << "Error: " << sqlite3_errmsg(db) << endl;
      sqlite3_free(error);
   }
   // #3: 레코드 삽입
   sql = "INSERT INTO STUDENT ₩
            VALUES(1, '김철수', '컴퓨터공학', '서울시', TRUE);";
   if (sqlite3_exec(db, sql, NULL, NULL, &error) != SQLITE_OK)
   {
      cerr << "Error: " << sqlite3_errmsg(db) << endl;
      sqlite3_free(error);
   }
   sqlite3_exec(db, "INSERT INTO STUDENT \
            VALUES(2, '박인수', '국문학', '부산시', TRUE);",
            NULL, NULL, &error);
   sqlite3_exec(db, "INSERT INTO STUDENT \
```

```
            VALUES(3, '이영희', '영문학', '대전시', FALSE);",
            NULL, NULL, &error);

    // #4: 레코드 조회, 출력
    char **results = NULL;
    int rows, columns;
    sql = "SELECT * FROM STUDENT;";
    if (sqlite3_get_table(db, sql, &results, &rows, &columns, &error)
                    != SQLITE_OK)
    {
        cerr << "Error: " << sqlite3_errmsg(db) << endl;
        sqlite3_free(error);
    }
    else
    {
        // cout << "rows:" << rows << endl;
        wcout << "rows:" << rows << endl;
        wcout << "columns:" << columns << endl;
        for (int r = 0; r <= rows; r++)  // 테이블 출력
        {
            for (int c = 0; c < columns; c++)
            {
                int k = (r * columns) + c; // 셀 위치
                wcout << setw(11) << results[k]; // 셀 출력
            }
            wcout << endl; // 줄 변경

            if (r ==0 ) // 헤더 구분선 출력
            {
                for (int c = 0; c < columns; c++)
                    wcout << setw(12) << "------------";
                wcout << endl;// 줄 변경
            }
        }
    }
    sqlite3_free_table(results);

    // #5: DB 파일 닫기
    sqlite3_close(db);
    return 0;
}
```

프로그램 설명

① SQLite3를 사용하기 위하여 헤더 파일 〈sqlite3.h〉를 포함하고, 라이브러리 "sqlite3.lib"를 설정한다. 현재 프로젝트 폴더 아래 〈sqlite3.h〉와 "sqlite3.lib" 그리고 "sqlite3.dll" 파일이 있어야 한다. 헤더 파일 〈windows.h〉은 파일을 삭제하는 DeleteFile 함수를

사용하기 위해 포함한다.

② "#1"에서 sqlite3_open 함수로 "test.db" DB 파일을 개방한다. 파일이 없으면 새로 생성한다. 파일명이 ":memory:"이면 인 메모리(in memory) 데이터베이스를 생성한다.

③ "#2"에서 sql에 "CREATE TABLE IF NOT EXISTS STUDENT..."으로 SQL 문장을 초기화하고, sqlite3_exec 함수로 sql 문장을 실행하여 STUDENT 테이블이 없는 경우 테이블을 생성한다.

④ "#3"에서 sql에 "INSERT INTO..."으로 SQL 문장을 저장하고, sqlite3_exec 함수로 sql 문장을 실행하여 테이블에 레코드를 추가한다.

⑤ "#4"에서 sql에 "SELECT * FROM STUDENT;"으로 SQL 문장을 저장하고, sqlite3_get_table 함수를 사용하여 검색 결과 테이블을 results에 저장한다. rows는 검색 레코드 개수, columns는 칼럼 개수이다. for 문을 사용하여 검색 결과 테이블을 출력하고 sqlite3_free_table 함수로 results를 삭제한다.

⑥ "#5"에서 sqlite3_close 함수로 DB 파일을 닫는다. [그림 41.4]는 실행결과이다.

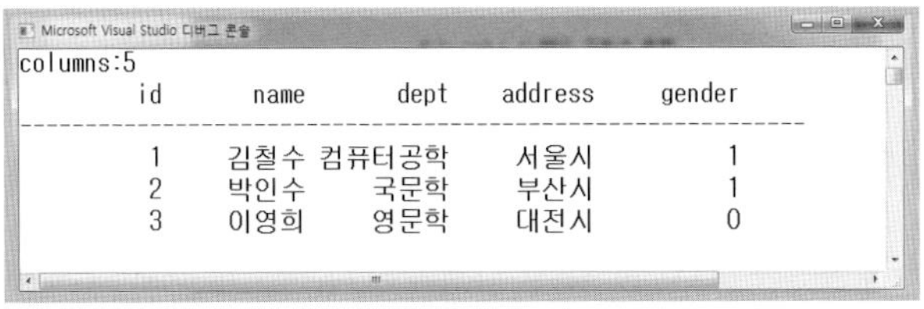

[그림 41.4] SQLite3 콘솔 응용 프로그램 실행결과

[step41_ex2] 유니코드 문자열 저장 (sqlite3_open16, sqlite3_prepare16, sqlite3_bind_text16, sqlite3_step)

```
// step41_ex2.cpp : 이 파일에는 'main' 함수가 포함
// ref: https://www.sqlite.org/cintro.html
#include "pch.h"
#include <iostream>
#include <iomanip>       // setw
#include <windows.h>     // for DeleteFile
#include <locale.h>      // setlocale
#include "sqlite3.h"
#pragma comment(lib, "sqlite3.lib")
using namespace std;

typedef struct {
   WCHAR  name[20];      // 이름
   WCHAR  dept[20];      // 학과
   WCHAR  address[60]; // 주소
   BOOL    male;         // 성별
} STUDENT;

STUDENT students[] = {
```

```
    { L"김철수", L"컴퓨터공학", L"서울시",TRUE},
    { L"박인수", L"국문학", L"부산시", TRUE},
    { L"이영희", L"영문학", L"대전시", FALSE} };

int main()
{
    // ::DeleteFile(L"test.db");   // 파일 삭제
    // #1: DB 열기
    sqlite3 *db;
    if (sqlite3_open16(L"test.db", &db) != SQLITE_OK)
    {
        cerr << "Error: " << sqlite3_errmsg(db) << endl;
        sqlite3_close(db);
        return 1;
    }

    // #2: 테이블 생성
    LPCWSTR sql =
            L"CREATE TABLE IF NOT EXISTS STUDENT \
            (id INTEGER PRIMARY KEY, name TEXT, \
            dept TEXT, address TEXT, gender TEXT);";
    sqlite3_stmt *stmt;          // SQL 쿼리 컴파일
    if (sqlite3_prepare16(db, sql, -1, &stmt, NULL) == SQLITE_OK)
        sqlite3_step(stmt);       // 실행
    sqlite3_finalize(stmt);       //  stmt 문장 삭제

    // #3: 레코드 삽입
    int err;
    sql = L"INSERT INTO STUDENT VALUES(?, ?, ?, ?, ?);";
    // 쿼리 컴파일
    if (sqlite3_prepare16(db, sql, -1, &stmt, NULL) == SQLITE_OK)
    {
        for (int i = 0; i < 3; i++)
        {
            sqlite3_reset(stmt);
            sqlite3_bind_int(stmt,    1, i + 1 );     // 1: 첫 인자
            sqlite3_bind_text16(stmt,2, students[i].name, -1, SQLITE_STATIC);
            sqlite3_bind_text16(stmt, 3, students[i].dept, -1, SQLITE_STATIC);
            sqlite3_bind_text16(stmt,4,students[i].address, -1,SQLITE_STATIC);
            sqlite3_bind_text16(stmt, 5,
                    students[i].male?L"남자":L"여자", -1, SQLITE_STATIC);
            err = sqlite3_step(stmt);
            if (err != SQLITE_DONE)
                wprintf(L"에러 \n");
        }
    }
    sqlite3_finalize(stmt); //  stmt 문장 삭제
```

```
    // #4: 레코드 조회, 출력
    setlocale(LC_ALL, ""); // 유니코드 한글 출력을 위해
    int id;
    LPWSTR name, dept, address, gender;
    sql = L"SELECT * FROM STUDENT;";
    if (sqlite3_prepare16(db, sql, -1, &stmt, NULL) == SQLITE_OK)
    // if (sqlite3_prepare16_v2(db, sql, -1, &stmt, NULL) == SQLITE_OK)
    {
        int cols = sqlite3_column_count(stmt);
        for (int col = 0; col < cols; col++)
        {
            if(col ==0)
                wcout << setw(4);
            else
                wcout << setw(10);
            wcout << (LPWSTR)sqlite3_column_name16(stmt, col);
        }
        cout << endl;
        wprintf(L"----------------------------------------------\n");
        while (sqlite3_step(stmt) == SQLITE_ROW)
        {
            id = sqlite3_column_int(stmt, 0); // 0-칼럼
            name = (LPWSTR)sqlite3_column_text16(stmt, 1);
            dept = (LPWSTR)sqlite3_column_text16(stmt, 2);
            address = (LPWSTR)sqlite3_column_text16(stmt, 3);
            gender = (LPWSTR)sqlite3_column_text16(stmt, 4);
            // wprintf(L"%4d%8s%8s%6s%4s\n",
            //          id, name, dept, address, gender);

            wcout << setw(4) << id;
            wcout << setw(8) << name;
            wcout << setw(8) << dept;
            wcout << setw(6) << address;
            wcout << setw(4) << gender << endl;
        }
    }

    // #5: DB 닫기
    sqlite3_close(db);
    return 0;
}
```

프로그램 설명

① SQLite3을 사용하기 위하여 헤더 파일 〈sqlite3.h〉를 포함하고, 라이브러리 파일 "sqlite3.lib"를 설정한다. 현재 프로젝트 폴더 아래 〈sqlite3.h〉와 "sqlite3.lib" 그리고 "sqlite3.dll" 파일이 있어야 한다. 헤더 파일 〈locale.h〉은 유니코드 한글 출력을 위한

setlocale 함수를 사용하기 위해 포함한다.
② "#1"에서 UTF-16 유니코드 인코딩을 위한 sqlite3_open16 함수로 L"test.db" DB 파일을 개방한다.
③ "#2"에서 sql에 유니코드 문자열 L"CREATE TABLE IF NOT EXISTS STUDENT..."로 SQL 문장을 초기화하고, UTF-16 유니코드 함수 sqlite3_prepare16로 sql 문장의 쿼리를 컴파일하여 바이트 코드로 stmt에 준비한다. sqlite3_step 함수로 준비된 코드 stmt를 실행하고, sqlite3_finalize 함수로 stmt 메모리를 삭제한다.
④ "#3"에서 sql에 유니코드 문자열 L"INSERT INTO STUDENT VALUES(?, ?, ?, ?, ?);"을 초기화하고, sqlite3_prepare16으로 sql 문장의 쿼리를 컴파일하여 바이트 코드로 stmt에 준비한다. for 문에서 sqlite3_reset 함수로 stmt를 리셋하고, sqlite3_bind_int 함수로 stmt의 1번째 '?'에 정수 'i+1'을 설정하고, 유니코드 함수 sqlite3_bind_text16로 stmt의 2번째 '?'에 students[i].name을 설정하고, 3번째 '?'에 students[i].dept, 4번째 '?'에 students[i].address, 5번째 '?'에 students[i].male이 TRUE이면 L"남자", FALSE이면 L"여자"를 설정한 뒤에 sqlite3_step 함수로 stmt를 실행시켜 레코드를 추가한다. 모든 레코드를 추가하고 sqlite3_finalize 함수로 stmt 메모리를 삭제한다.
⑤ "#4"에서 UTF-16 유니코드 한글 출력을 위해 setlocale 함수로 LC_ALL로 설정한다. sql에 유니코드 문자열 L"SELECT * FROM STUDENT;"을 초기화하고, sqlite3_prepare16으로 sql 문장의 쿼리를 컴파일하여 바이트 코드로 stmt에 준비한다. sqlite3_column_count로 칼럼 개수를 반환하여 cols에 저장하고, sqlite3_column_name16으로 칼럼 헤더 문자열을 반환하여 출력한다. while 문에서 sqlite3_step 함수로 stmt를 실행시켜 레코드가 있으면 sqlite3_column_int로 0 칼럼의 값을 반환하여 id에 저장하고, 유니코드 함수 sqlite3_column_text16으로 1, 2, 3, 4 칼럼의 값을 name, dept, address, gender에 각각 저장한 다음 출력한다.
⑥ "#5"에서 sqlite3_close 함수로 DB 파일을 닫는다. [그림 41.5]는 실행결과이다.

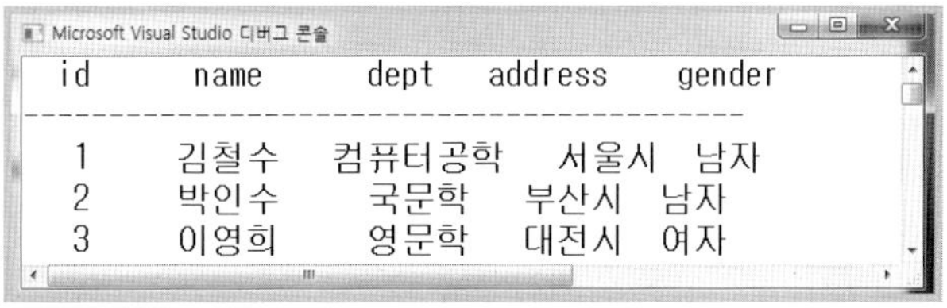

[그림 41.5] 유니코드 문자열 저장

[step41_ex3] DB 파일을 리스트-뷰 컨트롤에 표시

```
// step41_ex3.cpp : 응용 프로그램에 대한 진입점을 정의
//
#include "stdafx.h"
#include "step41_ex3.h"

#include <commctrl.h>
#pragma comment(lib, "Comctl32.lib") // InitCommonControls()
```

```
#include "sqlite3.h"
#pragma comment(lib, "sqlite3.lib")

// 전역 변수:
HINSTANCE hInst;       // 현재 인스턴스
INT_PTR CALLBACK    DlgProc(HWND, UINT, WPARAM, LPARAM);

int APIENTRY wWinMain(_In_ HINSTANCE hInstance,
                      _In_opt_ HINSTANCE hPrevInstance,
                      _In_ LPWSTR    lpCmdLine,
                      _In_ int       nCmdShow)
{
    hInst = hInstance;
    DialogBox(hInst, MAKEINTRESOURCE(IDD_DIALOG1), NULL, DlgProc);
    return 0;
}

INT_PTR CALLBACK DlgProc(HWND hDlg, UINT message,
                         WPARAM wParam, LPARAM lParam)
{
    static HWND hList;
    static sqlite3 *db;

    switch (message)
    {
        case WM_INITDIALOG:
            {
                InitCommonControls();  // 공용 컨트롤 DLL 로드 확인
                hList = GetDlgItem(hDlg, IDC_LIST1);
                RECT rc;
                GetClientRect(hList, &rc);
                int nWidth = rc.right - rc.left;
                int nW[5] = {50, 100, 150, 100, 100 };
                nW[3] = nWidth - 400;

                sqlite3_stmt *stmt; // SQL 쿼리 컴파일
                if (sqlite3_open16(L"test.db", &db) != SQLITE_OK)  // DB 개방
                {
                    sqlite3_close(db);
                    (INT_PTR)FALSE;
                }
                LPCWSTR sql = L"SELECT * FROM STUDENT;";
                if(sqlite3_prepare16(db, sql,-1, &stmt, NULL) == SQLITE_OK)
                {
                    LVCOLUMN col;
                    ZeroMemory(&col, sizeof(LVCOLUMN));
                    col.mask=LVCF_FMT | LVCF_WIDTH | LVCF_TEXT;
```

```
            int cols = sqlite3_column_count(stmt);
            for (int c = 0; c < cols; c++)      // 칼럼 헤더 생성
            {
                col.fmt = LVCFMT_CENTER;
                col.pszText =
                (LPWSTR)sqlite3_column_name16(stmt, c);
                col.cx = nW[c];
                ListView_InsertColumn(hList, c, &col);
            }

            // 항목 추가
            LVITEM  row;
            ZeroMemory(&row, sizeof(LVITEM));
            row.mask = LVIF_TEXT;
            int id;
            WCHAR  sID[10];
            LPWSTR header, name, dept, address, gender;

            int k = 0;
            while (sqlite3_step(stmt) == SQLITE_ROW)
            {
                id = sqlite3_column_int(stmt, 0);  // 0-칼럼
                name = (LPWSTR)sqlite3_column_text16(stmt, 1);
                dept = (LPWSTR)sqlite3_column_text16(stmt, 2);
                address=(LPWSTR)sqlite3_column_text16(stmt, 3);
                gender=(LPWSTR)sqlite3_column_text16(stmt, 4);
                wsprintf(sID, _T("%d"), id);

                row.iItem = k; // 행 번호
                row.iSubItem = 0;
                row.pszText = sID;
                ListView_InsertItem(hList, &row);

                ListView_SetItemText(hList, k, 1, name);
                ListView_SetItemText(hList, k, 2, dept);
                ListView_SetItemText(hList, k, 3, address);
                ListView_SetItemText(hList, k, 4, gender);
                k++;
            }
        }
        // 행 전체 선택 설정
        ListView_SetExtendedListViewStyle(hList,
                            LVS_EX_FULLROWSELECT);
        return (INT_PTR)TRUE;
    }
case WM_CLOSE:
    sqlite3_close(db);
    DestroyWindow(hDlg);
```

```
            return TRUE;
        case WM_DESTROY:
            return TRUE;
    }
    return FALSE;
}
```

프로그램 설명

① [step41_ex2] 예제의 프로젝트 폴더에서 〈sqlite3.h〉과 "sqlite3.lib", "sqlite3.dll" 파일 그리고 데이터베이스 파일 "test.db" 파일을 현재 프로젝트의 폴더에 복사한다.
② 리소스에 대화상자 IDD_DIALOG1을 추가한 뒤에 [확인] 버튼과 [취소] 버튼을 삭제하고, [표 41.1]과 [그림 41.6]을 참고하여 컨트롤을 추가하고 속성을 설정한다.

[표 41.1] 컨트롤의 주요 속성

컨트롤 종류	이름	값	설명
List(List-view)	ID	IDC_LIST1	
	No Column Header	False	칼럼 이름 있음
	View	Report	다중 칼럼 테이블

③ 〈commctrl.h〉 헤더 파일을 포함하고, 공용 컨트롤 DLL의 로드를 확인하기 위한 InitCommonControls 함수의 사용을 위해 "comctl32.lib" 라이브러리 사용을 설정한다. SQLite3을 사용하기 위하여 〈sqlite3.h〉 헤더 파일을 포함하고, "sqlite3.lib" 라이브러리를 설정한다.
④ 대화상자 프로시저 DlgProc의 WM_INITDIALOG 메시지에서 sqlite3_open16 함수로 L"test.db" 파일을 개방하고, sql에 유니코드 문자열 L"SELECT * FROM STUDENT;"을 초기화하고, sqlite3_prepare16으로 sql 문장의 쿼리를 컴파일하여 바이트 코드로 stmt에 준비한다. sqlite3_column_count 함수가 반환한 칼럼 개수를 cols에 저장하고, sqlite3_column_name16으로 칼럼 헤더 문자열을 반환하여 LVCOLUMN 구조체 변수 col의 col.pszText에 저장하여 ListView_InsertColumn로 리스트-뷰 컨트롤 hList의 칼럼을 생성한다.
⑤ 레코드 카운트 k = 0으로 초기화하고, while 문에 sqlite3_step 함수로 stmt를 실행시켜 레코드가 있으면 sqlite3_column_int로 0 칼럼의 값은 id, 유니코드 함수 sqlite3_column_text16으로 1, 2, 3, 4 칼럼의 값은 name, dept, address, gender에 각각 저장하고, wsprintf 함수로 정수 id를 문자열 sID로 변환하고, LVITEM 구조체 변수 row의 항목번호 row.iItem = k, 서브 항목 row.iSubItem = 0의 문자열 row.pszText = sID로 하여 ListView_InsertItem으로 항목을 추가하고, ListView_SetItemText로 나머지 서브 항목의 문자열을 변경하고 k를 증가시킨다. [그림 41.6]은 "test.db" 파일을 리스트-뷰 컨트롤에 표시한 결과이다.

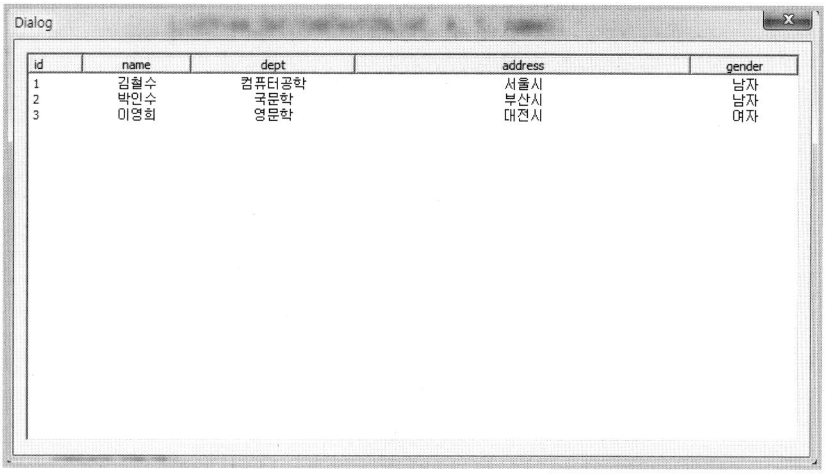

[그림 41.6] 리스트-뷰 컨트롤에 SQLite3 DB 파일 표시

멀티스레드 프로그래밍

12
Chapter

멀티스레드 프로그래밍과 동기화 방법을 설명한다.

step

42 멀티스레드 기초

윈도우즈는 멀티프로세스와 멀티스레드를 지원한다. 프로세스는 실행 중인 프로그램이며 시분할(time sharing) 시스템의 작업 단위이다. 하나의 프로세스는 하나 이상의 스레드(thread)를 가질 수 있다. 각 프로세스의 주 스레드(primary thread)는 하나이며, 주 스레드에서 프로세스가 실행을 시작한다. 스레드는 프로세스 내에 있는 독립적인 실행경로이며 가상주소 공간, 시스템 리소스, 실행 코드, 전역 데이터 등을 공유한다. 스레드는 운영체제가 CPU 시간을 할당하는 기본 단위이다.

1. 스레드 생성 및 종료

CreateThread 함수는 스레드를 생성하고, ExitThread 함수는 스레드를 종료한다. 스레드를 종료하기 위해 return 문을 사용할 수 있다. Sleep 함수는 dwMilliseconds 밀리초만큼 스레드 실행을 일시 정지한 뒤에 스레드의 실행을 재개한다.

C/C++의 _beginthread, _beginthreadex, _endthread, _endthreadex 등의 표준 함수를 사용하여 스레드를 생성하고 종료할 수 있다.

```
HANDLE GetCurrentProcess();      // 현재 프로세스 핸들
DWORD GetCurrentProcessId();     // 현재 프로세스 ID
HANDLE GetCurrentThread();       // 현재 스레드 핸들
DWORD GetCurrentThreadId();      // 현재 스레드 ID
HANDLE CreateThread(             // 스레드 생성
    LPSECURITY_ATTRIBUTES  lpThreadAttributes, // NULL이면 상속 안 함
    SIZE_T     dwStackSize,   // 스택 바이트 크기, 0이면 호출 스레드와 같은 크기
    LPTHREAD_START_ROUTINE  lpStartAddress,     // 스레드 함수 주소
    __drv_aliasesMem LPVOID lpParameter,  // 스레드 프로시저의 매개변수 주소
    DWORD              dwCreationFlags,     // 0 이면 즉시 스레드 생성
    LPDWORD            lpThreadId           // 스레드 ID를 받을 변수 주소, NULL 가능
);
DWORD WINAPI ThreadProc(_In_ LPVOID lpParameter);;  // 스레드 프로시저
void  ExitThread(DWORD dwExitCode);        // 스레드 종료
void  Sleep(DWORD dwMilliseconds);         // 스레드 일시 정지 후 실행 재개
```

2. 동기화(synchronization)

프로세스 또는 스레드는 자원을 공유하기 때문에 충돌이 일어날 수 있다. 공유자원(통신 포트, 파일 핸들, 전역 변수 등)으로의 접근을 통제하는 동기화(synchronize) 방법을 제공한다.

윈도우즈 API는 임계구역(critical section), 상호배제(mutex), 세마포어(semaphore), 이벤트(event) 등의 동기화 객체를 제공한다. 동기화에 실패하면 공유자원을 사용하는 프로세스 또는 스레드가 서로 자원을 무한정 기다리는 데드락(deadlock)과 프로세스 또는 스레드의 실행 순서에 따라 결과가 달라지는 경쟁조건(race conditions) 같은 문제가 발생할 수 있다.

GDI 그리기 함수는 성능 향상을 위하여 일괄(batch) 처리로 작업을 수행한다. 일괄 처리하는 크기는 GdiSetBatchLimit 함수로 설정한다. 일괄 처리를 하지 않고 GDI 함수가 바로 실행되도록 하려면 GdiSetBatchLimit(1)로 설정하거나, GdiFlush 함수를 사용하여 스레드가 현재까지의 GDI 명령어를 모두 처리하는 방법을 사용한다. GDI 객체를 공유하는 멀티스레드는 문제를 일으킬 수 있으므로, 불가피하게 GDI 객체를 공유하는 경우 동기화 객체를 사용한다.

```
// 임계 구역
void InitializeCriticalSection(LPCRITICAL_SECTION lpCriticalSection);
void DeleteCriticalSection(LPCRITICAL_SECTION lpCriticalSection);
EnterCriticalSection(LPCRITICAL_SECTION lpCriticalSection);
LeaveCriticalSection(LPCRITICAL_SECTION lpCriticalSection);

// 이벤트가 신호 상태가 될 때 까지 대기
DWORD WaitForSingleObject(HANDLE hHandle,
        DWORD dwMilliseconds);                    // 1개 이벤트
DWORD WaitForMultipleObjects(DWORD  nCount, const HANDLE *lpHandles,
        BOOL bWaitAll, DWORD dwMilliseconds);     // nCount개 이벤트

// 상호배제 객체
HANDLE CreateMutex(LPSECURITY_ATTRIBUTES lpMutexAttributes,
        BOOL bInitialOwner, LPCTSTR lpName);
HANDLE OpenMutex(DWORD dwDesiredAccess, BOOL bInheritHandle,
        LPCTSTR lpName);
BOOL ReleaseMutex(HANDLE hMutex);

// 세마포어 객체
HANDLE CreateSemaphore(LPSECURITY_ATTRIBUTES lpSemAttributes,
        LONG lInitialCount, LONG lMaximumCount, LPCTSTR lpName);
HANDLE OpenSemaphore(DWORD dwDesiredAccess, BOOL bInheritHandle,
        LPCTSTR lpName);
BOOL ReleaseSemaphore(HANDLE hSemaphore, LONG lReleaseCount,
        LPLONG lpPreviousCount);
```

```
// 이벤트 객체
HANDLE CreateEvent(LPSECURITY_ATTRIBUTES lpEventAttributes,
          BOOL bManualReset, BOOL bInitialState, LPCTSTR lpName);
HANDLE OpenEvent(DWORD dwDesiredAccess, BOOL bInheritHandle,
          LPCTSTR lpName);
BOOL SetEvent(HANDLE hEvent);
BOOL ResetEvent(HANDLE hEvent);
```

① 임계구역(critical section) 객체는 단일 프로세스(single process) 내의 멀티스레드를 동기화할 수 있는 객체이다. InitializeCriticalSection 함수를 호출하여 임계구역 객체를 생성한다. DeleteCriticalSection 함수는 주인 없는 임계구역 객체에 의해 사용되는 모든 자원을 반납한다. CRITICAL_SECTION은 임계구역 객체의 자료형이다. 임계구역 객체는 이름이 없다.
② WaitForSingleObject 함수는 동기화 객체의 현재 상태를 검사하고, 동기화 객체가 신호 상태 또는 일정 시간이 경과(ime-out interval elapse)할 때 스레드가 실행할 수 있도록 반환한다. 동기화 객체의 현재 상태가 비신호 상태이면 호출한 스레드는 CPU 시간을 적게 사용하는 효율적인 대기 상태에 들어간다. WaitForMultipleObjects 함수는 다중 동기화 객체를 검사하고 대기한다.
③ 상호배제(mutex, mutual exclusion) 객체는 한순간에 하나의 스레드만 소유할 수 있다. 그러므로 한 스레드가 상호배제 객체를 소유하고 있는 상태에서 다른 스레드가 상호배제 객체를 요구하면, 상호배제를 소유하고 있는 객체가 해제할 때까지 기다려야 한다. 상호배제 객체는 어떤 스레드도 상호배제 객체를 소유하지 않을 때 신호 상태가 된다.
④ 세마포어 객체는 정수 카운터 값을 가지고 있으며 이 값을 이용하여 일정 수의 스레드가 공유자원을 동시에 접근하는 것을 허락한다. 세마포어 객체를 생성할 때 카운터 값을 지정하여 스레드가 세마포어 객체의 소유권을 얻을 때마다 카운터를 감소하고, 스레드가 소유권을 해제할 때마다 카운터를 증가한다. 카운터가 0이 되면 비신호 상태에서 블록되고 다른 스레드가 접근 권한을 가질 수 없다.
⑤ 이벤트 객체는 자동 리셋(auto reset) 이벤트 객체와 수동 리셋(manual reset) 이벤트 객체가 있다. 신호 상태(signaled)와 비신호 상태(nonsignaled)에 있다. SetEvent 함수는 신호 상태, ResetEvent 함수는 비신호 상태로 변경한다.
자동 리셋은 이벤트를 대기함수(WaitForSingleObject, WaitForMultipleObject)가 반환될 때까지만 신호 상태가 유지되고, 자동으로 리셋(비신호) 상태가 된다. 만약, 여러 개의 스레드 중에서 하나의 스레드가 이벤트를 얻어 대기함수를 반환하면 자동으로 리셋되어, 다른 대기 중인 스레드는 신호 상태가 될 때까지 계속 기다려야 한다. 즉, 자동 리셋에서 SetEvent 함수로 신호 상태로 변경하면 대기 중인 스레드 중에서 하나만 대기함수를 반환하여 실행한다.
수동 리셋은 사용자가 ResetEvent 함수를 호출할 때까지 신호 상태가 유지된다. WaitForSingleObject 함수가 반환되더라도 리셋되지 않는다. 즉, 수동 리셋에서 SetEvent 함수로 신호 상태로 변경하면 대기 중인 모든 스레드를 실행한다.

[step42_ex1] 멀티스레드

```
// step42_ex1.cpp : 응용 프로그램에 대한 진입점을 정의
// ..... 생략: wWinMain, MyRegisterClass, InitInstance 함수
HWND  hMainWnd;  // 윈도우 핸들
DWORD WINAPI ThreadProc(LPVOID lpParameter); // 스레드 프로시저 원형

LRESULT CALLBACK WndProc(HWND hWnd, UINT message,
                         WPARAM wParam, LPARAM lParam)
{
   static int nCount = 0;
   switch (message)
   {
      case WM_CREATE:
         hMainWnd = hWnd;
         break;
      case WM_COMMAND:
         {
            int wmId = LOWORD(wParam);
            // 메뉴 선택을 구문 분석합니다:
            switch (wmId)
            {
               case IDM_FUNCTION_CALL:          // 단순 함수 호출
                  ThreadProc((LPVOID)nCount++);
                  break;
               case IDM_THREAD_CREATE:          // 스레드 생성 메뉴 항목
                  CreateThread(NULL, 0,
                        ThreadProc, (LPVOID)nCount++,  0, 0);
                  break;
               case IDM_ABOUT:
                  DialogBox(hInst,
                        MAKEINTRESOURCE(IDD_ABOUTBOX),
                        hWnd, About);
                  break;
               case IDM_EXIT:
                  DestroyWindow(hWnd);
                  break;
               default:
                  return DefWindowProc(hWnd, message, wParam, lParam);
            }
         }
         break;
      case WM_PAINT:
         {
            PAINTSTRUCT ps;
            HDC hdc = BeginPaint(hWnd, &ps);
            // TODO: 여기에 hdc를 사용하는 그리기 코드를 추가
            EndPaint(hWnd, &ps);
         }
```

```
            break;
        case WM_DESTROY:
            PostQuitMessage(0);
            break;
        default:
            return DefWindowProc(hWnd, message, wParam, lParam);
    }
    return 0;
}

DWORD WINAPI ThreadProc(LPVOID lpParameter)
{
    TCHAR szBuffer[128];
    int nCount = (int)lpParameter;

    // 스레드가 CPU에 의해 처리되는 것을 보이기 위해
    HDC hdc = GetDC(hMainWnd);
    for (int i = 0; i < 10000; i++)
    {
        Sleep(1); // 지연을 위해
        wsprintf(szBuffer, _T("Thread ID=%d, nCount=%d: i= %d"),
                GetCurrentThreadId(), nCount, i);
        TextOut(hdc, 10, 20 * nCount, szBuffer, lstrlen(szBuffer));
    }
    memset(szBuffer, 0, sizeof(szBuffer));
    wsprintf(szBuffer, _T("Thread ID=%d is terminated!              "),
                GetCurrentThreadId());
    TextOut(hdc, 10, 20 * nCount, szBuffer, lstrlen(szBuffer));

    ReleaseDC(hMainWnd, hdc);
    return nCount; // ExitThread(nCount);
}
```

프로그램 설명

① 리소스에서 [스레드] 메뉴를 [표 42.1]과 같이 편집한다.

[표 42.1] 스레드 메뉴의 항목

Caption	ID
함수 호출	IDM_FUNCTION_CALL
스레스 생성	IDM_THREAD_CREATE

② 윈도우 프로시저 WndProc의 WM_CREATE에서 비지역 변수 hMainWnd에 윈도우 핸들 hWnd를 저장한다.

③ WM_COMMAND 메시지의 IDM_FUNCTION_CALL 메뉴 항목에서 ThreadProc 함수를 직접 호출한다. 함수가 반환될 때까지 다른 메뉴를 선택할 수 없다.
④ WM_COMMAND 메시지의 IDM_THREAD_CREATE 메뉴 항목에서 CreateThread 함수로 스레드를 생성하고 스레드 프로시저 ThreadProc에 메개변수를 nCount++로 전달하면, 스레드가 실행을 반환하지 않아도 메뉴 항목을 선택할 수 있다.
⑤ 스레드 프로시저 ThreadProc는 lpParameter에 nCount 값을 전달받으며, 스레드가 CPU를 사용하고 있는 것을 보이기 위하여 for 루프를 사용하여 TextOut 함수로 스레드 ID와 i 값을 문자열로 변환하여 출력한다. 스레드를 종료는 return nCount 또는 ExitThread 함수로 종료한다. GetExitCodeThread 함수를 호출하면 스레드의 종료 값을 알 수 있다.
⑥ [그림 42.1]의 실행결과는 IDM_FUNCTION_CALL 메뉴 항목을 선택하여 ThreadProc 함수를 직접 호출하고 종료될 때까지 기다린 다음에, IDM_THREAD_CREATE 메뉴 항목을 네 번 연속 클릭하여 스레드를 생성한 중간 결과이다.

[그림 42.1] 멀티스레드

[step42_ex2] 멀티스레드를 이용한 움직이는 원

```
// step42_ex2.cpp : 응용 프로그램에 대한 진입점을 정의
// ..... 생략: wWinMain, MyRegisterClass, InitInstance 함수
HWND    hMainWnd;                    // 윈도우 핸들
BOOL    bThreadExitALL = TRUE;   // 스레드의 반복을 종료하기 위한 변수
DWORD WINAPI BallThreadProc(LPVOID lpParameter);
LRESULT CALLBACK WndProc(HWND hWnd, UINT message,
                                    WPARAM wParam, LPARAM lParam)
{
   static int nCount = 0;
   switch (message)
   {
```

```
    case WM_CREATE:
        hMainWnd = hWnd;
        break;
    case WM_COMMAND:
        {
            int wmId = LOWORD(wParam);
            // 메뉴 선택을 구문 분석합니다:
            switch (wmId)
            {
                case IDM_THREAD_CREATE: // 스레드 생성 메뉴 항목
                    bThreadExitALL = TRUE;
                    CreateThread(NULL,        0, BallThreadProc,
                            (LPVOID)nCount++, 0, 0);
                    break;
                case IDM_THREAD_EXITALL:
                    g_bThreadExitALL = FALSE;
                    InvalidateRect(hWnd, NULL, TRUE);
                    break;
                case IDM_ABOUT:
                    DialogBox(hInst,
                        MAKEINTRESOURCE(IDD_ABOUTBOX),
                        hWnd, About);
                    break;
                case IDM_EXIT:
                    DestroyWindow(hWnd);
                    break;
                default:
                    return DefWindowProc(hWnd, message,
                            wParam, lParam);
            }
        }
        break;
    case WM_PAINT:
        {
            PAINTSTRUCT ps;
            HDC hdc = BeginPaint(hWnd, &ps);
            // TODO: 여기에 hdc를 사용하는 그리기 코드를 추가
            EndPaint(hWnd, &ps);
        }
        break;
    case WM_DESTROY:
        PostQuitMessage(0);
        break;
    default:
        return DefWindowProc(hWnd, message, wParam, lParam);
  }
  return 0;
}
```

```
#include<time.h>          // time
#define RADIUS   30   // 원의 반지름
DWORD WINAPI BallThreadProc(LPVOID lpParameter)
{
    int nCount = (int)lpParameter;
    HBRUSH ballBrush, oldBrush;
    RECT rect;
    int  nX, nY;          // 원의 위치
    int  dX, dY;          // 이동 벡터

    srand((unsigned)time(NULL));  // 난수 초기화
    dX = rand() % 3 + 1;
    dY = rand() % 3 + 1;

    HDC hdc = GetDC(hMainWnd);
    GetClientRect(hMainWnd, &rect);

    // 원이 나타나는 위치를 클라이언트 영역의 상단에서 랜덤하게
    nX = rand() % (rect.right - rect.left - 100) + 50;
    nY = RADIUS;

    ballBrush=CreateSolidBrush(RGB(rand() % 256, rand() % 256, rand() % 256));
    SelectObject(hdc, GetStockObject(NULL_PEN));

    // 윈도우 프로시저에서 Thread/Thread Exit All 메뉴를
    // 클릭할 때까지 반복
    while (bThreadExitALL)
    {
        GetClientRect(hMainWnd, &rect);

        // 이전 위치의 원을 흰색으로 지운다.
        SelectObject(hdc, GetStockObject(WHITE_BRUSH));
        Ellipse(hdc, nX-RADIUS, nY-RADIUS,nX+RADIUS, nY+RADIUS);

        // 원의 이동 좌표 계산
        nX += dX;
        nY += dY;
        // 클라이언트 영역의 바운드를 넘으면 방향전환
        if (nX < RADIUS || nX > rect.right - rect.left - RADIUS)
            dX *= -1;
        if (nY < RADIUS || nY > rect.bottom - rect.top - RADIUS)
            dY *= -1;

        // 랜덤으로 생성해 놓은 브러시로 원을 그린다.
        oldBrush = (HBRUSH)SelectObject(hdc, ballBrush);
        Ellipse(hdc, nX-RADIUS, nY-RADIUS, nX+RADIUS, nY+RADIUS);
        SelectObject(hdc, oldBrush);
```

```
        GdiFlush(); // 스레드의 현재까지의 GDI 명령어를 모두 처리
        Sleep(20);  // 20 미리초 정지
    }
    DeleteObject(ballBrush);
    ReleaseDC(hMainWnd, hdc);
    return nCount;      // ExitThread(nCount);
}
```

프로그램 설명

① 리소스에서 [스레드] 메뉴를 [표 42.2]와 같이 편집한다.

[표 42.2] 스레드 메뉴의 항목

Caption	ID
스레스 생성	IDM_THREAD_CREATE
모든 스레드 종료	IDM_THREAD_EXITALL

② 윈도우 프로시저 WndProc의 WM_CREATE에서 비지역 변수 hMainWnd에 윈도우 핸들 hWnd를 저장한다.

③ WM_COMMAND 메시지의 IDM_THREAD_CREATE 메뉴 항목에서 CreateThread 함수로 스레드를 생성하고 스레드 프로시저 BallThreadProc를 설정한다. IDM_THREAD_EXITALL 메뉴 항목에서 스레드의 반복을 종료하기 위한 변수 bThreadExitALL를 FALSE로 변경하고, InvalidateRect 함수로 클라이언트 영역 전체를 지운다.

④ srand 함수에서 난수 초기화를 위한 time 함수를 사용하기 위해 헤더 파일 〈time.h〉를 포함하고, 스레드 프로시저 BallThreadProc에서 윈도우의 클라이언트 영역 내에서 움직이는 원을 그린다. 움직이는 원의 속도를 제어하기 위해 Sleep(20)을 사용하여 20 미리 초 동안 스레드를 중지했다가 재개한다. GdiFlush 함수를 사용하여 스레드의 현재까지의 GDI 명령어를 모두 처리한다. IDM_THREAD_EXITALL 메뉴 항목을 선택하면 비지역 변수 bThreadExitALL를 공유하므로 모든 스레드가 종료한다. [그림 42.2]는 7개의 원이 각각의 스레드에 의해 움직이는 결과이다.

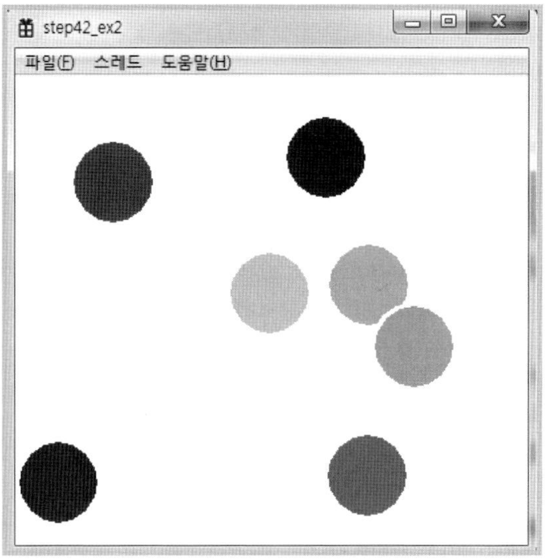

[그림 42.2] 멀티스레드 움직이는 원

[step42_ex3] 임계구역(critical section) 동기화

```
// step42_ex3.cpp : 응용 프로그램에 대한 진입점을 정의
// ..... 생략: wWinMain, MyRegisterClass, InitInstance 함수
CRITICAL_SECTION   csObject;    // 임계구역 객체
HWND               hMainWnd;    // 윈도우 핸들
DWORD WINAPI ThreadProc(LPVOID lpParameter);
LRESULT CALLBACK WndProc(HWND hWnd, UINT message,
                         WPARAM wParam, LPARAM lParam)
{
    static int nCount = 1;

    switch (message)
    {
        case WM_CREATE:
            hMainWnd = hWnd;
            InitializeCriticalSection(&csObject);   // 임계구역 객체 생성
            break;
        case WM_COMMAND:
            {
                int wmId = LOWORD(wParam);
                // 메뉴 선택을 구문 분석합니다:
                switch (wmId)
                {
                    case IDM_THREAD_CREATE:    // 스레드 생성 메뉴 항목
                        CreateThread(NULL, 0, ThreadProc,
                                (LPVOID)nCount++, 0, 0);
                        break;
                    case IDM_ABOUT:
                        DialogBox(hInst,
```

```
                    MAKEINTRESOURCE(IDD_ABOUTBOX),
                    hWnd, About);
                break;
            case IDM_EXIT:
                DestroyWindow(hWnd);
                break;
            default:
                return DefWindowProc(hWnd, message,
                        wParam, lParam);
            }
        }
        break;
    case WM_PAINT:
        {
            PAINTSTRUCT ps;
            HDC hdc = BeginPaint(hWnd, &ps);
            // TODO: 여기에 hdc를 사용하는 그리기 코드를 추가
            EndPaint(hWnd, &ps);
        }
        break;
    case WM_DESTROY:
        DeleteCriticalSection(&csObject);   // 임계구역 객체 삭제
        PostQuitMessage(0);
        break;
    default:
        return DefWindowProc(hWnd, message, wParam, lParam);
    }
    return 0;
}

// 스레드 프로시저
DWORD WINAPI ThreadProc(LPVOID lpParameter)
{
    TCHAR   szBuffer[128];
    int nCount = (int)lpParameter;

    HDC hdc = GetDC(hMainWnd);
    wsprintf(szBuffer,_T("Thread ID=%d is waiting"),
        GetCurrentThreadId());
    TextOut(hdc, 10, 20 * nCount, szBuffer, lstrlen(szBuffer));
    GdiFlush();

    EnterCriticalSection(&csObject);            // 임계구역 시작
    for (int i = 0; i < 10000; i++)
    {
        Sleep(1);  // 지연을 위해
        wsprintf(szBuffer, _T("Thread ID=%d is in Critical Section,"
                "nCount=%d: i= %d"),
```

```
                GetCurrentThreadId(), nCount, i);
                TextOut(hdc, 10, 20 * nCount, szBuffer, lstrlen(szBuffer));
    }
    GdiFlush();
    memset(szBuffer, 0, sizeof(szBuffer));
    wsprintf(szBuffer, _T("Thread ID=%d is terminated!"
            "                                       "),
    GetCurrentThreadId());
    TextOut(hdc, 10, 20 * nCount, szBuffer, lstrlen(szBuffer));
    GdiFlush();
    ReleaseDC(hMainWnd, hdc);
    LeaveCriticalSection(&csObject);    // 임계구역 끝
    return nCount;
}
```

프로그램 설명

① 비지역 변수로 임계구역 객체 csObject를 선언하여 윈도우 프로시저 WndProc의 WM_CREATE에서 InitializeCriticalSection 함수로 임계구역 객체 csObject를 초기화하고, WM_DESTROY 메시지에서 DeleteCriticalSection 함수로 삭제한다.
② [step42_ex1]의 스레드 프로시저 ThreadProc에 EnterCriticalSection, LeaveCriticalSection 함수로 임계구역을 설정하고 하나의 스레드만이 들어와서 처리할 수 있도록 변경한다.
③ [그림 42.3]은 메뉴를 클릭하여 4개의 스레드를 생성한다. 17088 스레드가 임계구역을 차지하여 반복문 처리를 종료하고, 9936 스레드가 임계구역에 대한 소유권을 갖고 실행 중이며, 3660 스레드와 12812 스레드는 9936 스레드가 LeaveCriticalSection 함수로 소유권을 해제할 때까지 대기하는 상태이다.

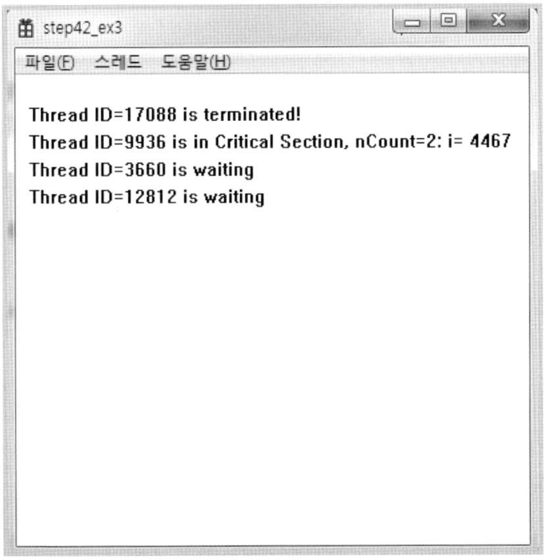

[그림 42.3] 임계구역 동기화

[step42_ex4] 상호배제(mutex) 동기화

```
// step42_ex4.cpp : 응용 프로그램에 대한 진입점을 정의
// ..... 생략: wWinMain, MyRegisterClass, InitInstance 함수

LPCTSTR  lpszMutex = _T("Mutex1");      // 상호배제 객체의 이름
HWND     hMainWnd;                      // 윈도우 핸들
DWORD WINAPI ThreadProc(LPVOID lpParameter);

LRESULT CALLBACK WndProc(HWND hWnd, UINT message,
                         WPARAM wParam, LPARAM lParam)
{
   static int nCount = 1;
   switch (message)
   {
      case WM_CREATE:
         hMainWnd = hWnd;
         CreateMutex(NULL, FALSE, lpszMutex);   // 상호배제 객체 생성
         break;
      case WM_COMMAND:
         {
            int wmId = LOWORD(wParam);
            // 메뉴 선택을 위한 구문 분석
            switch (wmId)
            {
               case IDM_THREAD_CREATE:     // 스레드 생성 메뉴 항목
                  CreateThread(NULL, 0, ThreadProc,
                        (LPVOID)nCount++, 0, 0);
                  break;
               case IDM_ABOUT:
                  DialogBox(hInst,
                        MAKEINTRESOURCE(IDD_ABOUTBOX),
                        hWnd, About);
                  break;
               case IDM_EXIT:
                  DestroyWindow(hWnd);
                  break;
               default:
                  return DefWindowProc(hWnd, message,
                        wParam, lParam);
            }
         }
         break;
      case WM_PAINT:
         {
            PAINTSTRUCT ps;
            HDC hdc = BeginPaint(hWnd, &ps);
            // TODO: 여기에 hdc를 사용하는 그리기 코드를 추가
            EndPaint(hWnd, &ps);
```

```
            }
            break;
        case WM_DESTROY:
            PostQuitMessage(0);
            break;
        default:
            return DefWindowProc(hWnd, message, wParam, lParam);
    }
    return 0;
}

// 스레드 프로시저
DWORD WINAPI ThreadProc(LPVOID lpParameter)
{
    TCHAR   szBuffer[128];
    int nCount = (int)lpParameter;

    // lpszMutex 이름을 갖는 상호배제 객체의 핸들을 얻어온다.
    HANDLE hMutex = OpenMutex(MUTEX_ALL_ACCESS,FALSE,lpszMutex);
    HDC hdc = GetDC(hMainWnd);
    wsprintf(szBuffer, _T("Thread ID=%d is waiting"),
            GetCurrentThreadId());
    TextOut(hdc, 10, 20 * nCount, szBuffer, lstrlen(szBuffer));
    GdiFlush();

    // 상호배제 객체가 신호 상태가 되기를 기다린다.
    WaitForSingleObject(hMutex, INFINITE);    // 상호 배제 영역 시작
    for (int i = 0; i < 10000; i++)
    {
        Sleep(1); // 지연을 위해
        wsprintf(szBuffer, _T("Thread ID=%d is in Mutex ,"
                "nCount=%d: i= %d"),
                GetCurrentThreadId(), nCount, i);
        TextOut(hdc, 10, 20 * nCount, szBuffer, lstrlen(szBuffer));
    }
    GdiFlush();

    memset(szBuffer, 0, sizeof(szBuffer));
    wsprintf(szBuffer, _T("Thread ID=%d is terminated!"
            "                                          "),
            GetCurrentThreadId());
    TextOut(hdc, 10, 20 * nCount, szBuffer, lstrlen(szBuffer));
    GdiFlush();
    ReleaseDC(hMainWnd, hdc);
    ReleaseMutex(hMutex); // 상호배제 영역 끝, hMutex를 신호 상태
    CloseHandle(hMutex);  // 상호배제 객체 핸들 삭제
    return nCount;
}
```

프로그램 설명

① 비지역 상수 문자열 변수 lpszMutex에 문자열 _T("Mutex1")를 초기화하고, 윈도우 프로시저 WndProc의 WM_CREATE에서 CreateMutex 함수로 상호배제 객체를 lpszMutex 이름으로 생성한다.

② 스레드 프로시저 ThreadProc에서 OpenMutex 함수로 lpszMutex 이름의 상호배제 객체를 개방하여 hMutex 핸들에 저장한다. WaitForSingleObject 함수로 상호배제 객체 hMutex가 신호 상태가 될 때까지 무한 대기한다. 이미 상호배제 영역에 들어와 있는 스레드는 필요한 작업을 하고 ReleaseMutex 함수로 소유권을 해제하여 상호배제 객체 hMutex가 신호 상태가 되도록 한다.

③ [그림 42.4]는 메뉴를 클릭하여 4개의 스레드를 생성한다. 13856 스레드가 상호배제 객체를 차지하여 반복문 처리를 종료하고, 6504 스레드가 상호배제 객체에 대한 소유권을 갖고 실행 중이며, 8328 스레드와 7052 스레드는 상호배제 객체 소유권이 해제될 때까지 대기하는 상태이다.

[그림 42.4] 상호배제 동기화

[step42_ex5] 세마포어 동기화

```
// step42_ex5.cpp : 응용 프로그램에 대한 진입점을 정의
// ..... 생략: wWinMain, MyRegisterClass, InitInstance 함수

LPCTSTR lpszSemaphore = _T("Semaphore1");    // 세마포어 객체 이름
HWND     hMainWnd;                             // 윈도우 핸들
DWORD WINAPI ThreadProc(LPVOID lpParameter);
LRESULT CALLBACK WndProc(HWND hWnd, UINT message,
                         WPARAM wParam, LPARAM lParam)
{
    static int nCount = 1;
    switch (message)
```

```
    {
        case WM_CREATE:
            hMainWnd = hWnd;
            // 세마포어 객체 생성(초기값 3, 최대 3개의 스레드 수행)
            CreateSemaphore(NULL, 3, 3, lpszSemaphore);
            break;
        case WM_COMMAND:
            {
                int wmId = LOWORD(wParam);
                // 메뉴 선택을 위한 구문 분석
                switch (wmId)
                {
                    case IDM_THREAD_CREATE:     // 스레드 생성 메뉴 항목
                        CreateThread(NULL, 0, ThreadProc,
                                (LPVOID)nCount++, 0, 0);
                        break;
                    case IDM_ABOUT:
                        DialogBox(hInst,
                                MAKEINTRESOURCE(IDD_ABOUTBOX),
                                hWnd, About);
                        break;
                    case IDM_EXIT:
                        DestroyWindow(hWnd);
                        break;
                    default:
                        return DefWindowProc(hWnd, message,
                                wParam, lParam);
                }
            }
            break;
        case WM_PAINT:
            {
                PAINTSTRUCT ps;
                HDC hdc = BeginPaint(hWnd, &ps);
                // TODO: 여기에 hdc를 사용하는 그리기 코드를 추가
            EndPaint(hWnd, &ps);
            }
            break;
        case WM_DESTROY:
            PostQuitMessage(0);
            break;
        default:
            return DefWindowProc(hWnd, message, wParam, lParam);
    }
    return 0;
}

// 스레드 프로시저
```

```
DWORD WINAPI ThreadProc(LPVOID lpParameter)
{
   TCHAR   szBuffer[128];
   int nCount = (int)lpParameter;
   long nPrevCount = 0;

   // 세마포어 객체의 핸들을 얻어온다.
   HANDLE hSemaphore = OpenSemaphore(SEMAPHORE_ALL_ACCESS,
            FALSE, lpszSemaphore);
   HDC hdc = GetDC(hMainWnd);
   wsprintf(szBuffer, _T("Thread ID=%d is waiting"),
            GetCurrentThreadId());
   TextOut(hdc, 10, 20 * nCount, szBuffer, lstrlen(szBuffer));
   GdiFlush();

   // 세마포어 객체가 신호 상태가 되기를 기다린다.
   WaitForSingleObject(hSemaphore, INFINITE); // 세마포어 카운터 1 감소
   for (int i = 0; i < 10000; i++)
   {
      Sleep(1); // 지연을 위해
      wsprintf(szBuffer, _T("Thread ID=%d is in Semaphore ,"
            "nCount=%d: i= %d"), GetCurrentThreadId(), nCount, i);
            TextOut(hdc, 10, 20 * nCount, szBuffer, lstrlen(szBuffer));
   }
   GdiFlush();

   // 세마포어 카운터 1 증가
   ReleaseSemaphore(hSemaphore, 1, &nPrevCount);
   memset(szBuffer, 0, sizeof(szBuffer));
   wsprintf(szBuffer, _T("Thread ID=%d is terminated!, "
         "Previous Count=%d    "), GetCurrentThreadId(), nPrevCount);

   TextOut(hdc, 10, 20 * nCount, szBuffer, lstrlen(szBuffer));
   GdiFlush();
   ReleaseDC(hMainWnd, hdc);
   CloseHandle(hSemaphore);
   return nCount;
}
```

프로그램 설명

① 비지역 상수 문자열 변수 lpszSemaphore에 문자열 _T("Semaphore1")를 초기화하고, 윈도우 프로시저 WndProc의 WM_CREATE에서 CreateSemaphore 함수로 초기값을 3으로하여 최대 3개의 스레드를 수행할 수 있는 세마포어 객체를 lpszSemaphore 이름으로 생성한다. 세마포어 카운트가 0이면 비신호(nonsignaled) 상태, 0보다 크면 신호(signaled) 상태이다. 대기 중인 스레드가 세마포어가 신호 상태가 되면, 즉

WaitForSingleObject 함수가 반환되면 세마포어 카운트는 1 감소 된다.

② 스레드 프로시저 ThreadProc에서 OpenSemaphore 함수로 lpszSemaphore 이름의 세마포어 객체 핸들을 hSemaphore에 저장한다. WaitForSingleObject 함수로 세마포어 객체가 신호 상태로 될 때까지 대기한다. WaitForSingleObject 함수가 반환되면 세마포어 카운트는 1 감소 된다. 이미 영역에 들어와 있는 스레드는 반복문의 필요한 작업을 하고 ReleaseSemaphore 함수로 소유권을 해제하여 세마포어 객체의 카운트 값을 1 증가한다. CreateSemaphore 함수로 지정한 최대값 3보다 커지지는 않는다.

③ [그림 42.5]는 메뉴를 클릭하여 6개의 스레드를 생성한다. 3개의 스레드가 세마포어 영역에서 동시에 수행하고 있으며, 2개의 스레드가 대기하는 상태이다.

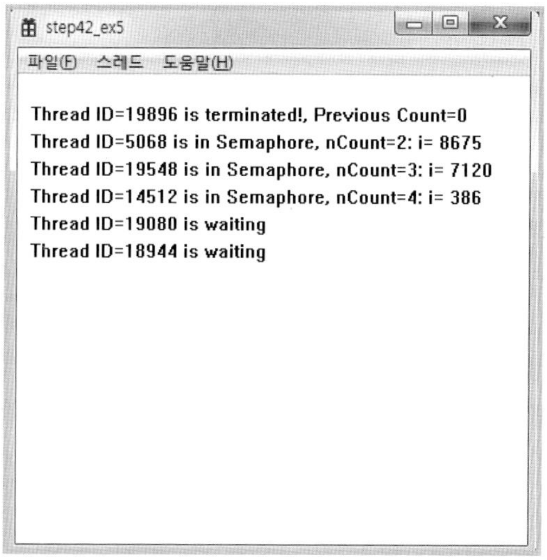

[그림 42.5] 세마포어 동기화

[step42_ex6] 자동 리셋 이벤트 동기화

```
/ step42_ex6.cpp : 응용 프로그램에 대한 진입점을 정의
// ..... 생략: wWinMain, MyRegisterClass, InitInstance 함수

LPCTSTR  lpszEvent = _T("Event1");    // 이벤트 객체 이름
HWND     hMainWnd;                    // 윈도우 핸들
DWORD WINAPI ThreadProc(LPVOID lpParameter);
LRESULT CALLBACK WndProc(HWND hWnd, UINT message,
                                  WPARAM wParam, LPARAM lParam)
{
   static int nCount = 1;
   static HANDLE  hEvent;
   switch (message)
   {
      case WM_CREATE:
         {
            hMainWnd = hWnd;
```

```
            BOOL bManualReset  = FALSE;  // 자동리셋(auto-reset)
            BOOL bInitialState = FALSE;      // 비신호(nonsignaled) 상태
            hEvent =
               CreateEvent(NULL, bManualReset, bInitialState, lpszEvent);
            break;
        }
    case WM_COMMAND:
        {
            int wmId = LOWORD(wParam);
            // 메뉴 선택을 구문 분석합니다:
            switch (wmId)
            {
               case IDM_THREAD_CREATE: // 스레드 생성 메뉴 항목
                   CreateThread(NULL, 0, ThreadProc,
                               (LPVOID)nCount++, 0, 0);
                   break;
              case IDM_SET_EVENT:
                 // hEvent =
                 //      OpenEvent(EVENT_ALL_ACCESS,
                 //      FALSE, lpszEvent);
                   SetEvent(hEvent);
                 break;
               case IDM_ABOUT:
                   DialogBox(hInst, MAKEINTRESOURCE(IDD_ABOUTBOX),
                               hWnd, About);
                   break;
               case IDM_EXIT:
                   DestroyWindow(hWnd);
                   break;
               default:
                   return DefWindowProc(hWnd, message, wParam, lParam);
            }
        }
        break;
    case WM_PAINT:
        {
            PAINTSTRUCT ps;
            HDC hdc = BeginPaint(hWnd, &ps);
            // TODO: 여기에 hdc를 사용하는 그리기 코드를 추가
            EndPaint(hWnd, &ps);
        }
        break;
    case WM_DESTROY:
        CloseHandle(hEvent);
        PostQuitMessage(0);
        break;
    default:
        return DefWindowProc(hWnd, message, wParam, lParam);
```

```
    }
    return 0;
}

// 스레드 프로시저
DWORD WINAPI ThreadProc(LPVOID lpParameter)
{
    TCHAR   szBuffer[128];
    int nCount = (int)lpParameter;

    // 이벤트 객체의 핸들을 얻어온다.
    HANDLE hEvent=OpenEvent(EVENT_ALL_ACCESS, FALSE, lpszEvent);

    HDC hdc = GetDC(hMainWnd);
    wsprintf(szBuffer, _T("Thread ID=%d is waiting"),
              GetCurrentThreadId());
    TextOut(hdc, 10, 20 * nCount, szBuffer, lstrlen(szBuffer));
    GdiFlush();

    // 이벤트 객체가 신호 상태가 되기를 기다린다.
    WaitForSingleObject(hEvent, INFINITE);
    for (int i = 0; i <10000; i++)
    {
        Sleep(1);  // 지연을 위해
        wsprintf(szBuffer, _T("Thread ID=%d is in Event, nCount=%d: i= %d"),
                  GetCurrentThreadId(), nCount, i);
        TextOut(hdc, 10, 20 * nCount, szBuffer, lstrlen(szBuffer));
    }
    GdiFlush();

    SetEvent(hEvent); // 이벤트 객체를 신호 상태로 한다.

    memset(szBuffer, 0, sizeof(szBuffer));
    wsprintf(szBuffer, _T("Thread ID=%d is terminated!,"
             "                              "), GetCurrentThreadId() );

    TextOut(hdc, 10, 20 * nCount, szBuffer, lstrlen(szBuffer));
    GdiFlush();
    ReleaseDC(hMainWnd, hdc);
    CloseHandle(hEvent);
    return nCount;
}
```

프로그램 설명

① 리소스에서 [스레드] 메뉴 아래 항목을 [표 42.3]과 같이 편집한다.

[표 42.3] 스레드 메뉴의 항목

Caption	ID
스레스 생성	IDM_THREAD_CREATE
Set Event	IDM_SET_EVENT

② 비지역 상수 문자열 변수 lpszEvent에 문자열 _T("Event1")를 초기화하고, 윈도우 프로시저 WndProc의 WM_CREATE에서 CreateEvent 함수로 bManualReset = FALSE, bInitialState = FALSE로 lpszEvent 이름의 자동 리셋(auto-reset)을 비신호 상태로 생성한다.

③ 윈도우 프로시저 WndProc에서 WM_COMMAND 메시지의 IDM_THREAD_CREATE 메뉴 항목에서 CreateThread 함수로 스레드를 생성하고 스레드 프로시저 ThreadProc를 설정한다. IDM_SET_EVENT 메뉴 항목에서 SetEvent 함수로 hEvent를 신호 상태로 변경한다.

④ 스레드 프로시저 ThreadProc에서 OpenEvent 함수로 lpszEvent 이름의 이벤트 객체를 hEvent에 저장한다. WaitForSingleObject 함수로 이벤트 객체 hEvent가 신호 상태로 될 때까지 대기한다. 이벤트 객체 소유권을 가진 스레드는 반복문의 필요한 작업을 하고 SetEvent 함수로 hEvent를 신호 상태로 변경한다.

⑤ [그림 42.6](a)는 IDM_THREAD_CREATE 메뉴 항목을 4번 클릭하여 4개의 스레드를 생성한 결과이다. 자동 리셋(auto-reset)을 비신호 상태로 이벤트를 생성하여 스레드 프로시저 WaitForSingleObject 함수에서 신호 상태가 되기를 기다리는 상태이다. [그림 42.6](b)는 IDM_SET_EVENT 메뉴 항목을 클릭하여, hEvent를 신호 상태로 변경하여 대기 중인 스레드 중에서 1개(14796)가 이벤트를 소유하여(자동으로 리셋) 반복문 수행을 마치고, SetEvent 함수로 신호 상태로 변경하여 대기 중인 스레드 중에서 1개(13288)가 이벤트를 소유하여(자동으로 리셋)여 반복문을 수행 중인 결과이다.

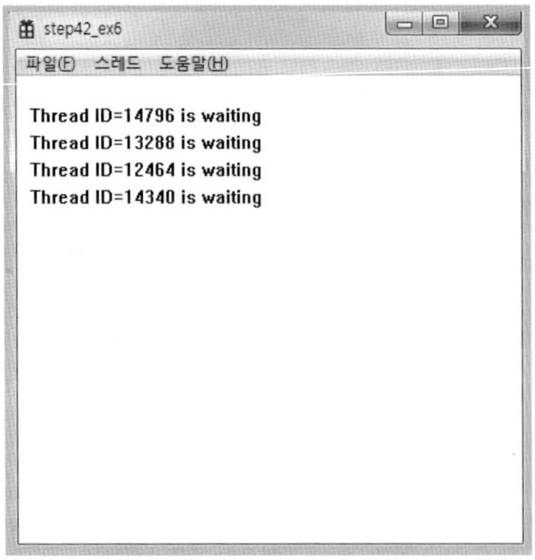

(a)

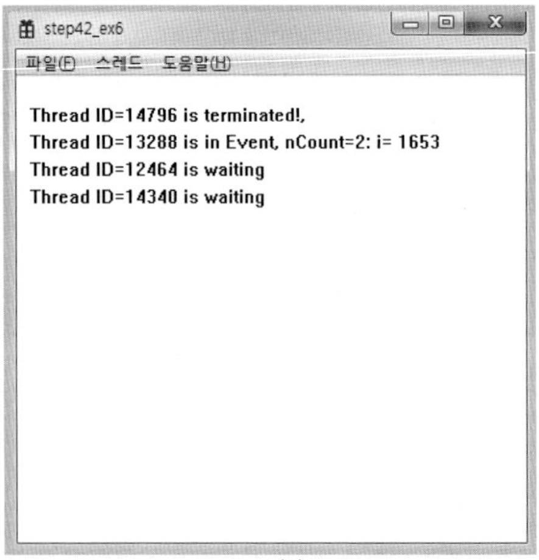

(b)

[그림 42.6] 자동 리셋 이벤트 동기화

[step42_ex7] 수동 리셋 이벤트 동기화

```
/ step42_ex6.cpp : 응용 프로그램에 대한 진입점을 정의
// ..... 생략: wWinMain, MyRegisterClass, InitInstance 함수

LPCTSTR  lpszEvent = _T("Event1");          // 이벤트 객체 이름
HWND     hMainWnd;                           // 윈도우 핸들
DWORD WINAPI ThreadProc(LPVOID lpParameter);
LRESULT CALLBACK WndProc(HWND hWnd, UINT message,
                         WPARAM wParam, LPARAM lParam)
{
   static int nCount = 1;
   static HANDLE  hEvent;
   switch (message)
   {
      case WM_CREATE:
         {
            hMainWnd = hWnd;
            BOOL bManualReset  = FALSE; // 자동 리셋(auto-reset)
            BOOL bInitialState = FALSE;     // 비신호(nonsignaled) 상태
            hEvent = CreateEvent(NULL, bManualReset,
                        bInitialState, lpszEvent);
            break;
         }
      case WM_COMMAND:
         {
            int wmId = LOWORD(wParam);
            // 메뉴 선택을 위한 구문 분석
            switch (wmId)
            {
               case IDM_THREAD_CREATE:  // 스레드 생성 메뉴 항목
                  CreateThread(NULL, 0, ThreadProc,
                        (LPVOID)nCount++, 0, 0);
                  break;
              case IDM_SET_EVENT:
                  // hEvent = OpenEvent(EVENT_ALL_ACCESS,
                  //     FALSE, lpszEvent);
                  SetEvent(hEvent);
                  break;
               case IDM_ABOUT:
                  DialogBox(hInst, MAKEINTRESOURCE(IDD_ABOUTBOX),
                        hWnd, About);
                  break;
               case IDM_EXIT:
                  DestroyWindow(hWnd);
                  break;
               default:
                  return DefWindowProc(hWnd, message,
                        wParam, lParam);
```

```
            }
        }
        break;
    case WM_PAINT:
        {
            PAINTSTRUCT ps;
            HDC hdc = BeginPaint(hWnd, &ps);
            // TODO: 여기에 hdc를 사용하는 그리기 코드를 추가
            EndPaint(hWnd, &ps);
        }
        break;
    case WM_DESTROY:
        CloseHandle(hEvent);
        PostQuitMessage(0);
        break;
    default:
        return DefWindowProc(hWnd, message, wParam, lParam);
    }
    return 0;
}

// 스레드 프로시저
DWORD WINAPI ThreadProc(LPVOID lpParameter)
{
    TCHAR   szBuffer[128];
    int nCount = (int)lpParameter;

    // 이벤트 객체의 핸들을 얻어온다.
    HANDLE hEvent=OpenEvent(EVENT_ALL_ACCESS, FALSE, lpszEvent);

    HDC hdc = GetDC(hMainWnd);
    wsprintf(szBuffer, _T("Thread ID=%d is waiting"),
            GetCurrentThreadId());
    TextOut(hdc, 10, 20 * nCount, szBuffer, lstrlen(szBuffer));
    GdiFlush();

    // 이벤트 객체가 신호 상태가 되기를 기다린다.
    WaitForSingleObject(hEvent, INFINITE);
    for (int i = 0; i <10000; i++)
    {
        Sleep(1);  // 지연을 위해
        wsprintf(szBuffer, _T("Thread ID=%d is in Event, nCount=%d: i= %d"),
                GetCurrentThreadId(), nCount, i);
        TextOut(hdc, 10, 20 * nCount, szBuffer, lstrlen(szBuffer));
    }
    GdiFlush();

    SetEvent(hEvent); // 이벤트 객체를 신호 상태로 한다.
```

```
    memset(szBuffer, 0, sizeof(szBuffer));
    wsprintf(szBuffer, _T("Thread ID=%d is terminated!,"
            "                    "), GetCurrentThreadId() );

    TextOut(hdc, 10, 20 * nCount, szBuffer, lstrlen(szBuffer));
    GdiFlush();
    ReleaseDC(hMainWnd, hdc);
    CloseHandle(hEvent);
    return nCount;
}
```

프로그램 설명

① [step42_ex6]의 자동 리셋 동기화와 프로그램이 유사하다. 윈도우 프로시저 WndProc의 WM_CREATE에서 CreateEvent 함수로 bManualReset = TRUE, bInitialState = TRUE로 lpszEvent 이름의 수동 리셋(manual-reset)을 신호 상태로 생성한다.
② 스레드 프로시저 ThreadProc에서 OpenEvent 함수로 lpszEvent 이름의 이벤트 객체를 hEvent에 저장한다. WaitForSingleObject 함수 뒤에 ResetEvent 함수를 추가하여, 수동 리셋 이벤트 hEvent를 비신호 상태로 변경한다. SetEvent 함수에 의해 수동 리셋 이벤트 hEvent가 신호 상태가 되는 순간, 대기 중인 모든 스레드가 실행된다.
⑤ [그림 42.7](a)는 IDM_THREAD_CREATE 메뉴 항목을 4번 클릭하면, 이벤트의 초기 상태가 신호 상태이므로 첫 스레드(4728)가 스레드 프로시저의 반복문을 수행 중이며, 나머지 3개의 스레드는 WaitForSingleObject 함수에서 신호 상태가 되기를 대기 중이다. [그림 42.6](b)는 첫 스레드(4728)에서 반복문을 수행하고 SetEvent 함수에 의해 수동 리셋 이벤트 hEvent가 신호 상태가 되는 순간, 대기 중인 3개의 스레드가 모두 반복문을 수행하는 중이며, 비신호 상태가 된다.

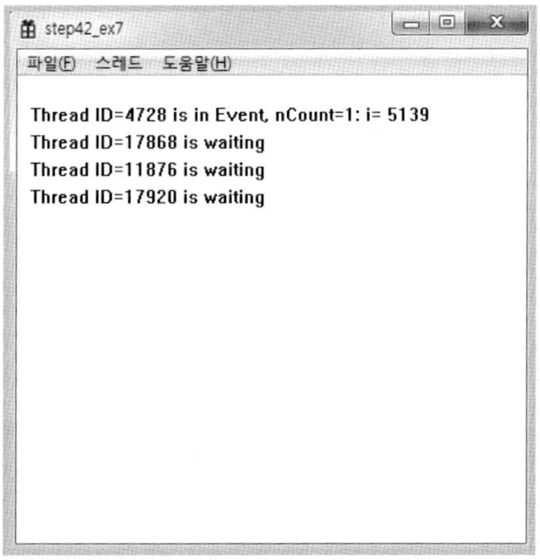

(a)

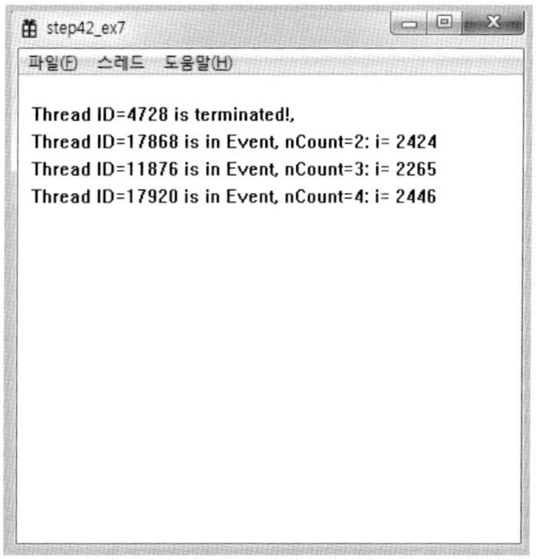

(b)

[그림 42.7] 수동 리셋 이벤트 동기화

네트워크 프로그래밍: Winsock

13
Chapter

TCP/IP Winsock을 사용한 서버/클라이언트 구현에 대하여 설명한다.

step

43 윈속 프로그래밍 기초

윈속(Winsock)은 윈도우즈 환경에서 TCP/IP 네트워크 프로그래밍을 지원하는 API이다. 윈속 버전 2는 〈winsock2.h〉 헤더 파일과 "ws2_32.lib" 임포트 라이브러리를 사용해야 한다. 윈속의 기본적인 설명은 다음 URL의 문서에 있다.

https://docs.microsoft.com/en-us/windows/desktop/winsock/using-winsock

TCP/IP 클라이언트 서버 모델을 생성하는 일반적인 순서는 [표 43.1] 그리고 [그림 43.1]과 같다. 서버는 윈속을 초기화하고, 소켓을 생성하여 소켓을 바인드하고 클라이언트의 연결접속을 대기하다가 클라이언트의 연결접속 요청이 있으면 승인하고 연결된 소켓을 반환하여, 데이터를 송수신하다가 연결을 종료하고 윈속을 정리한다. 클라이언트는 윈속을 초기화하고 소켓을 생성하여 서버에 연결접속하고 데이터를 송수신하다가 연결을 종료하고 윈속을 정리한다.

[표 43.1] 소켓 클라이언트 서버 모델 생성의 일반적인 순서

서버(Server)	클라이언트(Client)
① 윈속 초기화(Initialize Winsock)	① 윈속 초기화(Initialize Winsock)
② 소켓 생성(Create a socket)	② 소켓 생성(Create a socket)
③ 소켓 바인드(Bind the socket)	③ 서버접속(Connect to the server)
④ 클라이언트 접속 대기 (Listen on the socket for a client)	
⑤ 클라이언트 접속 승인 (Accept a connection from a client)	
⑥ 데이터 송수신 (Receive and send data)	④ 데이터 송수신 (Receive and send data)
⑦ 연결 종료(Disconnect)	⑤ 연결 종료(Disconnect)

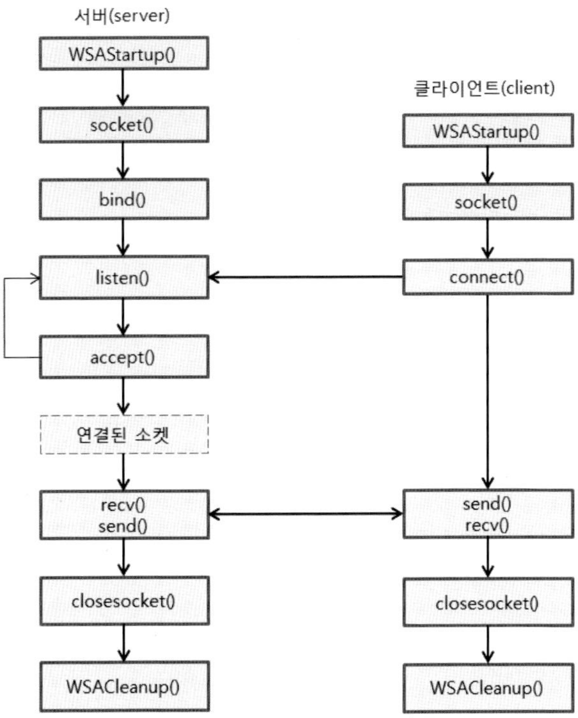

[그림 43.1] 소켓 클라이언트 서버 모델

1. getaddrinfo와 바이트 순서 변환 함수

getaddrinfo 함수는 호스트 이름(도메인 주소)에 대한 IP 주소 정보를 가져오고, freeaddrinfo 함수는 메모리를 해제한다.

```
// Header: ws2tcpip.h
// Library: Ws2_32.lib
// DLL   : Ws2_32.dll
INT WSAAPI getaddrinfo(            // 호스트이름을 주소로 변환
    PCSTR          pNodeName,      // 호스트이름
    PCSTR          pServiceName,   // 서비스 이름 또는 포트 번호
    const ADDRINFOA *pHints,       // 소켓에 대한 힌트 정보
    PADDRINFOA      *ppResult      // 호스트에 대한 반응정보
);
INT WSAAPI GetAddrInfoW(
    PCWSTR          pNodeName,
    PCWSTR          pServiceName,
    const ADDRINFOW *pHints,
    PADDRINFOW      *ppResult
);

VOID WSAAPI freeaddrinfo(PADDRINFOA pAddrInfo);   // 메모리 해제
VOID WSAAPI FreeAddrInfoW(PADDRINFOW pAddrInfo);
```

```
    int           ai_flags;
    int           ai_family;       // AF_UNSPEC, AF_INET(IPv4), AF_INET6(IPv6) 등
    int           ai_socktype;     // SOCK_STREAM, SOCK_DGRAM 등
    int           ai_protocol;     // IPPROTO_TCP, IPPROTO_UDP 등
    size_t        ai_addrlen;
    char          *ai_canonname;   // 호스트 이름
    struct sockaddr *ai_addr;      // sockaddr 구조체 포인터, 반환
    struct addrinfo  *ai_next;     // 연결리스트 링크
} ADDRINFOA, *PADDRINFOA;

typedef struct addrinfoW {
    // ..... 생략
    PWSTR         ai_canonname;
} ADDRINFOW, *PADDRINFOW;

typedef struct sockaddr { // 소켓 주소 정보, IPv4
#if (_WIN32_WINNT < 0x0600)
    u_short sa_family;
#else
    ADDRESS_FAMILY sa_family;
#endif
    CHAR sa_data[14];
} SOCKADDR, *PSOCKADDR, FAR *LPSOCKADDR;

typedef struct sockaddr_in {
#if(_WIN32_WINNT < 0x0600)
    short   sin_family;
#else
    ADDRESS_FAMILY sin_family;
#endif
    USHORT sin_port;
    IN_ADDR sin_addr;
    CHAR sin_zero[8];
} SOCKADDR_IN, *PSOCKADDR_IN;

// 바이트 순서 변경
// TCP/IP 네트워크 바이트 순서: 빅엔디안(big-endian)
// Host(Intel CPU) 바이트 순서:    리틀엔디안(little-endian)
u_short ntohs( u_short netshort);      // TCP/IP -> Host(Intel CPU), u_short
u_long ntohl( u_long netlong);         // TCP/IP -> Host(Intel CPU), u_long
u_short htons( u_short hostshort);     // Host(Intel CPU) -> TCP/IP, u_short
u_long htonl( u_long hostlong);        // Host(Intel CPU) -> TCP/IP, u_long

// 주소변환
INT WSAAPI inet_pton(INT Family, PCSTR pszAddrString, PVOID pAddrBuf);
INT WSAAPI InetPtonW(INT Family, PCWSTR pszAddrString, PVOID pAddrBuf);
```

```
PCSTR WSAAPI inet_ntop(INT Family, const VOID *pAddr,
                    PSTR pStringBuf, size_t StringBufSize);
PCWSTR WSAAPI InetNtopW(INT Family, const VOID *pAddr,
                    PWSTR     pStringBuf, size_t StringBufSize);
typedef struct in_addr {
   union {
      struct {
         UCHAR s_b1;
         UCHAR s_b2;
         UCHAR s_b3;
         UCHAR s_b4;
      } S_un_b;
   struct {
      USHORT s_w1;
      USHORT s_w2;
   } S_un_w;
   ULONG  S_addr;
   } S_un;
} IN_ADDR, *PIN_ADDR, *LPIN_ADDR;
```

① getaddrinfo 함수는 호스트 이름을 IP 주소로 변환한다. pNodeName, pServiceName, pHints는 입력이고, ppResult는 출력 결과이다. pNodeName는 호스트 이름 혹은 주소 문자열 포인터, pServiceName는 서비스 이름 또는 포트 번호 문자열, pHints는 getaddrinfo 함수에게 힌트를 제공한다. ppResult는 IP 주소에 대한 정보 결과로, addrinfo 구조체 연결리스트의 헤더 포인터이다. 오류가 없으면 0을 반환하고, 0이 아니면 오류이고 EAI_NONAME, EAI_SERVICE 등을 반환한다.

② sockaddr는 범용 소켓 주소정보, sockaddr_in 구조체는 IPv4 주소정보를 표현한다. bind, accept, connect 등의 소켓 함수는 sockaddr 구조체를 사용하므로, IPv4 주소 체계를 사용할 경우 sockaddr_in 구조체에 정보를 입력하고, sockaddr 구조체로 자료형 변환하여 사용한다. sockaddr의 sa_family가 PF_INET이면 IPv4 주소체계이다. sa_data는 주소정보 문자열이다. sockaddr_in 구조체는 IPv4의 주소체계로 sin_family는 AF_INET 값을 갖고, sin_port는 포트 번호, sin_addr는 IP 주소정보, sin_zero는 sockaddr과 같은 크기로 만들기 위해 필요한 공간으로 항상 0이다.

③ TCP/IP 네트워크 바이트 순서는 빅엔디안(big endian) 호스트 컴퓨터가 Intel CPU인 경우 바이트 순서는 리틀엔디안(little endian)이다. ntohs, ntohl 함수는 네트워크 바이트 순서를 호스트 바이트 순서로 변경한다. htons, htonl는 호스트 바이트 순서를 네트워크 바이트 순서로 변경한다.

④ inet_pton, InetPtonW 함수는 IPv4, IPv6의 프로토콜 주소를 바이너리 형태의 네트워크 주소로 변환한다. inet_ntop, InetNtopW 함수는 IPv4, IPv6의 네트워크 주소를 인터넷 프로토콜 주소 문자열로 변환한다. inet_addr, inet_ntoa 등의 함수는 사용이 권장되지 않는(_WINSOCK_DEPRECATED_NO_WARNINGS) 함수이다.

2. 윈속 함수

```
int WSAStartup(WORD wVersionRequired, LPWSADATA lpWSAData); // 윈속 초기화
SOCKET WSAAPI socket(int af, int type, int protocol); // 소켓 생성
int WSAAPI bind(SOCKET s, const sockaddr *name, int namelen);    // 주소 바인드
int WSAAPI listen(SOCKET s, int backlog); // 클라이언트 접속 대기
SOCKET WSAAPI accept(SOCKET s, sockaddr *addr, int *addrlen);    // 접속 승인
int WSAAPI connect(SOCKET s, const sockaddr *name, int namelen); // 연결 접속
int WSAAPI send(SOCKET s, const char *buf, int len, int flags); // 송신
int WSAAPI recv(SOCKET s, char *buf, int len, int flags); // 수신
int shutdown(SOCKET s, int how);    // 송신, 수신중단
int WSAAPI closesocket(SOCKET s); // 소켓 닫기
int WSAAPI WSACleanup();            // 윈속 종료
int WSAAPI WSAAsyncSelect(SOCKET s, HWND hWnd, u_int wMsg,long lEvent);
int WSAGetLastError();              // 윈속 에러 상태
```

① WSAStartup 함수는 윈속을 초기화한다.

② socket 함수는 소켓을 생성하고, bind 함수는 IP 주소와 포트 번호를 소켓에 바인드한다.

③ listen 함수는 클라이언트의 접속을 대기한다. backlog는 연결을 대기하는 큐의 크기이다. SOMAXCONN는 최대값이다.

④ accept 함수는 연결접속을 승인하고, 데이터를 주고받을 연결된 소켓을 반환한다.

⑤ connect 함수는 서버로의 연결접속을 시도한다.

⑥ send 함수는 buf의 데이터를 송신한다. 에러가 없으면 보낸 바이트 수를 반환하고, 에러면 SOCKET_ERROR를 반환한다.

⑦ recv 함수는 데이터를 buf 버퍼에 수신한다. 에러가 없으면, buf에 받은 바이트 개수를 반환하고, closesocket 함수에 의해 연결이 정상적으로 닫혀있으면 0을 반환하고, 에러가 있으면 SOCKET_ERROR를 반환한다. send와 recv 함수는 바이트 스트림으로 데이터를 보낸다. 유니코드 문자열을 보낼 때는 멀티바이트로 변환해 보내거나, 유니코드 문자열의 바이트 스트림을 보냄에 주의한다.

⑧ shutdown 함수는 소켓을 닫기 전에 소켓의 송수신을 중단하기 위해 호출한다. how 값은 SD_RECEIVE, SD_SEND, SD_BOTH 등이 있다.

⑨ closesocket 함수는 소켓을 닫고, WSACleanup 함수는 윈속을 정리한다.

⑩ WSAAsyncSelect 함수는 소켓을 비동기 모드로 설정하고, 네트워크 이벤트에 대해 윈도우 메시지를 받을 것인지를 설정한다. hWnd는 이벤트를 받을 윈도우 핸들, wMsg는 수신될 메시지, lEvent는 이벤트의 종류로 FD_READ, FD_WRITE, FD_ACCEPT, FD_CONNECT, FD_CLOSE 등의 이벤트가 있다.

⑪ WSAGetLastError 함수는 실패한 최근 윈속 연산의 에러 코드를 반환한다.

[step43_ex1] getaddrinfo 함수 1

```
// step43_ex1.cpp : 이 파일에는 'main' 함수가 포함
//
#include "pch.h"
#include <stdio.h>

#include <winsock2.h>
#include <ws2tcpip.h>   // getaddrinfo
#pragma comment(lib, "Ws2_32.lib")

int main()
{
    ADDRINFOA   hints;
    PADDRINFOA  result;

    WSADATA wsaData;
    WSAStartup(MAKEWORD(2, 2), &wsaData);

    ZeroMemory(&hints, sizeof(hints));
    hints.ai_family = AF_INET;              // IPv4
    hints.ai_socktype = SOCK_STREAM;        // TCP stream
    hints.ai_protocol = IPPROTO_TCP;        // TCP protocol

    int nRet;
    nRet = getaddrinfo(NULL, "512", &hints, &result);
    // nRet = getaddrinfo("loopback", "512", &hints, &result);
    // nRet = getaddrinfo("127.0.0.1", "512", &hints, &result);
    // nRet = getaddrinfo("www.google.com", "80", &hints, &result);
    if (nRet != 0) {
        printf("getaddrinfo failed with error: %d\n", nRet);
        WSACleanup();
        return 1;
    }
    printf("result->ai_family = %d\n", result -> ai_family);
    printf("result->ai_socktype = %d\n", result -> ai_socktype);
    printf("result->ai_protocol = %d\n", result -> ai_protocol);
    printf("result->ai_addr->sa_family= %d\n",result -> ai_addr -> sa_family);
    /*
    for(int i=0; i<14; i++)
        printf("result->ai_addr->sa_data[%d] = %d\n",
                i, (BYTE)result->ai_addr->sa_data[i]);
    */
    USHORT port = MAKEWORD(result -> ai_addr -> sa_data[0],
                result -> ai_addr -> sa_data[1]);
    printf("port = %hu\n", ntohs(port));    // 리틀엔디안(little-endian)

    // SOCKADDR to SOCKADDR_IN 주소 변환
    SOCKADDR_IN *addrIPv4 = (SOCKADDR_IN *)(result -> ai_addr);
```

```
    printf("addrIPv4->sin_family = %d\n", addrIPv4 -> sin_family);
    printf("addrIPv4->sin_port = %hu\n", ntohs(addrIPv4 -> sin_port));

    // IN_ADDR  sin_addr
    printf("addrIPv4->sin_addr = %d\n",
            addrIPv4 -> sin_addr.S_un.S_un_b.s_b1);
    printf("addrIPv4->sin_addr = %d\n",
            addrIPv4 -> sin_addr.S_un.S_un_b.s_b2);
    printf("addrIPv4->sin_addr = %d\n",
            addrIPv4 -> sin_addr.S_un.S_un_b.s_b3);
    printf("addrIPv4->sin_addr = %d\n",
            addrIPv4 -> sin_addr.S_un.S_un_b.s_b4);
    freeaddrinfo(result);
    WSACleanup();
    return 0;
}
```

프로그램 설명

① 멀티바이트 콘솔응용 프로그램으로 getaddrinfo 함수를 사용하여 호스트 이름(도메인 주소)에 대한 IP 주소정보를 가져오고 출력한다.

② 윈속버전 2를 사용하기 위해 헤더 파일 〈winsock2.h〉와 〈ws2tcpip.h〉를 포함하고, "Ws2_32.lib" 임포트 라이브러리를 설정한다.

③ WSAStartup 함수로 윈속 버전 2.2를 초기화하고, ADDRINFOA 변수 hints에 힌트를 주고, getaddrinfo 함수로 NULL, "loopback", "127.0.0.1", "www.google.com"에 대한 주소정보를 가져와 result에 저장한다. result -〉 ai_family = 2(AF_INET), result -〉 ai_socktype = 1(SOCK_STREAM), result -〉 ai_protocol = 6(IPPROTO_TCP), result -〉 ai_addr -〉 sa_family = 2(AF_INET)는 힌트에 주어진 결과와 같다.

④ (result -〉 ai_addr)를 (SOCKADDR_IN *)로 자료형 변환하여 addrIPv4에 저장한다. 2바이트 포트 값은 ntohs(addrIPv4 -〉 sin_port)에 의해 호스트(인텔)의 리틀엔디안 바이트 순서로 변경하여 출력한다. 같은 이유로, MAKEWORD(result -〉 ai_addr -〉 sa_data[0], result -〉 ai_addr -〉 sa_data[1])에 의해 port 변수에 저장한 값은 ntohs(port)에 의해 호스트(인텔)의 리틀엔디안 바이트 순서로 변경하여 출력한다.

⑤ IPv4 주소에 대한 IN_ADDR 구조체 자료형 addrIPv4 -〉 sin_addr의 값을 출력한다.

⑥ [그림 43.2]는 NULL, "loopback", "127.0.0.1"에 대한 출력 결과이다. [그림 43.3]은 "www.google.com"에 대한 출력 결과이다.

⑦ [그림 43.4]는 ping으로 네트워크 연결을 확인한 결과이고, [그림 43.5]는 tracert로 라우팅 경로를 추적한 결과이다.

```
Microsoft Visual Studio 디...
result->ai_family = 2
result->ai_socktype = 1
result->ai_protocol = 6
result->ai_addr->sa_family = 2
port = 512
addrIPv4->sin_family = 2
addrIPv4->sin_port = 512
addrIPv4->sin_addr = 127
addrIPv4->sin_addr = 0
addrIPv4->sin_addr = 0
addrIPv4->sin_addr = 1
```

[그림 43.2] getaddrinfo(NULL, "512", &hints, &result)

```
Microsoft Visual Studio 디...
result->ai_family = 2
result->ai_socktype = 1
result->ai_protocol = 6
result->ai_addr->sa_family = 2
port = 80
addrIPv4->sin_family = 2
addrIPv4->sin_port = 80
addrIPv4->sin_addr = 172
addrIPv4->sin_addr = 217
addrIPv4->sin_addr = 31
addrIPv4->sin_addr = 164
```

[그림 43.3] getaddrinfo("www.google.com", "80", &hints, &result)

```
C:\Users\김동근>ping www.google.com

Ping www.google.com [172.217.31.164] 32바이트 데이터 사용:
172.217.31.164의 응답: 바이트=32 시간=60ms TTL=48
172.217.31.164의 응답: 바이트=32 시간=60ms TTL=48
172.217.31.164의 응답: 바이트=32 시간=60ms TTL=48
172.217.31.164의 응답: 바이트=32 시간=60ms TTL=48

172.217.31.164에 대한 Ping 통계:
    패킷: 보냄 = 4, 받음 = 4, 손실 = 0 (0% 손실),
왕복 시간(밀리초):
```

[그림 43.4] ping www.google.com

```
C:\Users\김동근>tracert -d www.google.com

최대 30홉 이상의
www.google.com [172.217.31.164](으)로 가는 경로 추적:

  1    <1 ms    <1 ms    <1 ms  210.125.212.1
  2     1 ms     1 ms     1 ms  210.125.211.41
  3     1 ms     1 ms     1 ms  210.125.211.22
  4    <1 ms    <1 ms     1 ms  210.125.211.1
  5     1 ms     1 ms     1 ms  210.124.236.169
  6     1 ms     1 ms    <1 ms  211.63.37.21
  7     1 ms    <1 ms    <1 ms  1.214.52.57
  8     2 ms     2 ms     2 ms  1.208.149.61
  9     2 ms     2 ms     2 ms  1.208.149.126
 10     2 ms     2 ms     2 ms  1.208.173.113
 11    38 ms    38 ms    49 ms  1.208.147.146
 12    38 ms    38 ms    38 ms  1.208.150.182
 13    45 ms    40 ms    41 ms  72.14.215.29
 14    38 ms    38 ms    38 ms  108.170.241.15
 15    39 ms    39 ms    39 ms  72.14.234.245
 16    61 ms    60 ms    61 ms  209.85.246.132
 17    61 ms    61 ms    61 ms  64.233.175.217
 18    60 ms    60 ms    60 ms  209.85.244.34
 19    61 ms    61 ms    61 ms  108.170.242.129
 20    62 ms    62 ms    62 ms  209.85.253.109
 21    60 ms    60 ms    60 ms  172.217.31.164

추적을 완료했습니다.
```

[그림 43.4] ping www.google.com

[step43_ex2_server] 멀티바이트 에코 서버

```
// step43_ex2_server.cpp : 이 파일에는 'main' 함수가 포함
//ref:https://docs.microsoft.com/en-us/windows/desktop/winsock/complete-server-code
#include "pch.h"
#include <iostream>
//#define _WINSOCK_DEPRECATED_NO_WARNINGS     // inet_addr
#include <winsock2.h>
#include <ws2tcpip.h> // inet_pton
#pragma comment(lib, "Ws2_32.lib")

using namespace std;
#define BUFSIZE  256
int main()
{
   WSADATA      wsaData;
   SOCKADDR_IN  addr;
   SOCKET       server;
   WSAStartup(MAKEWORD(2, 2), &wsaData);

   // IPv4, TCP stream, protocol
   server = socket(AF_INET, SOCK_STREAM, IPPROTO_TCP);

   ZeroMemory(&addr, sizeof(addr));
   addr.sin_family = AF_INET;
   addr.sin_port = 10000;
   inet_pton(AF_INET, "loopback", &addr.sin_addr.s_addr);
   // addr.sin_addr.s_addr =  inet_addr("127.0.0.1");
   bind(server, (LPSOCKADDR)&addr, sizeof(addr));

   if (listen(server, SOMAXCONN) == SOCKET_ERROR) {
      printf("Listen error: %ld\n", WSAGetLastError());
      closesocket(server);
      WSACleanup();
      return 1;
   }
   cout << " The server is listening..." << endl;

   SOCKET client;
   client = accept(server, NULL, NULL);
   if (client == INVALID_SOCKET) {
      closesocket(server);
      WSACleanup();
      return 1;
   }
   cout << "A client is accepted." << endl;
   closesocket(server);    // 1개 클라이언트만 받고, 서버 닫음

   // 데이터 송수신
```

```
    int  nR, nS;
    char buf[BUFSIZE];
    do {
        nR = recv(client, buf, BUFSIZE, 0);
        nS = send(client, buf, nR, 0); // echo back
        if (nS == SOCKET_ERROR)
            break;

    } while (nR > 0);

    // shutdown(client, SD_SEND);
    closesocket(client);
    WSACleanup();
    return 0;
}
```

프로그램 설명

① 멀티바이트 콘솔응용 프로그램으로 ASCII 문자열을 받아서, 1개의 클라이언트에게 그대로 되돌려 주는 에코 서버를 작성한다.
② 윈속 버전 2를 사용하기 위해 헤더 파일 〈winsock2.h〉와 〈ws2tcpip.h〉를 포함하고, "Ws2_32.lib" 임포트 라이브러리를 설정한다.
③ WSAStartup 함수로 윈속 버전 2.2를 초기화하고, socket 함수로 IPv4, TCP 서버소켓 server를 생성한다.
④ SOCKADDR_IN 구조체 변수 addr에 IPv4 주소체계, 포트 번호, 주소를 초기화하고, bind 함수로 server에 설정한다. inet_pton 함수로 "loopback"으로 서버의 주소를 addr.sin_addr.s_addr에 저장한다. 사용이 권장되지 않는 inet_addr 함수를 사용하려면 _WINSOCK_DEPRECATED_NO_WARNINGS를 정의한다.
⑤ listen 함수는 server 소켓을 클라이언트의 연결 접속을 대기시킨다. 연결 접속이 있으면 accept 함수에 의해 승인하고, 클라이언트와 통신할 소켓을 반환하여 client에 저장한다. 여기서는 1개의 클라이언트만 연결 접속하기 위하여 closesocket 함수로 server 소켓을 닫는다.
⑥ do ~ while 반복문에서 recv, send 함수를 사용하여 client 소켓을 사용하여 접속을 허가한 클라이언트 소켓과의 데이터를 송수신한다. 데이터를 송신할 buf 버퍼가 char 자료형임에 주의한다. 소켓은 바이트 스트림을 주고받는다. recv 함수는 클라이언트가 데이터 보낸 데이터를 받을 때 까지 수신 대기한다(블럭킹, 동기통신). 클라이언트 소켓이 closesocket 함수로 소켓을 닫으면 recv 함수의 반환값 nR = 0이고, 클라이언트 소켓이 정상적으로 종료하지 않았으면 SOCKET_ERROR = −1로 반복문이 종료한다.
⑦ shutdown 함수로 송신중단을 설정할 수 있다. closesocket 함수로 client 소켓을 닫고, WSACleanup 함수로 윈속을 정리한다. [그림 43.6](a)는 서버를 실행하여 연결 접속을 대기하는 상태이다. [그림 43.6](b)는 step43_ex2_client 프로그램에 의해 클라이언

트가 접속하여 접속 승인된 상태이다.

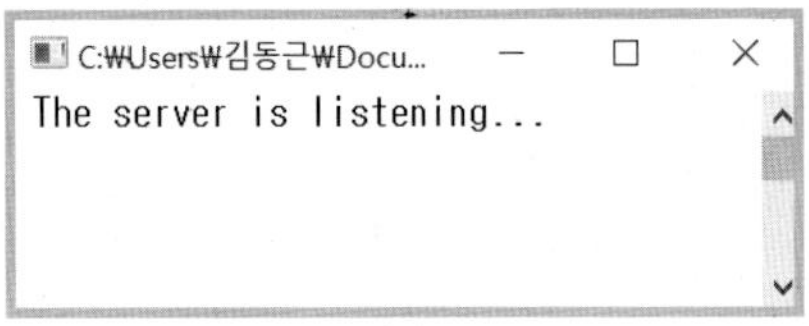

(a)

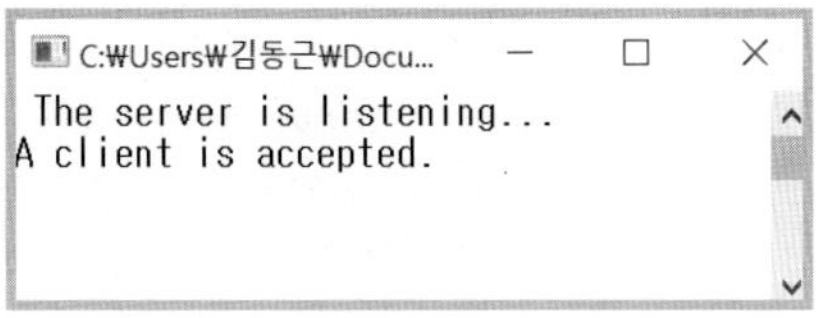

(b)

[그림 43.6] 멀티바이트 에코 서버

[step43_ex2_client] 멀티바이트 에코 클라이언트

```
// step43_ex2_client.cpp : 이 파일에는 'main' 함수가 포함됩니다.
// ref: https://docs.microsoft.com/en-us/windows/desktop/winsock/complete-client-code
#include "pch.h"
#include <iostream>
//#define  _WINSOCK_DEPRECATED_NO_WARNINGS // inet_addr
#include <winsock2.h>
#include <ws2tcpip.h>  // inet_pton
#pragma comment(lib, "Ws2_32.lib")
#define BUFSIZE  256
using namespace std;
int main()
{
   WSADATA      wsaData;
   SOCKADDR_IN  addr;
   SOCKET       client;

   WSAStartup(MAKEWORD(2, 2), &wsaData);

   // IPv4, TCP stream, protocol
   client = socket(AF_INET, SOCK_STREAM, IPPROTO_TCP);

   ZeroMemory(&addr, sizeof(addr));
   addr.sin_family = AF_INET;
   addr.sin_port = 10000;
   inet_pton(AF_INET, "127.0.0.1", &addr.sin_addr.s_addr);
   // addr.sin_addr.s_addr =  inet_addr("127.0.0.1"); // "loopback"//
   int nRet = connect(client, (LPSOCKADDR)&addr, sizeof(addr));
   if (nRet == SOCKET_ERROR) {
      closesocket(client);
      return 1;
   }
   cout << "The client is connected to the server." << endl;
   int  nR, nS;
   char buf[BUFSIZE];
   do {
      cout << "[client]:";
```

```
        cin.getline(buf, BUFSIZE);
        if (strcmp(buf, "bye") ==0)
            break;
        nS = send(client, buf, strlen(buf)+1, 0);
        nR = recv(client, buf, BUFSIZE, 0);
        cout <<"[server]:" << buf <<endl;

    } while (nR > 0);

    closesocket(client); // 서버의 recv의 반환값이 0
    WSACleanup();
    return 0;
}
```

프로그램 설명

① 멀티바이트 콘솔응용 프로그램으로 서버에 접속하여 ASCII 문자열을 보내고 받는 클라이언트를 작성한다.
② 윈속 버전 2를 사용하기 위해 헤더 파일 〈winsock2.h〉와 〈ws2tcpip.h〉를 포함하고, "Ws2_32.lib" 임포트 라이브러리를 설정한다.
③ WSAStartup 함수로 윈속 버전 2.2를 초기화하고, socket 함수로 IPv4, TCP 클라이언트 소켓 client를 생성한다.
④ SOCKADDR_IN 구조체 변수 addr에 IPv4 주소체계, 포트 번호, 주소를 초기화하고, connect 함수로 server에 연결 접속한다. inet_pton 함수를 사용하여 "127.0.0.1"로 연결할 서버의 주소를 addr.sin_addr.s_addr에 저장한다. 여기서는 서버와 클라이언트가 같은 다른 컴퓨터에서 실행할 경우 서버의 IP 주소를 문자열로 주어야 한다.
⑤ do ~ while 반복문에서 recv, send 함수를 사용하여 client 소켓을 사용하여, 서버에서 접속을 허가하여 생성한 소켓과의 데이터를 송수신한다. 데이터를 송신할 buf 버퍼가 char 자료형임에 주의한다. 소켓은 바이트 스트림을 주고받는다. recv 함수는 클라이언트가 데이터 보낸 데이터를 받을 때까지 수신을 대기한다(블럭킹, 동기통신). cin.getline 함수를 사용하여 콘솔에서 라인을 buf에 키보드 입력하여 서버에 송수신한다. 키보드에서 입력한 문자열이 "bye" 이면 반복문을 종료하고, closesocket 함수로 client 소켓을 닫으면 서버의 반복문 안의 recv 함수의 반환값이 0이 되어, 서버의 반복문도 종료한다. Ctrl+C에 의해 강제로 종료하면 서버에서 SOCKET_ERROR = −1로 반복문이 종료된다.
⑥ closesocket 함수로 client 소켓을 닫고, WSACleanup 함수로 윈속을 정리한다.
⑦ [그림 43.7](a)는 "step43_ex2_server" 서버 프로그램을 먼저 실행시키고, "step43_ex2_client"를 실행시킨 결과이다. [그림 43.7](b)는 메시지를 송신한 결과이다. "bye"에 의해 클라이언트 프로그램을 종료하면 서버도 종료한다.

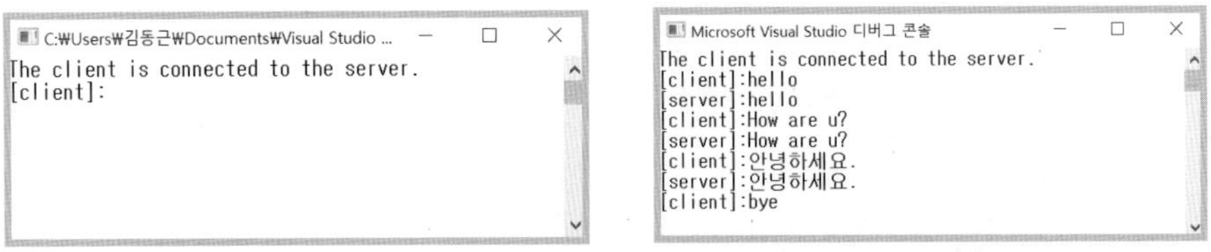

(a) (b)

[그림 43.7] 멀티바이트 에코 클라이언트

[step43_ex3_client] 유니코드 에코 클라이언트

```
// step43_ex3_client.cpp : 이 파일에는 'main' 함수가 포함
// ref: https://docs.microsoft.com/en-us/windows/desktop/winsock/complete-client-code
#include "pch.h"
#include <iostream>
#include <locale>      // setlocale
//#define  _WINSOCK_DEPRECATED_NO_WARNINGS // inet_addr
#include <winsock2.h>
#include <ws2tcpip.h>  // inet_pton
#pragma comment(lib, "Ws2_32.lib")

#define BUFSIZE  256
using namespace std;
int main()
{
   WSADATA      wsaData;
   SOCKADDR_IN  addr;
   SOCKET       client;

   WSAStartup(MAKEWORD(2, 2), &wsaData);

   // IPv4, TCP stream, protocol
   client = socket(AF_INET, SOCK_STREAM, IPPROTO_TCP);

   ZeroMemory(&addr, sizeof(addr));
   addr.sin_family = AF_INET;
   addr.sin_port = 10000;
   inet_pton(AF_INET, "127.0.0.1", &addr.sin_addr.s_addr);
   // addr.sin_addr.s_addr =  inet_addr("127.0.0.1"); // "loopback"
   int nRet = connect(client, (LPSOCKADDR)&addr, sizeof(addr));
   if (nRet == SOCKET_ERROR) {
      closesocket(client);
      return 1;
   }
   wcout << L"The client is connected to the server." << endl;

   setlocale(LC_ALL, ""); // 유니코드 한글 출력을 위해
   int  nR, nS;
```

```
    WCHAR buf[BUFSIZE];
    do {
        wcout << L"[client]:";
        wcin.getline(buf, BUFSIZE);
        if (wcscmp(buf, L"bye") == 0)
            break;
        nS = send(client, (char*)buf, (wcslen(buf)+1)*2, 0);
        wcout << L"nS=" << nS << endl;
        nR = recv(client, (char*)buf, BUFSIZE, 0);
        wcout << L"nR=" << nR << endl;

        wcout << L"[server]:" << buf << endl;

    } while (nR > 0);

    closesocket(client); //서버의 recv의 반환값이 0
    WSACleanup();
    return 0;
}
```

프로그램 설명

① 유니코드 콘솔응용 프로그램으로 서버에 접속하여 유니코드 문자열을 송수신하는 클라이언트를 작성한다. 서버는 "step43_ex2_server"의 멀티바이트 에코 서버를 사용한다. 클라이언트가 유니코드를 멀티바이트로 변환하여 송수신할 필요가 없고, 클라이언트는 유니코드 문자열의 바이트를 그대로 서버에 전송하고, 필요에 따라 문자열을 문자 집합에 맞게 변환하여 사용하면 된다.

② 윈속 버전 2를 사용하기 위해 헤더 파일 〈winsock2.h〉와 〈ws2tcpip.h〉를 포함하고, "Ws2_32.lib" 임포트 라이브러리를 설정한다. 콘솔에 유니코드 한글 출력을 위한 setlocale 함수를 사용하기 위해 locale을 포함한다.

③ WSAStartup 함수로 윈속 버전 2.2를 초기화하고, socket 함수로 IPv4, TCP 클라이언트 소켓 client를 생성한다.

④ SOCKADDR_IN 구조체 변수 addr에 IPv4 주소체계, 포트 번호, 주소를 초기화하고, connect 함수로 server에 연결 접속하고, closesocket 함수로 client 소켓을 닫고, WSACleanup 함수로 윈속을 정리하는 부분은 멀티바이트 예제와 같다.

⑤ wcin, wcout로 콘솔에 유니코드로 한글 입출력을 위해 setlocale 함수를 호출한다.

⑥ 데이터를 송신할 buf 버퍼를 유니코드 WCHAR 자료형으로 선언한다. do ~ while 반복문에서 wcin, wcout로 유니코드 키보드 입출력하고, wcscmp 함수로 유니코드 문자열 비교를 한다. recv와 send 함수를 사용하여 client 소켓으로 유니코드 문자열 버퍼 buf를 (char *)buf로 자료형 변환하고, send 함수로 송신할 바이트 길이를 1문자가 2바이트씩이므로 (wcslen(buf) + 1) * 2로 계산한다. 송수신 바이트 길이 nS, nR을 출력한다.

⑦ [그림 43.8]은 "step43_ex2_server" 서버 프로그램을 먼저 실행시키고, 유니코드 에코 클라이언트 "step43_ex3_client"를 실행시킨 결과이다. L"hello"와 L"안녕하세요"를 송수신할 때 nS와 nR은 모두 12바이트(널문자 포함)이다. 유니코드는 영문, 한글 모두 2바이트이므로 5문자(10바이트) + 1 그리고 널 문자를 위해 모두 12바이트를 송수신한다.

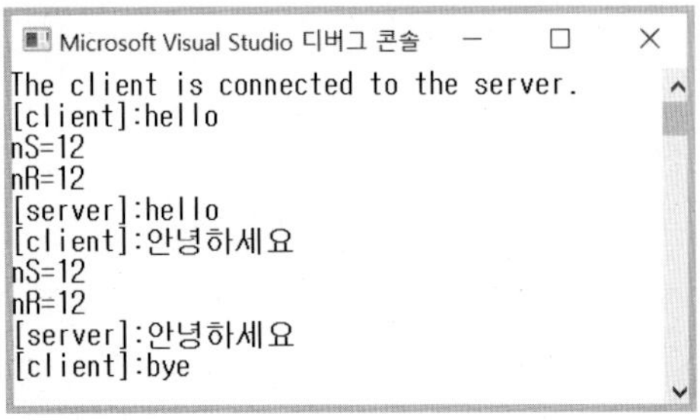

[그림 43.8] 유니코드 에코 클라이언트

step

44 윈속 비동기 통신

윈속의 비동기(Asyncronization) 통신은 데이터를 송수신할 때, 대기하지 않는 것을 말한다. 데이터가 수신될 때까지 기다리거나, 수신이 완료될 때까지 기다린다. WSAAsyncSelect 함수는 소켓에 대한 네트워크 이벤트에 대해 윈도우 메시지 기반 통지를 설정한다. hWnd는 메시지를 받을 윈도우 핸들, wMsg는 사용자 정의 메시지, 관심 있는 네트워크 이벤트의 비트 조합이다. [표 44.1]은 주요 네트워크 이벤트이다. 오류가 없으면 0을 반환하고, 오류이면 SOCKET_ERROR를 반환한다.

```
int WSAAPI WSAAsyncSelect(SOCKET s, HWND hWnd, u_int wMsg, long lEvent);
```

[표 44.1] 주요 네트워크 이벤트, lEvent

이벤트, lEvent	통지내용
FD_ACCEPT	연결시도 통지
FD_CONNECT	연결완료 통지
FD_READ	읽기위한 준비 통지
FD_WRITE	쓰기위한 준비 통지
FD_CLOSE	소켓 닫기 통지

[step44_ex1_server] 대화상자 기반 유니코드 로그인 서버 (WSAAsyncSelect 비동기 서버, 패킷 송수신)

```
// step44_ex1_server.cpp : 응용 프로그램에 대한 진입점을 정의
//
#include "stdafx.h"
#include "step44_ex1_server.h"

#include<string>            // wstring
#include <map>              //  map STL
using namespace std;        // std::wstring, std::map

#define _WINSOCK_DEPRECATED_NO_WARNINGS   // WSAAsyncSelect
```

```
#include <winsock2.h>
#include <ws2tcpip.h>  // inet_pton
#pragma comment(lib, "Ws2_32.lib")

// 전역 변수:
HINSTANCE hInst;       // 현재 인스턴스입니다.
INT_PTR CALLBACK    DlgProc(HWND, UINT, WPARAM, LPARAM);

int APIENTRY wWinMain(_In_ HINSTANCE hInstance,
                      _In_opt_ HINSTANCE hPrevInstance,
                      _In_ LPWSTR    lpCmdLine,
                      _In_ int       nCmdShow)
{
   hInst = hInstance;
   DialogBox(hInst, MAKEINTRESOURCE(IDD_DIALOG1), NULL, DlgProc);

   return 0;
}

#define WM_SERVER  WM_USER+1
#define BUFSIZE  256
typedef enum { LOGIN=1, LOGEXIST, LOGOUT, MYMSG } PACKET_TYPE;
typedef struct {
   PACKET_TYPE ptype;
   unsigned short len; // length(data)
   char          data[BUFSIZE];
} PACKET;

// 정보 대화상자의 메시지 처리기
INT_PTR CALLBACK DlgProc(HWND hDlg, UINT message,
                         WPARAM wParam, LPARAM lParam)
{
   static HWND hList;
   static SOCKET  server;
   static map<wstring, SOCKET> clients;
   map<wstring, SOCKET>::iterator it;
   PACKET  packet;
   WCHAR   recvID[40];
   WCHAR   strTmp[40];

   switch (message)
   {
      case WM_INITDIALOG:
         {
            hList = GetDlgItem(hDlg, IDC_LIST1);
            WSADATA      wsaData;
            WSAStartup(MAKEWORD(2, 2), &wsaData);
```

```
        // IPv4, TCP stream, protocol
        server = socket(AF_INET, SOCK_STREAM, IPPROTO_TCP);

        SOCKADDR_IN  addr;
        ZeroMemory(&addr, sizeof(addr));
        addr.sin_family = AF_INET;
        addr.sin_port = 10000;
        inet_pton(AF_INET, "loopback", &addr.sin_addr.s_addr);
        bind(server, (LPSOCKADDR)&addr, sizeof(addr));
        if (listen(server, SOMAXCONN) == SOCKET_ERROR) {
            SetWindowText(hDlg, L"listen error");
            closesocket(server);
            WSACleanup();
            break;
        }
        SetWindowText(hDlg, L"listening...");
        WSAAsyncSelect(server, hDlg, WM_SERVER, FD_ACCEPT);
        return (INT_PTR)TRUE;
    }

// wParam:socket
// LOWORD(lParam):network event, HIWORD(lParam): error code
case WM_SERVER:
    switch (WSAGETSELECTEVENT(lParam)) // LOWORD(lParam)
    {
        case FD_ACCEPT:
            {
                // FD_READ에서 ID 확인후 clients에 등록
                SOCKET  client;
                client = accept(server, NULL, NULL);
                WSAAsyncSelect(client, hDlg, WM_SERVER,
                               FD_READ | FD_CLOSE);
                break;
            }

        case FD_READ: // 패킷 분석
            {
                SOCKET  client = (SOCKET)wParam;
                int nR = recv(client, (char*)&packet, sizeof(PACKET), 0);

                switch (packet.ptype)
                {
                    case LOGIN:
                    {
                        memcpy(recvID, packet.data, packet.len);
                        if (clients.size() == 0)
                        {
                            clients.insert(pair<wstring,
```

```
                SOCKET>(wstring(recvID), client));
            SendMessage(hList, LB_ADDSTRING,
                0, (LPARAM)recvID);
            wsprintf(strTmp, L"%d", clients.size());
            SetWindowText(GetDlgItem(hDlg,
                IDC_STATIC_COUNT), strTmp);
        }
        else
        {
            it = clients.find(wstring(recvID));
            if(it == clients.end())    // not found
            {
                clients.insert(pair<wstring, SOCKET>
                    (wstring(recvID), client));
                SendMessage(hList, LB_ADDSTRING,
                    0, (LPARAM)recvID);
                wsprintf(strTmp, L"%d", clients.size());
                SetWindowText(GetDlgItem(hDlg,
                    IDC_STATIC_COUNT), strTmp);
            }
            else // found
                packet.ptype = LOGEXIST;
        }
        // reply to client
        send(client, (char*)&packet, sizeof(PACKET), 0);
        break;
    }
    case LOGOUT:
    {
        // reply to client
        send(client, (char*)&packet, sizeof(PACKET), 0);
        // clients에서 삭제
        memcpy(recvID, packet.data, packet.len);
        clients.erase(wstring(recvID));

        wsprintf(strTmp, L"%d", clients.size());
        SetWindowText(GetDlgItem(hDlg,
            IDC_STATIC_COUNT), strTmp);

        // ID를 찾아 리스트 박스에서 삭제
        unsigned int k = SendMessage(hList,
            LB_FINDSTRINGEXACT, 1, (LPARAM)recvID);
        SendMessage(hList, LB_DELETESTRING, k, 0);
        break;
    }
    default:
        break;
} //  end of switch (packet.ptype)
```

```
                break;
            }  // end of FD_READ
        case FD_CLOSE:
            {
                WCHAR   strID[256];
                SOCKET  client = (SOCKET)wParam;

                // 닫은 소켓을 찾아, 삭제
                for (it = clients.begin(); it != clients.end();)
                {
                    if (it -> second == client)
                    {
                        // memcpy(strID, it->first.c_str(),
                        //         (it->first.length()+1)*2);
                        wcscpy_s(strID, it->first.c_str());
                        clients.erase(it++);
                    }
                    else
                        it++;
                }
                unsigned int k; // 리스트 박스에서 찾아 ID 삭제
                k = SendMessage(hList, LB_FINDSTRINGEXACT,
                        1, (LPARAM)strID);
                SendMessage(hList, LB_DELETESTRING, k, 0);

                wsprintf(strTmp, L"%d", clients.size());
                SetWindowText(GetDlgItem(hDlg,
                        IDC_STATIC_COUNT), strTmp);
                closesocket(client);
            }
            break;
        }
        return (INT_PTR)TRUE;
    case WM_CLOSE:
        DestroyWindow(hDlg);
        return TRUE;
    case WM_DESTROY:
        closesocket(server);
        WSACleanup();
        return (INT_PTR)TRUE;
  }
  return (INT_PTR)FALSE;
}
```

프로그램 설명

① 유니코드 대화상자 기반의 윈도우즈 프로그램에서 WSAAsyncSelect 함수를 사용하

여 비동기 모드로 패킷 데이터를 송수신하는 서버를 구현한다. 연결 접속하는 클라이언트의 로그인 ID와 승인 소켓을 map을 사용하여 clients에 저장 관리한다. 서버의 리스트 박스에 클라이언트의 로그인 ID를 표시하고, 로그아웃하거나 연결이 끊어지는 클라이언트는 clients에서 삭제하고, 리스트 박스에서도 삭제한다.

② STL의 map과 유니코드 문자열 클래스 wstring을 사용하기 위하여 헤더 파일 〈map〉과 〈wstring〉 헤더 파일을 포함한다. 윈속 버전 2를 사용하기 위해 헤더 파일 〈winsock2.h〉와 〈ws2tcpip.h〉를 포함하고, "Ws2_32.lib" 임포트 라이브러리를 설정한다.

③ 리스트에 대화상자 IDD_DIALOG1을 추가하고, [표 44.2]의 컨트롤을 추가한다.

[표 44.2] 컨트롤의 주요 속성

컨트롤 종류	이름	값	설명
Static Text	ID	IDC_STATIC	
	Caption	접속자 수	
Static Text	ID	IDC_STATIC_COUNT	
	Caption	0	접속자 수 표시
List Box	ID	IDC_LIST1	접속자의 로그인 ID 표시
	Sort	True	

④ WSAAsyncSelect 비동기 설정 함수를 사용하기 위해 _WINSOCK_DEPRECATED_NO_WARNINGS을 정의한다.

⑤ WM_CLIENT 사용자 정의 메시지를 정의하고, 서버와 송수신을 위한 간단한 PACKET 자료형을 정의한다. ptype 멤버는 LOGIN, LOGEXIST, LOGOUT 값을 가지며 패킷의 종류를 구분한다. len은 data에 저장된 내용의 바이트 수, data는 바이트 형태의 데이터이다. 즉, ptype에 따라 data를 해석하여 사용한다.

⑥ 대화상자 프로시저 DlgProc에서 리스트 박스 hList는 로그인 ID를 표시하고, server는 서버 소켓이다. map 자료형 clients의 키(key)는 wstring 자료형의 유니코드 로그인 ID, 값(value)은 서버에 의해 승인된 SOCKET을 함께 저장한다. it는 이터레이터(iterator)이고, packet은 송수신을 위한 패킷 변수이다.

⑦ WM_INITDIALOG 메시지에서 WSAStartup 함수로 윈속 버전 2.2를 초기화하고, socket 함수로 IPv4, TCP 서버소켓 server를 생성하고, server의 주소를 바인딩하고, listen 함수로 server 소켓을 클라이언트의 연결 접속을 대기시키고, WSAAsyncSelect 비동기 설정 함수로 server 소켓에서 연결시도(FD_ACCEPT 이벤트)가 있으면 사용자 정의 메시지 WM_SERVER를 발생하도록 설정한다.

⑧ WM_SERVER 메시지의 FD_ACCEPT는 server 소켓에 접속할 때 발생하는 네트워크 이벤트이다. accept 함수로 접속을 승인하고, 클라이언트와 통신할 소켓을 client에 저장하고, WSAAsyncSelect 비동기 설정 함수로 client 소켓에서 FD_READ 또는 FD_CLOSE 네트워크 이벤트를 설정한다.

⑨ WM_SERVER 메시지의 FD_READ는 클라이언트와 통신할 소켓 client에서 읽을 준비가 되었을 때 발생하는 네트워크 이벤트이다. recv 함수로 클라이언트로부터 들어오는 데이터를 packet에 수신하여 분석한다. 데이터는 PACKET 자료형으로 송수신한다.

⑩ packet.ptype = LOGIN이면 memcpy 함수로 packet.data에서 packet.len 바이트를 recvID에 복사하고, 서버에 로그인한 클라이언트가 없으면(clients.size() = 0) clients.insert로 로그인 ID(wstring(recvID))와 소켓(client)의 쌍을 삽입한다. 맵에서 키를 문자열 포인터를 사용할 경우 비교에 문제가 있을 수 있어, wstring(recvID)을 사용한다. SendMessage 함수로 hList에 recvID를 추가하고, IDC_STATIC_COUNT 컨트롤에 로그인 수를 출력한다.

서버에 로그인한 클라이언트가 있을 때(clients.size() > 0)는 clients.find(wstring(recvID))로 검색하여 같은 로그인 ID가 검색되면 packet.ptype = LOGEXIST로 설정하여 send 함수로 클라이언트에게 패킷을 보내고, 검색되는 ID가 없으면(it == clients.end()) 로그인 ID(wstring(recvID))와 소켓(client)의 쌍을 clients에 삽입하고, SendMessage 함수로 hList에 recvID를 추가하고, IDC_STATIC_COUNT 컨트롤에 로그인 수를 출력하고, send 함수로 클라이언트에게 원본 패킷을 그대로 보낸다.

⑪ packet.ptype = LOGOUT이면, send 함수로 로그아웃한 client에 LOGOUT 패킷을 다시 보내 로그아웃을 완료한다. memcpy 함수로 packet.data에서 packet.len 바이트를 recvID에 복사하고, clients.erase로 로그인 ID(wstring(recvID))를 삭제한 뒤에 IDC_STATIC_COUNT 컨트롤에 로그인 수를 갱신하고, SendMessage 함수로 hList에서 LB_FINDSTRINGEXACT 메시지를 보내 recvID의 인덱스 k를 검색하여 리스트 박스에서 삭제한다.

⑫ WM_SERVER 메시지의 FD_CLOSE는 클라이언트와 통신하는 client 소켓의 접속이 끊어질 때 발생하는 네트워크 이벤트이다. clients 맵에서 닫힌 소켓을 찾아 로그인 ID를 strID에 복사하고, clients.erase로 삭제한다. SendMessage 함수로 hList에서 LB_FINDSTRINGEXACT 메시지를 보내 strID의 인덱스 k를 검색하여 삭제하고 client 소켓을 닫는다. WM_DESTROY 메시지에서 server 소켓을 닫는다.

⑬ [그림 44.1]은 [step44_ex1_client] 예제에 의해 3명의 클라이언트가 대화상자 기반 유니코드 로그인 서버에 로그인한 결과이다. 이미 로그인된 로그인 ID를 갖는 클라이언트는 로그인할 수 없으며, 클라이언트가 로그아웃하거나, 접속을 끊으면 서버에서 로그아웃된다.

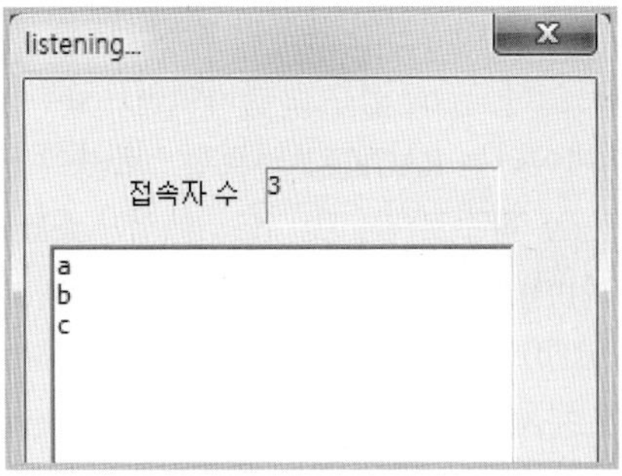

[그림 44.1] 대화상자 기반 유니코드 로그인 서버(WSAAsyncSelect 비동기 서버, 패킷 송수신)

[step44_ex1_client] 대화상자 기반 유니코드 로그인 클라이언트 (WSAAsyncSelect 비동기, 패킷 송수신)

```
// step44_ex1_client.cpp : 응용 프로그램에 대한 진입점을 정의
//
#include "stdafx.h"
#include "step44_ex1_client.h"

#define _WINSOCK_DEPRECATED_NO_WARNINGS  // WSAAsyncSelect
#include <winsock2.h>
#include <ws2tcpip.h> // inet_pton
#pragma comment(lib, "Ws2_32.lib")

// 전역 변수:
HINSTANCE hInst;       // 현재 인스턴스입니다.
INT_PTR CALLBACK    DlgProc(HWND, UINT, WPARAM, LPARAM);

int APIENTRY wWinMain(_In_ HINSTANCE hInstance,
                      _In_opt_ HINSTANCE hPrevInstance,
                      _In_ LPWSTR    lpCmdLine,
                      _In_ int       nCmdShow)
{
   hInst = hInstance;
   DialogBox(hInst, MAKEINTRESOURCE(IDD_DIALOG1), NULL, DlgProc);

   return 0;
}

#define WM_CLIENT  WM_USER+2
#define BUFSIZE     512
typedef enum { LOGIN = 1, LOGEXIST, LOGOUT } PACKET_TYPE;
typedef struct {
   PACKET_TYPE ptype;
   unsigned short  len;    // length(data)
   char            data[BUFSIZE];
} PACKET;
```

```
// 정보 대화상자의 메시지 처리기
INT_PTR CALLBACK DlgProc(HWND hDlg, UINT message,
                         WPARAM wParam, LPARAM lParam)
{
    static SOCKET  client;
    static SOCKADDR_IN  addr;
    PACKET          packet;
    static  WCHAR  loginID[BUFSIZE]; // login ID
    static int  nTrial = 10;
    static BOOL    bLogin = FALSE, bConnected = FALSE;

    switch (message)
    {
        case WM_INITDIALOG:
        {
            // Winsock 초기화
            WSADATA     wsaData;
            WSAStartup(MAKEWORD(2, 2), &wsaData);

            ZeroMemory(&addr, sizeof(addr));
            addr.sin_family = AF_INET;
            addr.sin_port = 10000;

            // 서버가 다른 컴퓨터에 있으면 IP주소를 변경해야 함
            inet_pton(AF_INET, "127.0.0.1", &addr.sin_addr.s_addr);
            SetTimer(hDlg, 1, 1000, NULL);
            SendMessage(hDlg, WM_TIMER, 1, 0);
            return (INT_PTR)TRUE;
        }
        case WM_TIMER:
            nTrial--;    // 시도 횟수 감소
            // IPv4, TCP stream, protocol
            client = socket(AF_INET, SOCK_STREAM, IPPROTO_TCP);
            if (connect(client, (LPSOCKADDR)&addr, sizeof(addr))
                        == SOCKET_ERROR)
            {
                closesocket(client);
                bConnected = FALSE;
            }
            else    // connection OK
            {
                bConnected = TRUE;
                WSAAsyncSelect(client, hDlg, WM_CLIENT,
                            FD_READ | FD_CLOSE);
                SetWindowText(hDlg, L"Connected...");
                KillTimer(hDlg, 1);
            }
            if (nTrial == 0)
```

```
        {
            KillTimer(hDlg, 1);
        }
        return (INT_PTR)TRUE;

    // wParam:socket, LOWORD(lParam):network event,
    //                HIWORD(lParam):error code
    case WM_CLIENT:
        switch (WSAGETSELECTEVENT(lParam))
        {
            case FD_CLOSE:                          // 소켓이 닫힐때
                closesocket((SOCKET)wParam);  // 클라이언트 소켓 닫음
                bLogin = FALSE;
                bConnected = FALSE;
                EnableWindow(GetDlgItem(hDlg,IDC_EDIT_LOGIN),TRUE);
                SetWindowText(GetDlgItem(hDlg,
                        IDC_BUTTON_LOGIN), L"로그인");
                SetWindowText(hDlg, L"Disconnected...");

                nTrial = 20; // 자동 연결 시도
                SetTimer(hDlg, 1, 1000, NULL);
                SendMessage(hDlg, WM_TIMER, 1, 0);
                break;
            case FD_READ:
            {
                // client = (SOCKET)wParam;
                int nR = recv(client, (char*)&packet,
                            sizeof(PACKET), 0);
                switch (packet.ptype)
                {
                    case LOGIN:
                        bLogin = TRUE;
                        memcpy(loginID, packet.data, packet.len);
                        SetWindowText(hDlg, L"환영합니다");
                        EnableWindow(GetDlgItem(hDlg,
                                IDC_EDIT_LOGIN), FALSE);
                        SetWindowText(GetDlgItem(hDlg,
                                IDC_BUTTON_LOGIN), L"로그 아웃");
                        break;
                    case LOGOUT:
                        bLogin = FALSE;
                        memset(loginID, 0, BUFSIZE);
                        SetWindowText(hDlg,L"로그인이 필요합니다");
                        EnableWindow(GetDlgItem(hDlg,
                                IDC_EDIT_LOGIN), TRUE);
                        SetWindowText(GetDlgItem(hDlg,
                                IDC_BUTTON_LOGIN), L"로그인");
                        break;
```

```
                case LOGEXIST:
                    bLogin = FALSE;
                    SetWindowText(hDlg,
                            L"서버에 같은 아디가 존재합니다");
                    break;
                }
                break;
            }
        }
        return (INT_PTR)TRUE;
    case WM_COMMAND:
        switch (LOWORD(wParam))
        {
            case IDC_BUTTON_LOGIN:
                if (!bConnected)
                    break;
                if (bLogin)     // logout
                {
                    packet.ptype = LOGOUT;
                    packet.len = (unsigned short)(wcslen(loginID) + 1) * 2;
                    memcpy(packet.data, loginID, packet.len);
                }
                else            // login
                {
                    WCHAR strID[BUFSIZE];
                    GetDlgItemText(hDlg,IDC_EDIT_LOGIN,strID, 128);
                    if (wcslen(strID) == 0)
                        break;
                    packet.ptype = LOGIN;
                    packet.len = (unsigned short)(wcslen(strID) + 1) * 2;
                    memcpy(packet.data, strID, packet.len);
                }
                send(client, (char*)&packet, sizeof(PACKET), 0);
                break;
        }
        return (INT_PTR)TRUE;
    case WM_CLOSE:
        DestroyWindow(hDlg);
        return TRUE;
    case WM_DESTROY:
        closesocket(client);
        WSACleanup();
        return (INT_PTR)TRUE;
    }
    return (INT_PTR)FALSE;
}
```

프로그램 설명

① 유니코드 대화상자 기반 윈도우즈 프로그램에서 WSAAsyncSelect 함수를 사용하여 비동기 모드로 패킷 데이터를 송수신하는 클라이언트를 구현한다. TIMER 메시지를 사용하여 서버의 연결이 끊어지면 정해진 횟수 동안 자동으로 연결접속을 시도한다. 서버에 이미 로그인되어 있는 ID와 같은 ID로 로그인을 시도하면 로그인이 되지 않는다. 서버가 다운되면 로그인된 클라이언트는 모두 로그아웃되고 연결이 끊어진다.
② 윈속 버전 2를 사용하기 위해 헤더 파일 〈winsock2.h〉와 〈ws2tcpip.h〉를 포함하고, "Ws2_32.lib" 임포트 라이브러리를 설정한다.
③ 리스트에 대화상자 IDD_DIALOG1을 추가하고, [표 44.3]의 컨트롤을 추가하고 속성을 설정한다.

[표 44.3] 컨트롤의 주요 속성

컨트롤 종류	이름	값	설명
Static Text	ID	IDC_STATIC	
	Caption	Login ID	
Edit	ID	IDC_EDIT_LOGIN	로그인 ID 입력
Button	ID	IDC_BUTTON_LOGIN	로그인 실행

④ WSAAsyncSelect 함수를 사용하기 위해 _WINSOCK_DEPRECATED_NO_WARNINGS를 정의한다.
⑤ WM_CLIENT 사용자 정의 메시지를 정의하고, 서버와 송수신을 위한 간단한 PACKET 자료형을 정의한다. ptype 멤버는 LOGIN, LOGEXIST, LOGOUT 값을 가지며 패킷의 종류를 구분한다. len은 data에 저장된 내용의 바이트 수, data는 바이트 형태의 데이터이다. 즉, ptype에 따라 data를 해석하여 사용한다.
⑥ 대화상자 프로시저 DlgProc의 WM_INITDIALOG 메시지에서 WSAStartup 함수로 윈속 버전 2.2를 초기화하고, 연결 접속할 서버의 주소체계(AF_INET), 포트(10000), 서버 IP 주소("127.0.0.1")를 addr에 저장하고, SetTimer로 타이머를 설정한다. 서버와 다른 컴퓨터에서 클라이언트를 실행하려면, "127.0.0.1"를 서버의 IP 주소로 변경해야 한다.
⑦ WM_TIMER 메시지에서 시도 횟수 nTria을 감소하고 클라이언트 소켓 client를 생성하고, connect 함수로 주소정보 addr을 이용하여 서버에 연결을 시도한다. 오류가 발생하면 client 소켓을 닫고, 성공하면 bConnected = TRUE로 WSAAsyncSelect 비동기 설정 함수로 client 소켓에서 FD_READ 또는 FD_CLOSE 네트워크 이벤트가 있으면 사용자 정의 메시지 WM_CLIENT를 발생하도록 설정하고, KillTimer 함수로 타이머를 해제한다. nTrial 횟수만큼 시도해서 연결되지 않을 때도 (nTrial = 0) 타이머를 해제한다.
⑧ WM_CLIENT 메시지의 FD_CLOSE는 서버가 닫혀서 서버와 연결된 client 소켓이 닫힐 때 발생하는 네트워크 이벤트이다. 클라이언트 client 소켓을 닫고, bLogin =

FALSE 그리고 bConnected = FALSE로 하고, IDC_EDIT_LOGIN 에디트 컨트롤은 입력 가능하게 하고, IDC_BUTTON_LOGIN 버튼 컨트롤은 L"로그인"으로 변경하고, 대화상자 캡션은 L"Disconnected..."로 변경하고, nTrial = 20, SetTimer로 타이머를 설정하여 자동 연결을 시도한다.

⑨ WM_CLIENT 메시지의 FD_READ는 클라이언트 소켓에서 데이터를 받을 준비가 되었을 때 발생하는 네트워크 이벤트이다. recv 함수로 서버로부터 데이터를 packet에 수신하여 분석한다. 데이터는 PACKET 자료형으로 송수신한다. packet.ptype = LOGIN이면 bLogin = TRUE로 하고, memcpy 함수로 packet.data에서 packet.len 바이트를 strID에 복사하고, 대화상자 캡션에 L"환영합니다"를 출력하고, IDC_EDIT_LOGIN 에디트 컨트롤은 입력 불가능으로 변경하고, IDC_BUTTON_LOGIN 버튼은 L"로그 아웃"으로 변경한다. packet.ptype = LOGOUT이면, bLogin = FALSE로 한 뒤에 memset 함수로 strID를 0으로 초기화하고, 대화상자 캡션에 L"로그인이 필요합니다"를 출력하고, IDC_EDIT_LOGIN 에디트 컨트롤을 입력 가능하게 하고, IDC_BUTTON_LOGIN 버튼은 L"로그인"으로 변경한다. packet.ptype = LOGEXIST이면 bLogin = FALSE로 하고, 대화상자 캡션에 L"서버에 같은 아디가 존재합니다"를 출력한다.

⑩ WM_COMMAND 메시지의 IDC_BUTTON_LOGIN 버튼에서 서버가 연결되지 않았으면(bConnected = FALSE) 아무 일도 하지 않는다. 현재 상태가 로그인 상태(bLogin = TRUE)이면, packet.ptype = LOGOUT, packet.data에 strID를 복사하여 send 함수로 packet을 서버에 전송하여 로그아웃한다. packet.len은 유니코드 문자열 길이(문자 수 + 1 널 문자)의 2배로 계산한다. 현재 상태가 로그아웃 상태(bLogin = FALSE)이면, IDC_EDIT_LOGIN의 문자열을 strID에 읽어서 packet.ptype = LOGIN, strID을 packet.data에 복사하여 send 함수로 packet을 서버에 전송하여 로그인을 시도한다. 로그인, 로그아웃의 최종 확인은 서버로부터 패킷을 받아 FD_READ 이벤트에서 처리하고, WM_DESTROY 메시지에서 client 소켓을 닫는다.

⑪ [그림 44.2](a)는 대화상자 기반 유니코드 로그인 클라이언트 프로그램을 실행하여 클라이언트가 서버에 연결된 상태이다. [그림 44.2](b)는 서버에 로그인 ID L"a"로 로그인된 상태이다.

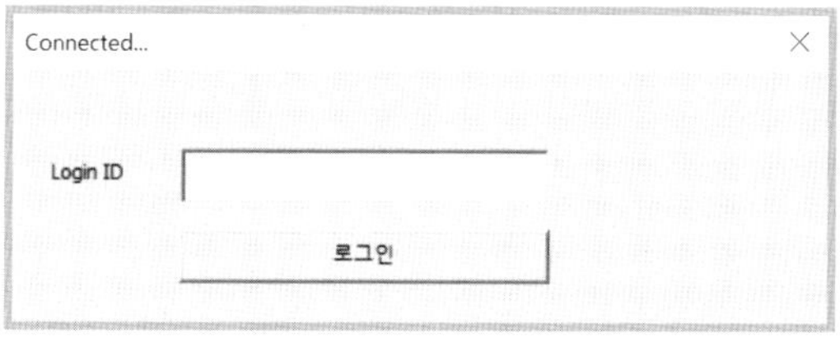

(a)

(b)

[그림 44.2] 대화상자 기반 유니코드 로그인 클라이언트(WSAAsyncSelect 비동기, 패킷 송수신)

[step44_ex2_server] 대화상자 기반 유니코드 로그인 서버 2 (클라이언트에 서버 로그인 ID 브로드캐스팅)

```
// step44_ex2_server.cpp : 응용 프로그램에 대한 진입점을 정의
//
#include "stdafx.h"
#include "step44_ex2_server.h"

#include<string>        // wstring
#include <map>          // map
using namespace std;    // std::wstring, std::map

#define _WINSOCK_DEPRECATED_NO_WARNINGS  // WSAAsyncSelect
#include <winsock2.h>
#include <ws2tcpip.h>  // inet_pton
#pragma comment(lib, "Ws2_32.lib")

// 전역 변수:
HINSTANCE hInst;        // 현재 인스턴스입니다.
INT_PTR CALLBACK    DlgProc(HWND, UINT, WPARAM, LPARAM);

int APIENTRY wWinMain(_In_ HINSTANCE hInstance,
                      _In_opt_ HINSTANCE hPrevInstance,
                      _In_ LPWSTR    lpCmdLine,
                      _In_ int       nCmdShow)
{
    hInst = hInstance;
    DialogBox(hInst, MAKEINTRESOURCE(IDD_DIALOG1), NULL, DlgProc);

    return 0;
}

#define WM_SERVER  WM_USER+1
#define BUFSIZE  512

typedef enum {
    LOGIN = 1, LOGEXIST, LOGOUT,
    OTHERLOGIN, OTHERLOGOUT
```

```
} PACKET_TYPE;

typedef struct {
    PACKET_TYPE     ptype;
    unsigned short    len;    // length(data)
    char              data[BUFSIZE];
} PACKET;

// 정보 대화상자의 메시지 처리기
INT_PTR CALLBACK DlgProc(HWND hDlg, UINT message,
                         WPARAM wParam, LPARAM lParam)
{
    static HWND    hList;
    static SOCKET  server;
    static map<wstring, SOCKET> clients;
    map<wstring, SOCKET>::iterator it;
    PACKET   packet;
    WCHAR   strTmp[256];
    WCHAR   recvID[256];

    switch (message)
    {
        case WM_INITDIALOG:
        {
            hList = GetDlgItem(hDlg, IDC_LIST1);

            WSADATA       wsaData;
            WSAStartup(MAKEWORD(2, 2), &wsaData);   // Winsock 초기화

            // IPv4, TCP stream, protocol
            server = socket(AF_INET, SOCK_STREAM, IPPROTO_TCP);

            SOCKADDR_IN  addr;
            ZeroMemory(&addr, sizeof(addr));
            addr.sin_family = AF_INET;
            addr.sin_port = 10000;
            inet_pton(AF_INET, "loopback", &addr.sin_addr.s_addr);
            bind(server, (LPSOCKADDR)&addr, sizeof(addr));
            if (listen(server, SOMAXCONN) == SOCKET_ERROR) {
                SetWindowText(hDlg, L"listen error");
                closesocket(server);
                WSACleanup();
            }
            SetWindowText(hDlg, L"listening...");
            WSAAsyncSelect(server, hDlg, WM_SERVER, FD_ACCEPT);
            return (INT_PTR)TRUE;
        }
```

```
// wParam:socket, LOWORD(lParam):network event
case WM_SERVER:
   switch (WSAGETSELECTEVENT(lParam))
   {
   case FD_ACCEPT:
   {
      // FD_READ에서 ID 확인 후 clients에 등록
      SOCKET  client;
      client = accept(server, NULL, NULL);
      WSAAsyncSelect(client, hDlg, WM_SERVER,
                     FD_READ | FD_CLOSE);
      break;
   }
   case FD_READ:   // 패킷 분석
   {
      SOCKET  client = (SOCKET)wParam;
      int nR = recv(client, (char*)&packet, sizeof(PACKET), 0);
      switch (packet.ptype)
      {
         case LOGIN:
         {
            memcpy(recvID, packet.data, packet.len);
            if (clients.size() == 0) // 첫 로그인
            {
               clients.insert(pair<wstring,
                     SOCKET>(wstring(recvID), client));

               SendMessage(hList, LB_ADDSTRING,
                     0, (LPARAM)recvID);
               wsprintf(strTmp, L"%d", clients.size());
               SetWindowText(GetDlgItem(hDlg,
                     IDC_STATIC_COUNT), strTmp);
               send(client, (char*)&packet, sizeof(PACKET),
                     0);    // reply to client
            }
            else // 검사하여 없을 때만
            {
               it = clients.find(wstring(recvID));
               if (it == clients.end()) // not found
               {
                  // 로그인 브로드캐스팅
                  for (it = clients.begin(); it != clients.end(); it++)
                  {
                     // 기존 있는 패킷에 로그인 정보 보냄
                     packet.ptype = OTHERLOGIN;
                     packet.len =
                        (unsigned short)(wcslen(recvID) + 1) * 2;
                     memcpy(packet.data, recvID,packet.len);
```

```
                send(it -> second, (char*)&packet,
                        sizeof(PACKET), 0);

                // 로그인한 곳에 기존 정보 보냄
                wcscpy_s(strTmp, it->first.c_str());
                packet.len =
                    (unsigned short)(wcslen(strTmp) + 1) * 2;
                memcpy(packet.data, strTmp,packet.len);
                send(client, (char*)&packet,
                        sizeof(PACKET), 0);
            }
            // 로그인 피드백
            clients.insert(pair<wstring,
                SOCKET>(wstring(recvID), client));
            SendMessage(hList, LB_ADDSTRING, 0,
                (LPARAM)recvID);
            wsprintf(strTmp, L"%d", clients.size());

            SetWindowText(GetDlgItem(hDlg,
                IDC_STATIC_COUNT), strTmp);

            packet.ptype = LOGIN;
            packet.len =
                (unsigned short)(wcslen(recvID) + 1) * 2;
            memcpy(packet.data, recvID, packet.len);
            send(client, (char*)&packet,
                sizeof(PACKET), 0);
        }
        else    // found
        {
            packet.ptype = LOGEXIST;
            send(client, (char*)&packet,
                sizeof(PACKET), 0);
        }
    }
    break;
}
case LOGOUT:
{
    // 로그아웃 브로드캐스팅
    for (it = clients.begin(); it != clients.end(); it++)
    {
        if (it -> second == client)
            packet.ptype = LOGOUT;
        else
            packet.ptype = OTHERLOGOUT;
        send(it -> second, (char*)&packet,
            sizeof(PACKET), 0);
```

```
                }
                memcpy(recvID, packet.data, packet.len);
                clients.erase(wstring(recvID));

                wsprintf(strTmp, L"%d", clients.size());
                SetWindowText(GetDlgItem(hDlg,
                    IDC_STATIC_COUNT), strTmp);

                // ID를 찾아 리스트 박스에서 삭제
                unsigned int k = SendMessage(hList,
                    LB_FINDSTRINGEXACT, 1, (LPARAM)recvID);
                SendMessage(hList, LB_DELETESTRING, k, 0);
                break;
            }
            default:
                break;
        }
        break;
    }
    case FD_CLOSE:
    {
        WCHAR   strID[256];
        SOCKET  client = (SOCKET)wParam;
        BOOL    bFound = FALSE;

        // 닫은 소켓을 찾아, 삭제
        for (it = clients.begin(); it != clients.end(); it++)
        {
            if (it -> second == client)
            {
                wcscpy_s(strID, it -> first.c_str());
                bFound = TRUE;
                break;
            }
        }
        if(!bFound)     // 로그인 안 하고 연결을 끊은 경우
            break;
        // 로그인하고 연결을 끊은 경우, 로그아웃 브로드캐스팅
        for(it = clients.begin(); it != clients.end(); it++)
        {
            if(it -> second != client)
            {

                packet.ptype = OTHERLOGOUT;
                packet.len = (unsigned short)(wcslen(strID) + 1) * 2;
                memcpy(packet.data, strID, packet.len);
                send(it -> second, (char*)&packet, sizeof(PACKET), 0);
            }
```

```
                }
                clients.erase(wstring(strID));  // 소켓 삭제
                unsigned int k;  // 리스트 박스에서 찾아 ID 삭제
                k = SendMessage(hList, LB_FINDSTRINGEXACT, 1,
                          (LPARAM)strID);
                SendMessage(hList, LB_DELETESTRING, k, 0);

                wsprintf(strID, L"%d", clients.size());
                SetWindowText(GetDlgItem(hDlg, IDC_STATIC_COUNT),
                          strID);
                closesocket(client);
            }
            break;
        } // end of switch (WSAGETSELECTEVENT(lParam))
        return (INT_PTR)TRUE;
    case WM_CLOSE:
        DestroyWindow(hDlg);
        return TRUE;
    case WM_DESTROY:
        closesocket(server);
        WSACleanup();
        return (INT_PTR)TRUE;
    }
    return (INT_PTR)FALSE;
}
```

프로그램 설명

① [step44_ex1_server]의 대화상자 기반 유니코드 로그인 서버를 수정하여, 접속승인을 받아 로그인하거나 로그아웃하는 클라이언트의 로그인 ID를 서버에 접속하고 있는 다른 클라이언트에게 브로드캐스팅하도록 한 뒤에 클라이언트 응용 프로그램 [step44_ex2_client]에서 서버에 접속한 다른 사용자를 리스트 박스에 표시하게 한다.

② WM_INITDIALOG 메시지에서 윈속 소켓을 초기화하고, server 소켓을 생성하여 서버 주소를 바인딩하고, 클라이언트 소켓을 대기하고, WSAAsyncSelect 함수로 server 소켓에서 비동기 모드로 네트워크 이벤트 FD_ACCEPT가 있을 때 WM_SERVER 메시지를 설정하는 부분과 WM_SERVER 메시지의 FD_ACCEPT 이벤트는 [step44_ex1_server]와 같다.

③ WM_SERVER 메시지의 FD_READ 이벤트에서 recv 함수로 client로부터 패킷을 받아 ID를 recvID에 저장하고, packet.ptype = LOGIN일 때, 서버의 첫 로그인이면 접속한 클라이언트에게 패킷을 그대로 피드백하여 로그인을 승인하고, 서버에 로그인한 다른 클라이언트가 있는 경우, clients.find로 recvID를 clients에서 찾을 수 없으면 packet.ptype = OTHERLOGIN으로 recvID를 다른 클라이언트(it -> second)에 브로드캐스팅하고, 또한 현재 로그인한 클라이언트(client)에게 서버에 로그인한 다른 클라이언트

(it -> second,)의 ID(it -> first.c_str())를 브로드캐스팅한다. 접속한 클라이언트 자신에게 packet.ptype = LOGIN으로 패킷을 피드백한다. clients에 recvID가 있는 경우는 packet.ptype = LOGEXIST으로 client에 패킷을 보낸다.

④ packet.ptype = LOGOUT이면, 서버에 로그인한 clients에서 로그아웃한 클라이언트(client)에게는 packet.ptype = LOGOUT, 다른 클라이언트에게는 packet.ptype = OTHERLOGOUT으로 패킷을 브로드캐스팅한다.

⑤ WM_SERVER 메시지의 FD_CLOSE는 클라이언트와 통신하는 client 소켓의 접속이 끊어질 때 발생하는 네트워크 이벤트이다. 클라이언트가 로그인된 상태일 수 있으므로 clients에서 닫은 소켓의 ID를 strID에 찾는다. bFound = TRUE이면 접속을 끊은 클라이언트의 로그인 ID인 strID를 다른 클라이언트들에게 packet.ptype = OTHERLOGOUT 패킷을 전송한다. clients 맵에서 닫힌 소켓을 clients.erase로 삭제하고, SendMessage 함수로 hList에서 LB_FINDSTRINGEXACT 메시지를 보내 strID의 인덱스 k를 검색하여 삭제하고 client 소켓을 닫는다. WM_DESTROY 메시지에서 server 소켓을 닫는다.

⑥ 서버의 실행결과는 [step44_ex1_server]의 [그림 44.1]과 같다.

[step44_ex2_client] 대화상자 기반 유니코드 로그인 클라이언트2 (서버 로그인한 다른 클라이언트 ID를 리스트 박스에 표시)

```
// step44_ex2_client.cpp : 응용 프로그램에 대한 진입점을 정의
//
#include "stdafx.h"
#include "step44_ex2_client.h"

#define _WINSOCK_DEPRECATED_NO_WARNINGS  // WSAAsyncSelect
#include <winsock2.h>
#include <ws2tcpip.h>  // inet_pton
#pragma comment(lib, "Ws2_32.lib")

// 전역 변수:
HINSTANCE hInst;   // 현재 인스턴스입니다.
INT_PTR CALLBACK DlgProc(HWND, UINT, WPARAM, LPARAM);
INT_PTR CALLBACK DlgProcLogin(HWND hDlg, UINT message,
                              WPARAM wParam, LPARAM lParam);

int APIENTRY wWinMain(_In_ HINSTANCE hInstance,
                      _In_opt_ HINSTANCE hPrevInstance,
                      _In_ LPWSTR    lpCmdLine,
                      _In_ int       nCmdShow)
{
    hInst = hInstance;
    DialogBox(hInst, MAKEINTRESOURCE(IDD_DIALOG1), NULL, DlgProc);

    return 0;
}
```

```
// 정보 대화상자의 메시지 처리기
#define WM_CLIENT    WM_USER+1
#define WM_CONNECT WM_USER+2

#define BUFSIZE  512
typedef enum {
   LOGIN = 1, LOGEXIST, LOGOUT,
   OTHERLOGIN, OTHERLOGOUT, TALK
} PACKET_TYPE;

typedef struct {
   PACKET_TYPE    ptype;
   unsigned short len; // length(data)
   char           data[BUFSIZE];
} PACKET;

WCHAR   loginID[BUFSIZE]; // login ID
INT_PTR CALLBACK DlgProc(HWND hDlg, UINT message,
                         WPARAM wParam, LPARAM lParam)
{
   static HWND      hList;
   static SOCKET    client;
   static SOCKADDR_IN  addr;
   PACKET packet;
   static BOOL   bConnected = FALSE;      // 서버 연결
   static BOOL   bLogin = FALSE;          // 로그인

   switch (message)
   {
      case WM_INITDIALOG:
      {
         hList = GetDlgItem(hDlg, IDC_LIST1);
         // Winsock 초기화
         WSADATA      wsaData;
         WSAStartup(MAKEWORD(2, 2), &wsaData);

         ZeroMemory(&addr, sizeof(addr));
         addr.sin_family = AF_INET;
         addr.sin_port = 10000;

         inet_pton(AF_INET, "127.0.0.1", &addr.sin_addr.s_addr);

         // 서버가 다른 컴퓨터에 있으면 IP 주소를 변경해야 함
         // inet_pton(AF_INET, "210.125.212.119", &addr.sin_addr.s_addr);
         SendMessage(hDlg, WM_CONNECT, 0, 0);
         return (INT_PTR)TRUE;
      }
```

```
case WM_CONNECT:
{
    // IPv4, TCP stream, protocol
    client = socket(AF_INET, SOCK_STREAM, IPPROTO_TCP);
    if (connect(client, (LPSOCKADDR)&addr, sizeof(addr)) ==
                    SOCKET_ERROR) {
        closesocket(client);
        bConnected = FALSE;
        SetWindowText(hDlg, L"Disconnected...");
        SetWindowText(GetDlgItem(hDlg,
                    IDC_BUTTON_CONNECT), L"서버 연결");
    }
    else     // connection OK
    {
        bConnected = TRUE;
        WSAAsyncSelect(client, hDlg, WM_CLIENT,
                    FD_READ | FD_CLOSE);
        SetWindowText(hDlg, L"Connected...");
        SetWindowText(GetDlgItem(hDlg,
                    IDC_BUTTON_CONNECT), L"서버 나가기 ");
    }
    return (INT_PTR)TRUE;
}

// wParam  : socket, LOWORD(lParam): network event
case WM_CLIENT:
    switch (WSAGETSELECTEVENT(lParam))
    {
        case FD_CLOSE: // 소켓이 닫힐 때
            closesocket((SOCKET)wParam);
            bLogin = FALSE;
            bConnected = FALSE;

            SetWindowText(hDlg, L"Disconnected...");
            SetWindowText(GetDlgItem(hDlg,
                        IDC_BUTTON_LOGIN), L"로그인");
            SetWindowText(GetDlgItem(hDlg,
                        IDC_BUTTON_CONNECT), L"서버 연결");
            SendMessage(hList, LB_RESETCONTENT, 0, 0);
            break;
        case FD_READ:
        {
            // client = (SOCKET)wParam;
            WCHAR recvID[BUFSIZE];
            WCHAR strTmp[BUFSIZE];
            int nR=recv(client,(char*)&packet, sizeof(PACKET),0);
            switch (packet.ptype)
            {
```

```
                case LOGIN:
                    bLogin = TRUE;
                    memcpy(loginID, packet.data, packet.len);
                    wsprintf(strTmp,
                            L"[%s]님 환영합니다.", loginID);
                    SetWindowText(hDlg, strTmp);
                    SetWindowText(GetDlgItem(hDlg,
                            IDC_BUTTON_LOGIN), L"로그 아웃");
                    break;
                case LOGOUT:
                {
                    bLogin = FALSE;
                    memset(loginID, 0, BUFSIZE);
                    SetWindowText(hDlg, L"로그인이 필요합니다");
                    SetWindowText(GetDlgItem(hDlg,
                            IDC_BUTTON_LOGIN), L"로그인");
                    SendMessage(hList, LB_RESETCONTENT, 0, 0);
                    break;
                }
                case LOGEXIST:
                    bLogin = FALSE;
                    SetWindowText(hDlg,
                            L"서버에 같은 아디가 존재합니다");
                    break;
                case OTHERLOGIN:        // IDC_LIST1에 추가
                {
                    memcpy(recvID, packet.data, packet.len);
                    SendMessage(hList, LB_ADDSTRING, 0,
                            (LPARAM)recvID);
                    break;
                }
                case OTHERLOGOUT:    // IDC_LIST1에서 삭제
                    memcpy(recvID, packet.data, packet.len);
                    unsigned int k = SendMessage(hList,
                        LB_FINDSTRINGEXACT,1,(LPARAM)recvID);
                    SendMessage(hList,LB_DELETESTRING,k,0);
                    break;
            }
            break;
        }
    }
    return (INT_PTR)TRUE;
case WM_COMMAND:
    switch (LOWORD(wParam))
    {
        case IDC_BUTTON_CONNECT:
            if(!bConnected)
                SendMessage(hDlg, WM_CONNECT, 0, 0);
```

```
            else
            {
                closesocket(client);
                SendMessage(hDlg, WM_CLIENT, 0,
                        MAKEWORD(FD_CLOSE, 0));
            }
            break;
        case IDC_BUTTON_LOGIN:
            if (!bConnected)
                break;
            if (!bLogin)
            {
                if (DialogBox(hInst,
                        MAKEINTRESOURCE(IDD_DIALOG2),
                        hDlg, DlgProcLogin) == IDOK)
                {
                    if (wcslen(loginID) == 0)
                        break;
                    packet.ptype = LOGIN;
                    packet.len =
                        (unsigned short)(wcslen(loginID)+1)*2;
                    memcpy(packet.data, loginID,
                        packet.len);
                    send(client, (char*)&packet,
                        sizeof(PACKET), 0);
                }
            }
            else
            {
                packet.ptype = LOGOUT;
                packet.len = (unsigned short)(wcslen(loginID) + 1) * 2;
                memcpy(packet.data, loginID, packet.len);
                send(client, (char*)&packet, sizeof(PACKET), 0);
            }
            return (INT_PTR)TRUE;
        }
        return (INT_PTR)TRUE;
    case WM_CLOSE:
        if (bLogin)
        {
            packet.ptype = LOGOUT;
            packet.len = (unsigned short)(wcslen(loginID)+1)*2;
            memcpy(packet.data, loginID, packet.len);
            send(client, (char*)&packet, sizeof(PACKET), 0);
        }
        DestroyWindow(hDlg);
        return TRUE;
    case WM_DESTROY:
```

```
    return (INT_PTR)FALSE;
}

// 정보 대화상자의 메시지 처리기입니다.
INT_PTR CALLBACK DlgProcLogin(HWND hDlg, UINT message,
                              WPARAM wParam, LPARAM lParam)
{
    switch (message)
    {
        case WM_INITDIALOG:
        {
            // 로그인 대화상자를 부모 대화상자 가운데에 출력
            HWND hParent = GetParent(hDlg);
            RECT    rcParent, rcDlg, rc;
            GetWindowRect(hParent, &rcParent);
            GetWindowRect(hDlg, &rcDlg);
            CopyRect(&rc, &rcParent); //rc = rcDlgMain;

            OffsetRect(&rcDlg, -rcDlg.left, -rcDlg.top);
            OffsetRect(&rc, -rc.left, -rc.top);
            OffsetRect(&rc, -rcDlg.right, -rcDlg.bottom);
            SetWindowPos(hDlg, HWND_TOP,
                        rcParent.left + (rc.right / 2),
                        rcParent.top + (rc.bottom / 2),
                        0, 0,
                        SWP_NOSIZE);
            return (INT_PTR)TRUE;
        }
        case WM_COMMAND:
            switch (LOWORD(wParam))
            {
                case IDOK:
                    GetDlgItemText(hDlg,IDC_EDIT_LOGIN, loginID, 128);
                    EndDialog(hDlg, LOWORD(wParam));
                    return (INT_PTR)TRUE;
                case IDCANCEL:
                    EndDialog(hDlg, LOWORD(wParam));
                    return (INT_PTR)TRUE;
            }
    }
    return (INT_PTR)FALSE;
}
```

프로그램 설명

① [step44_ex2_server]에 접속할 클라이언트 응용 프로그램을 작성한다. 유니코드 대화상자 기반 윈도우즈 프로그램에서 WSAAsyncSelect 함수를 사용하여 비동기 모드로 패킷 데이터를 송수신하는 클라이언트를 구현한다. 서버에 연결하여 접속하고, 서버에 접속해 있는 다른 클라이언트에 대한 ID를 받아 리스트 박스에 표시한다.
② WSAAsyncSelect 함수를 사용하기 위해 _WINSOCK_DEPRECATED_NO_WARNINGS를 정의하고, 윈속 버전 2를 사용하기 위해 헤더 파일 〈winsock2.h〉와 〈ws2tcpip.h〉를 포함하고, "Ws2_32.lib" 임포트 라이브러리를 설정한다.
③ 리스트-뷰 대화상자 IDD_DIALOG1과 IDD_DIALOG2를 추가하고, [표 44.4]와 [표 44.5]의 컨트롤을 추가하고 속성을 설정한다. IDD_DIALOG2는 로그인 문자열을 입력할 대화상자이다.

[표 44.4] IDD_DIALOG1의 컨트롤 주요 속성

컨트롤 종류	이름	값	설명
Button	ID	IDC_BUTTON_CONNECT	
	Caption	서버연결	
Button	ID	IDC_BUTTON_LOGIN	
	Caption	로그인	
Static Text	ID	IDC_STATIC	
	Caption	서버 접속자	
List Box	ID	IDC_LIST1	접속자의 로그인 ID 표시
	Sort	True	

[표 44.5] IDD_DIALOG2의 컨트롤 주요 속성

컨트롤 종류	이름	값	설명
Static Text	ID	IDC_STATIC	
	Caption	Login ID	
Edit	ID	IDC_EDIT_LOGIN	로그인 ID 입력

④ WM_CLIENT 사용자 정의 메시지를 정의하고, 서버와 송수신을 위한 간단한 PACKET 자료형을 정의한다. ptype 멤버는 LOGIN, LOGEXIST, LOGOUT 값을 가지며 패킷의 종류를 구분한다. len은 data에 저장된 내용의 바이트 수, data는 바이트 형태의 데이터이다. 즉, ptype에 따라 data를 해석하여 사용한다. loginID는 대화상자 프로시저 DlgProcLogin에서 로그인 ID를 입력할 문자 배열이다.
⑤ 대화상자 프로시저 DlgProc의 WM_INITDIALOG 메시지에서 WSAStartup 함수로 윈속 버전 2.2를 초기화하고, 연결 접속할 서버의 주소체계(AF_INET), 포트(10000), 서버 IP 주소("127.0.0.1")를 addr에 저장하고, SendMessage로 WM_CONNECT 메

시지를 보내 서버에 연결한다. 서버와 다른 컴퓨터에서 클라이언트를 실행하려면, "127.0.0.1"을 서버의 IP 주소로 변경해야 한다.

⑥ WM_CONNECT 메시지에서 클라이언트 소켓 client를 생성하고, connect 함수로 주소정보 addr을 이용하여 서버에 연결을 시도한다. 오류가 발생하면 client 소켓을 닫고, 성공하면 bConnected = TRUE, WSAAsyncSelect 비동기 설정 함수로 client 소켓에서 FD_READ 또는 FD_CLOSE 네트워크 이벤트가 있으면 사용자 정의 메시지 WM_CLIENT를 발생하도록 설정한다.

⑦ WM_CLIENT 메시지의 FD_CLOSE는 서버가 닫혀서 서버와 연결된 client 소켓이 닫힐 때 발생하는 네트워크 이벤트이다. 클라이언트 소켓(wParam, client)을 닫고, bLogin = FALSE, bConnected = FALSE로 하고, 리스트 박스 hList에 LB_RESETCONTENT 메시지를 보내 모든 내용을 삭제한다.

⑧ WM_CLIENT 메시지의 FD_READ는 클라이언트 소켓에서 데이터를 받을 준비가 되었을 때 발생하는 네트워크 이벤트이다. recv 함수로 서버로부터 데이터를 packet에 수신하여 분석한다. 데이터는 PACKET 자료형으로 송수신한다.

packet.ptype = LOGIN이면 서버가 로그인을 승인한 것이다. bLogin = TRUE로 하고, memcpy 함수로 packet.data를 loginID에 복사하고, 대화상자 캡션에 L"환영합니다"를 출력한 뒤에 IDC_BUTTON_LOGIN 버튼은 L"로그 아웃"로 토글한다.

packet.ptype = LOGOUT이면 bLogin = FALSE로 하고, memset 함수로 loginID를 0으로 초기화하고, 대화상자 캡션에 L"로그인이 필요합니다"를 출력한 뒤에 IDC_BUTTON_LOGIN 버튼은 L"로그인"으로 토글하고, 리스트 박스 hList에 LB_RESETCONTENT 메시지를 보내 모든 내용을 삭제한다.

packet.ptype = LOGEXIST이면 bLogin = FALSE로 하고, 대화상자 캡션에 L"서버에 같은 아디가 존재합니다"를 출력한다.

packet.ptype = OTHERLOGIN이면, 패킷에 서버에 로그인된 다른 클리이언트 ID를 받은 것이다. memcpy 함수로 packet.data를 recvID에 복사하고, 리스트 박스 hList에 LB_ADDSTRING 메시지를 보내 recvID를 추가한다.

packet.ptype = OTHERLOGOUT이면, 패킷에 로그아웃한 다른 클리이언트의 ID를 받은 것이다. memcpy 함수로 packet.data를 recvID에 복사하고, 리스트 박스 hList에서 recvID를 찾아 삭제한다.

⑨ WM_COMMAND 메시지의 IDC_BUTTON_CONNECT 버튼에서 bConnected = FALSE로 서버와의 연결이 끊어져 있으면 SendMessage 함수로 WM_CONNECT 메시지를 보내 서버에 연결을 시도한다. bConnected = TRYE로 서버와의 연결된 상태에서 버튼을 클릭했으면 client 소켓을 닫고, SendMessage 함수로 WM_CLIENT 메시지의 lParam에 MAKEWORD(FD_CLOSE, 0)를 보내 연결을 끊는다.

⑩ WM_COMMAND 메시지의 IDC_BUTTON_LOGIN 버튼에서 서버가 연결되지 않았으면(bConnected = FALSE) 아무 일도 하지 않는다. 현재 상태가 로그아웃 상태(bLogin = FALSE)이면, 로그인하기 위하여 DialogBox 함수로 대화상자 템플릿 IDD_DIALOG2를 이용하여 대화상자 프로시저 DlgProcLogin로 대화상자를 표시하여

loginID를 저장하고, packet.ptype = LOGIN, packet.data에 loginID를 복사하여 send 함수로 packet을 서버에 전송하여 로그인한다.
현재 상태가 로그인 상태(bLogin = TRUE)이면, packet.ptype = LOGOUT, loginID을 packet.data에 복사하여 send 함수로 packet을 서버에 전송하여 로그아웃한다. 로그인, 로그아웃의 최종 확인은 서버로부터 패킷을 받아 FD_READ 이벤트에서 처리한다. WM_CLOSE 메시지에서 로그인 상태(bLogin = TRUE)이면 packet.ptype = LOGOUT, loginID을 packet.data에 복사하여 send 함수로 packet을 서버에 전송하여 로그아웃한다.
⑪ 로그인 문자열을 가져오기 위한 대화상자 프로시저 DlgProcLogin의 WM_INITDIALOG 메시지에서 대화상자를 부모 대화상자 가운데에 출력한다. WM_COMMAND 메시지의 확인 버튼(IDOK)에서 GetDlgItemText로 에디트 컨트롤 IDC_EDIT_LOGIN의 문자열을 비지역 변수 loginID에 저장한다.
⑫ [그림 44.3]은 3개의 클라이언트에서 "a", "b", "c"로 로그인된 상태이다. 각각의 클라이언트에서 자신을 제외한 서버에 로그인된 클라이언트의 ID를 표시한다. 로그아웃하거나, 서버 연결이 끊기면 로그아웃하고, 리스트 박스의 내용을 삭제한다.

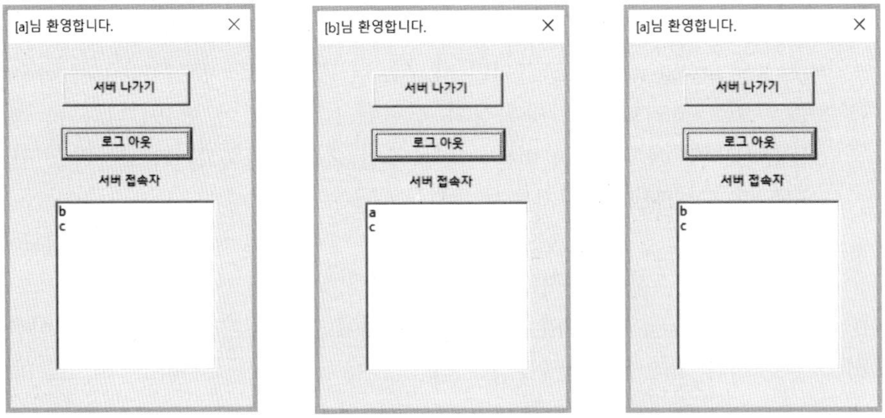

(a) (b) (c)

[그림 44.3] 서버 로그인한 다른 클라이언트의 ID를 리스트 박스에 표시

step

45 윈속 프로그래밍: Tic-Tac-Toe

Tic-Tac-Toe 윈속 프로그램을 [step44_ex2_server]와 [step44_ex2_client] 그리고 [step37_ex3]의 TicTacToe 게임을 이용하여 구현한다.

서버는 서버에 접속한 클라이언트를 유지하고, 로그인, 로그아웃을 클라이언트에 브로드캐스트하고, 클라이언트 사이의 게임 정보를 전달하는 역할을 하며, 실제 게임은 클라이언트에서 작성한다. 클라이언트의 리스트 박스에 서버에 로그인된 클라이언트의 ID를 표시하고, 로그아웃하거나 서버 연결이 끊어지면, 로그아웃하고, 게임 중이면 게임을 중지하고, 리스트 박스의 내용을 삭제한다. 게임 중이면 다른 클라이언트의 게임 요청을 거절한다.

[step45_ex1_server] Tic-Tac-Toe 서버

```
// step45_ex1_server.cpp : 응용 프로그램에 대한 진입점을 정의
//

#include "stdafx.h"
#include "step45_ex1_server.h"

#include<string>          // wstring
#include <map>            // map
using namespace std;      // std::wstring, std::map

#define _WINSOCK_DEPRECATED_NO_WARNINGS  // WSAAsyncSelect
#include <winsock2.h>
#include <ws2tcpip.h>   // inet_pton
#pragma comment(lib, "Ws2_32.lib")

// 전역 변수:
HINSTANCE hInst;           // 현재 인스턴스입니다.
INT_PTR CALLBACK    DlgProc(HWND, UINT, WPARAM, LPARAM);

int APIENTRY wWinMain(_In_ HINSTANCE hInstance,
                      _In_opt_ HINSTANCE hPrevInstance,
```

```
                    _In_ LPWSTR    lpCmdLine,
                    _In_ int       nCmdShow)
{
    hInst = hInstance;
    DialogBox(hInst, MAKEINTRESOURCE(IDD_DIALOG1), NULL, DlgProc);

    return 0;
}

#define WM_SERVER  WM_USER+1
#define BUFSIZE  512

typedef enum {
    LOGIN = 1, LOGEXIST, LOGOUT,
    OTHERLOGIN, OTHERLOGOUT,
    GAME_ASK, GAME_ACCEPT, GAME_REJECT,
    GAME_POINT, GAME_END
} PACKET_TYPE;

typedef struct {
    PACKET_TYPE    ptype;
    unsigned short    len;    // length(data)
    char            data[BUFSIZE];
} PACKET;

#define BUFSIZE2  100
typedef struct {      // PACKET의 data 내용
    unsigned short lenFrom;
    WCHAR   fromID[BUFSIZE2]; // 유니코드

    unsigned short lenTo;
    WCHAR   toID[BUFSIZE2];  // 유니코드

    unsigned short ix; // GAME_END 일때는 winner 저장
    unsigned short iy;
} GAME_DATA;

// 정보 대화상자의 메시지 처리기
INT_PTR CALLBACK DlgProc(HWND hDlg, UINT message,
                                WPARAM wParam, LPARAM lParam)
{
    static HWND    hList;
    static SOCKET  server;
    static map<wstring, SOCKET> clients;
    map<wstring, SOCKET>::iterator it;
    PACKET  packet;
    WCHAR   strTmp[256];
    WCHAR   recvID[256];
```

```
switch (message)
{
   case WM_INITDIALOG:
   {
      hList = GetDlgItem(hDlg, IDC_LIST1);

      WSADATA      wsaData;
      WSAStartup(MAKEWORD(2, 2), &wsaData);    // Winsock 초기화

      // IPv4, TCP stream, protocol
      server = socket(AF_INET, SOCK_STREAM, IPPROTO_TCP);

      SOCKADDR_IN  addr;
      ZeroMemory(&addr, sizeof(addr));
      addr.sin_family = AF_INET;      // IPv4
      addr.sin_port = 20000;
      int ret;
      ret = inet_pton(AF_INET, "loopback", &addr.sin_addr.s_addr);
   // ret = inet_pton(AF_INET, "127.0.0.1", &addr.sin_addr.s_addr);

      bind(server, (LPSOCKADDR)&addr, sizeof(addr));
      if (listen(server, SOMAXCONN) == SOCKET_ERROR) {
         SetWindowText(hDlg, L"listen error");
         closesocket(server);
         WSACleanup();
         break;
      }
      SetWindowText(hDlg, L"listening...");
      ret = WSAAsyncSelect(server, hDlg, WM_SERVER, FD_ACCEPT);
      return (INT_PTR)TRUE;
   }

   // wParam: socket
   // LOWORD(lParam):network event, HIWORD(lParam): error code
   case WM_SERVER:
      switch (WSAGETSELECTEVENT(lParam))
      {
         case FD_ACCEPT:
         {
            SOCKET  client;
            client = accept(server, NULL, NULL);
            WSAAsyncSelect(client,hDlg, WM_SERVER,
                        FD_READ|FD_CLOSE);
            break;
         }
         case FD_READ:    // 패킷 분석
         {
            SOCKET  client = (SOCKET)wParam;
```

```
int nR = recv(client, (char*)&packet, sizeof(PACKET), 0);
switch (packet.ptype)
{
   case LOGIN:
   {
      memcpy(recvID, packet.data, packet.len);
      if (clients.size() == 0) // 첫 로그인
      {
         clients.insert(
               pair<wstring,
               SOCKET>(wstring(recvID), client));
         SendMessage(hList, LB_ADDSTRING, 0,
               (LPARAM)recvID);
         wsprintf(strTmp, L"%d", clients.size());
         SetWindowText(GetDlgItem(hDlg,
               IDC_STATIC_COUNT), strTmp);
         // reply to client
         send(client, (char*)&packet, sizeof(PACKET), 0);
      }
      else // 검사하여 없을 때만
      {
         it = clients.find(wstring(recvID));
         if (it == clients.end()) // not found
         {
            // 로그인 브로드 캐스팅
            for(it = clients.begin(); it != clients.end(); it++)
            {
               // 기존 있는 패킷에 로그인 정보 보냄
               packet.ptype = OTHERLOGIN;
               packet.len =
                  (unsigned short)(wcslen(recvID) + 1) * 2;
               memcpy(packet.data, recvID, packet.len);
               send(it -> second,(char*)&packet,
                     sizeof(PACKET), 0);

               // 로그인한 곳에 기존 정보 보냄
               wcscpy_s(strTmp, it->first.c_str());
               packet.len =
                  (unsigned short)(wcslen(strTmp) + 1) * 2;
               memcpy(packet.data, strTmp, packet.len);
               send(client, (char*)&packet,
                  sizeof(PACKET), 0);
            }

            // 로그인 피드백
            clients.insert(
               pair<wstring,SOCKET>(wstring(recvID),
               client));
```

```
                SendMessage(hList,LB_ADDSTRING, 0,
                    (LPARAM)recvID);
                wsprintf(strTmp, L"%d", clients.size());
                SetWindowText(GetDlgItem(hDlg,
                    IDC_STATIC_COUNT), strTmp);

                packet.ptype = LOGIN;
                packet.len =
                    (unsigned short)(wcslen(recvID) + 1) * 2;
                memcpy(packet.data, recvID, packet.len);
                send(client, (char*)&packet, sizeof(PACKET), 0);
            }
            else    // found
            {
                packet.ptype = LOGEXIST;
                send(client, (char*)&packet, sizeof(PACKET), 0);
            }
        }
        break;
    }
    case LOGOUT:
    {
        // 로그아웃 브로드 캐스팅
        for (it = clients.begin(); it != clients.end(); it++)
        {
            if (it -> second == client)
                packet.ptype = LOGOUT;
            else
                packet.ptype = OTHERLOGOUT;
            send(it -> second, (char*)&packet,
                    sizeof(PACKET), 0);
        }

        memcpy(recvID, packet.data, packet.len);
        clients.erase(wstring(recvID));

        wsprintf(strTmp, L"%d", clients.size());
        SetWindowText(GetDlgItem(hDlg, IDC_STATIC_COUNT),
                strTmp);

        // ID를 찾아 리스트 박스에서 삭제
        unsigned int k =
                SendMessage(hList, LB_FINDSTRINGEXACT,
                        1, (LPARAM)recvID);
        SendMessage(hList, LB_DELETESTRING, k, 0);
        break;
    }
```

```
            // 게임 데이터를 toID의 소켓에 전송
            case  GAME_ASK:
            case  GAME_ACCEPT:
            case  GAME_REJECT:
            case  GAME_POINT:
            case  GAME_END:
            {
                GAME_DATA gameData;
                memcpy(&gameData, packet.data, packet.len);

                // toID의 소켓을 찾아 보냄
                it = clients.find(wstring(gameData.toID));
                if (it != clients.end()) // found
                    send(it -> second, (char*)&packet,
                            sizeof(PACKET), 0);
                break;
            }
        } // end of switch (packet.ptype)
        break;
    }
    case FD_CLOSE:
    {
        WCHAR   strID[256];
        SOCKET  client = (SOCKET)wParam;
        BOOL    bFound = FALSE;

        // 닫은 소켓의 로그인 ID 찾음
        for (it = clients.begin(); it != clients.end(); it++)
        {
            if (it -> second == client)
            {
                wcscpy_s(strID, it->first.c_str());
                bFound = TRUE;
                break;
            }
        }
        if (!bFound) // 로그인 안 하고 연결을 끊은 경우
            break;
        // 로그인하고 연결을 끊은 경우, 로그아웃 브로드 캐스팅
        for (it = clients.begin(); it != clients.end(); it++)
        {
            if (it->second != client)
            {
                packet.ptype = OTHERLOGOUT;
                packet.len = (unsigned short)(wcslen(strID) + 1) * 2;
                memcpy(packet.data, strID, packet.len);
                send(it -> second, (char*)&packet, sizeof(PACKET), 0);
            }
```

```
                }
                clients.erase(wstring(strID)); // 소켓 삭제
                unsigned int k; // 리스트 박스에서 찾아 ID 삭제
                k = SendMessage(hList, LB_FINDSTRINGEXACT,
                      1, (LPARAM)strID);
                SendMessage(hList, LB_DELETESTRING, k, 0);

                wsprintf(strID, L"%d", clients.size());
                SetWindowText(GetDlgItem(hDlg, IDC_STATIC_COUNT), strID);
                closesocket(client);
            }
            break;
        }
        return (INT_PTR)TRUE;
    case WM_CLOSE:
        DestroyWindow(hDlg);
        return TRUE;
    case WM_DESTROY:
        closesocket(server);
        WSACleanup();
        return (INT_PTR)TRUE;
    }
    return (INT_PTR)FALSE;
}
```

프로그램 설명

① [step44_ex2_server]를 수정하여, Tic-Tac-Toe 게임 서버를 작성한다. 게임 관련 데이터를 상대에게 전달하는 기능을 추가한다.

② 열거형 PACKET_TYPE에 게임 관련 GAME_ASK, GAME_ACCEPT, GAME_REJECT, GAME_POINT, GAME_END 등을 추가하여 정의한다.

③ fromID에서 toID로 게임 데이터 (ix, iy)를 전달하기 위한 GAME_DATA 구조체를 정의한다.

④ packet.ptype이 게임 관련 GAME_ASK, GAME_ACCEPT, GAME_REJECT, GAME_POINT, GAME_END이면 packet.data를 gameData에 복사하여, gameData.toID의 클라이언트 소켓을 찾아 패킷을 전달한다. 서버의 실행결과는 [그림 44.1]과 같다.

[step45_ex1_client] Tic-Tac-Toe 클라이언트

```
/ step45_ex1_client.cpp : 응용 프로그램에 대한 진입점을 정의
// ref: step37_ex3
#include "stdafx.h"
#include "step45_ex1_client.h"

#define _WINSOCK_DEPRECATED_NO_WARNINGS  // WSAAsyncSelect
#include <winsock2.h>
#include <ws2tcpip.h>  // inet_pton
#pragma comment(lib, "Ws2_32.lib")

// 전역 변수:
HINSTANCE hInst;      // 현재 인스턴스입니다.
INT_PTR CALLBACK    DlgProc(HWND, UINT, WPARAM, LPARAM);
INT_PTR CALLBACK DlgProcLogin(HWND hDlg, UINT message,
                              WPARAM wParam, LPARAM lParam);

int APIENTRY wWinMain(_In_ HINSTANCE hInstance,
                     _In_opt_ HINSTANCE hPrevInstance,
                     _In_ LPWSTR    lpCmdLine,
                     _In_ int       nCmdShow)
{
   hInst = hInstance;
   DialogBox(hInst, MAKEINTRESOURCE(IDD_DIALOG1), NULL, DlgProc);

   return 0;
}
// 정보 대화상자의 메시지 처리기
#define BLOCK_SIZE          80
#define WM_CLIENT                WM_USER + 1
#define WM_CONNECT               WM_USER + 2

#define WM_GAME_INIT             WM_USER + 3
#define WM_GAME_START            WM_USER + 4
#define WM_GAME_END              WM_USER + 5
#define WM_GAME_STATUS           WM_USER + 6
#define WM_NETWOKPLAYER          WM_USER + 7

//게임 정보
typedef enum { EMPTY, PLAYER1, PLAYER2 } PLAYER;
typedef PLAYER  CELL;
typedef enum { NONE, GAMEPLAYER1, GAMEPLAYER2, DRAW } WINNER;

// 패킷 정보
#define BUFSIZE  512
typedef enum {
   LOGIN = 1, LOGEXIST, LOGOUT,
   OTHERLOGIN, OTHERLOGOUT,
```

```
    GAME_ASK, GAME_ACCEPT, GAME_REJECT, GAME_POINT, GAME_END
} PACKET_TYPE;

typedef struct {
    PACKET_TYPE     ptype;
    unsigned short      len;     // length(data)
    char                data[BUFSIZE];
} PACKET;

#define BUFSIZE2  100
typedef struct {     // PACKET의 data 내용
    unsigned short lenFrom;
    WCHAR        fromID[BUFSIZE2];

    unsigned short lenTo;
    WCHAR        toID[BUFSIZE2];
    unsigned short ix;    // GAME_END일 때는 winner 저장
    unsigned short iy;
} GAME_DATA;

WCHAR      loginID[BUFSIZE];    // login ID
WNDPROC    OldProc;                // 컨트롤의 기존 프로시저
INT_PTR     CALLBACK PictureSubClassProc(HWND, UINT, WPARAM, LPARAM);
SOCKET      client;

INT_PTR CALLBACK DlgProc(HWND hDlg, UINT message,
                            WPARAM wParam, LPARAM lParam)
{
    static HWND      hList;                    // 서버 로그인 정보
//  static SOCKET    client;
    static SOCKADDR_IN  addr;
    PACKET packet;
    static BOOL   bConnected = FALSE; // 서버 연결
    static BOOL   bLogin = FALSE;         // 로그인
    static HWND    hPicture;                // 게임 컨트롤
    static BOOL   bGameRunning = FALSE;

    switch (message)
    {
        case WM_INITDIALOG:
        {
            hList = GetDlgItem(hDlg, IDC_LIST1);
            // Winsock 초기화
            WSADATA       wsaData;
            WSAStartup(MAKEWORD(2, 2), &wsaData);

            ZeroMemory(&addr, sizeof(addr));
            addr.sin_family = AF_INET;
```

```
        addr.sin_port = 20000;

//      inet_pton(AF_INET, "127.0.0.1", &addr.sin_addr.s_addr);

        // 서버가 다른 컴퓨터에 있으면 IP 주소를 변경해야 함
        inet_pton(AF_INET, "210.125.212.119", &addr.sin_addr.s_addr);
        SendMessage(hDlg, WM_CONNECT, 0, 0);

        // ref: step37_ex3
        // Picture 컨트롤 크기 조정
        hPicture = GetDlgItem(hDlg, IDC_PICTURE1);
        SetWindowPos(hPicture, NULL, 0, 0,
            BLOCK_SIZE * 3, BLOCK_SIZE * 3, SWP_NOMOVE);

        // Picture 컨트롤 서브클래싱
        OldProc = (WNDPROC)SetWindowLong(hPicture,
            GWL_WNDPROC, (LONG)PictureSubClassProc);         // x86

       // OldProc = (WNDPROC)SetWindowLongPtr(hPicture,
       //       GWLP_WNDPROC,  (LONG_PTR)PictureSubClassProc); // x64
        SendMessage(hPicture, WM_GAME_INIT, 0, 0);

        HFONT hFont = CreateFont(16, 0, 0, 0, FW_BOLD, 0, 0, 0,
            HANGEUL_CHARSET, 0, 0, 0, 0, _T("바탕"));
        SendDlgItemMessage(hDlg, IDC_BUTTON_LOGIN,
            WM_SETFONT, (WPARAM)hFont, FALSE);
        SendDlgItemMessage(hDlg, IDC_BUTTON_CONNECT,
            WM_SETFONT, (WPARAM)hFont, FALSE);
        SendDlgItemMessage(hDlg, IDC_BUTTON_GAME,
            WM_SETFONT, (WPARAM)hFont, FALSE);
        SendDlgItemMessage(hDlg, IDC_LIST1,
            WM_SETFONT, WPARAM)hFont, FALSE);
        SendDlgItemMessage(hDlg, IDC_STATIC_TURN,
            WM_SETFONT, (WPARAM)hFont, FALSE);
        SendDlgItemMessage(hDlg, IDC_STATIC_PLAYER,
            WM_SETFONT, (WPARAM)hFont, FALSE);
        return (INT_PTR)TRUE;
    }
    case WM_CTLCOLORDLG: // 대화상자 배경색 브러시
    {
        return (INT_PTR)GetStockObject(GRAY_BRUSH);
    }
    case WM_CTLCOLORSTATIC:
    {
        HWND ctrlWnd = (HWND)lParam;
        HDC hdc = (HDC)wParam;
        if (ctrlWnd == GetDlgItem(hDlg, IDC_STATIC) ||
            ctrlWnd == GetDlgItem(hDlg, IDC_STATIC_TURN))
```

```
        {
            SetTextColor(hdc, RGB(0, 0, 255));
            SetBkMode(hdc, TRANSPARENT);
            return (INT_PTR)GetStockObject(GRAY_BRUSH);
        }
    }
    break;
    case WM_CONNECT:
    {
        // IPv4, TCP stream, protocol
        client = socket(AF_INET, SOCK_STREAM, IPPROTO_TCP);
        if (connect(client,
                    (LPSOCKADDR)&addr, sizeof(addr)) == SOCKET_ERROR)
        {
            closesocket(client);
            bConnected = FALSE;
            SetWindowText(hDlg, L"Disconnected...");
            SetWindowText(GetDlgItem(hDlg, IDC_BUTTON_CONNECT),
                        L"서버 연결");
        }
        else // connection OK
        {
            bConnected = TRUE;
            WSAAsyncSelect(client, hDlg, WM_CLIENT, FD_READ|FD_CLOSE);
            SetWindowText(hDlg, L"Connected...");
            SetWindowText(GetDlgItem(hDlg, IDC_BUTTON_CONNECT),
                        L"서버 나가기 ");
        }
        return (INT_PTR)TRUE;
    }

    // wParam  : socket, LOWORD(lParam): network event
    case WM_CLIENT:
        switch (WSAGETSELECTEVENT(lParam))
        {
            case FD_CLOSE: // 소켓이 닫힐 때
                closesocket((SOCKET)wParam);
                bLogin = FALSE;
                bConnected = FALSE;

                SetWindowText(hDlg, L"Disconnected...");
                SetWindowText(GetDlgItem(hDlg,
                        IDC_BUTTON_LOGIN), L"로그인");
                SetWindowText(GetDlgItem(hDlg,
                        IDC_BUTTON_CONNECT), L"서버 연결");
                SendMessage(hList, LB_RESETCONTENT, 0, 0);
                SendMessage(hPicture, WM_GAME_INIT, 0, 0);
                break;
```

```
case FD_READ:
{
    // client = (SOCKET)wParam;
    WCHAR recvID[BUFSIZE];
    WCHAR strTmp[BUFSIZE];
    int nR = recv(client, (char*)&packet, sizeof(PACKET), 0);
    switch (packet.ptype)
    {
        case LOGIN:
        {
            bLogin = TRUE;
            memcpy(loginID, packet.data, packet.len);
            wsprintf(strTmp, L"[%s]님 환영합니다.", loginID);
            SetWindowText(hDlg, strTmp);
            SetWindowText(GetDlgItem(hDlg, IDC_BUTTON_LOGIN),
                    L"로그 아웃");
            break;
        }
        case LOGOUT:
        {
            SendMessage(hList, LB_RESETCONTENT, 0, 0);
            bGameRunning = SendMessage(hPicture,
                    WM_GAME_STATUS, 0, 0);

            if (bGameRunning)
                SendMessage(hPicture, WM_GAME_INIT, 0, 0);

            bLogin = FALSE;
            memset(loginID, 0, BUFSIZE);
            SetWindowText(hDlg, L"로그인이 필요합니다");
            SetWindowText(GetDlgItem(hDlg, IDC_BUTTON_LOGIN),
                    L"로그인");
            break;
        }
        case LOGEXIST:
        {
            bLogin = FALSE;
            SetWindowText(hDlg,L"서버에 같은 아이디가 존재합니다");
            break;
        }
        case OTHERLOGIN:    // IDC_LIST1에 추가
        {
            memcpy(recvID, packet.data, packet.len);
            SendMessage(hList, LB_ADDSTRING, 0, (LPARAM)recvID);
            break;
        }
        case OTHERLOGOUT: //IDC_LIST1에서 삭제
        {
```

```
    memcpy(recvID, packet.data, packet.len);
    unsigned int k = SendMessage(hList,
        LB_FINDSTRINGEXACT, 1, (LPARAM)recvID);
    SendMessage(hList, LB_DELETESTRING, k, 0);

    WCHAR   networkID[100];
    bGameRunning = SendMessage(hPicture,
        WM_GAME_STATUS, (WPARAM)&networkID, 0);
    // 게임 중인 상대가 로그아웃
    if (bGameRunning && lstrcmp(recvID, networkID) == 0)
      SendMessage(hPicture, WM_GAME_INIT, 0, 0);
    break;
}

case GAME_ASK: // fromID <-> toID 교환해 응답
{
    GAME_DATA tmp, gdata;
    memcpy(&tmp, packet.data, packet.len);

    gdata.lenFrom = tmp.lenTo; // tmp.lenTo === loginID
    memcpy(gdata.fromID, tmp.toID, tmp.lenTo);
    gdata.lenTo = tmp.lenFrom;
    memcpy(gdata.toID, tmp.fromID, tmp.lenFrom);

    bGameRunning = SendMessage(hPicture,
            WM_GAME_STATUS, 0, 0);
    if (bGameRunning)
      packet.ptype = GAME_REJECT;
    else
    {
      if(MessageBox(hDlg,_T("게임할까요?"), _T("Msg"),
            MB_YESNO | MB_TOPMOST) == IDYES)
      {
        // 수락한 사람은 PLAYER 2
        packet.ptype = GAME_ACCEPT;
        SendMessage(hPicture,
              WM_GAME_START, (WPARAM)PLAYER2,
              (LPARAM)(tmp.fromID));
        unsigned int k = SendMessage(hList,
              LB_FINDSTRINGEXACT, 1,
              (LPARAM)tmp.fromID);
        SendMessage(hList, LB_SETCURSEL, k, 0);
        WCHAR str[100];
        wsprintf(str, L"Player2[%s]: X", loginID);
        SetDlgItemText(hDlg, IDC_BUTTON_GAME, str);
        EnableWindow(GetDlgItem(hDlg,
              IDC_BUTTON_GAME), FALSE);
        wsprintf(str, L"Player1[%s]: O", tmp.fromID);
```

```
            SetDlgItemText(hDlg, IDC_STATIC_PLAYER, str);
            ShowWindow(GetDlgItem(hDlg,
                IDC_STATIC_PLAYER), SW_SHOW);

            SetDlgItemText(hDlg, IDC_STATIC_TURN,
                L"O - Turn");
            ShowWindow(GetDlgItem(hDlg,
                IDC_STATIC_TURN), SW_SHOW);
        }
        else
        {
            packet.ptype = GAME_REJECT;
        }
    }
    // 패킷 응답
    packet.len = sizeof(GAME_DATA);
    memcpy(packet.data, &gdata, packet.len);
    send(client, (char*)&packet, sizeof(PACKET), 0);
    break;
}
case GAME_ACCEPT: // 요청해서 수락을 받은 메시지,
                  // 즉 요청한 사람
{
    GAME_DATA tmp;
    memcpy(&tmp, packet.data, packet.len);
    // 요청한 사람은 PLAYER1
    SendMessage(hPicture, WM_GAME_START,
        (WPARAM)PLAYER1, (LPARAM)(tmp.fromID));
    WCHAR str[100];
    wsprintf(str, L"Player1[%s]: O", loginID);
    SetDlgItemText(hDlg, IDC_BUTTON_GAME, str);
    EnableWindow(GetDlgItem(hDlg,IDC_BUTTON_GAME),
        FALSE);
    wsprintf(str, L"Player2[%s]: X", tmp.fromID);
    SetDlgItemText(hDlg, IDC_STATIC_PLAYER, str);
    ShowWindow(GetDlgItem(hDlg,IDC_STATIC_PLAYER),
        SW_SHOW);
    // 시작은 O-Trun
    SetDlgItemText(hDlg, IDC_STATIC_TURN, L"O - Turn");
    ShowWindow(GetDlgItem(hDlg, IDC_STATIC_TURN),
        SW_SHOW);
    break;
}
case GAME_REJECT:
{
    bGameRunning = FALSE;
    EnableWindow(GetDlgItem(hDlg,
        IDC_BUTTON_GAME), TRUE);
```

```
                MessageBox(hDlg, _T("거절하였습니다"), _T("Msg"),
                    MB_OK | MB_TOPMOST);
                break;
            }

            case GAME_POINT:
            {
                GAME_DATA tmp;
                memcpy(&tmp, packet.data, packet.len);
                int ix = tmp.ix;
                int iy = tmp.iy;
                SendMessage(hPicture, WM_NETWOKPLAYER,
                    (WPARAM)ix, (LPARAM)iy);
                break;
            }

            case GAME_END:
            {
                GAME_DATA tmp;
                memcpy(&tmp, packet.data, packet.len);;

                TCHAR str[128];
                if ((WINNER)tmp.ix == DRAW)
                    wsprintf(str, _T("Draw!"));
                else
                    wsprintf(str, _T("Winner = %s"),
                        ((WINNER)tmp.ix == GAMEPLAYER1)?
                            _T("O") : _T("X"));
                if (MessageBox(hDlg, str, _T("Msg"),
                        MB_OK | MB_TOPMOST) == IDOK)
                    SendMessage(hPicture, WM_GAME_INIT, 0, 0);

                SetDlgItemText(hDlg, IDC_BUTTON_GAME, L"게임 시작");
                EnableWindow(GetDlgItem(hDlg,
                        IDC_BUTTON_GAME), TRUE);
                ShowWindow(GetDlgItem(hDlg,IDC_STATIC_TURN),
                        SW_HIDE);
            }
        }
    }
    return (INT_PTR)TRUE;
}
case WM_COMMAND:
    switch (LOWORD(wParam))
    {
        case IDC_BUTTON_CONNECT:
            if (!bConnected)
                SendMessage(hDlg, WM_CONNECT, 0, 0);
```

```
        else
        {
            closesocket(client);
            SendMessage(hDlg,WM_CLIENT,0,MAKEWORD(FD_CLOSE, 0));
        }
        break;
    case IDC_BUTTON_LOGIN:
        if (!bConnected)
            break;
        if (!bLogin)
        {
            if (DialogBox(hInst, MAKEINTRESOURCE(IDD_DIALOG2),
                        hDlg, DlgProcLogin) == IDOK)
            {
                if (wcslen(loginID) == 0)
                    break;
                packet.ptype = LOGIN;
                packet.len=(unsigned short)(wcslen(loginID) + 1) * 2;
                memcpy(packet.data, loginID, packet.len);
                send(client, (char*)&packet, sizeof(PACKET), 0);
            }
        }
        else
        {
            packet.ptype = LOGOUT;
            packet.len = (unsigned short)(wcslen(loginID) + 1) * 2;
            memcpy(packet.data, loginID, packet.len);
            send(client, (char*)&packet, sizeof(PACKET), 0);
        }
        break;

    case IDC_BUTTON_GAME:
        if (bGameRunning == FALSE)
        {
            EnableWindow(GetDlgItem(hDlg, IDC_BUTTON_GAME),
                        FALSE);
            packet.ptype = GAME_ASK;
            packet.len = sizeof(GAME_DATA);

            GAME_DATA tmp;
            // from
            tmp.lenFrom = (unsigned short)(wcslen(loginID) + 1) * 2;
            memcpy(tmp.fromID, loginID, tmp.lenFrom);

            // to
            WCHAR  strID[128];
            int i = (int)SendMessage(hList,LB_GETCURSEL, 0, 0);
            if (i < 0)
```

```
                {
                    EnableWindow(GetDlgItem(hDlg,
                            IDC_BUTTON_GAME), TRUE);
                    MessageBox(hDlg, _T("게임 상대를 선택하세요!"),
                            _T("Msg"), MB_OK| MB_TOPMOST);
                    break;
                }
                SendMessage(hList, LB_GETTEXT, i, (LPARAM)strID);
                tmp.lenTo = (unsigned short)(wcslen(strID) + 1) * 2;
                memcpy(tmp.toID, strID, tmp.lenTo);

                memcpy(packet.data, &tmp,        packet.len);
                send(client, (char*)&packet, sizeof(PACKET), 0);
            }
            else
            {
                EnableWindow(GetDlgItem(hDlg, IDC_BUTTON_GAME),
                        TRUE);
                MessageBox(hDlg,
                    _T("상대가 게임중입니다. 다른 상대를 선택하세요!"),
                    _T("Msg"), MB_OK | MB_TOPMOST);
            }
            break;
        }
        return (INT_PTR)TRUE;
    case WM_CLOSE:
        if (bLogin)
        {
            packet.ptype = LOGOUT;
            packet.len = (unsigned short)(wcslen(loginID) + 1) * 2;
            memcpy(packet.data, loginID, packet.len);
            send(client, (char*)&packet, sizeof(PACKET), 0);
        }
        SendMessage(hPicture, WM_GAME_END, 0, 0);
        DestroyWindow(hDlg);
        return TRUE;
    case WM_DESTROY:
        return (INT_PTR)TRUE;
    }
    return (INT_PTR)FALSE;
}

// 정보 대화상자의 메시지 처리기
INT_PTR CALLBACK DlgProcLogin(HWND hDlg, UINT message,
                        WPARAM wParam, LPARAM lParam)
{
    switch (message)
    {
```

```
    case WM_INITDIALOG:
    {
        // 로그인 대화상자를 부모 대화상자 가운데에 출력
        HWND hParent = GetParent(hDlg);
        RECT    rcParent, rcDlg, rc;
        GetWindowRect(hParent, &rcParent);
        GetWindowRect(hDlg, &rcDlg);
        CopyRect(&rc, &rcParent); //rc = rcDlgMain;

        OffsetRect(&rcDlg, -rcDlg.left, -rcDlg.top);
        OffsetRect(&rc, -rc.left, -rc.top);
        OffsetRect(&rc, -rcDlg.right, -rcDlg.bottom);
        SetWindowPos(hDlg, HWND_TOP,
                rcParent.left + (rc.right / 2),
                rcParent.top + (rc.bottom / 2),
                0, 0,
                SWP_NOSIZE);

        HFONT hFont = CreateFont(20, 0, 0, 0, FW_NORMAL, 0, 0, 0,
                HANGEUL_CHARSET, 0, 0, 0, 0, _T("바탕"));
        SendDlgItemMessage(hDlg, IDC_EDIT_LOGIN, WM_SETFONT,
                (WPARAM)hFont, FALSE);
        return (INT_PTR)TRUE;
    }
    case WM_COMMAND:
        switch (LOWORD(wParam))
        {
            case IDOK:
                GetDlgItemText(hDlg, IDC_EDIT_LOGIN, loginID, 128);
                EndDialog(hDlg, LOWORD(wParam));
                return (INT_PTR)TRUE;
            case IDCANCEL:
                EndDialog(hDlg, LOWORD(wParam));
                return (INT_PTR)TRUE;
        }
    }
    return (INT_PTR)FALSE;
}

void DrawBlock(HDC hdc, int ix, int iy, HBITMAP hBit)
{
    // BITMAP bit;
    // bit.bmWidth, bit.bmHeight: BLOCK_SIZE
    // GetObject(hBit, sizeof(BITMAP), &bit);
    HDC memDC = CreateCompatibleDC(hdc);
    HBITMAP oldBit = (HBITMAP)SelectObject(memDC, hBit);
    BitBlt(hdc, ix*BLOCK_SIZE, iy*BLOCK_SIZE, BLOCK_SIZE, BLOCK_SIZE,
            memDC, 0, 0, SRCCOPY);
```

```
    SelectObject(memDC, oldBit);
    DeleteDC(memDC);
}

void DrawBoard(HDC hdc, HBITMAP hBitmap[], CELL board[][3])
{
    for (int ix = 0; ix < 3; ix++)
        for (int iy = 0; iy < 3; iy++)
        {
            int img = (int)board[iy][ix];
            DrawBlock(hdc, ix, iy, hBitmap[img]);
        }
}

WINNER WinnerCheck(int ix, int iy, CELL board[][3])
{
    // if(board[iy][ix] == EMPTY) // 이런 경우는 없음
    //     return NONE;
    if (board[iy][0] == board[iy][1] && board[iy][1] == board[iy][2])
        return (WINNER)board[iy][0]; // 가로
    else if (board[0][ix] == board[1][ix] && board[1][ix] == board[2][ix])
        return (WINNER)board[0][ix]; // 세로
    else if (board[0][0] == board[1][1] && board[1][1] == board[2][2])
        return (WINNER)board[0][0]; // 대각선
    else if (board[2][0] == board[1][1] && board[1][1] == board[0][2])
        return (WINNER)board[2][0]; //역대각선
    else { // 비김 확인
        for (int x = 0; x < 3; x++)
            for (int y = 0; y < 3; y++)
            {
                if (board[y][x] == EMPTY)
                    return NONE;
            }
        return DRAW; // EMPTY가 하나도 없는 경우
    }
    return NONE;    // EMPTY가 적어도 하나 있는 경우
}

INT_PTR CALLBACK PictureSubClassProc(HWND hWnd, UINT message,
                                     WPARAM wParam, LPARAM lParam)
{
    // static SOCKET  client;
    static WCHAR   networkID[100];
    static HBITMAP hBitmap[3];
    static CELL    board[3][3];
    static BOOL    bBitmapLoaded = FALSE;
    static PLAYER  gamePlayer;
    static BOOL    bGameRunning;
```

```
static BOOL    bMyTurn = TRUE;
static HWND hParent; // 부모 대화상자

switch (message)
{
   case WM_GAME_INIT:
      if (!bBitmapLoaded)
      {
         bBitmapLoaded = TRUE;
         hBitmap[0] = LoadBitmap(hInst, MAKEINTRESOURCE(IDB_BITMAP0));
         hBitmap[1] = LoadBitmap(hInst, MAKEINTRESOURCE(IDB_BITMAP1));
         hBitmap[2] = LoadBitmap(hInst, MAKEINTRESOURCE(IDB_BITMAP2));
      }
      hParent = GetParent(hWnd);
      SetDlgItemText(hParent, IDC_BUTTON_GAME, L"게임 시작");
      EnableWindow(GetDlgItem(hParent, IDC_BUTTON_GAME), TRUE);
      ShowWindow(GetDlgItem(hParent, IDC_STATIC_PLAYER), SW_HIDE);
      ShowWindow(GetDlgItem(hParent, IDC_STATIC_TURN), SW_HIDE);
      // 선택 해제
      SendMessage(GetDlgItem(hParent, IDC_LIST1), LB_SETCURSEL, -1, 0);
      bGameRunning = FALSE;
      memset(board, EMPTY, sizeof(board));
      InvalidateRect(hWnd, NULL, FALSE);
      return TRUE;
   case WM_GAME_START:
      gamePlayer = (PLAYER)wParam;
      if(gamePlayer == PLAYER1)
         bMyTurn = TRUE;
      else
         bMyTurn = FALSE;
      memcpy(networkID, (WCHAR*)lParam, (lstrlen((WCHAR*)lParam) + 1) * 2);
      bGameRunning = TRUE;
      return TRUE;
   case WM_GAME_STATUS:
   {
      WCHAR *ptr = (WCHAR*)wParam;
      if (ptr)
         memcpy(ptr, networkID, (lstrlen(networkID)+ 1)*2);
      return bGameRunning;
   }
   case WM_NETWOKPLAYER:
   {
      int ix = (int)wParam;
      int iy = (int)lParam;
      if (board[iy][ix] != EMPTY || !bGameRunning)
         return TRUE;

      // 상대방 데이터를 출력하기 위해 토글
```

```
        board[iy][ix] = (gamePlayer == PLAYER1)?PLAYER2: PLAYER1;
        bMyTurn = TRUE;
        if (gamePlayer == PLAYER1)
            SetDlgItemText(hParent, IDC_STATIC_TURN, L"O - turn");
        else
            SetDlgItemText(hParent, IDC_STATIC_TURN, L"X - turn");
        InvalidateRect(hWnd, NULL, FALSE);
        return TRUE;
    }
    case WM_LBUTTONDOWN:
    {
        if (!bMyTurn)
            return TRUE;
        int ix, iy;
        ix = (int)(LOWORD(lParam) / BLOCK_SIZE);
        iy = (int)(HIWORD(lParam) / BLOCK_SIZE);
        if (board[iy][ix] != EMPTY || !bGameRunning)
            return TRUE;

        // EMPTY인 경우만
        board[iy][ix] = gamePlayer;

        // 네트워크 전송
        PACKET  packet;
        packet.ptype = GAME_POINT;
        packet.len = sizeof(GAME_DATA);

        GAME_DATA gameData;
        // from
        gameData.lenFrom = (unsigned short)(wcslen(loginID) + 1) * 2;
        memcpy(gameData.fromID, loginID, gameData.lenFrom);

        // to
        gameData.lenTo = (unsigned short)(wcslen(networkID) + 1) * 2;
        memcpy(gameData.toID, networkID, gameData.lenTo);

        gameData.ix = ix;
        gameData.iy = iy;
        memcpy(packet.data, &gameData, packet.len);
        send(client, (char*)&packet, sizeof(PACKET), 0);

        InvalidateRect(hWnd, NULL, FALSE); //현재 클릭반영

        WINNER winner = WinnerCheck(ix, iy, board);
        if (winner != NONE)
        {
            bGameRunning = FALSE;
            TCHAR str[128];
```

```
            if (winner == DRAW)
                wsprintf(str, _T("Draw!"));
            else
                wsprintf(str, _T("Winner = %s"),
                        (winner == GAMEPLAYER1) ? _T("O") : _T("X"));

            // from, to는 위의 것 그대로
            packet.ptype = GAME_END;
            // packet.len = sizeof(GAME_DATA);
            gameData.ix = (unsigned short)winner;
            memcpy(packet.data, &gameData, packet.len);
            send(client, (char*)&packet, sizeof(PACKET), 0);

            if (MessageBox(hWnd, str, _T("Msg"), MB_OK | MB_TOPMOST)
                    == IDOK)
            {
                SendMessage(hWnd, WM_GAME_INIT, 0, 0);
            }
        }
        else
        {
            bMyTurn = FALSE;// 플레이어 전환
            if (gamePlayer == PLAYER1)
                SetDlgItemText(hParent, IDC_STATIC_TURN, L"X - turn");
            else
                SetDlgItemText(hParent, IDC_STATIC_TURN, L"O - turn");
        }
        return TRUE;
    }
    case WM_PAINT:
    {
        PAINTSTRUCT ps;
        HDC hdc = BeginPaint(hWnd, &ps);
        DrawBoard(hdc, hBitmap, board);
        EndPaint(hWnd, &ps);
        return TRUE;
    }
    case WM_GAME_END:
        for (int i = 0; i < 3; i++)
            DeleteObject(hBitmap[i]);
            bBitmapLoaded = FALSE;
            bGameRunning = FALSE;
            return TRUE;
  }
  return CallWindowProc((WNDPROC)OldProc, hWnd, message,
                wParam, lParam);
}
```

프로그램 설명

① [step45_ex1_server]에 접속할 삼목(Tic-Tac-Toe) 게임 클라이언트 응용 프로그램을 작성한다. 서버와 같이 열거형 PACKET_TYPE에 게임 관련 GAME_ASK, GAME_ACCEPT, GAME_REJECT, GAME_POINT, GAME_END 등을 추가하고, 게임 데이터를 전달하기 위한 GAME_DATA 구조체를 정의한다. loginID는 클라이언트의 로그인 ID를 저장하고, client는 클라이언트 소켓을 위한 전역 변수이다. 게임은 서브클래싱 프로시저 PictureSubClassProc에서 작성한다. 사용자 정의 메시지 WM_CLIENT, WM_CONNECT, WM_GAME_INIT, WM_GAME_START, WM_GAME_END, WM_GAME_STATUS, WM_NETWOKPLAYER 등을 정의한다.

② 리소스 편집기에서 IDD_DIALOG1에 [표 45.1]의 컨트롤을 생성하고 속성을 설정한다. 로그인을 위한 IDD_DIALOG2는 [표 44.5]와 같다. 게임을 위한 비트맵 IDB_BITMAP0, IDB_BITMAP1, IDB_BITMAP2를 리소스에 삽입한다. IDC_BUTTON_GAME 버튼의 캡션에 자신의 ID와 게임에서 사용할 이미지 문자(O, X)로 표시한다. IDC_STATIC_PLAYER에 상대의 ID와 사용할 이미지 문자를 표시하며, IDC_STATIC_TURN은 다음 차례의 이미지 문자를 표시한다.

[표 45.1] IDD_DIALOG1의 컨트롤 주요 속성

컨트롤 종류	이름	값	설명
Button	ID	IDC_BUTTON_CONNECT	
	Caption	서버 연결	
Button	ID	IDC_BUTTON_LOGIN	
	Caption	로그인	
Static Text	ID	IDC_STATIC	
	Caption	서버 접속자	
List Box	ID	IDC_LIST1	접속자의 로그인 ID 표시
	Sort	True	
Button	ID	IDC_BUTTON_GAME	
	Caption	게임 시작	
Picture	ID	IDC_PICTURE1	삼목 게임 보드
	Caption	서버 연결	
Static Text	ID	IDC_STATIC_PLAYER	게임 상대 표시
	Caption		
Static Text	ID	IDC_STATIC_TURN	게임 차례 표시
	Caption		

③ 대화상자 프로시저 DlgProc의 WM_INITDIALOG 메시지에서 윈속을 초기화하고, IDC_PICTURE1 컨트롤을 서브클래싱하고, 사용자 정의 메시지 WM_GAME_INIT를 보내 초기화한다. 폰트 hFont를 생성하여 컨트롤의 폰트를 초기화한다.
④ WM_CTLCOLORDLG 메시지에서 대화상자 배경색을 GRAY_BRUSH로 변경하고, WM_CTLCOLORSTATIC 메시지에서 정적 컨트롤 IDC_STATIC, IDC_STATIC_TURN의 텍스트 컬러를 RGB(0, 0, 255)로 설정한다.
⑤ WM_CONNECT 메시지에서 client 소켓을 생성하여 서버에 접속하고, WSAAsyncSelect 비동기 설정 함수로 client 소켓에서 FD_READ 또는 FD_CLOSE 네트워크 이벤트가 있으면 사용자 정의 메시지 WM_CLIENT를 발생하도록 설정한다.
⑥ WM_CLIENT 메시지의 FD_CLOSE는 서버가 닫혀서 서버와 연결된 client 소켓이 닫힐 때 발생하는 네트워크 이벤트이다. 클라이언트 소켓(wParam, client)을 닫고, bLogin = FALSE, bConnected = FALSE로 하고, 리스트 박스 hList에 LB_RESETCONTENT 메시지를 보내 모든 내용을 삭제한다.
⑦ WM_CLIENT 메시지의 FD_READ는 클라이언트 소켓에서 데이터를 받을 준비가 되었을 때 발생하는 네트워크 이벤트이다. recv 함수로 서버로부터 데이터를 packet에 수신하여 분석한다. 데이터는 PACKET 자료형으로 송수신한다.
서버로부터 수신한 packet.ptype이 LOGIN, LOGOUT, LOGEXIST, OTHERLOGIN일 때의 처리는 step44_ex2_server와 같다. packet.ptype = OTHERLOGOUT이면, 로그아웃한 recvID를 리스트 박스 hList에서 삭제하고, 로그아웃한 recvID가 현재 게임 상대이면, hPicture 컨트롤에 WM_GAME_INIT 메시지를 보내 게임 보드를 초기화한다.
⑧ packet.ptype = GAME_ASK는 상대로부터 게임 요청을 받은 패킷이다. packet.data를 GAME_DATA로 변경하여, fromID와 toID를 교환하여 게임을 거절 또는 수락한다. 게임 상태를 확인하여 bGameRunning = TRUE로 게임 중이면 packet.ptype = GAME_REJECT로 거절하고, 게임 중이 아니면 메시지 박스로 상대와 게임을 할지를 선택한다. 메시지 박스에서 IDYES를 선택하면 packet.ptype = GAME_ACCEPT로 수락 메시지를 보낸다. 게임을 수락한 사람이 PLAYER2이다. Player1은 요청한 사람이다. 게임 보드에서 Player1은 "O" 이미지를 사용하고, Player2는 "X" 이미지를 사용한다.
⑨ packet.ptype = GAME_ACCEPT는 게임을 요청해서 상대로부터 수락을 받은 패킷이다. 게임을 요청한 사람이 PLAYER1이다.
⑩ packet.ptype = GAME_REJECT는 상대가 게임을 거절한 처리이며, packet.ptype = GAME_POINT이면 게임 상대가 선택한 (ix, iy)를 hPicture 컨트롤에 WM_NETWOKPLAYER 메시지를 보내 처리한다. packet.ptype = GAME_END은 게임이 종료 처리이다.
⑪ WM_COMMAND 메시지의 IDC_BUTTON_CONNECT는 서버 연결/끊기, IDC_BUTTON_LOGIN은 로그인/로그아웃 처리이다. IDC_BUTTON_GAME은 hList 컨트롤에서 선택한 상대에게 게임을 요청하는 버튼이다. WM_CLOSE 메시지에서 클라이언트가 로그인 상태이면 서버에서 로그아웃하고, hPicture 컨트롤에 WM_GAME_END 메시지를 보내 게임을 종료하고, 대화상자를 파괴한다.

⑫ 대화상자 프로시저 DlgProcLogin의 WM_INITDIALOG 메시지에서 대화상자를 부모 대화상자 가운데에 출력하고, WM_COMMAND 메시지의 확인 버튼(IDOK)에서 GetDlgItemText로 에디트 컨트롤 IDC_EDIT_LOGIN의 문자열을 비지역 변수 loginID에 저장한다.

⑬ DrawBlock 함수는 (ix, iy) 보드 위치에 hBit 비트맵을 출력한다. DrawBoard 함수는 board 배열의 값에 따라 hBitmap 배열의 비트맵을 출력한다. WinnerCheck 함수는 board 배열의 값을 가로, 세로, 대각선, 역대각선을 체크하여 승자를 확인하여 반환한다. 서브클래스 프로시저 PictureSubClassProc 함수는 삼목 게임을 구현한다. WM_GAME_INIT 메시지는 비트맵을 로드하고, 컨트롤을 초기화하고, board 배열을 초기화하고 표시한다. WM_GAME_START 메시지는 게임을 시작한다. bMyTurn에 따라 게임순서를 구분한다. WM_GAME_STATUS는 게임 상태를 반환한다. WM_NETWOKPLAYER는 게임 상대(networkID)의 선택을 board 배열에 반영한다. WM_LBUTTONDOWN 메시지는 클라이언트 자신(loginID)의 선택을 board 배열에 반영하고, 네트워크에 있는 게임 상대에게 선택을 전송하고, WinnerCheck 함수로 게임의 승자를 확인하여, 승자가 있거나, 비긴 경우 상대에게 결과를 전송한다. WM_PAINT 메시지는 DrawBoard 함수로 board 배열을 IDC_PICTURE1 컨트롤에 표시한다. WM_GAME_END 메시지는 비트맵을 삭제한다.

⑭ [그림 45.1]은 삼목(Tic-Tac-Toe) 게임 서버에 접속하여 로그인한 클라이언트 "a"와 "b"의 사이의 게임을 표시한다. [그림 45.1](a)은 게임을 요청한 클라이언트 "a"이며 게임에서 Player1이며 "O" 이미지를 사용한다. [그림 45.1](b)은 게임을 수락한 클라이언트 "b"이며 게임에서 Player2이며 "X" 이미지를 사용한다. 자신을 제외한 서버에 로그인된 클라이언트의 ID를 리스트 박스에 표시하고, 로그아웃하거나, 서버 연결을 끊으면, 로그아웃하고, 게임 중이면 게임을 중지하며, 리스트 박스의 내용을 삭제한다.

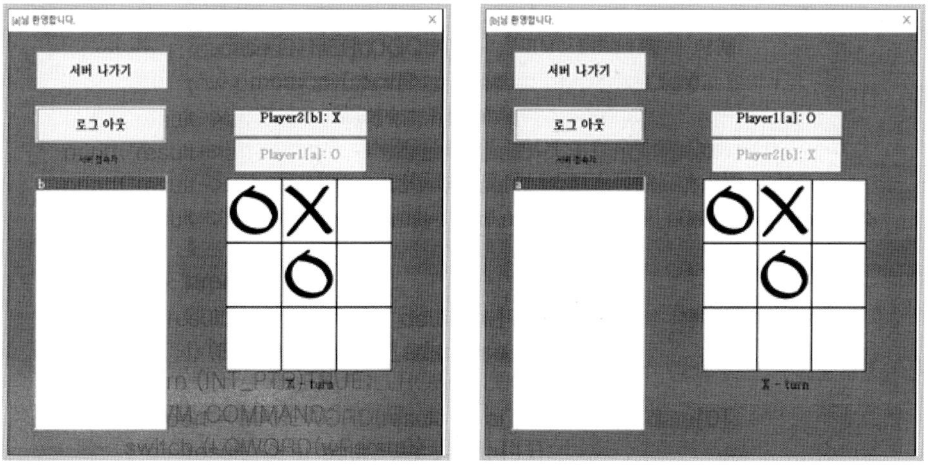

(a) (b)

[그림 45.1] 삼목(Tic-Tac-Toe) 게임 클라이언트